MATLAB®&Simulink®开发实例系列丛书

高等光学仿真（MATLAB版）
——光波导，激光（第3版）

主　编　欧　攀

副主编　何汉相　鲁　军　尹飞飞

北京航空航天大学出版社

内 容 简 介

本书介绍如何利用 MATLAB 来仿真高等光学中举足轻重的两个研究方向——光波导和激光中的一系列理论模型。读者通过这些仿真过程和结果能够进一步加深对光波导和激光的理解和应用。

全书共 7 章，分别介绍光的电磁理论基础，光的干涉和衍射，理想平板介质光波导中的光传播特性及仿真，光纤中的光传播特性及仿真，高斯光束和光纤耦合，激光原理及仿真，高功率双包层光纤激光器及仿真。书中大量运用到求解各类模型的数值计算方法，包括方程求根的数值解法、数值积分方法、常微分方程的初值问题数值求解、常微分方程的边值问题数值求解等。采用 MATLAB 中相应的数值求解函数仿真高等光学模型，并结合 MATLAB 强大的作图功能实现仿真结果的可视化，可加深读者对高等光学问题仿真结果及其物理意义的理解，达到举一反三的效果。本次修订增加了光的干涉和衍射仿真，结合 MATLAB 的数字图像功能来展示各种光的干涉和衍射的图样。

本书可作为高等院校光学、光学工程、光信息科学技术、电子科学技术等有关专业本科生和研究生的教材，也可供相应专业的教师和科技工作者参考。

图书在版编目(CIP)数据

高等光学仿真：MATLAB 版：光波导·激光 / 欧攀主编. --3 版. -- 北京：北京航空航天大学出版社，2019.8

ISBN 978 - 7 - 5124 - 3051 - 8

Ⅰ.①高… Ⅱ.①欧… Ⅲ.①Matlab 软件—应用—光学—计算机仿真 Ⅳ.①O43 - 39

中国版本图书馆 CIP 数据核字(2019)第 160083 号

高等光学仿真(MATLAB 版)——光波导，激光(第 3 版)

主　编　欧攀

副主编　何汉相　鲁　军　尹飞飞

责任编辑　陈守平

*

北京航空航天大学出版社出版发行

北京市海淀区学院路 37 号(邮编 100191)　http://www.buaapress.com.cn

发行部电话：(010)82317024　传真：(010)82328026

读者信箱：goodtextbook@126.com　邮购电话：(010)82316936

北京时代华都印刷有限公司印装　各地书店经销

*

开本：787×1 092　1/16　印张：24.25　字数：621 千字

2019 年 12 月第 3 版　2022 年 3 月第 2 次印刷　印数：3 001～5 000 册

ISBN 978 - 7 - 5124 - 3051 - 8　定价：69.00 元

前　　言

　　自本书2011年第1版、2014年第2版出版以来，又发生了几件跟光学和仿真计算有关的重大事件——引力波探测和黑洞照片诞生，等。

　　1915年，爱因斯坦用他天才的物理直觉，提出了广义相对论，颠覆了人类对时空本质的认知。惠勒概括广义相对论的精髓为"时空决定物质如何运动，物质决定时空如何弯曲"。广义相对论给出了很多重要的预言，100多年来，这些预言逐一得到实验和观测的证实。其中2015年，美国激光干涉引力波天文台（LIGO）第一次直接探测到双黑洞并合事件产生的引力波，促成这一发现的几位物理学家斩获了2017年诺贝尔物理学奖。2019年4月10日，事件视界望远镜（EHT）项目公布了人类获得的首张黑洞照片。LIGO是灵敏度极高的激光干涉探测器，EHT公布的首张黑洞照片则是通过大量的数据处理计算获得的图像。因此，本版增加了光的干涉和衍射及 MATLAB 图像处理相关内容。

　　21世纪是信息时代，信息学科和信息产业的迅猛发展促使传统的光学仪器科学向光电信息学科扩展。现代光电信息学科及其产业的发展要求新一代的科学研究人员与工程技术人员除了具有扎实的理论基础，还应具有应用所学理论建模并仿真求解光电信息学科及现代光学中各种问题的能力，成为知识结构新和创新能力强的高层次人才。光波导和激光是现代光电信息科学中举足轻重的两个研究方向。本书以这两个方向的光学内容为基础，从基本的物理概念出发，建立相应的理论模型，并将这些光学问题归纳为特征方程求根、积分求解、常微分方程求解等几类数值求解问题，在对相应的数值分析方法简要介绍的基础上结合 MATLAB 强大的数值计算和图形显示功能，完成光学问题的仿真计算并给出图形化的显示结果。也就是通过光学仿真计算，利用 MATLAB 编程来完成现代光学典型问题的模型求解，通过数据和图形来展示现代光学问题的本质，力求形成理工结合、经典理论与现代数值方法紧密结合的新体系。

　　长期以来，由于光学课程中的概念繁多、物理规律较为抽象，理论教学对实验的依赖性较强，特别是其中的一些光学现象和规律缺乏细致的数学推导，再加上授课教师一直沿袭传统的口授笔演的教学方式，给学生学习这门课程带来了诸多困难，因而光学课程的教学效果也总是不尽如人意。在这种情况下，作者认为，光学课程需要形象生动的教学，需要现代化的教学手段，老师应千方百计地为学生提供观察光学物理现象的机会，提高学生学习光学课程的兴趣，培养学生的思维水平和创新能力。

　　国内光学方面的著作内容多集中在理论方面，鲜有介绍如何对理论模型进行数值求解的案例。而在科学研究和工程应用中不仅要求能够根据实际情况选择适当的理论建立模型，更为重要的是要能够结合实际情况仿真求解理论模型，并在此基础上对模型的某些关键参数进行优化，最终用于指导科学研究和工程应用。本书将 MATLAB 用于光学仿真中，具体介绍如何利用 MATLAB 来仿真光波导和激光中的一系列理论模型，通过这些仿真过程和结果能够进一步加深对光波导和激光的理解和应用。本书的大部分内容已经在北京航空航天大学等高校相关专业的研究生选修课程中讲授过，受到了学生的普遍欢迎。由于 MATLAB 语言在很多理工专业的后续课程中发挥着很大的作用，建议有条件的学校也开设相应的课程，使学生能认识和掌握该语言，提高对光学问题仿真求解的水平，为更深入的科学研究打下扎实的基本功。

本书作者在高等光学仿真与计算的教学过程中，通过下列方式将 MATLAB 与光学课程有机结合起来：

一是以 MATLAB 为平台，开发制作了光波导和激光等高等光学现象仿真程序，并运用于计算机所支持的课堂教学中，以其作为演示实验配合光学理论的讲授，很好地解决了真实实验因环境限制而不能进入课堂的难题。

二是利用 MATLAB 的仿真与计算功能，鼓励学生通过自主探索，去研究高等光学课程中的一些更深入的问题。在掌握理论知识的前提下，让学生建立相应的物理模型和数学模型，然后利用 MATLAB 编写程序，去完成对知识的巩固与拓宽。这是一种探索过程，也可为学生以后的研究工作奠定基础。因此，在本书每一章的最后一节都提供了一定数量的习题，供学生巩固并加深理解该章的相关光学模型及其仿真计算。

三是利用 MATLAB 的计算、绘图与优化功能，启发学生对数学模型中的参数进行改变，根据实际物理条件选择符合要求的最优值，并获得最优条件下的参数值，最终通过理论仿真来指导实践。完成实践（参数获取）—理论（物理模型建立）—仿真（MATLAB 数值计算及绘图）—优化（MATLAB 参数改变及优化）—实践（最优参数选取）的过程，让学生真切感受科学技术是第一生产力。

基于以上指导思想，全书共分为7章。

第1章主要介绍光的电磁理论基础。从麦克斯韦方程组出发，根据麦克斯韦电磁理论，利用电矢量和磁矢量来分析光波在两介质表面的反射特性，并结合 MATLAB 仿真计算光波从光疏介质进入光密介质，以及光波从光密介质进入光疏介质时的反射率、透射率、相位等随入射角度的变化关系，得到布鲁斯特角、全反射、倏逝波等基本概念及特性。

第2章主要介绍光的干涉和衍射仿真。从光的干涉原理出发，分析了波前分割干涉、波幅分割干涉和多光束干涉，并仿真计算得到了杨氏双缝干涉和牛顿环的仿真图案、法布里–珀罗干涉仪的透射曲线。从光的衍射原理出发，仿真计算了单缝衍射、双缝衍射的图样，基于圆孔衍射给出了艾里斑的仿真结果，并给出了白光的杨氏双缝干涉和单缝衍射，最后介绍了衍射的傅里叶光学仿真。

第3章采用的是本征模方法，利用有限空间的波动光学理论分析光在介质光波导（理想平板介质光波导）中的传播特性。由于受到介质边界条件的限制，根据不同的边界条件，对麦克斯韦方程或相应的波动方程求解后，可以得到其特征方程。在推导出理想平板介质光波导最基本的TE模和TM模的特征方程后，利用 MATLAB 的方程求根函数即可对特征方程进行数值求解，从而得到其中TE模（或TM模）的传输特性。

第4章首先介绍光纤的基本概念；然后从光波在光纤（圆柱光波导）中传输的圆柱坐标系下亥姆霍兹方程出发，得到阶跃折射率光纤中光波传输的Bessel方程，结合光波在光纤中传输的边界条件，推导出弱导近似下的特征方程，并利用 MATLAB 中的Bessel函数以及数值求根函数，对弱导近似下的特征方程进行数值求解，获得光纤的归一化工作频率、归一化横向相位参数、归一化横向衰减参数等数据；再通过 MATLAB 的三维作图功能，将不同参数光纤中的电场分布特性展示出来。

第5章着重介绍高斯光束和光纤的耦合。由于高斯光束是光场亥姆霍兹方程在缓变振幅近似下的一个特解，该特解不仅可以用来描述基模激光在空间中的传输，而且可以用来近似描述从光纤端面出来的LP_{01}模的辐射场，具有重要的物理意义。通过介绍高斯光束的基本性质、复参数表示、ABCD定律，得到高斯光束通过复杂光学系统以及薄透镜的变换，并得到其聚焦特性；在此基础上给出了光纤端面辐射场，并结合 MATLAB 仿真辐射场的函数特

性；最后给出了光纤的光功率发射和耦合，并用 MATLAB 的积分求解函数计算了LED与单模光纤的耦合效率以及光纤与光纤连接的耦合效率。

第6章从激光的基本原理出发，介绍辐射与物质的相互作用，关于自发辐射、受激辐射和受激吸收的爱因斯坦关系式，吸收与光学增益，激光器的基本构成，激光速率方程和激光调 Q 技术等内容。以一种典型的被动调 Q 的微晶片激光器为例，给出了其被动调 Q 的速率方程组，该速率方程组可以简化为一个具有3个自变量的常微分方程组。利用 MATLAB 的常微分方程初值问题求解函数即可对该被动调 Q 速率方程组进行仿真求解，得到被动调 Q 的微晶片激光器的脉冲时域特性以及被动调 Q 过程中光子数密度和反转粒子数密度随时间的变化关系。

第7章重点介绍一种新型的激光器——高功率双包层光纤激光器。光纤激光器是以掺杂光纤作为增益介质的一类激光器。光纤激光器和其他类型的激光器一样，由能产生光子增益的工作介质、使光子得到反馈并在工作介质中进行谐振放大的光学谐振腔和激励光子跃迁的抽运源3部分组成。只不过光纤激光器的工作介质是同时起着波导作用的掺杂光纤。因此，光纤激光器是一种波导型的谐振装置。在本章中分别给出了端面抽运和侧面抽运两种情况下的双包层光纤激光器的理论模型，利用 MATLAB 的常微分方程边值问题求解函数，并结合双包层光纤激光器的边值条件对其速率方程组进行仿真求解，得到抽运光、激光以及反转粒子数密度沿光纤长度的变化。

书中大量运用到求解各类模型的数值计算方法，主要有方程求根的数值解法、数值积分方法、常微分方程的初值问题数值求解、常微分方程的边值问题数值求解。考虑到学习本书的读者数学方面的知识背景不尽相同，为了让读者在尽量少的时间内理解数值求解的基本思路和方法，并运用 MATLAB 相应的模型进行数值求解，在每章的习题前都有一节用于介绍数学和 MATLAB 相关方面的补充知识，从而减轻读者在学习过程中的负担。

本书全部源程序均在 MATLAB R2016b中测试运行通过。部分程序源代码请到北京航空航天大学出版社（http://www.buaapress.com.cn）下载专区下载。

同时，北京航空航天大学出版社联合 MATLAB 中文论坛为本书设立了在线交流平台，网址为 http://www.ilovematlab.cn/forum-203-1.html。读者也可以到该版块下载程序代码和勘误，还可与同行交流学习、工作中遇到的问题。

欧攀担任本书主编。何汉相、鲁军、尹飞飞等参与编写及其中部分程序代码的调试。

由于作者水平有限，书中存在的错误和疏漏之处，恳请广大读者和同行批评指正。本书勘误网址：http://www.ilovematlab.cn/thread-281509-1-1.html。

作 者
2019年4月

若您对此书内容有任何疑问，可以登录 MATLAB 中文论坛与同行们讨论交流。

目　　录

3

若您对此书内容有任何疑问，可以登录MATLAB中文论坛与同行们讨论交流。

若您对此书内容有任何疑问，可以登录 MATLAB 中文论坛与同行们讨论交流。

第 1 章
光的电磁理论基础

 光波是一种高频电磁波，而描述电磁波行为的基本方程是麦克斯韦方程，故分析光波在各种波导中的传输模式、色散、非线性效益等现象的规律，本质上就是在不同的边界条件下求解麦克斯韦方程或相应的波动方程。

 本章将根据麦克斯韦电磁理论，利用电矢量和磁矢量来分析光波在两介质表面的反射特性，并结合 MATLAB 研究光波从光疏介质进入光密介质，以及光波从光密介质进入光疏介质时的反射率、透射率、相位等随入射角度的变换关系。

1.1 麦克斯韦电磁理论

1.1.1 麦克斯韦方程组

 英国物理学家麦克斯韦（1831－1879）是继法拉第之后，集电磁学大成的伟大科学家。他依据库仑、高斯、欧姆、安培、毕奥、萨伐尔、法拉第等前人的一系列发现和实验成果，建立了第一个完整的电磁理论体系，不仅科学地预言了电磁波的存在，而且揭示了光、电、磁现象的本质的统一性，完成了物理学的又一次大综合。这一自然科学的理论成果，奠定了现代的电力工业、电子工业和无线电工业的基础。

 麦克斯韦方程组是麦克斯韦在19世纪建立的描述电场与磁场的4个基本方程。该方程组具有微分和积分两种形式。在麦克斯韦方程组中，电场和磁场已经成为一个不可分割的整体。该方程组系统而完整地概括了电磁场的基本规律，并预言了电磁波的存在。麦克斯韦提出的涡旋电场和位移电流假说的核心思想是：变化的磁场可以激发涡旋电场，变化的电场可以激发涡旋磁场；电场和磁场不是彼此孤立的，它们相互联系、相互激发组成一个统一的电磁场。麦克斯韦进一步将电场和磁场的所有规律综合起来，建立了完整的电磁场理论体系。这个电磁场理论体系的核心就是麦克斯韦方程组。

 麦克斯韦方程组在电磁学中的地位，如同牛顿运动定律在力学中的地位一样。以麦克斯韦方程组为核心的电磁理论，是经典物理学最引以自豪的成就之一。它所揭示出的电磁相互作用的完美统一，为物理学家树立了这样一种信念：物质的各种相互作用在更高层次上应该是统一的。另外，这一理论被广泛地应用到技术领域。

 1845年，关于电磁现象的3个最基本的实验定律：库仑定律（1785年）、安培-毕奥-萨伐尔定律（1820年）、法拉第定律（1831－1845年）已被总结出来，法拉第的"电力线"和"磁力线"概念已发展成"电磁场"概念。场概念的产生，也有麦克斯韦的一份功劳，这是当时物理学中一个伟大的创举，因为正是场概念的出现，使当时许多物理学家得以从牛顿"超距观念"的束缚中摆脱出来，普遍地接受了电磁作用和引力作用都是"近距作用"的思想。1855－1865年，麦克斯韦在全面地审视了库仑定律、安培-毕奥-萨伐尔定律和法拉第定律的基础上，把数学分析方法带进了电磁学的研究领域，由此导致麦克斯韦电磁理论的诞生。

光同无线电波、X射线、γ射线一样都是电磁波。可见光的波长为$0.38 \sim 0.76\mu m$，在电磁波谱中只占很小的一部分。在光学中主要讨论可见光和近红外波段的电磁波，有时也将紫外波段包括进来。

电磁波是随时间变化的交变电磁场，通常用以下4个场矢量来描述：电场强度E（V/m）、电位移矢量D（C/m^2）、磁场强度H（A/m）和磁感应强度B（Wb/m^2），它们服从麦克斯韦方程组。

麦克斯韦方程组的积分形式为

$$\int_L E \cdot \mathrm{d}l = -\iint_S \frac{\partial B}{\partial t} \cdot \mathrm{d}S \tag{1.1}$$

$$\int_L H \cdot \mathrm{d}l = \iint_S (J + \frac{\partial D}{\partial t}) \cdot \mathrm{d}S \tag{1.2}$$

$$\iint_S D \cdot \mathrm{d}S = \iiint_V \rho \mathrm{d}V \tag{1.3}$$

$$\iint_S B \cdot \mathrm{d}S = 0 \tag{1.4}$$

式中，J为传导电流密度；ρ为电荷密度。这是1873年前后，麦克斯韦提出的表述电磁场普遍规律的4个方程。其中

- 式(1.1)描述了变化的磁场激发电场的规律。
- 式(1.2)描述了电流源以及变化的电场激发磁场的规律。
- 式(1.3)描述了电场的性质。在一般情况下，电场可以是库仑电场，也可以是变化磁场激发的感应电场，而感应电场是涡旋场，它的电位移线是闭合的，对封闭曲面的通量没有贡献。
- 式(1.4)描述了磁场的性质。磁场可以由传导电流激发，也可以由变化电场的位移电流所激发，它们的磁场都是涡旋场，磁感应线都是闭合线，对封闭曲面的通量也没有贡献。

麦克斯韦方程组的积分形式反映了空间某区域的电磁场量（D、E、B、H）和场源（电荷密度ρ、传导电流密度J）之间的关系。麦克斯韦方程组也可以写成微分形式。在电磁场的实际应用中，经常要知道空间逐点的电磁场量和电荷、电流之间的关系。从数学形式上，就是将麦克斯韦方程组的积分形式化为微分形式。利用矢量分析方法，可得麦克斯韦方程组的微分形式为

$$\nabla \times E = -\frac{\partial B}{\partial t} \tag{1.5}$$

$$\nabla \times H = J + \frac{\partial D}{\partial t} \tag{1.6}$$

$$\nabla \cdot D = \rho \tag{1.7}$$

$$\nabla \cdot B = 0 \tag{1.8}$$

并且有物质方程

$$D = \varepsilon_0 E + P = \varepsilon_0 \varepsilon_r E = \varepsilon E \qquad (1.9)$$

$$B = \mu H = \mu_0 (H + M) \qquad (1.10)$$

$$J = \sigma E \qquad (1.11)$$

式中，ε 被称为介电常数或电容率，ε_0 和 ε_r 分别为真空介电常数和介质的相对介电常数，并且 $\varepsilon_0 = 8.854 \times 10^{-12}$ F/m；μ 为介质的磁导率，对于一般的光波导介质，其近似值为真空磁导率 $\mu_0 = 4\pi \times 10^{-7}$ H/m。

根据麦克斯韦理论，在无自由电荷及电流的均匀透明介质中，电磁场的时空特性可以写成下面的麦克斯韦方程形式：

$$\nabla \times E = -\frac{\partial B}{\partial t} \qquad (1.12)$$

$$\nabla \times H = \frac{\partial D}{\partial t} \qquad (1.13)$$

$$\nabla \cdot D = 0 \qquad (1.14)$$

$$\nabla \cdot B = 0 \qquad (1.15)$$

并且有以下关系式：

$$D = \varepsilon_0 E + P = \varepsilon E \qquad (1.16)$$

$$B = \mu H \qquad (1.17)$$

式(1.16)和(1.17)也称为物质方程（或称本构方程），P 为介质在外场作用下的电极化强度矢量，且在线性情况下，有

$$P = \chi_e \varepsilon_0 E \qquad (1.18)$$

考虑到式(1.16)，可得

$$\varepsilon_r = 1 + \chi_e \qquad (1.19)$$

此处，χ_e 为介质的极化率。若考虑介质的非均匀及色散特性，则介质的相对介电常数一般是空间坐标及电磁场振荡频率的函数。

1.1.2 边界条件

由麦克斯韦方程组的积分形式可得在两种介质分界面上的电磁场的边界条件为

$$\hat{n} \times (E_1 - E_2) = 0 \qquad (1.20)$$

$$\hat{n} \times (H_1 - H_2) = \alpha \qquad (1.21)$$

$$\hat{n} \cdot (D_1 - D_2) = \sigma \qquad (1.22)$$

$$\hat{n} \cdot (B_1 - B_2) = 0 \qquad (1.23)$$

式中，α 是界面上的自由面电流密度；σ 是界面上的自由电荷密度；$\hat{n}$ 则是界面上从介质2指向介质1的法向单位矢量。

在两种介质的临界面上，若不存在自由面电荷和自由面电流，则电磁场满足如下的边界条件：

$$\hat{n} \times (\boldsymbol{E}_1 - \boldsymbol{E}_2) = 0 \tag{1.24}$$

$$\hat{n} \times (\boldsymbol{H}_1 - \boldsymbol{H}_2) = 0 \tag{1.25}$$

$$\hat{n} \cdot (\boldsymbol{D}_1 - \boldsymbol{D}_2) = 0 \tag{1.26}$$

$$\hat{n} \cdot (\boldsymbol{B}_1 - \boldsymbol{B}_2) = 0 \tag{1.27}$$

该边界条件的物理意义是：在无自由电荷及电流的界面上，电场强度及磁场强度的切向分量连续，电磁场的电通量及磁通量密度的法向分量连续。

1.1.3　时谐电磁场

如果电磁场的电分量和磁分量都随时间t以相同的频率ω做正弦变化，则称这类电磁场为时谐电磁场。任何复杂变化的场都可以用傅里叶积分的方法分解为许多正弦变化场的叠加，因此讨论时谐电磁场的波动方程是具有普遍意义的。对于时谐电磁场，其电分量和磁分量可以用复数的形式来表示

$$\boldsymbol{E}(\boldsymbol{r},t) = \boldsymbol{E}(\boldsymbol{r})\mathrm{e}^{-\mathrm{i}\omega t} \tag{1.28}$$

$$\boldsymbol{B}(\boldsymbol{r},t) = \boldsymbol{B}(\boldsymbol{r})\mathrm{e}^{-\mathrm{i}\omega t} \tag{1.29}$$

式中，$\boldsymbol{r}$为场的位置矢量。

因此，时谐电磁场的电场和磁场谐变矢量对时间求导可表示为

$$\frac{\partial \boldsymbol{E}}{\partial t} = -\mathrm{i}\omega \boldsymbol{E} \tag{1.30}$$

$$\frac{\partial^2 \boldsymbol{E}}{\partial t^2} = -\omega^2 \boldsymbol{E} \tag{1.31}$$

时谐电磁场在理想介质（介质中无自由电荷及传导电流）中传输时，其麦克斯韦方程组可以写成如下形式：

$$\nabla \times \boldsymbol{E} = \mathrm{i}\omega \boldsymbol{B} = \mathrm{i}\omega \mu \boldsymbol{H} \tag{1.32}$$

$$\nabla \times \boldsymbol{H} = -\mathrm{i}\omega \boldsymbol{D} = -\mathrm{i}\omega \varepsilon \boldsymbol{E} \tag{1.33}$$

$$\nabla \cdot \boldsymbol{E} = 0 \tag{1.34}$$

$$\nabla \cdot \boldsymbol{H} = 0 \tag{1.35}$$

对式(1.32)取旋度并将式(1.33)代入，就得到时谐电磁场下的定态波动方程及亥姆霍兹方程如下所示：

$$\nabla^2 \boldsymbol{E} + k^2 \boldsymbol{E} = 0 \tag{1.36}$$

$$\nabla^2 \boldsymbol{H} + k^2 \boldsymbol{H} = 0 \tag{1.37}$$

其中，波矢k和电磁波波长及频率之间的关系为

$$k = \frac{2\pi}{\lambda} = \frac{2\pi\nu}{c} \tag{1.38}$$

式中，λ为电磁波的波长；ν是电磁波的频率；c为真空中的电磁波传播速度。

1.1.4　电磁场的波动方程

麦克斯韦方程表明电磁场的变化具有波动性，可以脱离源形成电磁波。如果传输电磁波的介质是各向同性的，在没有外加场源（即 $\boldsymbol{J}=0$，$\rho=0$）的情况下，根据麦克斯韦方程可得到电磁波在真空中传输时，其电磁场的波动方程可以分别写成关于电矢量和磁矢量的波动方程，形式为

$$\frac{\partial^2 \boldsymbol{E}}{\partial x^2}+\frac{\partial^2 \boldsymbol{E}}{\partial y^2}+\frac{\partial^2 \boldsymbol{E}}{\partial z^2}=\frac{1}{c^2}\frac{\partial^2 \boldsymbol{E}}{\partial t^2} \tag{1.39}$$

$$\frac{\partial^2 \boldsymbol{B}}{\partial x^2}+\frac{\partial^2 \boldsymbol{B}}{\partial y^2}+\frac{\partial^2 \boldsymbol{B}}{\partial z^2}=\frac{1}{c^2}\frac{\partial^2 \boldsymbol{B}}{\partial t^2} \tag{1.40}$$

式中，c 为真空中的电磁波（光波）传播速度。

1.2　平面波和叠加原理

1.2.1　平面波

平面波是波动方程式(1.39)的一个具有简单形式的解。在非色散介质中，沿 x 方向传输的平面光波，若其电场的振动在 y 方向上，则该平面波可以写为

$$E_y = E_{y0}\cos[2\pi(x/\lambda - t/T)] \tag{1.41}$$

式中，E_{y0} 为电场幅度；λ 为波长；t 为时间；T 为振动周期。

如果引入波矢量 $k = 2\pi/\lambda$ 以及圆频率 $\omega = 2\pi/T$，则式(1.41)对应的复指数形式为

$$E_y = E_{y0}\mathrm{e}^{\mathrm{i}(kx - \omega t)} \tag{1.42}$$

将式(1.42)代入波动方程，可得

$$\omega/k = v \tag{1.43}$$

式中，$v = \omega/k$ 为相速度。

回到式(1.42)表示的沿 x 方向传播的平面波，平面波传播的相速度由下式给出：

$$v = \frac{\mathrm{d}x}{\mathrm{d}t} = \frac{\omega}{k} = \frac{1}{\sqrt{\mu\varepsilon}} = \frac{c}{n} \tag{1.44}$$

式中，n 为折射率。对于一个给定的介质和频率，其介质的折射率定义为真空中的光速与该频率下介质光速的比值。真空中的光速为

$$c \equiv \frac{1}{\sqrt{\mu_0\varepsilon_0}} = 2.998\times10^8\mathrm{m/s} \tag{1.45}$$

采用矢量的表达方式可以更方便地研究光波在空间 x、y 和 z 方向的传播。选择空间直角坐标系的3个正交轴分别为 $x\hat{\boldsymbol{i}}$、$y\hat{\boldsymbol{j}}$ 和 $z\hat{\boldsymbol{k}}$，其中 $\hat{\boldsymbol{i}}$、$\hat{\boldsymbol{j}}$ 和 $\hat{\boldsymbol{k}}$ 分别是各方向上的单位矢量。采用"分离变量法"求解方程(1.39)可以得到光波传播方向上的波矢量为

$$k\hat{\boldsymbol{n}} = k_x\hat{\boldsymbol{i}} + k_y\hat{\boldsymbol{j}} + k_z\hat{\boldsymbol{k}} \tag{1.46}$$

若您对此书内容有任何疑问，可以登录 MATLAB 中文论坛与同行们讨论交流。

式中，$\hat{n}$是光波传播方向上的单位矢量（见图1.1）；$k = 2\pi/\lambda$，k_x、k_y和k_z分别是x、y、z方向分量的幅值，可以通过点积$k(\hat{n} \cdot \hat{i})$、$k(\hat{n} \cdot \hat{j})$和$k(\hat{n} \cdot \hat{k})$得到。从图1.1可以得到

$$
\begin{aligned}
k_x &= (2\pi/\lambda) \sin\phi \cos\theta \\
k_y &= (2\pi/\lambda) \sin\phi \sin\theta \\
k_z &= (2\pi/\lambda) \cos\phi
\end{aligned}
\tag{1.47}
$$

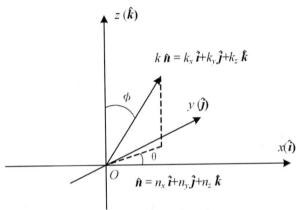

图 1.1　直角坐标系下的光波矢量

对于一些特殊情况，例如光波沿z方向传输，则有$\phi = 0$，可得

$$
E_y = E_{y0}\mathrm{e}^{\mathrm{i}2\pi(z/\lambda - t/T)}
\tag{1.48}
$$

如果光波沿Oyz平面传输，则有$\theta = \pi/2$，可得

$$
k\hat{n} = k_y\hat{j} + k_z\hat{k} = (2\pi/\lambda)(\sin\phi\,\hat{j} + \cos\phi\,\hat{k})
\tag{1.49}
$$

$$
E_y = E_{y0}\mathrm{e}^{\mathrm{i}(ky\sin\phi + kz\cos\phi - 2\pi t/T)}
\tag{1.50}
$$

通常情况下，光波是在三维空间传输，因此可得

$$
\boldsymbol{E} = \boldsymbol{E}_0\mathrm{e}^{\mathrm{i}[k(n_x x + n_y y + n_z z) - \omega t]}
\tag{1.51}
$$

$$
\boldsymbol{B} = \boldsymbol{B}_0\mathrm{e}^{\mathrm{i}[k(n_x x + n_y y + n_z z) - \omega t]}
\tag{1.52}
$$

1.2.2　叠加原理

在数学、物理中经常出现这样的现象：几种不同原因的综合所产生的效果，等于这些不同原因单独产生效果的累加。例如，物理中几个外力作用于一个物体上所产生的加速度，等于各个外力单独作用在该物体上所产生的加速度的总和，这一原理称为叠加原理（superposition principle）。叠加原理的适用范围非常广泛，数学上线性方程、线性问题的研究，经常使用到叠加原理。

同样，光波在线性介质中传输时，也遵从叠加原理，对于n个光波的叠加

$$
E(x, y, z, t) = \sum_i^n E_i(x, y, z, t)
\tag{1.53}
$$

由于波动方程是线性二阶微分方程，$E_i(x, y, z, t)$是波动方程的一个特解，则n个特解之和$E(x, y, z, t)$也是波动方程的解。

1.3　微分算子

　　将平面光波 $\boldsymbol{E}$ 和 $\boldsymbol{B}$ 的表达式(1.51)和式(1.52)代入麦克斯韦方程中,可以根据时间微分算子和空间微分算子将方程简化。

1.3.1　时间微分算子

　　根据式(1.51)和式(1.52),将时间微分算子(∂t)作用其上,可得

$$\frac{\partial \boldsymbol{E}}{\partial t} = \frac{\partial}{\partial t}\left\{\boldsymbol{E}_0 \mathrm{e}^{\mathrm{i}[k(n_x x + n_y y + n_z z) - \omega t]}\right\} = -\mathrm{i}\omega\boldsymbol{E} \tag{1.54}$$

$$\frac{\partial \boldsymbol{B}}{\partial t} = \frac{\partial}{\partial t}\left\{\boldsymbol{B}_0 \mathrm{e}^{\mathrm{i}[k(n_x x + n_y y + n_z z) - \omega t]}\right\} = -\mathrm{i}\omega\boldsymbol{B} \tag{1.55}$$

因此,时间微分算子的作用是将电场(或磁场)乘以因子($-\mathrm{i}\omega$)。

1.3.2　空间微分算子

　　对于 x 轴方向上的空间微分算子(∂x),将之作用在指数项 $\mathrm{e}^{\mathrm{i}[k(n_x x + n_y y + n_z z) - \omega t]}$ 上,可得

$$\mathrm{i}k n_x \mathrm{e}^{\mathrm{i}[k(n_x x + n_y y + n_z z) - \omega t]} \tag{1.56}$$

因此,空间微分算子 ∇ 作用在指数项 $\mathrm{e}^{\mathrm{i}[k(n_x x + n_y y + n_z z) - \omega t]}$ 上,可得

$$\mathrm{i}k\hat{\boldsymbol{n}}\mathrm{e}^{\mathrm{i}[k(n_x x + n_y y + n_z z) - \omega t]} \tag{1.57}$$

即有

$$\nabla \cdot \boldsymbol{E} = \mathrm{i}k\hat{\boldsymbol{n}} \cdot \boldsymbol{E} \tag{1.58}$$

$$\nabla \cdot \boldsymbol{B} = \mathrm{i}k\hat{\boldsymbol{n}} \cdot \boldsymbol{B} \tag{1.59}$$

　　因此对于时谐电磁波,其空间微分算子和时间微分算子在电、磁矢量上的作用可以等效为

$$\frac{\partial}{\partial t} \rightarrow -\mathrm{i}\omega \tag{1.60}$$

$$\nabla \rightarrow \mathrm{i}k\hat{\boldsymbol{n}} \tag{1.61}$$

　　将以上微分算子作用于 $\boldsymbol{E}$ 和 $\boldsymbol{B}$ 的结果代入麦克斯韦方程组中,可以得到真空中的光波场传输满足

$$\mathrm{i}k\hat{\boldsymbol{n}} \times \boldsymbol{E} = \mathrm{i}\omega\boldsymbol{B} \tag{1.62}$$

$$\mathrm{i}c^2 k\hat{\boldsymbol{n}} \times \boldsymbol{B} = -\mathrm{i}\omega\boldsymbol{E} \tag{1.63}$$

$$k\hat{\boldsymbol{n}} \cdot \boldsymbol{E} = 0 \tag{1.64}$$

$$k\hat{\boldsymbol{n}} \cdot \boldsymbol{B} = 0 \tag{1.65}$$

　　从以上关系式可以看出,矢量 $\hat{\boldsymbol{n}}$、$\boldsymbol{E}$ 和 $\boldsymbol{B}$ 两两相互正交。由于 $\hat{\boldsymbol{n}}$ 是光波的传输方向,因此电矢量 $\boldsymbol{E}$ 和磁矢量 $\boldsymbol{B}$ 均在传输方向的垂直面内振动,这表明光波是横波。考虑到相速度为 ω/k,在真空中光波传输的速度为 c,可以得到电矢量和磁矢量振动幅值的关系为

$$|\boldsymbol{B}| = (1/c)|\boldsymbol{E}| \tag{1.66}$$

1.4   平面光波在电介质表面的反射和折射

平面光波通过不同介质的分界面时会发生反射和折射，这一关系可通过菲涅耳公式表达。可用这个公式来计算界面上的反射系数、透射系数，解释在反射过程中发生的半波损失问题。这一公式对以后讲到的许多光学现象都能圆满地加以说明。

把平面光波的入射波、反射波和折射波的电矢量分成两个分量：一个平行于入射面，另一个垂直于入射面。有关各量的平行分量与垂直分量依次用指标p和s来表示，s分量、p分量和传播方向三者构成右螺旋关系。

1.4.1   电矢量平行入射面

图1.2所示是对电矢量平行入射面时光波在两介质界面上的反射和折射情况进行分析。两介质的折射率分别为n_1和n_2，入射面位于Oxy平面，介质界面位于Oxz平面。

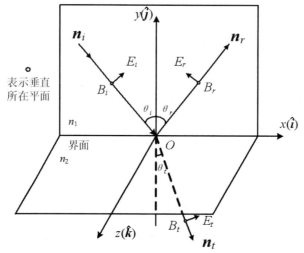

图 1.2   电矢量平行入射面时光波在两介质界面上的反射和折射

平面光波的电矢量平行于入射面，因此其电场只有p分量$\boldsymbol{E}_p$，可得

$$\boldsymbol{E}_p = \boldsymbol{E}_{p0}\mathrm{e}^{\mathrm{i}(k(\hat{\boldsymbol{n}}\cdot\boldsymbol{r})-\omega t)} \tag{1.67}$$

其磁场垂直于入射面，因此只有s分量，可得

$$\boldsymbol{B}_s = \boldsymbol{B}_{s0}\mathrm{e}^{\mathrm{i}(k(\hat{\boldsymbol{n}}\cdot\boldsymbol{r})-\omega t)} \tag{1.68}$$

平面光波传输方向矢量$k\hat{\boldsymbol{n}}$在入射面（Oxy平面）内，$\boldsymbol{B}_s$与z轴平行。以$\hat{\boldsymbol{n}}$、$\boldsymbol{E}$和$\boldsymbol{B}$所确定的右手正交坐标系来确定符号。为了更进一步对式(1.67)和式(1.68)进行分析，使用单位方向矢量$\boldsymbol{n}_i$、$\boldsymbol{n}_r$和$\boldsymbol{n}_t$分别表示平面光波的入射方向、反射方向和透射方向，可以用下式进行计算：

$$\boldsymbol{n}_i = (\boldsymbol{n}_i \cdot \hat{\boldsymbol{i}})\hat{\boldsymbol{i}} + (\boldsymbol{n}_i \cdot \hat{\boldsymbol{j}})\hat{\boldsymbol{j}}$$

$$\boldsymbol{n}_r = (\boldsymbol{n}_r \cdot \hat{\boldsymbol{i}})\hat{\boldsymbol{i}} + (\boldsymbol{n}_r \cdot \hat{\boldsymbol{j}})\hat{\boldsymbol{j}}$$

$$\boldsymbol{n}_t = (\boldsymbol{n}_t \cdot \hat{\boldsymbol{i}})\hat{\boldsymbol{i}} + (\boldsymbol{n}_t \cdot \hat{\boldsymbol{j}})\hat{\boldsymbol{j}}$$

根据矢量的点积运算可得

$$(\boldsymbol{n}_i \cdot \hat{\boldsymbol{i}}) = \sin\theta_i \qquad (\boldsymbol{n}_r \cdot \hat{\boldsymbol{i}}) = \sin\theta_r \qquad (\boldsymbol{n}_t \cdot \hat{\boldsymbol{i}}) = \sin\theta_t$$

$$(\boldsymbol{n}_i \cdot \hat{\boldsymbol{j}}) = -\cos\theta_i \qquad (\boldsymbol{n}_r \cdot \hat{\boldsymbol{j}}) = \cos\theta_r \qquad (\boldsymbol{n}_t \cdot \hat{\boldsymbol{j}}) = -\cos\theta_t$$

利用 $\boldsymbol{n}_i(x\hat{\boldsymbol{i}} + y\hat{\boldsymbol{j}})$ 可以将入射波写成

$$E_i = E_{i0}\mathrm{e}^{\mathrm{i}[k_1(\sin\theta_i\hat{\boldsymbol{i}} - \cos\theta_i\hat{\boldsymbol{j}})\cdot(x\hat{\boldsymbol{i}} + y\hat{\boldsymbol{j}}) - \omega t]} \tag{1.69}$$

将点积运算进行简化，同样将以上过程用于反射波和透射波，得到以下结果：

$$入射波：\quad E_i = E_{i0}\mathrm{e}^{\mathrm{i}[k_1(\sin\theta_i x - \cos\theta_i y) - \omega t]} \tag{1.70}$$

$$反射波：\quad E_r = E_{r0}\mathrm{e}^{\mathrm{i}[k_1(\sin\theta_r x + \cos\theta_r y) - \omega t]} \tag{1.71}$$

$$透射波：\quad E_t = E_{t0}\mathrm{e}^{\mathrm{i}[k_2(\sin\theta_t x - \cos\theta_t y) - \omega t]} \tag{1.72}$$

式中，$k_1 = 2\pi n_1/\lambda$，$k_2 = 2\pi n_2/\lambda$，这里 n_1 和 n_2 分别是入射波和透射波所在介质的折射率。

根据两介质界面上的边界条件，对于入射波、反射波及透射波在 x 轴上的投影有

$$E_{ix} - E_{rx} = E_{tx} \tag{1.73}$$

于是可得在两介质的交界面（$y = 0$）上

$$\cos\theta_i E_{i0}\mathrm{e}^{\mathrm{i}[k_1 x \sin\theta_i - \omega t]} - \cos\theta_r E_{r0}\mathrm{e}^{\mathrm{i}[k_1 x \sin\theta_r - \omega t]} = \cos\theta_t E_{t0}\mathrm{e}^{\mathrm{i}[k_2 x \sin\theta_t - \omega t]} \tag{1.74}$$

根据反射定律，有

$$\theta_i = \theta_r \tag{1.75}$$

根据折射定律，有

$$n_1 \sin\theta_i = n_2 \sin\theta_t \tag{1.76}$$

再结合 $k_1 = 2\pi n_1/\lambda$ 和 $k_2 = 2\pi n_2/\lambda$，可得

$$k_1 \sin\theta_i = k_1 \sin\theta_r = k_2 \sin\theta_t \tag{1.77}$$

将式(1.77)代入式(1.74)化简可得

$$\cos\theta_i E_{i0} - \cos\theta_r E_{r0} = \cos\theta_t E_{t0} \tag{1.78}$$

由于 E_{r0} 和 E_{t0} 均未知，还需要跟另一个方程来结合才能求出它们，这个方程可以根据磁矢量在界面处的边界条件得到。由于入射波、反射波和透射波的磁矢量垂直于入射面，分别记为 $\boldsymbol{B}_i$、$\boldsymbol{B}_r$ 和 $\boldsymbol{B}_t$，如图1.2所示，它们均平行于 z 轴。磁矢量在界面上的边界条件为

$$\boldsymbol{B}_i + \boldsymbol{B}_r = \boldsymbol{B}_t \tag{1.79}$$

再利用式(1.62)中 $\boldsymbol{B}$ 和 $\boldsymbol{E}$ 的关系，可得

$$n_1 E_{i0} + n_1 E_{r0} = n_2 E_{t0} \tag{1.80}$$

若您对此书内容有任何疑问，可以登录 MATLAB 中文论坛与同行们讨论交流。

将式(1.74)和式(1.80)均除以E_{i0}，即对入射波的幅度进行归一化处理，再令振幅反射系数为$r_p = E_{r0}/E_{i0}$、振幅透射系数为$t_p = E_{t0}/E_{i0}$，可以得到关于r_p和t_p的两个方程

$$\cos\theta_r r_p + \cos\theta_t t_p = +\cos\theta_i \tag{1.81}$$

$$n_1 r_p - n_2 t_p = -n_1 \tag{1.82}$$

再利用式(1.76)，可得

$$\cos\theta_t = (1 - \sin^2\theta_t)^{1/2} = [1 - (n_1/n_2)^2 \sin^2\theta_i]^{1/2} \tag{1.83}$$

联立式(1.81)和式(1.82)可得

$$r_p = \frac{n_2\cos\theta_i - n_1\sqrt{1 - (n_1/n_2)^2 \sin^2\theta_i}}{n_2\cos\theta_i + n_1\sqrt{1 - (n_1/n_2)^2 \sin^2\theta_i}} \tag{1.84}$$

$$t_p = \frac{2n_1\cos\theta_i}{n_2\cos\theta_i + n_1\sqrt{1 - (n_1/n_2)^2 \sin^2\theta_i}} \tag{1.85}$$

这就是平面光波的电矢量平行入射面的情况下的菲涅耳公式，该情况也常常被称为TM波或者p偏振入射。

1.4.2　电矢量垂直入射面

图1.3所示是电矢量垂直入射面的情况下，光波在两介质界面上反射和折射时的情况。此时入射波、反射波和透射波的电矢量$\boldsymbol{E}_i$、$\boldsymbol{E}_r$和$\boldsymbol{E}_t$都平行于z轴。它们对应的磁矢量$\boldsymbol{B}_i$、$\boldsymbol{B}_r$和$\boldsymbol{B}_t$都在入射面（Oxy平面）内，方向如图1.3所示。

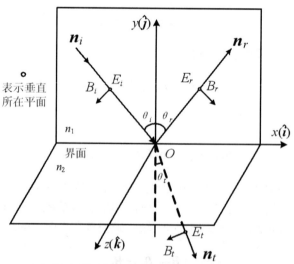

图 1.3　电矢量垂直入射面时光波在两介质界面上的反射和折射

与前面的计算类似，应用边界条件，可以得到磁矢量满足如下关系：

$$-\cos\theta_i B_{i0} + \cos\theta_r B_{r0} = -\cos\theta_t B_{t0} \tag{1.86}$$

利用磁矢量和电矢量的关系式(1.62)可得

$$-n_1 \cos\theta_i E_{i0} + n_1 \cos\theta_r E_{r0} = -n_2 \cos\theta_t E_{t0} \tag{1.87}$$

根据边界条件给出的第二个关系式为

$$E_{i0} + E_{r0} = E_{t0} \tag{1.88}$$

将式(1.87)和式(1.88)都除以E_{i0}进行归一化处理，再令振幅反射系数为$r_s = E_{r0}/E_{i0}$，振幅透射系数为$t_s = E_{t0}/E_{i0}$。可以得到关于r_s和t_s的两个方程

$$n_1 \cos\theta_r r_s + n_2 \cos\theta_t t_s = +n_1 \cos\theta_i \tag{1.89}$$

$$r_s - t_s = -1 \tag{1.90}$$

联立方程式(1.89)和式(1.90)，并利用式(1.76)可以求得

$$r_s = \frac{n_1 \cos\theta_i - n_2 \cos\theta_t}{n_1 \cos\theta_i + n_2 \cos\theta_t} = \frac{n_1 \cos\theta_i - n_2\sqrt{1 - (n_1/n_2)^2 \sin^2\theta_i}}{n_1 \cos\theta_i + n_2\sqrt{1 - (n_1/n_2)^2 \sin^2\theta_i}} \tag{1.91}$$

$$t_s = \frac{2n_1 \cos\theta_i}{n_1 \cos\theta_i + n_2 \cos\theta_t} = \frac{2n_1 \cos\theta_i}{n_1 \cos\theta_i + n_2\sqrt{1 - (n_1/n_2)^2 \sin^2\theta_i}} \tag{1.92}$$

这就是平面光波在电矢量垂直于入射面情况下的菲涅耳公式，该情况也常常被称为TE波或者s偏振入射。

1.4.3　菲涅耳公式

根据前面的推导，可以得到平面光波在电介质表面两侧的入射波、反射波和折射波各分量满足如下关系：

$$\boldsymbol{E}_{rp} = \frac{n_2 \cos\theta_i - n_1 \cos\theta_t}{n_2 \cos\theta_i + n_1 \cos\theta_t} \boldsymbol{E}_{ip} = \frac{\tan(\theta_i - \theta_t)}{\tan(\theta_i + \theta_t)} \boldsymbol{E}_{ip} \tag{1.93}$$

$$\boldsymbol{E}_{tp} = \frac{2n_1 \cos\theta_i}{n_2 \cos\theta_i + n_1 \cos\theta_t} \boldsymbol{E}_{ip} \tag{1.94}$$

$$\boldsymbol{E}_{rs} = \frac{n_1 \cos\theta_i - n_2 \cos\theta_t}{n_1 \cos\theta_i + n_2 \cos\theta_t} \boldsymbol{E}_{is} = \frac{\sin(\theta_t - \theta_i)}{\sin(\theta_t + \theta_i)} \boldsymbol{E}_{is} \tag{1.95}$$

$$\boldsymbol{E}_{ts} = \frac{2n_1 \cos\theta_i}{n_1 \cos\theta_i + n_2 \cos\theta_t} \boldsymbol{E}_{is} = \frac{2 \cos\theta_i \sin\theta_t}{\sin(\theta_i + \theta_t)} \boldsymbol{E}_{is} \tag{1.96}$$

以上4个等式称做菲涅耳反射折射公式（A. J. Fresnel，1823年）。其中，式(1.93)和式(1.95)是反射公式，式(1.94)和式(1.96)是折射公式。式中的各个光波分量应是瞬时值，也可被看成是复振幅，因为它们的时间频率是相同的。菲涅耳公式表明，反射、折射光波里的p分量只与入射光波中的p分量有关，s分量只与入射光波里的s分量有关。这就是说，在反射和折射的过程中p、s两个分量的振动是相互独立的。

若您对此书内容有任何疑问，可以登录MATLAB中文论坛与同行们讨论交流。

1.4.4 反射率和透射率

当平面光波在传输过程中遇到两种折射率不同的介质的界面时，一般说来一部分反射，一部分折射。为了说明反射和折射各占多少比例，引入了反射率和折射率的概念。除了前面提到的电矢量的p分量和s分量的振幅反（透）射率外，还有强度反（透）射率和能流反（透）射率，它们之间有一定的相互关系，其定义如表1.1所列。

表 1.1　各种反射率和透射率的定义

反/透射率	p分量	s分量
振幅反射率	$r_p = \dfrac{E_{rp}}{E_{ip}}$	$r_s = \dfrac{E_{rs}}{E_{is}}$
强度反射率	$\mathscr{R}_p = \dfrac{I_{rp}}{I_{ip}} = \lvert r_p \rvert^2$	$\mathscr{R}_s = \dfrac{I_{rs}}{I_{is}} = \lvert r_s \rvert^2$
能流反射率	$R_p = \dfrac{W_{rp}}{W_{ip}} = \mathscr{R}_p$	$R_s = \dfrac{W_{rs}}{W_{is}} = \mathscr{R}_s$
振幅透射率	$t_p = \dfrac{E_{tp}}{E_{ip}}$	$t_s = \dfrac{E_{ts}}{E_{is}}$
强度透射率	$\mathscr{T}_p = \dfrac{I_{tp}}{I_{ip}} = \dfrac{n_2}{n_1}\lvert t_p \rvert^2$	$\mathscr{T}_s = \dfrac{I_{ts}}{I_{is}} = \dfrac{n_2}{n_1}\lvert t_s \rvert^2$
能流透射率	$T_p = \dfrac{W_{tp}}{W_{ip}} = \dfrac{\cos\theta_t}{\cos\theta_i}\mathscr{T}_p$	$T_s = \dfrac{W_{ts}}{W_{is}} = \dfrac{\cos\theta_t}{\cos\theta_i}\mathscr{T}_s$

首先，光波的强度I本来的意思是平均能流密度，人们经常把它理解成振幅的二次方。在讨论同种介质中光的相对强度时，这是可以的；但在讨论不同介质中光的强度时，需要采用它的原始定义

$$I = \langle S \rangle = \left\langle \frac{1}{2\mu}\lvert \boldsymbol{E} \times \boldsymbol{B} \rvert \right\rangle = \frac{n}{2}\sqrt{\frac{\varepsilon_0}{\mu}}\lvert \boldsymbol{E} \rvert^2 \propto n\lvert \boldsymbol{E} \rvert^2 \tag{1.97}$$

式中，n为介质中光波的折射率；c为光波在真空中的传播速度。

因反射光与入射光在同一介质中，故强度反射率

$$\mathscr{R} = \frac{I_r}{I_i} = \frac{n_1\lvert \boldsymbol{E}_r \rvert^2}{n_1\lvert \boldsymbol{E}_i \rvert^2} = \lvert r \rvert^2 \tag{1.98}$$

对p、s分量都如此，因此可以把下标省略不写。但因折射光与入射光在不同的介质中，故有

$$\mathscr{T} = \frac{I_t}{I_i} = \frac{n_2\lvert \boldsymbol{E}_t \rvert^2}{n_1\lvert \boldsymbol{E}_i \rvert^2} = \frac{n_2}{n_1}\lvert t \rvert^2 \tag{1.99}$$

其次，能流$W = I/S$，这里S为光束的横截面积。能流的反射和透射如图1.4所示。

由反射定律和折射定律可知，反射光束与入射光束的横截面面积相等，而折射光束与入射光束的横截面面积之比为$\cos\theta_t / \cos\theta_i$，因此有

$$R = \mathscr{R} = \lvert r \rvert^2 \tag{1.100}$$

$$T = (\cos\theta_t / \cos\theta_i)\mathscr{T} = \frac{n_2\cos\theta_t}{n_1\cos\theta_i}\lvert t \rvert^2 \tag{1.101}$$

以上两式同样对p、s分量都适用。

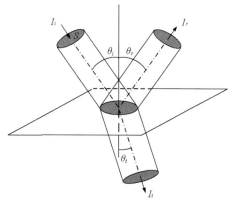

图 1.4 能流的反射和透射

最后，根据能量守恒原则，对于 p、s 分量分别有

$$W_{rp} + W_{tp} = W_{ip} \tag{1.102}$$

$$W_{rs} + W_{ts} = W_{is} \tag{1.103}$$

因此有

$$R_p + T_p = 1 \tag{1.104}$$

$$R_s + T_s = 1 \tag{1.105}$$

一般意义上讲，光波在介质界面上的反射率和透射率指的就是能流反射率和能流透射率。经过以上分析可知，影响反射率和透射率的因素，除了界面两边介质的折射率以外，还需考虑入射波的偏振和入射角度的因素。当入射波的电矢量与 p 分量的夹角为 α 时，可以证明其反射率 R_α 和透射率 T_α 分别为

$$R_\alpha = R_p \cos^2 \alpha + R_s \sin^2 \alpha \tag{1.106}$$

$$T_\alpha = T_p \cos^2 \alpha + T_s \sin^2 \alpha \tag{1.107}$$

对于入射光为平行的自然光的情况，可以将其看成是具有一切可能振动方向的平行光波的总和，利用式(1.106)和式(1.107)，对所有可能的方位角取值 α 在 $0 \sim 2\pi$ 范围内所对应的反射率和透射率取平均，可以求得自然光的反射率和透射率分别为

$$R_n = \langle R_p \cos^2 \alpha \rangle + \langle R_s \sin^2 \alpha \rangle = (R_p + R_s)/2 \tag{1.108}$$

$$T_n = \langle T_p \cos^2 \alpha \rangle + \langle T_s \sin^2 \alpha \rangle = (T_p + T_s)/2 \tag{1.109}$$

根据表1.1中的各相关公式，还可得

$$\mathscr{R}_p + \frac{\cos \theta_t}{\cos \theta_i} \mathscr{T}_p = 1 \tag{1.110}$$

$$\mathscr{R}_s + \frac{\cos \theta_t}{\cos \theta_i} \mathscr{T}_s = 1 \tag{1.111}$$

以及

$$|r_p|^2 + \frac{n_2 \cos \theta_t}{n_1 \cos \theta_i}|t_p|^2 = 1 \qquad (1.112)$$

$$|r_s|^2 + \frac{n_2 \cos \theta_t}{n_1 \cos \theta_i}|t_s|^2 = 1 \qquad (1.113)$$

通过以上的定义和分析，可知振幅反射率为复数，而前面给出的振幅反射系数为实数。由于光波在两介质的界面反射时还会产生相移，因此有

$$r_p = |r_p|e^{i\phi_p} = |r_p|e^{i\phi_p} \qquad (1.114)$$

$$r_s = |r_s|e^{i\phi_s} = |r_s|e^{i\phi_s} \qquad (1.115)$$

即振幅反射系数的绝对值等于振幅反射率的绝对值，ϕ_p 和 ϕ_s 分别是 p、s 分量反射所产生的相移的辐角。

当光波束正入射时，$\theta_i = \theta_t = 0$，式(1.84)、式(1.85)、式(1.91)和式(1.92)可以简化为

$$r_p = -r_s = \frac{n_2 - n_1}{n_2 + n_1} \qquad (1.116)$$

$$t_p = t_s = \frac{2n_1}{n_2 + n_1} \qquad (1.117)$$

于是可以得到

$$\mathscr{R}_p = \mathscr{R}_s = R_p = R_s = \left(\frac{n_2 - n_1}{n_2 + n_1}\right)^2 \qquad (1.118)$$

$$\mathscr{T}_p = \mathscr{T}_s = T_p = T_s = \frac{4n_1 n_2}{(n_2 + n_1)^2} \qquad (1.119)$$

1.5　光波由光疏介质进入光密介质

当光波由光疏介质进入光密介质时，即 $n_1 < n_2$，随着入射角发生变化，其振幅反（透）射系数、振幅反射率（透过率）、强度反射率（透过率）和能流反射率（透过率）均会发生相应的变化。

1.5.1　反射率、透射率变化

下面通过具体的实例来分析光波由光疏介质进入光密介质时反射率和透射率的变化。

【例 1.1】　平面光波从空气（折射率为 $n_1 = 1$）入射到石英玻璃中（折射率为 $n_2 = 1.45$），用 MATLAB 作出 p、s 分量的振幅反射率和振幅透射率以及它们的绝对值随入射角度的变化曲线。

【分析】　根据本节的分析结果，在 MATLAB 中分别调用式(1.84)式(1.91)计算不同角度下的振幅反射率 r_p、r_s，再调用式(1.85)和式(1.92)计算振幅透射率 t_p、t_s，并计算出它们的绝对值，然后作图即可。其代码如下：

```
1 clear          %清空内存空间
2 close all      %关闭所有的作图页面
3
4 n1 = 1, n2 = 1.45;      %介质折射率
5 theta = 0:0.1:90;       %入射角范围0-90度,步距0.1度
6 a = theta*pi/180;       %角度化为弧度
7
8 rp = (n2*cos(a)-n1*sqrt(1-(n1/n2*sin(a)).^2))./...      %p分量振幅反射率
9     (n2*cos(a)+n1*sqrt(1-(n1/n2*sin(a)).^2));
10 rs = (n1*cos(a)-n2*sqrt(1-(n1/n2*sin(a)).^2))./...     %s分量振幅反射率
11     (n1*cos(a)+n2*sqrt(1-(n1/n2*sin(a)).^2));
12 tp = 2*n1*cos(a)./(n2*cos(a)+n1*sqrt(1-(n1/n2*sin(a)).^2));%p分量振幅透射率
13 ts = 2*n1*cos(a)./(n1*cos(a)+n2*sqrt(1-(n1/n2*sin(a)).^2));%s分量振幅透射率
14
15 figure(1);
16 subplot(1,2,1);         %作图rp、rs、|rp|、|rs|随入射角的变化曲线
17 plot(theta,rp,'-',theta,rs,'--',theta,abs(rp),':',...
18     theta,abs(rs),'-.','LineWidth',2)
19 legend('r_p','r_s','|r_p|','|r_s|')
20 xlabel('\theta_i')
21 ylabel('Amplitude')
22 title(['n_1=',num2str(n1),',n_2=',num2str(n2)])
23 axis([0 90 -1 1])       %设定作图区间
24 grid on                 %作图加栅格
25
26 subplot(1,2,2);         %作图rp、rs、|rp|、|rs|随入射角的变化曲线
27 plot(theta,tp,'-',theta,ts,'--',theta,abs(tp),':',...
28     theta,abs(ts),'-.','LineWidth',2)
29 legend('t_p','t_s','|t_p|','|t_s|')
30 xlabel('\theta_i')
31 ylabel('Amplitude')
32 title(['n_1=',num2str(n1),',n_2=',num2str(n2)])
33 axis([0 90 0 1])
34 grid on
```

运行结果如图1.5所示。

根据图1.5所计算得到的平面光波由光疏介质入射到光密介质时的结果，可以看出：当入射角 $\theta_i = 0$，即垂直入射时，r_p、r_s 和 t_p、t_s 都不为0，表示存在反射波和折射波；当 $\theta_i = 90°$，即掠入射时，$r_p = r_s = -1$，$t_p = t_s = 0$，即没有折射光波。从图中还可以看出：t_p 和 t_s 随 θ_i 的增大而减小；$|r_s|$ 则随 θ_i 的增大而增大，直到等于1；而 $|r_p|$ 的值先随 θ_i 的增大而减小，到达一特定的值 θ_B 时，有 $|r_p| = 0$，即反射波中此时没有p分量，只有s分量，产生全偏振现象，然后随 θ_i 的增大，$|r_p|$ 也不断增大，直到等于1。

【例1.2】　平面光波从空气（折射率为 $n_1 = 1$）入射到石英玻璃中（折射率为 $n_2 = 1.45$），用 MATLAB 作出p、s分量的能流反射率和能流透射率以及它们的平均值随入射角度的变化曲线。

若您对此书内容有任何疑问，可以登录 MATLAB 中文论坛与同行们讨论交流。

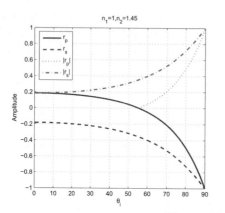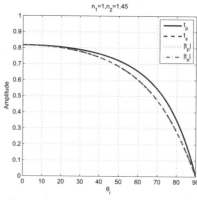

图1.5　例1.1运行结果

【分析】　在例1.1的基础上，再分别调用式(1.100)计算不同角度下的能流反射率R_p和R_s，再调用式(1.101)计算不同角度下的能流透射率T_p和T_s，然后作图即可。其代码如下：

```
1  clear
2  close all
3
4  n1 = 1; n2 = 1.45;    %介质折射率
5  theta = 0:0.1:90;     %入射角范围0-90度，步距0.1度
6  a = theta*pi/180;     %角度化为弧度
7
8  rp = (n2*cos(a)-n1*sqrt(1-(n1/n2*sin(a)).^2))./...    %p分量振幅反射率
9      (n2*cos(a)+n1*sqrt(1-(n1/n2*sin(a)).^2));
10 rs = (n1*cos(a)-n2*sqrt(1-(n1/n2*sin(a)).^2))./...    %s分量振幅反射率
11      (n1*cos(a)+n2*sqrt(1-(n1/n2*sin(a)).^2));
12 tp = 2*n1*cos(a)./(n2*cos(a)+n1*sqrt(1-(n1/n2*sin(a)).^2));%p分量振幅透射率
13 ts = 2*n1*cos(a)./(n1*cos(a)+n2*sqrt(1-(n1/n2*sin(a)).^2));%s分量振幅透射率
14
15 Rp = abs(rp).^2;      %p分量能流反射率
16 Rs = abs(rs).^2;      %s分量能流反射率
17 Rn = (Rp+Rs)/2;       %自然光能流反射率
18
19 Tp = n2*sqrt(1-(n1/n2*sin(a)).^2)./(n1*cos(a)).*abs(tp).^2; %p分量能流透射率
20 Ts = n2*sqrt(1-(n1/n2*sin(a)).^2)./(n1*cos(a)).*abs(ts).^2; %s分量能流透射率
21 Tn = (Tp+Ts)/2;                                            %自然光能流透射率
22
23 figure(1);            %作图Rp、Rs、Rn随入射角变化
24 subplot(1,2,1);
25 plot(theta,Rp,'-',theta,Rs,'-.',theta,Rn,'--','LineWidth',2)
26 legend('R_p','R_s','R_n')
27 xlabel('\theta_i')
28 ylabel('Amplitude')
29 title(['n_1=',num2str(n1),',n_2=',num2str(n2)])
30 axis([0 90 0 1])
31 grid on
```

```
32
33 subplot(1,2,2);        %作图Tp、Ts、Tn随入射角变化
34 plot(theta,Tp,'-',theta,Ts,'-.',theta,Tn,'--','LineWidth',2)
35 legend('T_p','T_s','T_n')
36 xlabel('\theta_i')
37 ylabel('Amplitude')
38 title(['n_1=',num2str(n1),',n_2=',num2str(n2)])
39 axis([0 90 0 1])
40 grid on
```

程序运行结果如图1.6所示。

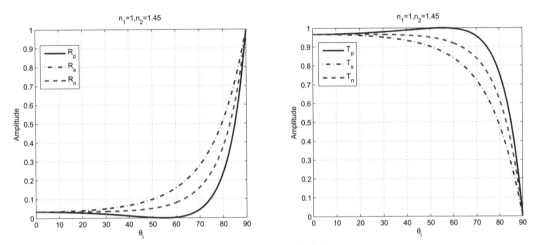

图 1.6　例 1.2 运行结果

根据图1.6所计算得到的平面光波由光疏介质入射到光密介质时的结果，可以看出：当入射角 $\theta_i = 0$，即垂直入射时，能流反射率 R_p、R_s 和 T_p、T_s 都不为0，即此时存在反射光波；随着 θ_i 的增大，R_s 不断增大直至为1，而 T_s 不断减小直至为0，但是始终有 $R_s + T_s = 1$；而随着 θ_i 的增大，R_p 先是减小，直至一特定的值 θ_B 时变为0，而后随着 θ_i 的增大不断增大直至为1；T_p 的变化过程正好相反，在入射角为 θ_B 时为1，并且始终有 $R_p + T_p = 1$。

1.5.2　布鲁斯特角

从图1.5和图1.6都能观察到，入射角为一特定角度 θ_B 时，r_p 和 R_p 均为0，这个特定角度 θ_B 就是布鲁斯特角（Brewster angle）。根据布鲁斯特角的特性，由式(1.84)可得

$$n_2 \cos \theta_B - n_1 \left[1 - (n_1/n_2)^2 \sin^2 \theta_i \right]^{1/2} = 0 \tag{1.120}$$

令 $a = n_2/n_1$，代入方程(1.120)，移项后两边平方可得

$$a^2 \cos^2 \theta_B = 1 - \sin^2 \theta_B/a^2 = \cos^2 \theta_B + \sin^2 \theta_B - \sin^2 \theta_B/a^2 \tag{1.121}$$

移项后可得

$$(a^2 - 1) \cos^2 \theta_B = (a^2 - 1) \sin^2 \theta_B/a^2 \tag{1.122}$$

由于$n_1 < n_2$，因此$(a^2 - 1) > 0$，将方程(1.122)两边同时除以$(a^2 - 1)$，化简可得

$$\tan \theta_B = a = n_2/n_1 \tag{1.123}$$

即

$$\theta_B = a = \arctan(n_2/n_1) \tag{1.124}$$

根据式(1.124)可以计算出例1.1中的布鲁斯特角为$\arctan(1.45) \approx 55.41°$。

利用能流透射率在入射角为布鲁斯特角θ_B透过率为100%的特性可以在激光器中获得高相干度的单色偏振光。如图1.7所示，在气体激光器谐振腔的放电管上，以布鲁斯特角斜贴上两块玻璃片，形成布鲁斯特窗。s分量在反射光方向上，不能在谐振腔中形成多次反射，但沿轴向传输的p分量能无损耗地通过布鲁斯特窗，在激光器谐振腔中经过多次反射得到增益从而形成激光。最后从激光器谐振腔中出射的是平行于面振动只有p分量的线偏振激光。

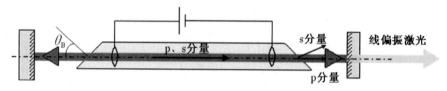

图1.7　带布鲁斯特窗的气体激光器谐振腔

1.5.3　相位变化

当光波由光疏介质入射到光密介质时，在两介质表面发生反射和折射，由于$n_1 < n_2$，因此根据菲涅耳公式(1.84)、式(1.85)、式(1.91)和式(1.92)计算出来的r_p、t_p、r_s和t_s也是实数，随着θ_i的变化会出现正值和负值的情况，表明所考虑的两个光波同相位（振幅比值为正值），或者反相位（振幅比值为负值），其相位变化都是0或者π。

具体来说，对于折射波，由式(1.85)和式(1.92)可知，不管θ_i取何值，t_p和t_s都是正值，即表明折射波和入射波的相位总是相同，其p分量和s分量的取向与规定的正向一致。因此光波通过界面时，折射波不发生相位改变。

对于反射波，由式(1.84)和式(1.91)以及图1.5可知，r_s对所有的θ_i都是负值，即E_r的取向与规定的正向相反，表明反射时s分量在界面上发生了π的相位变化。而对p分量，当$\theta_i < \theta_B$时r_p为正值，表明E_r取定的正向一致，其相位变化为0；当$\theta_i > \theta_B$时r_p为负值，即E_r的取向与规定的正向相反，表明在界面上，反射光p分量发生了π相位变化；当$\theta_i = \theta_B$时$r_p = 0$，表明反射光中没有平行于入射面的振动，只有垂直于入射面的振动，即发生了全偏振现象。

1.6　光波由光密介质进入光疏介质

1.6.1　反射率、透射率变化

当光波由光密介质进入光疏介质，即$n_1 > n_2$时，随着入射角发生变化，其振幅反（透）射系数、振幅反（透）过率、强度反（透）射率和能流反（透）过率也会发生相应的变化。不过，由于全反射的存在，这些变化与1.5节所讨论的光波由光疏介质进入光密介质的情况有所差别。

【例 1.3】　平面光波从石英玻璃中（折射率为 $n_1 = 1.45$）入射到空气（折射率为 $n_2 = 1$），用 MATLAB 作出 p、s 分量的振幅反射率和振幅透射率以及它们的绝对值随入射角度的变化曲线。

【分析】　与例 1.1 的分析过程一样，对例 1.1 的程序代码只需作简单的修改：将第 4 行的 n_1 和 n_2 值分别改为 1.45 和 1，并把作图的区间稍微调整一下即可。

程序运行结果如图 1.8 所示。

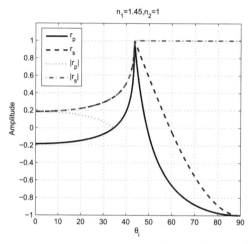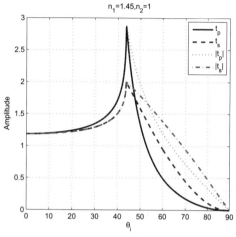

图 1.8　例 1.3 运行结果

根据图 1.8 所计算得到的平面光波由光密介质入射到光疏介质时的结果，可以看出当入射角 $\theta_i = 0$，即垂直入射时，r_p、r_s 和 t_p、t_s 都不为 0，表示同时存在反射波和折射波。对于 r_p 同样存在布鲁斯特角 $\theta_B = \arctan(1/1.45) \approx 34.59°$，当 $\theta_i < \theta_B$ 时，$|r_p|$ 随着 θ_i 的增大不断减小直至 0；当 $\theta_i > \theta_B$ 时 $|r_p|$ 随着 θ_i 的增大不断增大，直至一特定角度 θ_c 时变为 1；r_s 和 $|r_s|$ 都随着 θ_i 的增大不断增大，直至一特定角度 θ_c 时变为 1；但是在 $\theta_i > \theta_c$ 后，$|r_s|$ 一直保持为 1，而 r_s 则不断减小直至 -1。

在 $\theta_i > \theta_c$ 后 $|r_p|$ 和 r_p 以及 $|r_s|$ 和 r_s 在图 1.8 中如此大的差异是如何产生的呢？这需要从两个方面来讨论，首先因为 $n_1 > n_2$，因此根据式 (1.84) 和式 (1.91) 计算 r_p 和 r_s 时，如果 $\sin\theta_i > n_2/n_1$ 则 $1 - (n_1/n_2)^2 \sin^2\theta_i < 0$，计算得到的 r_p 和 r_s 将变成复数。这一点也可以通过例 1.3 的计算结果来验证。

例 1.3 代码运行后，在 MATLAB 的命令窗口中输入

```
>> [theta' rp' rs']
```

即可得到不同入射角对应的 r_p 和 r_s，由于数值较多，这里只选取前、后两头以及其中在 θ_c 附近的一部分数据。MATLAB 命令窗口中的数据显示如下：

```
1 >> [theta' rp' rs']
2
3 ans =
4
5         0              -0.1837              0.1837
6   0.1000               -0.1837              0.1837
7   0.2000               -0.1837              0.1837
```

8	0.3000	−0.1837	0.1837
9	0.4000	−0.1837	0.1837
10	0.5000	−0.1837	0.1837
11	......		
12	43.0000	0.5449	0.7542
13	43.1000	0.5754	0.7727
14	43.2000	0.6108	0.7938
15	43.3000	0.6531	0.8185
16	43.4000	0.7064	0.8487
17	43.5000	0.7814	0.8897
18	43.6000	0.9601	0.9808
19	43.7000	0.9717 + 0.2360i	0.9935 + 0.1135i
20	43.8000	0.9433 + 0.3319i	0.9869 + 0.1614i
21	43.9000	0.9155 + 0.4023i	0.9802 + 0.1978i
22	44.0000	0.8883 + 0.4593i	0.9736 + 0.2283i
23	......		
24	89.5000	−0.9999 + 0.0115i	−0.9997 + 0.0241i
25	89.6000	−1.0000 + 0.0092i	−0.9998 + 0.0193i
26	89.7000	−1.0000 + 0.0069i	−0.9999 + 0.0145i
27	89.8000	−1.0000 + 0.0046i	−1.0000 + 0.0096i
28	89.9000	−1.0000 + 0.0023i	−1.0000 + 0.0048i
29	90.0000	−1.0000 + 0.0000i	−1.0000 + 0.0000i

从上面的数据可以看出，当 $\theta_i \leqslant 43.6°$ 时，r_p 和 r_s 都为实数；而当 $\theta_i \geqslant 43.7°$ 时，r_p 和 r_s 都为复数。因此 θ_c 在 $43.6° \sim 43.7°$ 之间，这与前面分析的 $\theta_c = \arcsin(n_2/n_1) = \arcsin(1/1.45) \approx 43.603°$ 是一致的。由于 MATLAB 中，用 plot() 函数对一组复数为纵坐标数据直接作图时只取其实部数据，因此得到如图1.8所示的 $|r_p|$ 和 r_p 以及 $|r_s|$ 和 r_s 的差异很大。

1.6.2　全反射

根据前面的计算可以看出，光波由光密介质进入光疏介质时（$n_1 > n_2$）在界面上会发生与光波由光疏介质进入光密介质（$n_1 < n_2$）完全不同的现象，即全反射现象。这是因为根据折射定律，有

$$\sin \theta_t = (n_1/n_2) \sin \theta_i \tag{1.125}$$

如果 θ_i 增大到一定程度，使得 $\sin \theta_i > (n_2/n_1)$ 时，将不存在满足上式条件的折射角 θ_t，故此时没有折射光，在界面上所有的光都反射回光密介质中。这种现象被称为全反射现象。当入射角取为

$$\theta_c = \arcsin(n_2/n_1) \tag{1.126}$$

时，折射角 $\theta_t = 90°$ 开始发生全反射，θ_c 成为全反射临界角，简称临界角。也可以在利用 MATLAB 计算光波由石英玻璃中入射到空气时，看到在界面上的能流反射率和能流透射率随入射角的变化。程序代码可参考例1.2，将第4行的 n_1 和 n_2 的值分别改为1.45和1，结果如图1.9所示。

由菲涅耳公式和图1.9，在全反射区间（$\theta_i > \theta_c$），有能流反射率 $R_p = R_s = R_n = 1$，可知所有光波全部反射回光密介质中，光在界面上发生全反射时将不会损失能量。

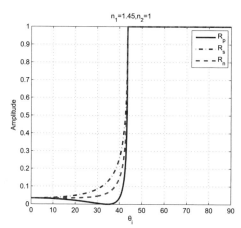 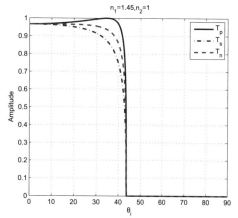

图 1.9　光波由石英玻璃中入射到空气时界面上的能流反射率、透射率随入射角的变化

从图1.9还可以看出，当入射角从布鲁斯特角θ_B变化到临界角θ_c时，R_p从0很快变化到1，能流反射率在临界角附近发生急剧变化。这种变化在两介质折射率相差大时更为明显。例如对于前面的石英玻璃—空气界面（$n_1 = 1.45$，$n_1 = 1$）情况，当$\theta_B = 34.59°$时，$R_p = 0$；而当$\theta_c = 43.60°$时，$R_p = 1$，其入射角的变化为9.01°。如果是透红外光的锗波片（$n_1 = 4$），则在其与空气的界面有$\theta_B = 14.04°$，$\theta_c = 14.48°$，入射角仅变化0.44°，其能流反射率就从0陡然上升到1。

1.6.3　相位变化

光波由光密介质射入光疏介质，在界面上发生全反射时，由于$1 - (n_1/n_2)^2 \sin^2 \theta_i < 0$，计算得到的$r_p$和$r_s$将变成复数，因此式(1.84)和式(1.91)可以写成

$$r_p = \frac{n_2 \cos \theta_i - i n_1 [(n_1/n_2)^2 \sin^2 \theta_i - 1]^{1/2}}{n_2 \cos \theta_i + i n_1 [(n_1/n_2)^2 \sin^2 \theta_i - 1]^{1/2}} = |r_p| \mathrm{e}^{\mathrm{i}\phi_p} \tag{1.127}$$

$$r_s = \frac{n_1 \cos \theta_i - i n_2 [(n_1/n_2)^2 \sin^2 \theta_i - 1]^{1/2}}{n_1 \cos \theta_i + i n_2 [(n_1/n_2)^2 \sin^2 \theta_i - 1]^{1/2}} = |r_s| \mathrm{e}^{\mathrm{i}\phi_s} \tag{1.128}$$

式中，$|r_p| = |r_s| = 1$，说明全反射时光能全部反射回光密介质中；ϕ_p和ϕ_s分别表示全反射p分量和s分量的相位变化，有

$$\phi_p = \arg(r_p) = -2 \arctan \frac{n_1 \sqrt{(n_1/n_2)^2 \sin^2 \theta_i - 1}}{n_2 \cos \theta_i} \tag{1.129}$$

$$\phi_s = \arg(r_s) = -2 \arctan \frac{n_2 \sqrt{(n_1/n_2)^2 \sin^2 \theta_i - 1}}{n_1 \cos \theta_i} \tag{1.130}$$

【例 1.4】　平面光波从石英玻璃中（折射率为$n_1 = 1.45$）入射到空气（折射率为$n_2 = 1$），在 MATLAB 中求出p、s分量的反射波相位和透射波相位随入射角度的变化曲线。

【分析】　在 MATLAB 中提供了求复数辐角的函数angle()，因此只要在例1.3的基础上，调用函数angle()求出r_p、r_s和t_p、t_s的辐角然后作图即可。其程序代码如下：

```
1 clear close all
```

若您对此书内容有任何疑问，可以登录MATLAB中文论坛与同行们讨论交流。

```
2
3  n1 = 1.45; n2 = 1;     %介质折射率
4  theta = 0:0.1:90;      %入射角范围0~90度，步距0.1度
5  a = theta*pi/180;      %角度化为弧度
6
7  rp = (n2*cos(a)-n1*sqrt(1-(n1/n2*sin(a)).^2))./...    %p分量振幅反射率
8       (n2*cos(a)+n1*sqrt(1-(n1/n2*sin(a)).^2));
9  rs = (n1*cos(a)-n2*sqrt(1-(n1/n2*sin(a)).^2))./...    %s分量振幅反射率
10      (n1*cos(a)+n2*sqrt(1-(n1/n2*sin(a)).^2));
11 tp = 2*n1*cos(a)./(n2*cos(a)+n1*sqrt(1-(n1/n2*sin(a)).^2));%p分量振幅透射率
12 ts = 2*n1*cos(a)./(n1*cos(a)+n2*sqrt(1-(n1/n2*sin(a)).^2));%p分量振幅反射率
13
14 arp = angle(rp);     %p分量反射波相位
15 ars = angle(rs);     %s分量反射波相位
16 atp = angle(tp);     %p分量透射波相位
17 ats = angle(ts);     %s分量透射波相位
18
19 figure(1);
20 subplot(1,2,1);      %反射波相位作图
21 plot(theta,arp,'-',theta,ars,'--','LineWidth',2)
22 legend('arg(r_p)','arg(r_s)')
23 xlabel('\theta_i')
24 ylabel('\phi')
25 title(['n_1=',num2str(n1),',n_2=',num2str(n2)])
26 axis([0 90 -3.5 3.5])
27 grid on
28
29 subplot(1,2,2);      %透射波相位作图
30 plot(theta,atp,'-',theta,ats,'--','LineWidth',2)
31 legend('arg(t_p)','arg(t_s)')
32 xlabel('\theta_i')
33 ylabel('\phi')
34 title(['n_1=',num2str(n1),',n_2=',num2str(n2)])
35 axis([0 90 -3.5 3.5])
36 grid on
```

22

程序运行结果如图1.10所示。从图中可以看出：在发生全反射之前（$\theta_i < \theta_c$），r_s、t_p和t_s的相位都为0；而r_p的相位在$\theta_i < \theta_B$时为π，在$\theta_B < \theta_i < \theta_c$时为0；发生全反射后（$\theta_i \geqslant \theta_c$），反射波和折射波的相位都没有发生突变，而是随着$\theta_i$的增大$r_p$和$r_s$的相位逐渐趋于$-\pi$，$t_p$和$t_s$的相位则逐渐趋于$-\pi/2$。

1.6.4　倏逝波

在全反射时光波不是绝对地在界面上被全部反射回光密介质，而是透入光疏介质波长量级的深度，并沿着界面流过波长量级距离后重新返回光密介质，然后沿着反射光波的方向射出。这个沿着光疏介质表面流动的波成为倏逝波（evanescent wave）。从电磁场的连续性

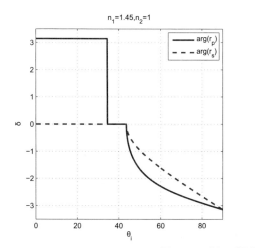

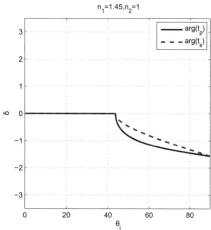

图 1.10　例 1.4 程序代码运行结果

条件来看，倏逝波的存在是必然的。因为电场和磁场不会在两介质的界面上突然中断，在光疏介质中应该有透射波存在，并具有特殊的形式。

　　牛顿曾经用棱镜和凸透镜观察了倏逝波的存在。如 1.11 所示，当透镜 3 不存在或者远离棱镜 1 时，入射光波在棱镜 1 和空气 2 的界面发生全反射。当透镜逐渐向棱镜靠近时，两者间的空气间隙越来越小，当间隙小于 4λ 厚度时，就观察到一部分倏逝波进入透镜，而在全反射光波中看到了光强的减弱，间隙越小，被导引进入透镜的光波能量就越多。这表明透镜 3 对倏逝波产生了干扰，从而导致棱镜 1 和空气 2 的界面发生的全反射产生了影响。由此可知，全反射必定存在导引它的倏逝波。当透镜与棱镜接触时，从实验测量到未发生全反射（反射光斑在此部分变黑）区域正是按厚度范围到 4λ 的球缺范围大小。

　　这种在全反射过程中产生的倏逝波能穿过小间隙光疏介质而进入另一种光密介质的现象叫作光学隧道效应。光学隧道显微镜正是利用了这一基本原理。

　　下面运用电磁波理论对倏逝波进行解释。如图 1.12 所示，取 Oxz 平面作为入射面，两介质的界面为 Oyz 平面。

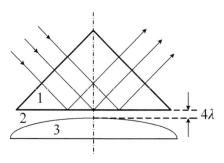

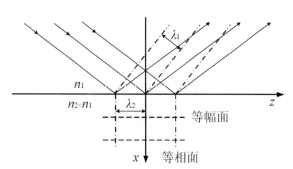

图 1.11　牛顿观察倏逝波存在的实验装置示意图　　　　图 1.12　倏逝波示意图

　　由式 (1.51) 可将折射波表示为

$$\boldsymbol{E}_t = \boldsymbol{E}_{t0}\mathrm{e}^{\mathrm{i}[k_2(x\cos\theta_t + z\sin\theta_t) - \omega t]} \tag{1.131}$$

其中 $\boldsymbol{E}_{t0}$ 可以根据菲涅耳公式计算出来。由折射定理，有 $k_1\sin\theta_i = k_2\sin\theta_t$，可以将 $\boldsymbol{E}_t$ 写成只包含入射角的形式

$$\boldsymbol{E}_t = \boldsymbol{E}_{t0}\mathrm{e}^{\mathrm{i}[k_1 z\sin\theta_i + k_2 x\sqrt{1-(k_1\sin\theta_i/k_2)^2} - \omega t]} \tag{1.132}$$

根号内的关系式可以写成

$$\sqrt{1 - (k_1 \sin\theta_i / k_2)^2} = \mathrm{i}\sqrt{(n_1 \sin\theta_i / n_2)^2 - 1} \tag{1.133}$$

因此可得

$$\boldsymbol{E}_t = \boldsymbol{E}_{t0} \mathrm{e}^{-k_2 x \sqrt{(n_1 \sin\theta_i / n_2)^2 - 1}} \mathrm{e}^{\mathrm{i}(k_1 z \sin\theta_i - \omega t)} \tag{1.134}$$

式(1.134)表明，透射波是一个沿z方向传播的振幅在x方向做指数衰减的光波，这个波就是倏逝波（见图1.12）。可以看出，倏逝波是一个非均匀波，其振幅沿着透入深度x的增加而急剧下降。通常定义振幅减小到界面（$x=0$）处振幅的$1/\mathrm{e}$时的深度为穿透深度x_0，则

$$x_0 = \frac{1}{k_2 \sqrt{(n_1 \sin\theta_i / n_2)^2 - 1}} = \frac{\lambda}{2\pi \sqrt{(n_1 \sin\theta_i)^2 - n_2^2}} \tag{1.135}$$

倏逝波的等幅面是x为常数的平面，等相面是z为常数的平面，两者相互垂直，并且倏逝波的波长和传播速度分别为

$$\lambda_2 = \frac{2\pi}{k_1 \sin\theta_i} = \frac{\lambda_1}{\sin\theta_i} \tag{1.136}$$

$$v_2 = \frac{v_1}{\sin\theta_i} \tag{1.137}$$

倏逝波的穿透深度非常小，只有波长量级。例如当$n_1 = 1.5$，$n_2 = 1$，$\theta = 45°$时，倏逝波的穿透深度仅有$x_0 = 0.45\lambda_1$。

当入射光束宽度很小时，可以观测到反射光沿界面产生波长量级的侧向位移，称为古斯–汉欣位移（Goos-Hänchen shift），其值只是入射光波波长量级。例如取$n_1 = 1.5$，$n_2 = 1$，$\theta = 45°$，$\lambda = 632.8\mathrm{nm}$，入射光是$p$波时，对应的古斯–汉欣位移大小为$l_p = 569.5\mathrm{nm}$。

全反射现象的特点，即无反射能量损失、反射时有相位变化及存在倏逝波。这些特点在许多方面得到了实际的应用，尤其是在光波导方面。光导纤维（光纤）就是全反射现象的一个重要应用领域。利用光在光纤中不断地全反射不仅能以极小的损耗传输光信号，在光通信领域具有重要价值；光纤还能传输光能以及光学图像，可以做成各种光纤传感器，使得全反射在医学、精密测量、计算机和光通信等方面得到广泛的应用。

1.7　MATLAB 预备技能与技巧

1.7.1　向量及其操作

MATLAB 是英文Matrix Laboratory（矩阵实验室）的简称，是基于矩阵运算的操作环境。MATLAB 中的所有数据都是以矩阵或多维数组的形式存储的。向量和标量是矩阵的两种特殊形式。

向量是指单行或者单列的矩阵，它是构成矩阵的基础。要成为 MATLAB 高手，基本功之一就是要能够熟练地对向量进行操作，因为采用向量操作的特点可以使一些计算做到向量化。很多编程的情况向量化之后代码执行速度比通常情况要快10倍以上。因此，向量化可以说是编写快捷的 MATLAB 代码最为通用和有效的手段之一。

1. 向量赋值

赋值就是把数赋予代表常量或变量的标识符。MATLAB 中的变量或常量都代表矩阵,标量可以看作是 1×1 的矩阵,向量则可以看作是 $1 \times N$ (行向量) 或 $N \times 1$ 的矩阵。赋值语句的一般形式为"变量= 表达式(或数)"。

对于向量的赋值有以下几种方式:

(1)用向量构造操作符(方括号[])和数值给向量赋值。

【例 1.5】 在 MATLAB 的命令窗口中将1~9共9个元素的向量赋值给变量x。

```
1 >> x = [1,2,3,4,5,6,7,8,9]
2
3 x =
4
5       1    2    3    4    5    6    7    8    9
```

命令窗口是用户与 MATLAB 进行人机对话的主要界面。">>"是其中的提示符,可以在提示符后键入MATALB的各种命令并输出相应的结果。

例1.5中得到的x是行向量,行向量放入中括号[]中,其中的数值之间用逗号或者空格隔开。如果要得到列向量,则数值之间用分号隔开。可以通过转置运算符","来将行向量和列向量进行转换。

【例 1.6】 生成列向量,并赋值给y、z。

```
1 >> y=[1;2;3]
2
3 y =
4
5       1
6       2
7       3
8
9 >> z=[1,2,3]'
10
11 z =
12
13       1
14       2
15       3
```

(2)用冒号表达式给向量赋值。

MATLAB 定义了独特的冒号表达式来给行向量进行赋值,其基本使用格式为

```
j:k 等价于 [j,j+1,...,k]
j:k 为空, if j>k
j:i:k 等价于 [j,j+i,j+2i, ...,k]
j:i:k 为空, if i == 0, if i>0 and j>k, or if i<0 and j<k
```

【例1.7】 利用冒号表达式生成行向量。

```
1 >> D = 1:4
2
3 D =
4
5      1     2     3     4
6
7 >> E = 0:.1:.5
8
9 E =
10
11          0    0.1000    0.2000    0.3000    0.4000    0.5000
```

(3)用函数给向量赋值。

linspace()，logspace()，zeros()，ones()，rand()，randn()等函数可以用来生成向量。

【例1.8】 用linspace()函数生成行向量。

```
1 >> linspace(1,4,5)
2
3 ans =
4
5      1.0000    1.7500    2.5000    3.2500    4.0000
```

(4)利用for循环来给向量赋值。

【例1.9】 用for循环给向量b赋值。

```
1 >>  for m=1:5, b(m)=m^2;end
2 >> b
3
4 b =
5
6      1     4     9    16    25
```

2. 向量操作

向量操作可以是针对向量中的某个元素或某几个元素，也可以是将整个向量当作整体来进行的元素群运算。

对向量中的某个或某几个元素进行操作比较简单，仅仅使用小括号()加上元素在向量中的序数即可。可以用其完成对元素值的调用、对元素赋值或者改变其值。要特别指出的是，采用end作为序数可以方便地对向量的最后一个元素进行操作，也可以用(end-1)、(end-2)等对向量的倒数第2个、倒数第3个元素进行操作。

【例1.10】 把例1.9中向量b的第3个元素和最后一个元素互换，并显示互换后的结果。

26

```
1 >> c=b(3);b(3)=b(end);b(end)=c;
2 >> b
3
4 b =
5
6        1      4     25     16      9
```

在向量元素值的调用过程中，如果小括号内的序数超过向量元素的个数，则会报错。但是，如果是在对向量元素进行赋值的过程中，当小括号内的序数超过向量元素的个数时，则会完成赋值，并进行补0处理。具体情况请看例1.11。

【例1.11】 当元素的序数大于例1.10中向量b的元素个数时出现的情况。

```
1 >> b(8)
2 ??? Attempted to access b(8); index out of bounds because numel(b)=5.
3
4 >> b(8)=8
5
6 b =
7
8        1      4     25     16      9      0      0      8
9
10 >> b(8)
11
12 ans =
13
14        8
```

在例1.11程序代码的第2行的错误信息提示中出现了numel()函数，它是用来查看向量（或阵列）元素的个数的。与此类似，还有size()、length()、ndims()等几个函数也可用来查看向量（或阵列）的信息。

3. 向量化计算

很多标准的MATLAB函数都能够"向量化"：它们可以作用于整个阵列，看起来就像很多个相同的函数独立地作用于阵列的每个元素。例如：

```
1 >> sqrt([1,4;9,16])
2
3 ans =
4
5        1      2
6        3      4
7
8 >> abs([0,1,-2,5,-6,7])
9
10 ans =
11
```

若您对此书内容有任何疑问，可以登录MATLAB中文论坛与同行们讨论交流。

12	0	1	2	5	6	7

接下来看下面的函数：

```
1 function d = minDistance(x,y,z)
2 % Find the min distance between a set of points and the origin
3
4 nPoints = length(x);
5 d = zeros(nPoints,1);        %预定义
6
7 for k = 1:nPoints            %计算每个点相对原点的距离
8     d(k) = sqrt(x(k)^2 + y(k)^2 + z(k)^2);
9 end
10
11 d = min(d);                 %得到最小距离
```

对于每一点，其与原点的距离被计算出来并存入d中，然后利用min找出最短距离。也可以用向量化来进行距离计算，用向量操作来替代for循环，如：

```
1 function d = minDistance(x,y,z)
2 %计算找出一系列的点相对原点的最小距离
3
4 d = sqrt(x.^2 + y.^2 + z.^2);  %计算每个点相对原点的距离
5 d = min(d);                    %得到最小距离
```

修改后的代码采用向量操作来完成距离计算。对x、y和z阵列每一个元素首先进行幂运算符操作.^（乘法和除法的操作符分别为.* 和./）。然后阵列的每个元素求和后再对阵列进行开方计算，得到一个距离阵列（更为高效的等效运算方式为d = sqrt(min(x.^2 + y.^2 + z.^2))）。minDistance程序的第一个版本计算50000点耗时0.73s，而向量化后的版本耗时仅为0.04s，速度提高了18倍。常用于向量化运算的函数有：min()，max()，repmat()，meshgrid()，sum()，cumsum()，diff()，prod()，cumprod()，accumarray()，filter()。

4. 向量化逻辑

前面已介绍了如何向量化纯粹的数值计算。而程序运行的瓶颈经常是包含条件的逻辑运算。如同数值计算一样，MATLAB 的逻辑操作符也能够向量化，如：

```
1 >> [1,5,3] < [2,2,4]
2
3 ans =
4
5      1      0      1
```

将两个阵列的每个元素分别进行比较。逻辑操作后返回二进制值的"逻辑"阵列。

MATLAB 有一些功能强大的函数可用于操作逻辑阵列。例如：

```
1 >> find([1,5,3] < [2,2,4])  %找到非零元素的索引值
2
3 ans =
4
```

```
5        1        3
6
7 >> any([1,5,3] < [2,2,4])
8   %当任意元素为非零值时返回真（如果操作对象是矩阵，则返回布尔值的列向量）
9
10 ans =
11
12        1
13
14 >> all([1,5,3] < [2,2,4])
15   %仅当所有元素为非零值时返回真（如果操作对象是矩阵，则返回布尔值的列向量）
16
17 ans =
18
19        0
```

向量化逻辑操作同样可以用于阵列。例如：

```
1 >> find(eye(3) == 1)  %在3x3 的单位矩阵中找出所有值为1的元素的索引值
2
3 ans =
4
5        1        %每个元素的位置以索引值的方式给出
6        5
7        9
```

默认情况下，find()函数返回索引值作为元素的位置。

【例1.12】　将一个向量v按照单位长度进行归一化，可以用v = v/norm(v)。然而，要对一组向量v(:,1)，v(:,2)，…行归一化，则需要在一个循环中计算v(:,k)/norm(v(:,k))，也可采用下面的向量归一化方法：

```
1 vMag = sqrt(sum(v.^2));
2 v = v./vMag(ones(1,size(v,1)),:);
```

在向量的数量不断增多，维数不断减小的情况下，采用向量化的方法来替代for循环可以很有效地提高程序的执行速度。对于上千个长度为3的向量进行操作，向量化方法可以将执行速度提高10倍以上。

【例1.13】　经常会遇到这样的情况：需要根据一定的条件删除阵列的某些元素。下面的代码就是用来删除阵列x中的所有NaN及无穷大的元素的：

```
1 i = find(isnan(x) | isinf(x));      %找出x 中的非零元素对应的索引值
2 x(i) = [];                          %删除掉x 中索引值对应的元素
```

等价的方式为

```
i = find(~isnan(x) & ~isinf(x)); %找出x 中所有非NaN和非infinite的元素对应的索引值
x = x(i);                         %保留这些索引值对应的元素
```

以上代码如果采用逻辑索引可以更加精炼成

```
x(isnan(x) | isinf(x)) = []; %删除非数值元素
```

或者

```
x = x(!isnan(x) & !isinf(x));
```

【例1.14】 sinc函数具有分段定义的形式

$$\mathrm{sinc}(x) = \begin{cases} \sin(x)/x, & x \neq 0 \\ 1, & x = 0 \end{cases} \tag{1.138}$$

下面的代码利用find()函数的向量运算功能分别处理两种情况：

```
1 function y = sinc(x)
2 %计算x 对应的sinc 函数
3
4 y = ones(size(x));          %对y 进行预处理，设定其所有元素值为1
5 i = find(x ~= 0);           %找出x 的非零元素
6 y(i) = sin(x(i)) ./ x(i);   %计算出x = 0 对元素对应得sinc 函数值
```

另外一种很有意思的等价形式是

```
y = (sin(x) + (x==0))./(x + (x==0))
```

1.7.2 MATLAB 基本作图

MATLAB 提供了很多灵活易用的二维作图功能函数。这些作图函数分为3类：图形处理、曲线和曲面图的创建、注释和图形特性。作图函数虽多，但语法大致相同。

在 MATLAB 中生成图形实体时，应确保做到以下两点：首先要突出重点，以满足解的客观性；其次通过使用坐标轴标注、图形标题、曲线标注（如有多条曲线）及重要数值标注方法使其清晰易懂、特点明显，而且对强调功能的颜色、线型、符号和文本在不影响效果的前提下也应加以使用。

一组典型的生成图形表达式包括处理函数，后面是一个或多个图形生成函数，然后是注释函数，可能其后还有附加的管理函数。除了管理函数，其余函数可以采用任意顺序，而且注释函数和图形属性函数是可选的。 MATLAB 在坐标轴上标出刻度及刻度值，即使多值输入也如此。只要能得到部分标注的图形，就证明函数语法的使用是正确的。

在 MATLAB 中，对图形进行管理、生成、注释和属性函数调用时，图形将显示在图形窗口中，该窗口 MATLAB 在运行时生成。当一段程序（函数）用到几个图形函数时，MATLAB 将生成一个新的图形窗口。然而，在生成新的图形窗口之前，任何先前生成的图形窗口都将被移走。为在它自己的图形窗口显示每一幅新图形，必须使用函数

```
figure(n)
```

其中，参数n是整数。如果省略参数n，则 MATLAB 自动给出下一个整数值。

也可以用

```
subplot(m,n,p)
```

把几个独立生成的图形放在同一个图形窗口中，参数m和n分别表示把图形窗口分为行和列的子图数目，参数p指出图形放在第几个子图中。例如，p值取1表示左上角的子图，p值等于行数和列数之和时表示应放于右下角的子图。随着数字的增大，图形显示的部分按从左到右、从上到下的顺序定位。在程序中任何一个出现在figure/subplot()之后的注释函数和管理函数仅适用于subplot()函数参数p指定的子图中。每一子图中，均可使用二维或三维图形生成函数。

1. 颜色、线型和点型

基本二维作图命令为

```
plot(X1,Y1,LineSpec1,X2,Y2,LineSpec2,...)
```

其中，X1和Y1分别是某点或向量（一系列点）的x轴和y轴坐标。它们或者是成对的数字、长度相同的向量、同阶次矩阵，或是计算时生成上述三者之一的表达式。LineSpec 是作图线型控制字符串：该字符串可用于确定画线/点的颜色以及画点的类型，还可用于定义线的宽度特征。要画一系列点时，LineSpec 可以是′s′（用方框画点）或是′*′（用星号画点）。不论是否显示，都应用（直）线将这些点连接起来，LineSpec 可以是′-′，代表实线；也可以是′--′，代表虚线。当以相同的颜色绘制线和点时，LineSpec 包含两种描述符。例如，要用红色点画线连接连接蓝色菱形点时，LineSpec 为′r-.d′、单引号内3 个字符的顺序不重要。当点和线一起画，而且定义线的点与要画的点数目不同时，LineSpec1 定义线性符号，LineSpec2 定义画点符号，反之亦然。颜色与线型及点型的符号定义参考plot 的帮助文件。如果省略LineSpec ，则使用系统默认值。如所画曲线多于一条，则曲线颜色按默认顺序变化。常用的LineSpec 颜色、线型和点型设置如表1.2所列。

表 1.2　常用的LineSpec颜色、线型和点型设置

颜　色	线　型	点　型
r 红	- 实线（默认）	+ 加号
g 绿	-- 虚线	o 圆圈
b 蓝	: 点线	* 星号
c 青蓝	-. 点画线	. 实心点
m 紫		x 交叉点
y 黄		s 正方形
k 黑		d 菱形
w 白		h 六角形

后面给出的方法可以画出点、线、圆、表达式、曲线族和多个函数描述的曲线。例如

```
plot(2,4,'r*')
```

则用来在坐标为(2,4)的地方画出一个红色的星号。

2. 多条曲线作图

在 MATLAB 中至少有3种方式可以在同一张图中作出多条曲线，但值得注意的是如果新的曲线数据落在原图的坐标区间以外，可能原图的坐标比例会重新进行调整。

（1）最简单的方式是采用

```
hold on
```

来保持图中的曲线，该语句保持当前窗口（或subplot子图）为激活状态，但必须使用一组兼容的图形创建函数，如surf()与plot3()或plot()与fill()，所有后续的曲线均会叠加在原图上，直到再次采用

```
hold off
```

将保持状态取消。

（2）第二种方式是采用plot()函数的多参数作图方式

```
plot(x1, y1, x2, y2, x3, y3, ... )
```

作出矢量对(x1,y1)、(x2,y2)、(x3,y3)…所表示的曲线。这种方式的优点在于矢量对可以具有不同的长度，同时 MATLAB 会自动为曲线选择不同的颜色。

（3）第三种方式是利用

```
plot(x, y)
```

其中x 和y 均为矩阵，或者一个是向量，另一个是矩阵。

如果x 和y 一个是向量，另一个是矩阵，则矩阵的行或者列将按照向量进行作图，并且每条曲线采用不同的颜色。矩阵是按行还是按列来选取取决于行或列与向量的元素个数是否相同，如果矩阵是一个方阵，则优先选择列进行作图。

如果x 和y 均为同样大小的矩阵，则将x 的列与y 的列进行对应作图。

如果x 缺省，即按照plot(y) 的形式调用，其中y 是矩阵，则对y 的列按照其行索引作图。

（4）也可以采用plotyy() 函数在同一张图中作出两条曲线，并且这两条曲线的y 轴分别位于图的左边和右边，这对于纵坐标比例相差很大的情况下的两条曲线作图是很有利的。程序代码如下：

```
1  x = 0:0.01:20;                                      %两条曲线的x轴数据
2  y1 = 200*exp(-0.05*x).*sin(x);                       %曲线1的y轴数据
3  y2 = 0.8*exp(-0.5*x).*sin(10*x);                     %曲线2的y轴数据
4  [AX,H1,H2] = plotyy(x,y1,x,y2,'plot');               %利用plotyy作图
5  set(get(AX(1),'Ylabel'),'String','Slow_Decay')       %设置左边y轴标签
6  set(get(AX(2),'Ylabel'),'String','Fast_Decay')       %设置右边y轴标签
7  xlabel('Time_(\musec)')                              %设置x轴标签
8  title('Multiple_Decay_Rates')                        %加标题
9  set(H1,'LineStyle','--')                             %设置曲线1的线型
10 set(H2,'LineStyle',':')                              %设置曲线2的线型
```

程序运行结果如图1.13所示。

3. 同一窗口中的多个图形绘制

MATLAB 具有在同一图形窗口中绘制多个图形的功能，该功能可以通过

```
subplot(m, n, p)
```

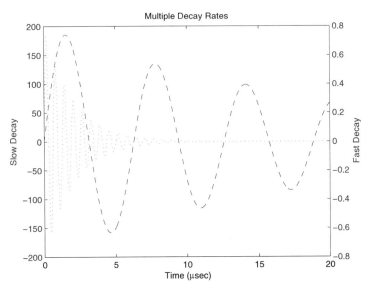

图 1.13　利用plotyy()作出两条曲线

函数来实现。该函数把图形窗口分成$m \times n$个绘图区，并把当前的作图选择在第p个绘图区。绘图区的次序是先从左到右，再从上到下。下面的 MATLAB 程序代码用于生成一个零阶Bessel函数的三维曲面，然后从4个不同的视角去观察该曲面并将4个方位的图形放在同一图形窗口中。

```
1 [x, y] = meshgrid(-3:0.3:3);
2 z=besselj(0,sqrt(x.^2+y.^2));
3 subplot(2,2,1)
4 mesh(x,y,z)
5 title('subplot(2,2,1)')
6 subplot(2,2,2)
7 mesh(x,y,z)
8 view(-37.5,70)
9 title('subplot(2,2,2)')
10 subplot(2,2,3)
11 mesh(x,y,z)
12 view(37.5,-10)
13 title('subplot(2,2,3)')
14 subplot(2,2,4)
15 mesh(x,y,z)
16 view(0,0)
17 title('subplot(2,2,4)')
```

程序代码运行后得到如图1.14所示的利用subplot()在同一窗口中作出的多个图形。

4. 曲线作图范围设置

在 MATLAB 中作图时，会自动根据曲线数据调整作图区间的坐标轴范围设置。在某些情况下，如果需要对坐标轴显示范围进行设置，则可以采用命令

```
axis( [xmin, xmax, ymin, ymax] )
```

33

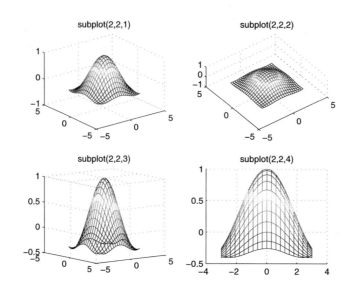

图 1.14　利用subplot()在同一窗口中作出多个图形

其中，xmin、xmax分别为x轴的最小值和最大值，ymin、ymax分别为y轴的最小值和最大值。如果不需要对最小值和最大值都进行设置，可以使用 inf 或者-inf 来代替不要设置的参数。

　　将坐标轴设置为自动调整的状态，可以使用如下的命令：

```
axis auto
```

　　下面的代码

```
v = axis
```

用于将图形坐标轴的区间范围向量赋值给v。

　　也可以将图形坐标轴的区间范围固定起来，这样结合hold on命令时，就不会根据最新的作图曲线数据对作图区间范围进行自动调整。该命令为

```
axis manual
```

　　在 MATLAB 中作一个圆形，可使用以下代码：

```
1  x = 0:pi/100:2*pi;
2  subplot(2,2,1)
3  plot(sin(x), cos(x))
4  axis auto
5  title('axis auto')
6  subplot(2,2,2)
7  plot(sin(x), cos(x))
8  axis equal
9  title('axis equal')
10 subplot(2,2,3)
11 plot(sin(x), cos(x))
12 axis normal
13 title('axis normal')
14 subplot(2,2,4)
```

34

```
15 plot(sin(x), cos(x))
16 axis off
17 title('axis_off')
```

程序运行得到如图1.15所示的圆形及其坐标轴设置。

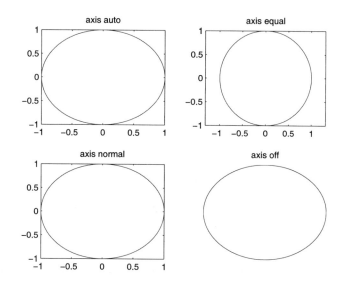

图 1.15　利用axis()改变圆形的坐标轴设置

从图1.15中可以看出，如果不刻意地去调整图形窗口的尺寸，所作出来的图形并不是很圆，看上去更像一个椭圆，可以使用命令

```
axis equal
```

来确保x轴和y轴在显示器上具有相同的物理长度单位，这样作出来的图形才是真正的圆形。可以使用命令

```
axis normal
```

来取消上面的设置。

还能够将图形中的x轴和y轴的标签项以及一些标注利用axis off 隐藏起来，再利用axis on 将其显示出来。

5. 对数坐标作图

函数semilogy(x, y) 用于对y轴数据进行$\log_{10}$的对数比例变化作图，但x轴仍采用线性比例坐标。下面的 MATLAB 代码是semilogy() 函数使用的示例。

```
1 x = 0:.01:5;
2 semilogy(x, exp(x))
3 grid on
```

代码运行后所得到的结果如图1.16所示。从图中可以看出，y轴的每一大格都代表10的整数次幂，从最下面开始，在y等于1, 2, 3,…, 10, 20, 30,…, 100, 200, 300,…处画出栅格线。值得一提的是，在图中作出来的是一条直线，这是因为对$y = e^x$两边取对数，得到左边为x的线性方程。

对数坐标作图的相关函数还有semilogx(x, y), loglog(x,y)。

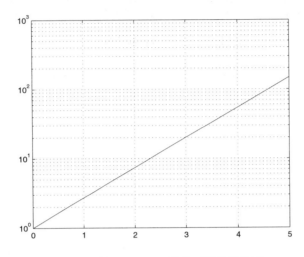

图1.16　利用semilogy()进行对数曲线作图

6. 极坐标作图

直角坐标系中的点(x, y)可以用极坐标系的点(θ, r)来表示，坐标变换公式为

$$x = r\cos\theta \tag{1.139}$$
$$y = r\sin\theta \tag{1.140}$$

其中θ为$0 \sim 2\pi$弧度（$0° \sim 360°$）。函数

```
polar(theta, r)
```

以theta为角度值，以r为幅度值进行极坐标作图。

　　下面是极坐标作图的示例程序代码：

```
1 x = 0:pi/100:2*pi;
2 polar(x, sin(4*x))
3 grid on
```

程序运行后得到如图1.17所示的极坐标曲线。

7. 利用fplot()和ezplot()对函数作图

　　在前面所有的 MATLAB 作图示例中，x 坐标对应点都是按照等间隔变化的，例如 $x = 0:0.1:10$。如果要作图的函数在某些区域变化很快（或者很剧烈），在 MATLAB 中采用这种方式作图可能会得到错误的表象。例如对函数$y = \sin(1/x)$ 作图，采用plot()、fplot()、ezplot() 作图可以得到有所差别的效果。程序代码如下：

```
1 x = 0.01:.001:.1;
2 subplot(3,1,1)
3 plot(x, sin(1./x))
4 axis([0.01 0.1 -1 1])
```

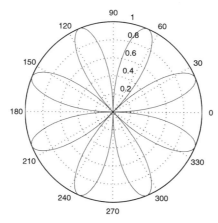

图 1.17　利用 ploar() 进行极坐标作图

```
 5 title('plot')
 6 subplot(3,1,2)
 7 fplot('sin(1/x)', [0.01 0.1]) % 不需要采用1./x 的形式
 8 axis([0.01 0.1 -1 1])
 9 title('fplot')
10 subplot(3,1,3)
11 ezplot(@(x)sin(1./x),[0.01 0.1])
12 axis([0.01 0.1 -1 1])
13 title('ezplot')
```

程序运行后得到如图1.18所示的效果。

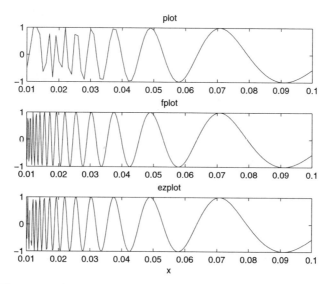

图 1.18　函数 $y = \sin(1/x)$ 的 plot()、fplot()、ezplot() 作图效果对比

从图1.18可以看出，采用 plot() 作图时，由于 x 坐标按固定的步距0.001等间隔变化，而在接近 $x = 0$ 的区域函数 $y = \sin(1/x)$ 变化过于剧烈，因此在 MATLAB 中用 plot() 和 fplot()、ezplot() 作出来的图形在接近 $x = 0$ 的区域有所不同。fplot() 和 ezplot() 能够自动地对作图时 x

坐标的取点进行调整，所以作出来的图形接近实际情况。如果要使plot()作图在接近$x=0$的区域得到类似fplot()和ezplot()的作图效果，则需要取更小的步距，读者可以自行改变程序代码第1行中的步距进行尝试。

不过，对于变化剧烈的周期函数作图，plot()、fplot()和ezplot()也有差异。下面采用plot()、fplot()、ezplot()对周期函数$y=\tan(x)$作图，程序代码如下：

```
1  x = linspace(-4*pi,4*pi,100);
2  subplot(3,1,1)
3  plot(x, tan(x))
4  axis([-inf inf -10 10])
5  title('plot')
6  subplot(3,1,2)
7  fplot('tan(x)', [-4*pi 4*pi])
8  axis([-inf inf -10 10])
9  title('fplot')
10 subplot(3,1,3)
11 ezplot(@(x)tan(x),[-4*pi 4*pi])
12 axis([-inf inf -10 10])
13 title('ezplot')
```

程序运行后得到如图1.19所示的效果。

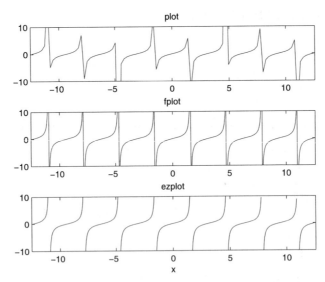

图1.19　周期函数$y=\tan(x)$的plot()、fplot()、ezplot()作图效果对比

从图中可以看出plot()、fplot()和ezplot()在作图效果上的差异：ezplot()作图能够非常理想地展现周期函数$y=\tan(x)$的作图效果；fplot()与ezplot()相比，主要差异在于间断点作图时的连线，fplot()会把作图的间断点连起来；plot()作图效果仍然跟步距长度的选取密切相关。

1.8　习　题

【习题 1.1】　光束从空气中以角度 θ_i 投射到折射率为 $n = 1.45$ 的平板玻璃表面上，这里的 θ_i 是入射光线与平板玻璃表面之间的夹角。根据投射到玻璃表面的角度，光束部分被反射，另一部分发生折射。利用 MATLAB 编程作出折射光束和反射光束之间的夹角随入射角 θ_i 的变化关系曲线，并在图中找出折射光束和反射光束之间的夹角刚好为 90° 时的 θ_i 数值，该角度跟布鲁斯特角有何关系？

【习题 1.2】　光束从空气中以入射角为布鲁斯特角 θ_B 投射到平板玻璃表面上，光束部分被反射，另一部分发生折射。利用 MATLAB 编程作出折射光束和反射光束之间的夹角随平板玻璃折射率（$1.3 \leqslant n_2 \leqslant 3$）的变化关系曲线。结果说明了什么？请用解析方法证明之。

【习题 1.3】　光束从空气中垂直入射到某介质表面，利用 MATLAB 编程计算当介质的折射率由 1 变化到 5 时的透射率和反射率数值，并作出透射率和反射率随介质折射率变化的曲线。

第 2 章
光的干涉和衍射

　　平面波是非常理想而常用的光波模型，可以用来解释许多光学元器件的工作机理和设计思想。从数学描述中可知，理想情况的平面波模型在物理上是不能实现的。因为如果在任何一个相交面上平面波的能量为有限值，则理想平面波的总能量为无限大。在很多实际情况下，常常可以得到较好的平面波近似，但实际的光束在均匀介质中传播时将发生衍射。

　　波动光学理论使用麦克斯韦方程组及边界条件对空间光分布进行求解，光的波粒二象性决定了在实际空间中光的传播会偏离其直线传播的方向。在一个方向上限制波面，在被限制的方向上就会发生光束发散，限制越多，发散越明显，也就必然存在衍射。

　　衍射要回答的基本问题是，已知障碍物处的场分布，求衍射屏后的距离 z 处的光场分布。根据距离 z 可将衍射现象分为两类：一是菲涅耳衍射，即 z 不太大时的衍射；二是夫琅禾费衍射，这是 z 以及光源到衍射屏距离很大时的衍射。

　　美国物理学家诺贝尔物理学奖得主理查德·费曼指出："没有人能够令人满意地定义干涉和衍射的区别。这只是术语用途的问题，其实二者在物理上并没有什么特别的、重要的区别。"他还提到，如果只有少数的波源（例如两个），我们称这现象为"干涉"，例如我们称杨氏双缝实验中双缝所产生的两束光源产生了干涉现象。而当大量波源存在时，对应的过程被称作是"衍射"。在实际情况中，衍射和干涉往往是同时出现的。有文献这样总结：干涉是有限多个波束"相加"的结果，而衍射则是无限多个波束"积分"的结果。

2.1　光的干涉原理

　　干涉（interference）在物理学中，指的是两列或两列以上的波在空间中重叠时发生叠加，从而形成新波形的现象。

　　例如采用分束器将一束单色光束分成两束后，再让它们在空间中的某个区域内重叠，将会发现在重叠区域内的光强并不是均匀分布的：其明暗程度随其在空间中位置的不同而变化，最亮的地方超过了原先两束光的光强之和，而最暗的地方光强有可能为零，这种光强的重新分布被称作"干涉条纹"。在历史上，干涉现象及其相关实验是证明光的波动性的重要依据，但光的这种干涉性质直到19世纪初才逐渐被人们发现，主要原因是相干光源的不易获得。

　　为了获得可以观测到可见光干涉的相干光源，人们发明制造了各种产生相干光的光学器件以及干涉仪，这些干涉仪在当时都具有非常高的测量精度：阿尔伯特·迈克尔逊就借助迈克尔逊干涉仪完成了著名的迈克尔逊–莫雷实验，得到了以太风观测的零结果。迈克尔逊也利用此干涉仪测得标准米尺的精确长度，并因此获得了1907年的诺贝尔物理学奖。而在20世纪60年代之后，激光这一高强度相干光源的发明使光学干涉测量技术得到了前所未有的广泛应用，在各种精密测量中都能见到激光干涉仪的身影。现在人们知道，两束电磁波的干涉是彼此振动的电场强度矢量叠加的结果，而由于光的波粒二象性，光的干涉也是光子自身的几率幅叠加的结果。

2.1.1　干涉的条件

两列波在同一介质中传播发生重叠时，重叠范围内介质的质点同时受到两个波的作用。若波的振幅不大，此时重叠范围内介质质点的振动位移等于各波动所造成位移的矢量和，这称为波的叠加原理。若两波的波峰（或波谷）同时抵达同一地点，称两波在该点同相，干涉波会产生最大的振幅，称为相长干涉；若两波之一的波峰与另一波的波谷同时抵达同一地点，称两波在该点反相，干涉波会产生最小的振幅，称为相消干涉。

在MATLAB中可以编写程序来演示相长干涉和相消干涉的效果，程序代码如下：

```
1 clear, close all
2
3 x = 0:0.01:10*pi;
4 wave1 = sin(x);
5 wave2 = sin(x);
6
7 subplot(3,1,1)
8 plot(x,wave1);
9 axis([0,10*pi,-2,2])
10 xlabel('x'),ylabel('wave1')
11 subplot(3,1,2)
12 plot(x,wave2);
13 axis([0,10*pi,-2,2])
14 xlabel('x'),ylabel('wave2')
15 subplot(3,1,3)
16 plot(x,wave1+wave2);
17 axis([0,10*pi,-2,2])
18 xlabel('x'),ylabel('wave1+wave2')
```

程序运行后可以得到如图2.1所示的相长干涉效果图。

如果将程序代码第5行进行修改

```
wave2 = sin(x+pi);
```

使第2波列的相位与第1波列的相位正好相差π，则运行之后可以得到如图2.2所示的相消干涉效果图。

理论上，两列无限长的单色波的叠加总能产生干涉，但实际物理模型中产生的波列不可能是无限长的，并从波产生的微观机理来看，波的振幅和相位都存在随机涨落，从而现实中不存在严格意义的单色波。例如太阳所发出的光波出自于光球层的电子与氢原子的相互作用，每一次作用的时间都在10^{-9}s量级，则对于两次发生时间间隔较远所产生的波列而言，它们无法彼此发生干涉。基于这个原因，可以认为太阳是由很多互不相干的点光源组成的扩展光源。从而，太阳光具有非常宽的频域，其振幅和相位都存在着快速的随机涨落，通常的物理仪器无法跟踪探测到变化如此之快的涨落，因此无法通过太阳光观测到光波的干涉。类似地，对于来自不同光源的两列光波，如果这两列波的振幅和相位涨落都是彼此不相

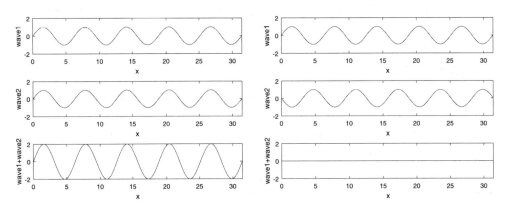

图 2.1　相长干涉效果图　　　　　　　　　　图 2.2　相消干涉效果图

关的，称这两列波不具有相干性。相反，如果两列光波来自同一点光源，则这两列波的涨落一般是彼此相关的，此时这两列波是完全相干的。

　　如要从单一不相干波源产生相干的两列波，可以采用两种不同的方法：一种称为波前分割法，即对于几何尺寸足够小的波源，让它产生的波列通过并排放置的狭缝，根据惠更斯－菲涅耳原理，这些在波前产生的子波是彼此相干的；另一种成为波幅分割法，用半透射、半反射的半镀银镜，可以将光波一分为二，制造出透射波与反射波。如此产生的反射波和透射波来自同一波源，并具有很高的相干性，这种方法对于扩展波源同样适用。

2.1.2　双光束干涉

　　两束光发生干涉后，干涉条纹的光强分布与两束光的光程差/相位差有关：当相位差 $\delta = 0, 2\pi, 4\pi, \cdots$ 时光强最大；当相位差 $\delta = \pi, 3\pi, 5\pi, \cdots$ 时光强最小。根据光强最大值与最小值的差除以它们之和的比值，可以定义干涉可见度作为干涉条纹清晰度的量度。

　　光作为电磁波，它的强度 I 定义为在单位时间内，垂直于传播方向上的单位面积内能量对时间的平均值，即玻印亭矢量对时间的平均值

$$I = \langle \mathbf{S} \rangle = \frac{c}{4\pi} \sqrt{\frac{\varepsilon}{\mu}} \langle \mathbf{E}^2 \rangle \tag{2.1}$$

　　从而光强可以用 $\langle \mathbf{E}^2 \rangle$ 这个量来表征。对于单色光波场，电矢量 $\mathbf{E}$ 可以写为

$$\mathbf{E}(r,t) = \frac{1}{2} \left[\mathbf{A}(r) e^{-i\omega t} + \mathbf{A}^*(r) e^{i\omega t} \right] \tag{2.2}$$

式中 $\mathbf{A}(r)$ 是复振幅矢量，在笛卡儿直角坐标系下可以写成分量的形式

$$\mathbf{A}(r) = \sum_{j=1}^{3} a_j(r) e^{i\phi_j(r)} \mathbf{e}_j \qquad j = 1, 2, 3 \tag{2.3}$$

这里 $a_j(r)$ 是在三个分量上的（实）振幅，对于平面波 $a_j(r) = a_j$，即振幅在各个方向上是常数。$\phi_j(r)$ 是在三个分量上的相位，$\phi(r) = \mathbf{k} \cdot \mathbf{r} - \delta_j$，$\delta_j$ 是表征偏振的常数。要计算这个平面波的光强，则先计算电场强度的平方：

$$\mathbf{E}^2 = \frac{1}{4} \left[\mathbf{A}^2 e^{-2i\omega t} + \mathbf{A}^{*2} e^{2i\omega t} + 2\mathbf{A} \cdot \mathbf{A}^* \right] \tag{2.4}$$

在远大于一个周期的时间间隔内，上式中前两项的平均值都是零，因此光强为

$$I = \langle \boldsymbol{E}^2 \rangle = \frac{1}{2} \boldsymbol{A} \cdot \boldsymbol{A}^* = \frac{1}{2} \left(a_1^2 + a_2^2 + a_3^2 \right) \tag{2.5}$$

对于两列频率相同的单色平面波 $\boldsymbol{E}_1$、$\boldsymbol{E}_2$，如果它们在空间中某点发生重叠，则根据叠加原理，该点的电场强度是两者的矢量和：

$$\boldsymbol{E} = \boldsymbol{E}_1 + \boldsymbol{E}_2 \tag{2.6}$$

则在该点的光强为

$$I = \langle \boldsymbol{E}^2 \rangle = \langle \boldsymbol{E}_1^2 \rangle + \langle \boldsymbol{E}_2^2 \rangle + 2 \langle \boldsymbol{E}_1 \cdot \boldsymbol{E}_2 \rangle \tag{2.7}$$

其中 $\langle \boldsymbol{E}_1^2 \rangle$、$\langle \boldsymbol{E}_2^2 \rangle$ 是两列波各自独立的光强，而 $2 \langle \boldsymbol{E}_1 \cdot \boldsymbol{E}_2 \rangle$ 是干涉项。用 $\boldsymbol{A}$、$\boldsymbol{B}$ 表示两列波的复振幅，则干涉项中 $\boldsymbol{E}_1 \cdot \boldsymbol{E}_2$ 可以写为

$$
\begin{aligned}
\boldsymbol{E}_1 \cdot \boldsymbol{E}_2 &= \frac{1}{4} \left[\boldsymbol{A} \mathrm{e}^{-\mathrm{i}\omega t} + \boldsymbol{A}^* \mathrm{e}^{\mathrm{i}\omega t} \right] \left[\boldsymbol{B} \mathrm{e}^{-\mathrm{i}\omega t} + \boldsymbol{B}^* \mathrm{e}^{\mathrm{i}\omega t} \right] \\
&= \frac{1}{4} \left(\boldsymbol{A} \cdot \boldsymbol{B} \mathrm{e}^{-2\mathrm{i}\omega t} + \boldsymbol{A}^* \cdot \boldsymbol{B}^* \mathrm{e}^{2\mathrm{i}\omega t} + \boldsymbol{A} \cdot \boldsymbol{B}^* + \boldsymbol{A}^* \cdot \boldsymbol{B} \right)
\end{aligned}
$$

前两项对时间取平均值仍然为零，从而干涉项对光强的贡献为

$$2 \langle \boldsymbol{E}_1 \cdot \boldsymbol{E}_2 \rangle = \frac{1}{2} \left(\boldsymbol{A} \cdot \boldsymbol{B}^* + \boldsymbol{A}^* \cdot \boldsymbol{B} \right) \tag{2.8}$$

根据前面复振幅的定义，$\boldsymbol{A}$、$\boldsymbol{B}$ 可以在笛卡儿坐标系下分解为

$$\boldsymbol{A} = \sum_{j=1}^{3} a_j \mathrm{e}^{\mathrm{i}\phi_j} \boldsymbol{e}_j \qquad j = 1, 2, 3$$

和

$$\boldsymbol{B} = \sum_{j=1}^{3} b_j \mathrm{e}^{\mathrm{i}\psi_j} \boldsymbol{e}_j \qquad j = 1, 2, 3$$

将分量形式代入上面干涉项的光强，可得

$$2 \langle \boldsymbol{E}_1 \cdot \boldsymbol{E}_2 \rangle = a_1 b_1 \cos(\phi_1 - \psi_1) + a_2 b_2 \cos(\phi_2 - \psi_2) + a_3 b_3 \cos(\phi_3 - \psi_3)$$

倘若在各个方向上，两者的相位差 $\delta_j = \phi_j - \psi_j$ 都相同并且是定值，即

$$\delta = \phi_1 - \psi_1 = \phi_2 - \psi_2 = \phi_3 - \psi_3 = \frac{2\pi}{\lambda} \Delta L \tag{2.9}$$

式中，λ 是单色光的波长；ΔL 是两列波到达空间中同一点的光程差。

此时干涉项对光强的贡献为

$$2 \langle \boldsymbol{E}_1 \cdot \boldsymbol{E}_2 \rangle = (a_1 b_1 + a_2 b_2 + a_3 b_3) \cos \delta = (a_1 b_1 + a_2 b_2 + a_3 b_3) \cos \frac{2\pi}{\lambda} \Delta L$$

光波是电矢量垂直于传播方向的横波，这里考虑一种简单又不失一般性的情形：线偏振光，电矢量位于x轴上，传播方向为z轴方向，则两列波在其他方向上的振幅都为零：

$$a_2 = b_2 = a_3 = b_3 = 0$$

代入总光强公式：

$$I = \frac{1}{2}a_1^2 + \frac{1}{2}b_1^2 + a_1 b_1 \cos \delta \qquad (2.10)$$

$$= I_1 + I_2 + 2\sqrt{I_1 I_2} \cos \delta \qquad (2.11)$$

因此干涉后的光强是相位差的函数，当$\delta = 0, 2\pi, 4\pi, \cdots$时有极大值$I_{\max} = I_1 + I_2 + 2\sqrt{I_1 I_2}$；当$\delta = \pi, 3\pi, 5\pi, \cdots$时有极小值$I_{\min} = I_1 + I_2 - 2\sqrt{I_1 I_2}$。

特别地，当两列波光强相同即$I_1 = I_2 = I_0$时，上面公式可化简为

$$I = 4I_0 \cos^2 \frac{\delta}{2} \qquad (2.12)$$

此时对应的极大值为$4I_0$，极小值为0。

显然，对于不同的干涉情形，产生的极大值和极小值差异是不同的。由此可以定义条纹的可见度$\mathscr{V}$作为条纹清晰度的量度：

$$\mathscr{V} = \frac{I_{\max} - I_{\min}}{I_{\max} + I_{\min}} \qquad (2.13)$$

虽然以上的讨论是基于两列波都是线偏振光的假设，但对于非偏振光也成立，这是由于自然光可以看作是两个互相垂直的线偏振光的叠加。

2.2 波前分割干涉

2.2.1 杨氏双缝干涉

英国物理学者托马斯·杨于1801年做实验演示光的干涉演示，称为杨氏双缝实验。该实验是对光波动说的有力支持，由于实验观测到的干涉条纹是艾萨克·牛顿所代表的光微粒说无法解释的现象，双缝实验使大多数的物理学家从此逐渐接受了光波动说。杨氏双缝的实验设置如图2.3所示，从一个点光源出射的单色波传播到一面有两条狭缝的挡板，两条狭缝到点光源的距离相等，并且两条狭缝间的距离很小。由于点光源到这两条狭缝的距离相等，这两条狭缝就成了同相位的次级单色点光源，从它们出射的相干光发生干涉，因此可以在远距离的屏上得到干涉条纹。

如果两条狭缝之间的距离为a，狭缝到观察屏的垂直距离为d，则根据几何关系，在观察屏上以对称中心点为原点，坐标为(x, y)处两束相干光的光程分别为

$$L_1 = \sqrt{d^2 + y^2 + (x - \frac{a}{2})^2}$$

$$L_2 = \sqrt{d^2 + y^2 + (x + \frac{a}{2})^2}$$

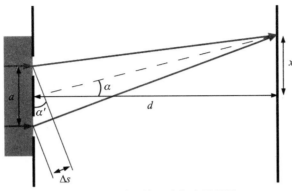

图 2.3　杨氏双缝干涉实验原理图

当狭缝到观察屏的垂直距离d远大于x时，这两条光路长度的差值可以近似在图上表示为：从狭缝1向光程2作垂线所构成的直角三角形中，角α'所对的直角边Δs。而根据几何近似，这段差值为

$$\Delta s = a\sin\alpha' \approx a\frac{x}{d}$$

如果实验在真空或空气中进行，则认为介质折射率等于1，从而有光程差

$$\Delta L = \Delta s = \frac{ax}{d} \tag{2.14}$$

相位差

$$\delta = \frac{2\pi}{\lambda}\frac{ax}{d} \tag{2.15}$$

当相位差δ等于$2m\pi$，　$|m| = 0, 1, 2, \cdots$时光强有极大值，从而当$x = \frac{md\lambda}{a}, |m| = 0, 1, 2,$ $\cdots$时有极大值；当相位差δ等于$2m\pi$，　$|m| = \frac{1}{2}, \frac{3}{2}, \frac{5}{2}, \cdots$时光强有极小值，从而当$x = \frac{md\lambda}{a}$，$|m| = \frac{1}{2}, \frac{3}{2}, \frac{5}{2}, \cdots$时有极小值。从而杨氏双缝干涉会形成等间距的明暗交替条纹，间隔为$\frac{d\lambda}{a}$。

若在双缝干涉中增加狭缝在两条狭缝连线上的线宽，以至于狭缝无法看作是一个点光源，此时形成的扩展光源可以看作是多个连续分布的点光源的集合。这些点光源由于彼此位置不同，在屏上同一点将导致不同的相位差，将有可能导致各个点光源干涉的极大值和极小值点重合，这就导致了条纹可见度的下降。

【例 2.1】　杨氏双缝干涉实验中采用632.8 nm的氦氖激光器作为相干光源，双缝之间的间隙为0.08 mm，观察屏与双缝所在平面距离为1 m，观察屏的大小为0.1×0.1 m，请用MATLAB仿真在观察屏上得到的干涉图样及其相对光强分布。

【分析】　根据前述杨氏双缝干涉实验的原理，可以得到程序代码如下：

```
1 %% set the parameters of Young's Interference
2 clear
3 close all
4
5 lambda = 632.8e-9;        % 氦氖激光波长 632.8 nm
6 d = 0.08e-3;              % 双缝间隙，单位为m
7 L = 1;                   % 观察屏离双缝距离，单位为m
```

若您对此书内容有任何疑问，可以登录 MATLAB 中文论坛与同行们讨论交流。

45

```
 8 H = 0.1;                    % 观察屏的尺寸，单位为m
 9
10 %%
11 x01 = d/2;
12 x02 = -d/2;
13
14 y = linspace(-H/2, H/2, 501);
15 x = linspace(-H/2, H/2, 501);
16 [X Y] = meshgrid(x,y);
17 I2 = zeros(size(X));
18
19 R1 = sqrt((y - x01).^2 + L^2);
20 R2 = sqrt((y - x02).^2 + L^2);
21
22 A1 = exp(i*2*pi/lambda*R1);
23 A2 = exp(i*2*pi/lambda*R2);
24
25 I = (A1+A2).*conj(A1+A2);
26 I = I/max(I);
27
28 for k = 1:length(y)
29     I2(:,k) = I(k);
30 end
31
32 figure
33 imshow(I2)
34 title('Intensity_pattern_on_the_screen');
35
36 figure
37 plot(x, I)
38 xlabel('x_(m)');
39 ylabel('Relative_Intensity')
```

程序运行后得到如图2.4所示的观察屏上杨氏双缝干涉图案分布和图2.5所示的杨氏双缝干涉截面的光强曲线。

46

2.3 波幅分割干涉

2.3.1 等倾干涉

如图2.6所示，一个单色点光源S所发射的电磁波入射到一块透明的平行平面板上。在平行平面板的上表面发生反射和折射，而折射光其后又被下表面反射，反射光再被上表面折射到原先介质中。这条折射光必然会与另一条直接被上表面反射的反射光重合于空间中某一点，由于它们都是同一波源发出的电磁波的一部分，因此是相干光，这时会形成非定域的干涉条纹。若光源为扩展光源，一般而言干涉条纹的可见度会下降，但若考虑两条反射光平行

Intensity pattern on the screen

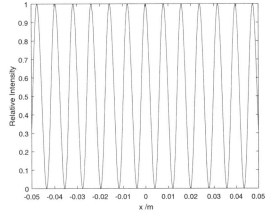

图 2.4　观察屏上杨氏双缝干涉图案分布　　　　图 2.5　杨氏双缝干涉截面的光强曲线

的情形，即重合点在无限远处，此时会形成定域的等倾干涉条纹。

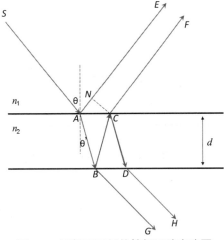

图 2.6　平行平面板的等倾干涉光路图

根据几何关系，两束光的光程差可以表示为

$$\Delta L = n_2(\overline{AB} + \overline{BC}) - n_1 \overline{AN} \tag{2.16}$$

式中，n_2 是平行平面板的折射率；n_1 是周围介质的折射率。具体长度可以表示为

$$\overline{AB} = \overline{BC} = \frac{d}{\cos\theta'} \qquad \overline{AN} = \overline{AC}\sin\theta$$

式中，d 是平行平面板的厚度；θ 是入射角，θ' 是折射角，两者满足折射定律。

这样得到的光程差为 $\Delta L = 2n_2 d\cos\theta'$，对应的相位差为 $\delta = \dfrac{4\pi}{\lambda} n_2 d\cos\theta'$，另外考虑到发生于上表面或下表面的反射相位突变，相位差应为

$$\delta = \frac{4\pi}{\lambda} n_2 d\cos\theta' \pm \pi \tag{2.17}$$

干涉条件为

$$2n_2 d\cos\theta' \pm \frac{\lambda}{2} = m\lambda \tag{2.18}$$

当m是整数时有亮条纹，是半整数时有暗条纹。

由此，每一条条纹都对应一个特定的折射角/入射角，从而被称作"等倾干涉"。如果观测方向垂直于平行平面板，则可以观察到一组同心圆的干涉条纹。此外，从平行平面板下表面透射的两束平行光也会形成等倾干涉，但由于不存在反射相变，相位差不需要添加±π项，从而导致透射光的干涉条纹的明暗位置与反射光完全相反。

2.3.2　等厚干涉

若等倾干涉中的平行平面板两个表面不是严格平行的，如图2.7所示，则对于单色点光源S的出射光，其上下表面的反射光总会在空间中某一点P上形成干涉，并且其干涉条纹是非定域的。

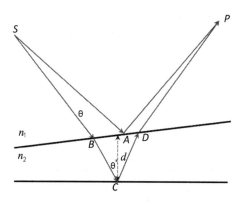

图 2.7　平行平面板的等厚干涉光路图

此时这两束光的光程差可以写为

$$\Delta L = n_1(\overline{SB} + \overline{DP} - \overline{SA} - \overline{AP}) + n_2(\overline{BC} + \overline{CD}) \tag{2.19}$$

类似地，n_1是周围介质的折射率，n_2是平行平面板的折射率。一般来说这个计算相当困难，但在平行平面板足够薄，且两面夹角足够小的情形下（例如薄膜），光程差可近似得出为

$$\Delta L = 2n_2 d \cos\theta' \tag{2.20}$$

其中d是薄膜在反射点C的厚度，θ'是在该点的反射角。从而对应的相位差

$$\delta = \frac{4\pi}{\lambda} n_2 d \cos\theta' \tag{2.21}$$

等厚干涉的一个著名例子是牛顿环。如图2.8所示，它是将一个曲率半径很大的透镜的凸表面置于一个玻璃平面上，并由平行光垂直入射而形成的干涉条纹。

此时凸透镜和玻璃平面间的间隙形成了空气（折射率近似为1）为介质的劈尖，从而干涉条件为

$$2d \pm \frac{\lambda}{2} = m\lambda \tag{2.22}$$

其中m为整数时是亮条纹，m为半整数时是暗条纹。其干涉条纹是一组同心圆，并且中心为零级暗纹。

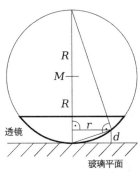

图 2.8　牛顿环的等厚干涉示意图

设透镜的曲率半径为R，则条纹半径r与劈尖厚度d满足关系

$$r^2 = R^2 - (R-d)^2 = 2Rd - d^2 \approx 2Rd \tag{2.23}$$

从而可以得到干涉条纹的半径为$r = \sqrt{mR\lambda}$，其中m为整数时是暗条纹，m为半整数时是亮条纹。由此可知牛顿环从中心向外条纹的间隔越来越密。根据式(2.23)，可以得到

$$d \approx \frac{r^2}{2R} \tag{2.24}$$

因此，干涉条纹的计算公式为

$$I = I_0 \cos^2(\Delta L) = I_0 \cos^2\left[\frac{\pi}{\lambda}\left(\frac{r^2}{R} \pm \frac{\lambda}{2}\right)\right] \tag{2.25}$$

【例 2.2】　牛顿环实验中采用550nm的光源进行观测，待测透镜的半径为10m，请用MATLAB仿真所得到的牛顿环的光强分布。

【分析】　利用式(2.25)，在MATLAB中编写程序代码如下：

```
1  R=1e1;      %待测透镜半径
2  Lambda=0.55*1e-6;    %检测光波长
3  x=linspace(-0.01,0.01,1001);
4  y=x;
5  [X,Y]=meshgrid(x);
6  r=sqrt(X.^2+Y.^2);
7  I=cos(pi*(r.^2/R+Lambda/2)/Lambda).^2;
8  NCLevels = 255; %指定调色板
9  colormap(gray(NCLevels));
10 Ir=I*NCLevels;
11 image(x,y,Ir);
12 title('牛顿环（单位：）m');
13 axis square;
14 figure
15 plot(r(501,:),I(501,:),'k')
16 title('干涉光强分布图');
17 xlabel('r/（环半径）m');
18 ylabel('相对光强');
```

程序代码运行后，可以得到如图2.9所示的观察屏上牛顿环图案分布和图2.10所示的牛顿环的光强曲线。从图中可以看出牛顿环中心接触点为暗斑，其周围为一些明暗相间的单色圆圈。这些圆圈的距离不等，随离中心点的距离的增加而逐渐变窄。

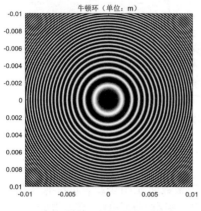

图 2.9　观察屏上牛顿环图案分布

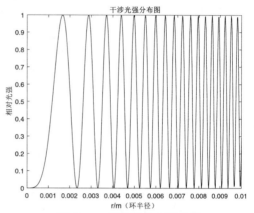

图 2.10　牛顿环的光强曲线

2.3.3　激光干涉引力波天文台（LIGO）

激光干涉引力波天文台（Laser Interferometer Gravitational-Wave Observatory，LIGO）是探测引力波的一个大规模物理实验和天文观测台，其在美国华盛顿州的汉福德与路易斯安那州的利文斯顿，分别建有激光干涉探测器。两个几乎完全相同的探测器共同进行筛检，可以大幅度减少误判假引力波的可能性。探测器的灵敏度极高，即使臂长为4km的干涉臂的长度发生任何变化（小至质子的电荷直径的万分之一），都能够被探测器精确地察觉。

LIGO是由美国国家科学基金会（NSF）资助，由加州理工学院与麻省理工学院的物理学者基普·索恩、朗纳·德瑞福与莱纳·魏斯领导创建的一个科学项目，两个学院共同管理与营运LIGO的日常操作。在2002年至2010年之间，LIGO进行了多次探测实验，搜集到大量数据，但并未探测到引力波。"进阶LIGO"将原始LIGO的功能于2010年进行大幅度改良，直至2014年完成。隔年，先进LIGO开始正式观测引力波。LIGO科学协作负责组织参与该项目的人员，估计全球约有1000多个科学家参与探测引力波。

在2016年2月11日，LIGO科学协作和Virgo协作共同发表论文表示，在2015年9月14日检测到引力波信号，其源自于距离地球约13亿光年处的两个质量分别为36太阳质量与29太阳质量的黑洞并合。也因如此，2017年的诺贝尔物理学奖授给索恩、魏斯和LIGO主任巴里·巴里什，而德瑞福则因早逝而无缘得奖。

引力波是爱因斯坦的广义相对论预言的一种时空波动，激光干涉引力波天文台设计目标是检测密近双星运动、超新星爆发、致密星的合并等天体物理过程中产生的引力波。

2.4　多光束干涉

对于入射光照射到平行平面板产生波幅分割等倾干涉的情形，由于从下表面反射的光有可能上表面再次反射，并且会有第三束透射光从上表面出射并与前两束光发生干涉，因此如果平行平面板对电磁波的损耗可以忽略（介质对电磁波没有吸收或散射），则理论上会有无穷多束光从上表面出射，并且这些光彼此都是相干光。

2.4.1　平行平面板的多光束干涉

平行平面板的多光束干涉光路如图2.11所示。设平行平面板的折射率为n，厚度为d，入射的单色光倾角为θ_1，折射角为θ_2，则根据前面结论，相邻反射光或透射光之间的光程差为

$$\Delta L = 2nd\cos\theta_2 \qquad (2.26)$$

对应相位差为

$$\delta = \frac{4\pi}{\lambda}nd\cos\theta_2 \qquad (2.27)$$

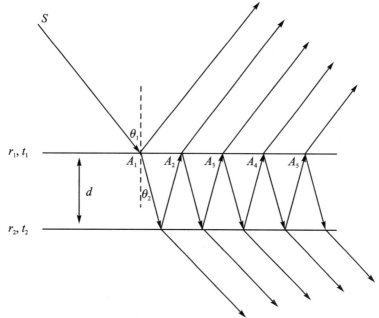

图 2.11　平行平面板的多光束干涉光路示意图

如果要计算多束反射光或透射光的干涉，还需要计算这些光场的电场强度的矢量和（若用复振幅表示则为代数和）。对于平行平面板的上表面和下表面，都有特定的反射率（反射波振幅与入射波振幅之比）和透射率（透射波振幅与入射波振幅之比），这里设光波从周围介质进入板内的反射率和透射率分别为r_1、t_1，从板内进入周围介质的反射率和透射率分别为r_2、t_2。若入射波在入射点A_1的复振幅为A，在两平板间的光程差为δ，则从上表面反射出的各光束的复振幅依次为

$$r_1A, \quad t_1t_2r_2Ae^{i\delta}, \quad t_1t_2r_2^3Ae^{2i\delta},\dots \quad t_1t_2r_2^{(2p-3)}Ae^{i(p-1)\delta}, \quad \dots$$

如果忽略第一条透射波在平行平面板中传播产生的相移（因为它是一个在所有透射波中都会出现的常数），则从下表面透射出的各光束的复振幅依次为

$$t_1t_2A, \quad t_1t_2r_2^2Ae^{i\delta}, \quad t_1t_2r_2^4Ae^{2i\delta},\dots \quad t_1t_2r_2^{(2p-2)}Ae^{i(p-1)\delta}, \quad \dots$$

根据边界条件，光疏媒质到光密媒质有π的相移，而反过来则没有，因此存在关系$r_1 = -r_2 = r$。进而对所有反射光的复振幅求和，这是一个等比数列的无穷级数，结果为

$$A_r = \frac{r[1-(r^2+t_1t_2)e^{i\delta}]}{1-r^2e^{i\delta}}A \qquad (2.28)$$

如果定义平行平面板的反射比$R = r^2$，透射比$T = t_1 t_2$。反射比和透射比是反射波和透射波的能量与入射波能量的比值，因此在忽略损耗的情形下需要满足能量守恒条件$R + T = 1$。由此可以将反射光的振幅表示为

$$A_r = \frac{\sqrt{R}(1 - e^{i\delta})}{1 - Re^{i\delta}}A \tag{2.29}$$

反射光的光强是复振幅的模平方，其表达式为

$$I_r = \frac{4R\sin^2\frac{\delta}{2}}{(1-R)^2 + 4R\sin^2\frac{\delta}{2}}I \tag{2.30}$$

在无损耗情形下透射光的光强可以直接用入射光强I减去反射光光强得到，也可以通过等比数列无穷级数求和：

$$A_t = \frac{t_1 t_2}{1 - r_2^2 e^{i\delta}}A = \frac{T}{1 - Re^{i\delta}}A \tag{2.31}$$

$$I_t = \frac{T}{(1-R)^2 + 4R\sin^2\frac{\delta}{2}}I \tag{2.32}$$

反射光强与透射光强的表达式也被称作艾里函数。

根据透射光强的表达式，其干涉条件为

$$2nd\cos\theta_2 = m\lambda$$

当m是整数时有透射光强的极大值，m是半整数时有透射光强的极小值。由于光强分布与倾角θ_2有关，因此得到的是等倾条纹。在讨论反射光强和透射光强时，引入一个参量

$$F = \frac{4R}{(1-R)^2}$$

从而得到平行平面板的反射率函数和透射率函数：

$$\frac{I_r}{I} = \frac{F\sin^2\frac{\delta}{2}}{1 + F\sin^2\frac{\delta}{2}} \tag{2.33}$$

$$\frac{I_t}{I} = \frac{1}{1 + F\sin^2\frac{\delta}{2}} \tag{2.34}$$

反射率和透射率都是波长的函数，在透射率函数上两个相邻的透射峰值之间的波长间隔被称作自由光谱范围，由下式给出：

$$\Delta\lambda \approx \frac{\lambda_0^2}{2nd\cos\theta_2}$$

其中，λ_0是最近峰值的中心波长。

用自由光谱范围除以透射率函数的半高宽（峰值高度一半时的透射峰宽度），得到的值称作细度：

$$\mathscr{F} = \frac{\Delta\lambda}{\delta\lambda} = \frac{\pi}{2\arcsin(1/\sqrt{F})} \tag{2.35}$$

对于较高的反射比（$R > 0.5$），细度通常可近似为

$$\mathscr{F} \approx \frac{\pi\sqrt{F}}{2} = \frac{\pi\sqrt{R}}{1-R} \tag{2.36}$$

从这个公式可知反射比越高时细度越高，对应其透射峰的形状越锐利。注意到在平面板上下表面严格平行、入射光源为单色平面波的理想情形下，干涉条纹细度和入射倾角以及平面板上下表面距离都无关。

【例2.3】　用MATLAB编程作出反射率从0.5～0.99变化，平行平面板的细度随反射率变化的曲线。

【分析】　利用式(2.25)，在MATLAB中编写程序代码如下：

```
1  clear, close all
2  figure(1)
3  r=.5:.005:.99;
4  FF = pi * sqrt(r) ./ (1 - r);
5  plot(r,FF)
6  xlabel('Mirror Reflectivity R');
7  ylabel('Finesse FR');
8  title('Reflectivity Finesse versus Mirorr Reflectivity R');
9  grid on
10
11 figure(2)
12 FFC = 4 * r.^2 ./ (1 - r.^2).^2;
13 plot(r,FFC)
14 ylim([-20 800])
15 xlabel('Mirror Reflectivity R');
16 ylabel('Contrast Factor FFC');
17 title('Contast Factor versus Mirorr Reflectivity R');
18 grid on
```

程序运行后可以得到如图2.12所示的平行平面板的细度随反射率变化曲线。

2.4.2　法布里–珀罗干涉仪

光学中，法布里–珀罗干涉仪（Fabry–Pérot interferometer）是一种由两块平行的玻璃板组成的多光束干涉仪，其中两块玻璃板相对的内表面都具有高反射率。法布里–珀罗干涉仪也经常称作法布里–珀罗谐振腔，并且当两块玻璃板间用固定长度的空心间隔物来间隔固定时，它也被称作法布里–珀罗标准具或直接简称为标准具（来自法语étalon，意为"测量规范"或"标准"），但这些术语在使用时并不严格区分。这一干涉仪的特性为，当入射光的

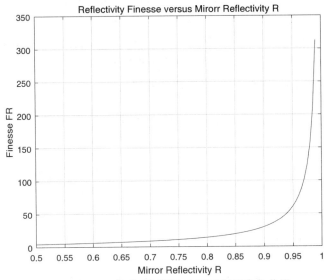

图 2.12　平行平面板的细度随反射率变化曲线

频率满足其共振条件时，其透射频谱会出现很高的峰值，对应着很高的透射率。法布里–珀罗干涉仪这一名称来自法国物理学家夏尔·法布里和奥弗雷德·珀罗。

　　法布里–珀罗干涉仪的共振特性和二项色性滤镜所利用的共振特性是相同的。实质上，二项色性滤镜是由很薄的法布里–珀罗干涉仪组连续排列得到的，从而在设计上它们有着相同的数学处理方法。法布里–珀罗干涉仪还被广泛应用在通信、激光和光谱学领域，主要用于精确测量和控制光的频率和波长。当代工艺已经能够制造出非常精密且可调谐的法布里–珀罗干涉仪。

　　法布里–珀罗干涉仪被广泛应用于远程通信、激光、光谱学等领域，它主要用于精确测量和控制光的频率和波长。例如，在光学波长计中就使用了数台法布里–珀罗干涉仪的组合。此外，在激光领域法布里–珀罗干涉仪还被用来抑制谱线的展宽，从而获得单模激光，而在引力波探测中法布里–珀罗干涉仪和迈克尔逊干涉仪组合使用，通过使光子在谐振腔内反复振荡增加了迈克尔逊干涉仪的干涉臂的有效长度。

　　如要观察到法布里–珀罗干涉仪的等倾干涉条纹，要在透射光的传播方向上垂直放置一透镜，当透镜光轴垂直于屏时，等倾干涉的条纹是一组同心圆，圆心对应着正入射透射光的焦点。此时由于是正入射，$\theta_2 = 0$，在干涉条件中 m 有最大值 m_0：

$$m_0 = \frac{2nd}{\lambda}$$

　　一般情况下 m_0 不是整数，如将其整数部分设为 m_1，小数部分设为 e，即 $m_0 = m_1 + e$，则从中心亮纹数起，外圈第 p 个亮纹的角半径为

$$\theta_p = \sqrt{\frac{n\lambda}{d}}\sqrt{p - 1 + e}$$

从而圆条纹的直径 D_p 满足

$$D_p^2 = (2f\theta_p)^2 = \frac{4n\lambda f^2}{d}(p - 1 + e)$$

其中，f 是透镜焦距。

法布里–珀罗干涉仪的三个重要特征参量是细度（自由光谱范围和透射峰的半高宽之比）、峰值透射率（透射光强和入射光强之比的最大值）、衬比因子（透射光强与入射光强之比的最大值和最小值之比），但由于反射比越高时细度才会越高，因此峰值透射率和细度/衬比因子不能同时都很高。

【例 2.4】 法布里–珀罗干涉仪的折射率为1.5，厚度为2mm，垂直入射情况下，求入射的光波长从549.8nm到550.2nm变化时，反射率分别为0.75、0.85和0.99三种情况下法布里–珀罗干涉仪的透射率随入射光波长的变化曲线。

【分析】 根据平行平板多光束干涉的基本公式(2.32)，可以在MATLAB中编写程序代码如下：

```
1  clear, close all
2  n = 1.5;
3  d = 2e-3;
4  theta2 = 0;
5  lambda = linspace(0.5498e-6, 0.5502e-6, 5001);
6  K = 4*pi*n*d*cos(theta2)./lambda;
7
8  r1 = 0.75;
9  R = r1.^2;
10 F = 4* R./(1-R).^2;
11 I1 = 1./(1+F*sin(K/2).^2);
12 plot(lambda , I1 , 'linewidth' , 2 , 'color' , [0.8 , 0.1 ,0.8]);
13 grid on, hold on
14
15 r2 = 0.85;
16 R = r2.^2;
17 F = 4* R./(1-R).^2;
18 I2 = 1./(1+F*sin(K/2).^2);
19 plot(lambda , I2 , 'linewidth' , 2 , 'color' , [0.1 , 0.7 ,0.7]);
20 hold on
21
22 r3 = 0.99;
23 R = r3.^2;
24 F = 4* R./(1-R).^2;
25 I1 = 1./(1+F*sin(K/2).^2);
26 I3 = 1 ./ (1 + F * sin(K /2).^2);
27 plot(lambda , I3 );
28 axis([min(lambda),max(lambda),0,1]);
29 xlabel('\lambda (m)');
30 ylabel('I(\lambda)');
31 title('The Transmitted Intensity of a Fabry-Perot Interferometer');
```

程序运行之后得到如图2.13所示的法布里–珀罗干涉仪的透射率随入射光波长的变化曲线。从图中可以看出法布里–珀罗干涉仪的透射率对波长具有明显的选择性，并且其两端面

若您对此书内容有任何疑问，可以登录MATLAB中文论坛与同行们讨论交流。

的反射率越高，波长的选择性越明显。

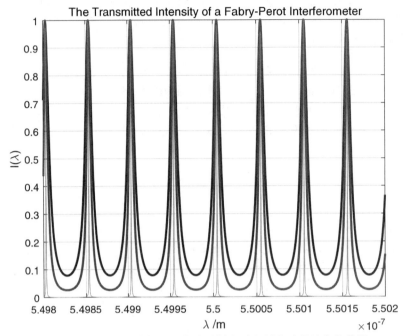

图 2.13　法布里–珀罗干涉仪的透射率随入射光波长的变化曲线

在现代光学中，法布里–珀罗干涉仪具有非常多的应用：

- 法布里–珀罗干涉仪最常见的应用之一是二项色性滤镜，它是利用物理气相沉积（PVD）方法将一组标准具薄膜镀在光学器件表面。相比于吸收滤镜，这种光学滤镜往往具有更精确的反射和透射频带，特别是当设计恰当时，它们不会像吸收滤镜那样容易升温，因为它们可以反射掉那些不必要的波长的色光。二项色性滤镜被广泛应用在光源、相机及天文器材等光学仪器中。

- 光学波长计通常可由多至五台法布里–珀罗干涉仪的组合来构成，这些干涉仪的共振频率两两具有10倍的间隔。待测光束被一面圆柱透镜发散后，它在这些法布里–珀罗干涉仪中发生各自的干涉，所产生的亮纹的间距则被一台CCD相机所记录，由此可以确定入射光的波长。

- 当激光谐振腔采用平行平面腔的结构时，它可认为是一种法布里–珀罗干涉仪。半导体激光器经常采用法布里–珀罗干涉仪的几何结构。

- 法布里–珀罗标准具可用来产生单模激光。在没有标准具的情况下，激光器产生的激光频谱会出现展宽，从而使谐振腔内的激光产生多种模式。使用标准具后，在细度及自由光谱范围都适当的情形下可以抑制其他模式的产生，使谐振腔内的激光工作在单模情形下。

- 在光谱学中法布里–珀罗标准具可以使光谱仪的分辨本领得到显著提升，从而可以分辨出波长差极细微的光谱线，例如塞曼效应。

- 在天文学中法布里–珀罗标准具可以用来作为一种窄频滤镜，从原子跃迁的多条谱线中过滤出所需的谱线并使之成像，最常见的例子是太阳的H-α线以及Ca-K线。

- 在引力波探测中，采用法布里–珀罗谐振腔可以在毫秒量级的时间上储存光子，使其在谐振腔的反射镜之间反复振荡。这种做法增加了引力波探测器的干涉臂的有效长度，从而提高了引力波探测器的灵敏度。这种原理被广泛应用在引力波探测器如LIGO和VIRGO上，它们的构造都是带有法布里–珀罗谐振腔的等臂迈克耳孙干涉仪，干涉臂长度在几千米的量级。同时这些探测器还采用了小型的谐振腔，这些谐振腔通常被称作模式过滤器，它们可用于参与主激光的频率稳定工作。

- 在激光稳频中，法布里–珀罗谐振腔使用低膨胀系数的玻璃，具有稳定的光学长度，用来作为频率稳定的参考。

2.5　光的衍射原理

衍射（diffraction），又称绕射，是指波遇到障碍物时偏离原来直线传播的物理现象。

在经典物理学中，波在穿过狭缝、小孔或圆盘之类的障碍物后会发生不同程度的弯散传播。假设将一个障碍物置放在光源和观察屏之间，则会有光亮区域与阴暗区域出现于观察屏，而且这些区域的边界并不锐利，是一种明暗相间的复杂图样。这个现象称为衍射，当波在其传播路径上遇到障碍物时，都有可能发生这种现象。除此之外，当光波穿过折射率不均匀的介质时，或当声波穿过声阻抗不均匀的介质时，也会发生类似的效应。在一定条件下，不仅水波、光波能够产生肉眼可见的衍射现象，其他类型的电磁波（例如X射线和无线电波等）也能够发生衍射。由于原子尺度的实际物体具有类似波的性质，它们也会表现出衍射现象，可以通过量子力学研究其性质。

在适当情况下，任何波都具有衍射的固有性质。然而，不同情况中波发生衍射的程度有所不同。如果障碍物具有多个密集分布的孔径，就会造成较为复杂的衍射强度分布图样。这是因为波的不同部分以不同的路径传播到观察者的位置，发生波叠加而产生的现象。

衍射的形式论还可以用来描述有限波（量度为有限尺寸的波）在自由空间的传播情况。例如，激光束的发散性质、雷达天线的波束形状以及超声波传感器的视野范围都可以利用衍射方程来加以分析。

光波的衍射可以用惠更斯–菲涅耳原理和波的叠加原理进行描述。该理论认为，可以把波前的每一点考虑为次波（球面波）的点波源，这些次波就是后续时刻的波面。根据这一理论，任意后续位置的波位移等于这些次波求和。求和并非简单的代数和，而必须虑及这些波各自的相对相位以及振幅。因此，它们叠加之后的振幅范围介于0（相互完全抵消）和所有次波振幅的代数总和之间。可以通过光学实验观察光波的衍射图样。光的衍射图样通常具有一系列明暗条纹（分别对应光波振幅的最大值和最小值）。

人们为了分析波的衍射现象，构造了许多数学模型，其中包括从波动方程推导出的菲涅耳–基尔霍夫衍射公式、夫琅禾费衍射模型以及菲涅耳衍射模型。设a为圆孔半径或狭缝宽度，λ为入射波的波长，L为观察屏距离圆孔、狭缝等衍射物体的距离，如果它们满足

$$F = \frac{a^2}{L\lambda} \geqslant 1 \tag{2.37}$$

则称其为菲涅耳衍射，它是衍射的近场近似；如果它们满足

$$F = \frac{a^2}{L\lambda} \ll 1 \tag{2.38}$$

就称其为夫琅禾费衍射，它是衍射的远场近似。

　　大多数情况，获得衍射方程的严格解析解较为困难，可以通过有限元分析和边界元分析方法来求得数值解。实际的衍射过程通常很复杂，不过，如果能够将实际情况简化到二维平面上，则对于衍射的数学描述将变得相对简单。例如，水波就可以近似地看作是分布在二维平面上的机械波。而对于光波，如果它遇到的衍射物体在某一个方向的尺度远大于光的波长，从而造成这个方向的衍射现象不显著，那么，在分析计算时可以将其忽略，这样做并不会严重影响分析结果。例如，狭缝问题就可以简化到二维的情况，这是因为其沿着缝隙方向的长度和入射光波长相差甚远，因此我们只需考虑它宽度和厚度这两个方向。然而，当我们考虑入射光穿过圆孔时，则必须完整地考虑其三维方向光的传播细节。

2.5.1 单缝衍射

　　假设有一个不透明挡板，在上面刻一条狭长、笔直、透光的缝，然后在挡板的后面放置一个观察屏。照射单色平行光（collimated light）在这个挡板上。按照几何光学的直线传播原理，观察屏上只会有一条与狭缝轮廓相同的亮条纹。然而，精细的观察可以发现在这条亮条纹的两侧，对称地分布着一些亮条纹。发生这样的现象是因为光在狭缝处发生了衍射。

　　假设狭缝宽度大于光波的波长，那么当这束光穿过狭缝后，会向挡板后的区域传播，并在那里发生干涉现象。实际上，狭缝的缝宽之间均匀分布着大量点光源，衍射图样是这些点光源共同作用的结果。为了简化对于该过程的分析，限定入射光具有单一的波长、都是单色光（频率相同），并且在波源位置具有相同的初始相位。在狭缝后面的区域中任意位置的光是上述所有点光源的"次光波"在该位置的叠加结果。因为次光波从狭缝的每个点光源到给定点所经过的路径不同，所以它们的光程不同，因此它们在给定点的相位将会不同。对于缝间任意两个点光源，假若分别来自它们的次光波在观察屏给定点的相对相位为2π，则这两个次光波会干涉相长；假若相对相位为π，则这两个次光波会干涉相消。从这个概念，可以找到衍射光强的极大值或极小值。在衍射图样中，它们分别表现为明暗条纹。

　　通过下面的推导，可以找到衍射光波的第一个极小值在观察屏上的位置。将宽度为d的狭缝均分为上下两段，每段长度分别为$d/2$。考虑来自上段顶部的一束光与来自下段顶部（即狭缝中点）的一束光（波长为λ），这两个点光源的距离为狭缝长度的一半。当两束光传播到观察屏上距离中央极大值最近的位置（此处到狭缝中点连线与狭缝垂直平分线的夹角为θ），两束光的光程差等于半个波长，即

$$(d/2)\sin\theta = \lambda/2 \tag{2.39}$$

时（在等式两边同时乘以2，可以得到$d\sin\theta=\lambda$），二者将发生干涉相消。现在考虑上段中点和下段中点发出的两束光，如果它们在相应位置的光程差也等于半个波长，则也能发生相似的干涉相消现象。注意，在上面的讨论中，我们已经假定狭缝与观察屏的间距远大于狭缝的宽度$L\gg d$，这样就可以近似认为狭缝间诸点光源以相同的角度θ平行地传播到第一极小值位置。可以想象，狭缝其他位置任意两个点光源，只要满足$d\sin\theta_{min,1}=\lambda$，那么都会在上述位置形成干涉相消，形成第一级暗纹。

回想先前的假设为狭缝宽度大于光波波长。注意到狭缝宽度越小，同时保持波长不变，则 $\sin\theta_{\min,1} = \lambda/d$ 越大，$\theta_{\min,1}$ 也越大，因此观察屏展示的第一级暗纹离开中央越远，直到当狭缝宽度等于光波波长时，$\theta_{\min,1} = \pi/2$，在观察屏表面再也找不到第一级暗纹，整个观察屏都被明纹覆盖了。所以，只有当狭缝宽度大于光波波长时，才能够展示出衍射的干涉图样。

上面考虑了第一极小值的情况。可以仿照上面的方法，将狭缝均分为4段、6段、8段……2n段，则n级衍射极小值位置的衍射角满足下面的方程

$$d \sin\theta_{\min,n} = n\lambda \tag{2.40}$$

式中，n是非零整数，表示第n级暗纹（极小值）。

此外，辐照度分布可以由夫琅禾费衍射方程给出：

$$I(\theta) = I_0 \operatorname{sinc}^2(d\pi\sin\theta/\lambda) \tag{2.41}$$

其中，$I(\theta)$为给定角度位置处的辐照度，I_0为初始辐照度，$\operatorname{sinc}(x) = \sin(\pi x)/(\pi x)$，在原点$x = 0$处$\operatorname{sinc}(0) = 1$。

【例2.5】　单缝衍射实验中采用632.8 nm的氦氖激光器作为相干光源，狭缝宽度为0.05 mm，观察屏与双缝所在平面距离为1 m，观察屏的大小为0.1×0.1 m，请用MATLAB仿真在观察屏上得到的单缝衍射仿真图样及其相对光强分布。

【分析】　根据前述单缝衍射原理，可以得到程序代码如下：

```
1 clear,close all
2 lambda = 632.8e-9;        % 氦氖激光波长632.8 nm
3 d = 0.05e-3;              % 狭缝宽度，单位为m
4 L = 1;                    % 观察屏离双缝距离，单位为m
5 H = 0.1;                  % 观察屏的尺寸，单位为m
6 ScreenX = 1048;           % 观察屏横向像素
7 ScreenY = 350;            % 观察屏纵向像素
8
9 x = linspace(-H/2, H/2, 1048);
10 theta=atan(x/L);
11 I = (sin(d*pi*sin(theta)/lambda)./(d*pi*sin(theta)/lambda)).^2;
12 II = repmat(I, [ScreenY 1]);
13
14 subplot(2,1,1)
15 imshow(nthroot(II,5)) ;   % 增强对比度
16 colormap('gray')
17 subplot(2,1,2)
18 plot(x,I)
19 xlabel('x_/m')
20 ylabel('相对光强')
```

程序运行后可以得到如图2.14所示的单缝衍射仿真结果。从图中可以看出夫琅禾费单缝衍射与菲涅耳单缝衍射有明显不同，前者的第一极小值为0，后者不为0。

若您对此书内容有任何疑问，可以登录MATLAB中文论坛与同行们讨论交流。

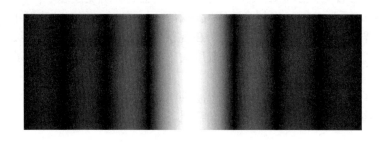

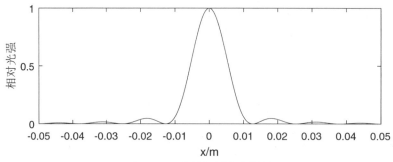

图 2.14　单缝衍射仿真结果

2.5.2　双缝衍射

当我们讨论双缝干涉时，为了简化问题，常常假设缝的宽度远小于入射光的波长。这样，在观察屏上就可以看到辐照度近似相等的干涉条纹。事实上，真实的实验并不总能满足上述假设，呈现在观察屏上的亮条纹中央最亮，两侧亮度逐渐衰减，因此，实际产生的图样是干涉、衍射效应的总和。简单地说，实际双缝实验的条纹，具有理想双缝干涉中条纹的位置，但是辐照度在观察屏上的分布类似单缝衍射中央强、两侧弱的情况。

考虑到衍射效应，实际的双缝衍射图样的辐照度可以用以下公式计算：

$$I(\theta) = I_m(\cos^2 \beta)\left(\frac{\sin \alpha}{\alpha}\right)^2 \tag{2.42}$$

式中，$\beta = \dfrac{\pi d}{\lambda}\sin\theta$ 为干涉因子，源于缝间距为 d 的双缝干涉效应；而 $\alpha = \dfrac{\pi a}{\lambda}\sin\theta$ 为衍射因子，源于缝宽为 a 的单缝衍射效应。

上述公式表明，实际的双缝衍射是干涉和衍射的共同效应。如果考虑问题时把缝宽忽略，把入射波考虑成来自少数几个具有相同相位的波源，那么就称看到的现象为"干涉"；如果把入射波考虑成来自同相位的波阵面（缝宽方向的大量点波源），那么就称看到的现象为"衍射"。这样的说法只是为了分析问题方便，事实上二者常常是同时发生的。

根据公式可以编写下面的双缝衍射MATLAB仿真代码：

```
1 clear, close all
2 lambda = 500e-9;        % 单色光波长 500 nm
3 d = 0.15e-3;            % 狭缝间距，单位为m
4 a = 30*1e-6;            % 狭缝宽度，单位为m
5 L = 1;                  % 观察屏离双缝距离，单位为m
```

```
6  H = 0.1;                % 观察屏的尺寸，单位为m
7  ScreenX = 1048;         % 观察屏横向像素
8  ScreenY = 350;          % 观察屏纵向像素
9
10 x = linspace(-H/2, H/2, ScreenX);
11 theta = atan(x/L);
12 beta = pi*d*sin(theta)/lambda;
13 alpha = pi*a*sin(theta)/lambda;
14 x1=cos(beta).^2;                  % 干涉项
15 x2=(sin(alpha)./alpha).^2;        % 衍射项
16 I=x1.*x2;
17 II = repmat(I, [ScreenY 1]);
18
19 subplot(2,1,1)
20 imshow(nthroot(II,5)) ; % 增强对比度
21 xlabel('(a双缝衍射仿真图样)');
22 subplot(2,1,2)
23 plot(x,I)
24 hold on
25 plot(x,x2,'--')
26 ylabel('Relative_Intensity')
27 xlabel('(b双缝衍射相对光强分布)');
```

程序运行后可以得到如图2.15所示的双缝衍射仿真结果，从图中可以看出双缝衍射是干涉和衍射共同作用的结果。

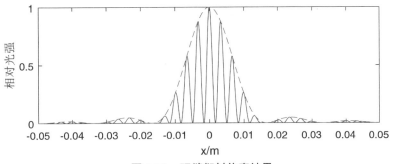

图 2.15　双缝衍射仿真结果

若您对此书内容有任何疑问，可以登录 MATLAB 中文论坛与同行们讨论交流。

2.5.3 衍射光栅

衍射光栅是狭缝按照一定规律分布的光学装置，它能够调整入射光的相位、振幅等属性，使透过它的光发生衍射、干涉，以达到所需的实验目的。光穿过衍射光栅后形成的图样形状与光栅的结构和数量都有关系。

所有衍射光栅的m级极大衍射角θ_m满足下列光栅方程

$$d\left(\sin\theta_m + \sin\theta_i\right) = m\lambda \tag{2.43}$$

式中，θ_i为光波入射到光栅的角度，如果是垂直入射到平面光栅，则$\sin\theta_i = 0$；d为光栅刻线的间距，也称为光栅常数；m为非零整数。

衍射光栅后面给定位置的光波，是衍射光栅诸狭缝衍射光的叠加。用于分离白光中不同频率成分光的分光计，就利用了衍射光栅的原理。

衍射光栅的强度分布是衍射因子和干涉因子的乘积：

$$P = D(\theta) * I(\theta) \tag{2.44}$$

式中，$D(\theta)$是衍射因子：

$$D(\theta) = \frac{\lambda^2 \sin^2(\pi d\sin\theta/\lambda)}{(\pi d\sin\theta)^2}$$

$I(\theta)$是干涉因子：

$$I(\theta) = \frac{\sin^2(N\pi a\sin\theta/\lambda)}{N^2 \sin^2(\pi a\sin\theta/\lambda)}$$

2.5.4 圆孔衍射和艾里斑

一束平面光波入射到圆孔上，一个直径比圆孔的直径大很多的透镜紧贴圆孔放置，那么在透镜的焦面上将可以看到夫琅禾费衍射图样。由于这个系统具有旋转对称性，则衍射图样应是由一系列同心亮环和暗环组成的，这些（在透镜后面的焦平面上的）衍射图样被称为艾里图样。艾里图样的中心部分最亮，这表示能量主要集中在其零级衍射斑处。图样的中心亮斑常被称为艾里斑（Airy disk）。圆孔衍射图样的详细数学分析可以通过夫琅禾费衍射推导，其强度分布由下式给出：

$$I(\theta) = I_0 \left[\frac{2J_1(\upsilon)}{\upsilon}\right]^2 \tag{2.45}$$

式中

$$\upsilon = \frac{2\pi}{\lambda} a\sin\theta \tag{2.46}$$

其中，a为圆孔半径；λ为光波波长；θ为衍射角；I_0为$\theta = 0$时的强度（表示中心极大值）。函数$J_1(\upsilon)$称为一阶贝塞尔函数。在透镜的焦平面上有

$$\upsilon \approx \frac{2\pi}{\lambda} a\frac{(x^2+y^2)^{\frac{1}{2}}}{f} \tag{2.47}$$

式中，f 为透镜的焦距。对于不熟悉贝塞尔函数的人可以把 $J_1(\upsilon)$ 当作类似于有阻尼的正弦函数。由于 $J_1(0) = 0$，根据贝塞尔函数的性质有：

$$\lim_{\upsilon \to 0} \frac{2J_1(\upsilon)}{\upsilon} = 1 \qquad (2.48)$$

在MATLAB中可以直接调用贝塞尔函数besselj()来进行计算。下面的代码用于作出 $J_1(\upsilon)$ 和 $[2J_1(\upsilon)/\upsilon]^2$ 的曲线图：

```
1 clear,close all
2 upsilon = 0:0.01:15;
3 J1 = besselj(1,upsilon);
4 J2 = (2*besselj(1,upsilon)./upsilon).^2;
5 plot(upsilon,J1,upsilon,J2);
6 grid on
7 legend('J_1(\upsilon)','[2J_1(\upsilon)/\upsilon]^2')
```

运行结果如图2.16所示。从图中可以看出 $[2J_1(\upsilon)/\upsilon]^2$ 曲线的第1个零点即为 $J_1(\upsilon)$ 曲线的第2个零点，该点的值略小于4。

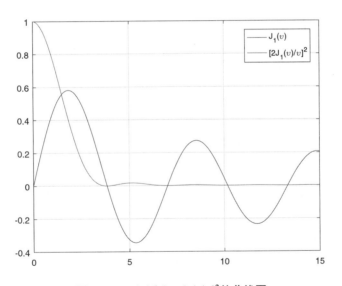

图 2.16 $J_1(\upsilon)$ 和 $[2J_1(\upsilon)/\upsilon]^2$ 的曲线图

在MATLAB中可以非常方便地调用方程求根函数fzero()求解该零点的精确数值解，在命令行中运行下面代码：

```
>> fzero(@(x)besselj(1,x),4)

ans =

          3.8317
```

即可得到 $[2J_1(\upsilon)/\upsilon]^2$ 曲线的第1个零点对应于 $\upsilon = 3.8317$，同样可以求出接下来的零点依次为7.016、10.174、13.324……

若您对此书内容有任何疑问，可以登录MATLAB中文论坛与同行们讨论交流。

【**例**2.6】 仿真作出波长$\lambda = 0.5\,\mu m$的平行光经过半径分别为$0.5\,mm$和$0.25\,mm$的圆孔后，位于焦距为$20\,cm$的透镜焦平面上产生的艾里图样。

【**分析**】 利用公式(2.45)和公式(2.47)，在 MATLAB 中仿真计算光强分布，即可得到艾里图样，然后作图即可。其代码如下：

```matlab
1  lambda = 0.5e-6;        % 光波长0.5 um
2  a1 = 0.5e-3;            % 环状孔径的半径，单位为m
3  a2 = 0.25e-3;           % 环状孔径的半径，单位为m
4  f = 0.20;               % 透镜焦距，单位为m
5  H = 1e-3;               % 观察屏的尺寸，单位为m
6  ScreenX = 500;          % 观察屏横向像素
7  ScreenY = 500;          % 观察屏纵向像素
8
9  k = 2*pi/lambda;
10 y = linspace(-H/2, H/2, ScreenY);
11 x = linspace(-H/2, H/2, ScreenX);
12 [X Y] = meshgrid(x,y);
13 r=sqrt(X.^2+Y.^2);
14 theta = atan(r/f);
15 upsilon1 = 2*pi/lambda*a1*sin(theta);
16 upsilon2 = 2*pi/lambda*a2*sin(theta);
17 I1 = (2*besselj(1,upsilon1)./(upsilon1)).^2;
18 I2 = (2*besselj(1,upsilon2)./(upsilon2)).^2;
19
20 figure
21 subplot(1,2,1)
22 imshow(I1)
23 title(['a=' num2str(a1*1e3) 'mm']);
24 subplot(1,2,2)
25 imshow(I2)
26 title(['a=' num2str(a2*1e3) 'mm']);
```

运行结果如图2.17所示。从图中可以看出圆孔的半径越大，所得到的艾里图样光斑越小。

图 2.17　例2.7运行结果

$[2J_1(\upsilon)/\upsilon]^2$ 曲线表示与艾里图样相对应的光强度分布，艾里图样中一系列的暗环对应于

$$\upsilon = \frac{2\pi}{\lambda}a\sin\theta = 3.832, 7.016, 10.174, 13.324, \dots \tag{2.49}$$

或者

$$\sin\theta = \frac{3.832\lambda}{2\pi a}, \frac{7.016\lambda}{2\pi a}, \dots \tag{2.50}$$

如果用 f 表示透镜的焦距，则暗环的半径 r 可以写成：

$$r = f\tan\theta \approx \frac{3.832\lambda f}{2\pi a}, \frac{7.016\lambda f}{2\pi a}, \dots \tag{2.51}$$

此处假设 θ 很小，以致 $\tan\theta \approx \sin\theta$。如图2.17所示的艾里图样分别对应于 $a = 0.5$ mm和 0.25 mm，且其中 $\lambda = 0.5\ \mu$m，$f = 20$ cm，因此第一暗环半径分别约为0.12 mm和 0.24 mm。

　　光学成像系统的成像质量或多或少都受到衍射的制约。其原因是，入射光在圆形镜片处 会发生衍射，形成艾里斑，从而造成光路不能够汇聚到一个点。衍射对成像的影响，主要表 现为画面细节模糊不清。在焦平面上，艾里斑的半径对应艾里图样第一暗环的半径，即为

$$r = \frac{3.832\lambda f}{2\pi a} = \frac{3.832}{\pi}\lambda\frac{f}{2a} = 1.22\lambda N \tag{2.52}$$

式中，N 为光学系统中镜头的焦比（焦距与孔径的相对比值）。对应的分辨角为

$$\sin\theta = 1.22\frac{\lambda}{D} \tag{2.53}$$

其中，D 为光学系统物镜（例如望远镜的主镜片）的尺寸。

　　给定两个点波源，它们会各自产生艾里图样。当这两个点波源相互靠近对方时，两个艾 里图样也会慢慢开始重叠，最后甚至会合并成单一的图样，从而导致无法分辨出两个独立 波源所对应的图像。使用望远镜观察太空中的一对双星就有可能遇到这样的情况。瑞利准 则指出，只有当两个像之间的距离大于或等于艾里斑的半径时，也就是说，当一个圆斑的中 心（中央的主极大值位置）不在另一个圆斑的边缘（第一极小值位置）之内时，对应的两个 独立波源才能够被明确分辨出来。因此，镜片孔径越大，波长越短，则光学系统的分辨率越 好。这就是望远镜具有大口径镜头的原因。这也解释了显微镜观察细节的能力受到限制的 原因。

　　【例2.7】　仿真作出波长 $\lambda = 0.5\ \mu$m的光，经过半径为20 mm的环状孔径，在焦距 2 m的观察屏上得到两个光源的艾里斑间隙分别为 $\frac{1.22\lambda f}{2a}$、$\frac{1.0\lambda f}{2a}$ 和 $\frac{1.5\lambda f}{2a}$ 时的图样。

　　【分析】　利用公式(2.45)和式(2.47)，在 MATLAB 中仿真计算光强分布，即可得到艾里 图样，然后作图即可。其代码如下：

```
1 clear,close all
2 lambda = 500e-9;        % 光波波长500 nm
3 a = 20e-3;              % 环状孔隙的半径，单位为m
4 f = 2;                  % 观察屏离环状孔隙的距离，单位为m
```

若您对此书内容有任何疑问，可以登录MATLAB中文论坛与同行们讨论交流。

```
5  Hx = 0.0003;              % 观察屏的横向尺寸，单位为m
6  Hy = 0.0001;              % 观察屏的纵向尺寸，单位为m
7  d = 1.22*lambda/(2*a)*f;% 观察屏上艾里斑的间隙
8  ScreenX = 1500;           % 观察屏横向像素
9  ScreenY = 500;            % 观察屏纵向像素
10 k = 2*pi/lambda;
11 y = linspace(-Hy/2, Hy/2, ScreenY);
12 x = linspace(-Hx/2, Hx/2, ScreenX);
13 [X Y] = meshgrid(x,y);
14 r1=sqrt(X.^2+Y.^2);
15 theta1 = atan(r1/f);
16 I1 = (2*besselj(1,k*a*sin(theta1))./(k*a*sin(theta1))).^2;    % 艾里斑1
17 r2=sqrt((X-d).^2+Y.^2);
18 theta1 = atan(r2/f);
19 I2 = (2*besselj(1,k*a*sin(theta1))./(k*a*sin(theta1))).^2;    % 艾里斑2
20
21 figure
22 subplot(2,1,1)
23 imshow(I1+I2)
24 subplot(2,1,2)
25 plot(x,I1(ScreenY/2,:)+I2(ScreenY/2,:));
26 hold on
27 plot(x,I1(ScreenY/2,:),'k--',x,I2(ScreenY/2,:),'k--')
28 xlabel('x/m');
29 ylabel('相对光强')
```

运行结果如图2.18所示。

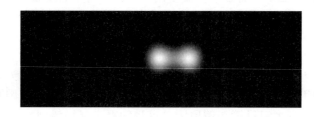

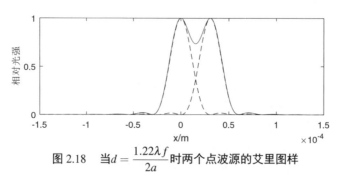

图2.18　当$d = \dfrac{1.22\lambda f}{2a}$时两个点波源的艾里图样

修改程序代码第7行两个光源的艾里斑间隙值后，再运行代码即可得到如图2.19和2.20所

示的间隙 $d = \dfrac{1.0\lambda f}{2a}$ 和 $d = \dfrac{1.5\lambda f}{2a}$ 时两个点光源的艾里图样。从图中可以看出，当 $d = \dfrac{1.0\lambda f}{2a}$ 时，两个点光源的艾里图样已经混合在一起，其和的峰值已经超过单个艾里图样的峰值，两个点光源的艾里图样没有明显边界，也就无法再将两个点光源的艾里图样区分开来。当 $d = \dfrac{1.5\lambda f}{2a}$ 时，两个点光源的艾里图样边界非常明显，很容易将它们区分开来。当 $d = \dfrac{1.22\lambda f}{2a}$ 时，一个点光源的艾里图样的暗条纹正好落在另一个点光源艾里图样的峰值上，它们图样叠加的峰值没有超过单个艾里图样的峰值，因此正好能够区分两个艾里图样的边界，还能够将它们区分开来。

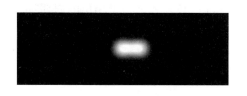

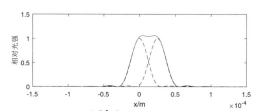

图 2.19　当 $d = \dfrac{1.0\lambda f}{2a}$ 时两个点波源的艾里图样

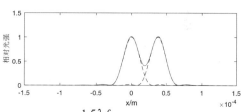

图 2.20　当 $d = \dfrac{1.5\lambda f}{2a}$ 时两个点波源的艾里图样

2.6　菲涅耳衍射

假设照射光波于开有孔径的不透明挡板，则会有衍射图样出现于观察屏。根据惠更斯 - 菲涅耳原理，从孔径内部任意点次波源 Q 发射出的圆球面次波，在观察屏点 P 的波扰 $\psi(x, y, z)$ 为

$$\psi(x, y, z) = -\frac{i}{\lambda} \int_S \psi(x', y', 0) \frac{e^{ikR}}{R} K(\chi)\, dx'dy'$$

式中，(x, y, z) 是点 P 的直角坐标；$\mathbf{r}' = (x', y', 0)$ 是点 Q 的直角坐标；λ 是波长；S 是积分平面（孔径）；$\psi(x', y', 0)$ 是位于点次波源 Q 的波扰；$\mathbf{R}$ 是从点 Q 到点 P 的位移矢量；R 是 $\mathbf{R}$ 的数值大小；$K(\chi)$ 是倾斜因子；χ 是垂直于孔径平面的法矢量与 $\mathbf{R}$ 之间的夹角。

古斯塔夫·基尔霍夫给出了倾斜因子 $K(\chi)$ 的表达式：

$$K(\chi) = \frac{1}{2}(1 + \cos\chi)$$

除了最简单的衍射案例以外，几乎不可能找到该积分式的解析解。因此必须使用数值分析方法来解析该积分式。

要想计算该积分式，必须先使积分项目更简单化。通过菲涅耳近似，设定

$$\rho = \sqrt{(x - x')^2 + (y - y')^2}$$

若您对此书内容有任何疑问，可以登录 MATLAB 中文论坛与同行们讨论交流。

$(x', y', 0)$ 与 (x, y, z) 之间的距离 R 可以用泰勒级数表示为

$$R = \sqrt{(x-x')^2 + (y-y')^2 + z^2} = \sqrt{\rho^2 + z^2} = z\sqrt{1 + \frac{\rho^2}{z^2}}$$

$$= z\left[1 + \frac{\rho^2}{2z^2} - \frac{1}{8}\left(\frac{\rho^2}{z^2}\right)^2 + \cdots\right]$$

$$= z + \frac{\rho^2}{2z} - \frac{\rho^4}{8z^3} + \cdots$$

假若保留所有项目，则这级数式为精确解。菲涅耳近似的依据则是假定级数式的第三个项目非常微小，可以被忽略。为了达到该目的，第三个项目必须远远小于相位的周期 2π：

$$\frac{k\rho^4}{8z^3} \ll 2\pi$$

换以波长 $\lambda = 2\pi/k$ 来表达，则有

$$\frac{\rho^4}{8z^3\lambda} \ll 1$$

将先前 ρ 的表达式代入，可得

$$\frac{[(x-x')^2 + (y-y')^2]^2}{8z^3\lambda} \ll 1 \tag{2.54}$$

如果对于所有 $(x', y', 0)$ 与 (x, y, z) 的可能值，该条件成立，则泰勒级数式的第三项目和更高阶项目都可以忽略。此时 R 可以近似为

$$R \approx z + \frac{\rho^2}{2z} = z + \frac{(x-x')^2 + (y-y')^2}{2z} \tag{2.55}$$

该式称为"菲涅耳近似"，此近似成立的条件是上述不等式成立的关键。

例如，对于半径为1mm的圆孔，假设观察屏区域的直径也是1mm，入射波的波长为500nm，则近似成立的条件为：

$$z \gg \left(\frac{\rho^4}{8\lambda}\right)^{1/3} = \left[\frac{0.002^4}{8 \times 500 \times 10^{-9}}\right]^{1/3} \approx 0.016(\text{m})$$

即圆孔与观察屏之间的距离 z 必须远远大于16 mm。实际而言，该条件太过严苛，根据数值分析的结果，只要圆孔与观察屏之间的距离 z 大于16 mm就可以了。

2.6.1 菲涅耳衍射积分式

假设孔径尺寸远远小于传播路径长度，则 $K(\chi) \approx 1$。特别是在 z 轴附近的小范围区域，$x, y \ll z$，分母的 R，可以近似为 $R \approx z$，只取至线性项目。现在，采用菲涅耳近似，则在位置 (x, y, z) 的波扰为

$$\psi(x, y, z) = -\frac{\mathrm{i}\mathrm{e}^{\mathrm{i}kz}}{\lambda z} \int_S \psi(x', y', 0)\mathrm{e}^{\mathrm{i}k[(x-x')^2 + (y-y')^2]/2z}\, \mathrm{d}x'\mathrm{d}y' \tag{2.56}$$

这就是"菲涅耳衍射积分式"。仔细推敲这积分式的含意，假设菲涅耳近似成立，则位于孔径的次波源发射出的圆球面次波，会沿着z轴方向，传播到观察屏。只对少数案例，方程存在解析解。

更进一步近似，将e^{ikR}近似为e^{ikz}，相位部分仅取线性项，这只有当观察屏与孔径之间的距离超远时才成立，即满足夫琅禾费衍射条件。菲涅耳衍射与夫琅禾费衍射不同的地方，主要是菲涅耳衍射将波前的曲率纳入考量，这是为了要精确计算相互干涉的波扰彼此之间的相对相位。

2.6.2　几种典型的菲涅耳衍射

1.圆孔的菲涅耳衍射

假设孔径是半径为a的圆孔，入射波是波幅为ψ_0、朝着z轴传播的平面波。根据菲涅耳衍射积分式，对于沿着中心轴$(x=0,y=0,z)$的波扰，有

$$\psi(0,0,z) = -\frac{\mathrm{i}e^{ikz}\psi_0}{\lambda z}\int_S e^{ik(x'^2+y'^2)/2z}\,\mathrm{d}x'\mathrm{d}y' \tag{2.57}$$

改写为极坐标(ρ',θ')的形式，则有

$$\begin{aligned}\psi(0,0,z) &= -\frac{\mathrm{i}e^{ikz}\psi_0}{\lambda z}\int_0^a e^{ik\rho'^2/2z}\,\rho'\mathrm{d}\rho' \\ &= -\psi_0 e^{ikz}(e^{ika^2/2z}-1)\end{aligned} \tag{2.58}$$

则光强$I(z)$为

$$I(z) = \psi^*\psi/2 = \psi_0^2\,2\sin^2(ka^2/4z) = I_0\sin^2(ka^2/4z) \tag{2.59}$$

上式表明，在离孔径越近的地方，光强的震荡越剧烈。该区域是菲涅耳衍射区域，在此区域里光强的极值点分别为

- 极大值：$z = \dfrac{a^2}{2n\lambda}$，　　$n = 1,2,3,\ldots$

- 极小值：$z = \dfrac{a^2}{(2n-1)\lambda}$，　　$n = 1,2,3,\ldots$

离孔径越远，两个相邻极值点之间的间隔越大，$z = a^2/\lambda$是最后一个极值点。远于该距离，光强呈单调递减。通常，规定菲涅耳衍射区域的菲涅耳数大于或等于1，这对应于$Z_F = a^2/\lambda$为分界点；远于这个分界点的是夫琅禾费衍射区域，可以使用夫琅禾费近似，数学计算相对简单。

例如，对于半径为1 mm的圆孔，假设入射波的波长为500 nm，则Z_F为

$$Z_F = \frac{0.001^2}{500\times10^{-9}} \approx 2(\mathrm{m})$$

此时，孔径与观察屏之间的距离在2 m以内是菲涅耳衍射区域，以外是夫琅禾费衍射区域。

若您对此书内容有任何疑问，可以登录MATLAB中文论坛与同行们讨论交流。

2.圆盘的菲涅耳衍射

圆盘衍射在轴上的强度为

$$I = I_0 * \lambda^2/4 \tag{2.60}$$

即圆盘衍射的轴上强度，和波长的平方成正比，而与圆盘的直径、与圆盘的距离无关，所以衍射图形的中心一定是个亮点。这个亮点称为泊松光斑。而菲涅耳圆孔衍射图形的中心点，根据圆孔直径和距离之不同，可以是亮点，也可以是暗点。

3.直边的菲涅耳衍射

平面波通过与光线传播方向垂直的不透明直边，得到该直边的菲涅耳衍射的强度分布为：

$$I = \frac{1}{2}I_0\left\{\left[\frac{1}{2}-C(-\upsilon_0)\right]^2 + \left[\frac{1}{2}-S(-\upsilon_0)\right]^2\right\} \tag{2.61}$$

其中$C(\upsilon_0)$、$S(\upsilon_0)$分别为余弦菲涅耳积分和正弦菲涅耳积分：

$$C(\upsilon_0) = \int_0^{\upsilon_0}\cos(\frac{\pi t^2}{2})\mathrm{d}t$$

$$S(\upsilon_0) = \int_0^{\upsilon_0}\sin(\frac{\pi t^2}{2})\mathrm{d}t$$

$$\upsilon_0 = \sqrt{\frac{2}{\lambda d}}x$$

式中，λ是光波波长；x是观察屏上的点到屏幕上对应的直边位置的距离；d是观察屏到直边的距离。在MATLAB中余弦菲涅耳积分和正弦菲涅耳积分可以直接调用函数fresnelc()和fresnels()进行计算。

运行以下代码即可得到直边的菲涅耳衍射的强度分布仿真结果如图2.21所示。

```
1 clear,close all
2 ScreenX = 1048;        % 观察屏横向像素
3 ScreenY = 350;         % 观察屏纵向像素
4 lambda = 632.8e-9;     % 氦氖激光波长 632.8nm
5 d = 10;                % 观察屏到直边的距离，单位为m
6 x = 0.02;              % 观察屏的长度，单位为m
7 % 取值范围设定upsilon
8 upsilon0 = linspace(-sqrt(2/(lambda*d))*x, sqrt(2/(lambda*d))*x, ScreenX);
9 I = 1/2*((1/2-fresnelc(-upsilon0)).^2 + (1/2-fresnels(-upsilon0)).^2);
10 II = repmat(I, [ScreenY 1]);
11
12 subplot(2,1,1)
13 imshow(II) ;
14 subplot(2,1,2)
15 plot(linspace(-x/2, x/2, ScreenX),I)
16 grid on
17 ylabel('相对光强')
18 xlabel('x/m');
```

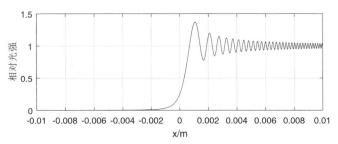

图 2.21　直边菲涅耳衍射仿真结果

根据仿真结果可以得到直边菲涅耳衍射有以下特点：

(1)当进入几何阴影区域（$v_0 < 0$），光强单调地下降到零。

(2)在光照区域（$v_0 > 0$），光强并不是恒定不变的，而是沿边界快速上升到极大值，随后不断振荡。给定 λ 和 d 即可计算出观察点沿 x 轴移动时的 v_0，就可以得到强度变化。例如，头三个极大值发生在：

- 当 $v_0 \approx 1.22$ 时，光强为 $I \approx 1.37 I_0$；
- 当 $v_0 \approx 2.34$ 时，光强为 $I \approx 1.20 I_0$；
- 当 $v_0 \approx 3.08$ 时，光强为 $I \approx 1.15 I_0$。

同理，头三个极小值发生在：

- 当 $v_0 \approx 1.87$ 时，光强为 $I \approx 0.778 I_0$；
- 当 $v_0 \approx 2.74$ 时，光强为 $I \approx 0.843 I_0$；
- 当 $v_0 \approx 3.39$ 时，光强为 $I \approx 0.872 I_0$。

2.7　白光干涉与衍射

当白光照射狭缝时比单色光照射狭缝时所产生的干涉图样更为复杂。如图2.22所示，由于白光光谱的短波端（紫端）和长波端（红端）对应的波长分别大约是 4×10^{-7} m 和 7×10^{-7} m，显然在中心点 O 处产生的中央条纹是白色的，因为所有的波长在中心处都发生相长干涉。但是在中心点 O 附近的条纹将变成有颜色的。例如，若点 P 满足：

$$\overline{S_2 P} - \overline{S_1 P} = 2 \times 10^{-7} \text{m} \left(= \frac{\lambda_{\text{purple}}}{2} \right)$$

那么紫光就要发生完全的相消干涉，而其他波长则部分地发生相消干涉，从而得到一条除去紫光而呈现暗红色的线。

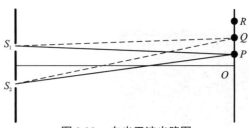

图2.22　白光干涉光路图

如果点Q满足：

$$\overline{S_2Q} - \overline{S_1Q} = 2\times10^{-7}\mathrm{m}\left(=\frac{\lambda_{\mathrm{red}}}{2}\right)$$

则点Q处将不含红光，而对于紫光则几乎是相长干涉。可见光区间内的其他波长既不发生相长干涉也不发生相消干涉。因此，紧靠白色中央条纹的是一些彩色条纹；当光程差约为$2\times10^{-7}\mathrm{m}$时，条纹呈红色，继而颜色渐渐变为紫色。彩色条纹将很快消失，因为对于离开点O较远的点，在可见光区域内有许许多多波长的光都发生相长干涉，所以看到的是均匀的白光。例如，在满足$\overline{S_2R} - \overline{S_1R} = 2\times30^{-7}\mathrm{m}$的点$R$，对应于$\lambda = 30\times10^{-7}/n, (n=1,2,\cdots)$的波长将发生相长干涉，在可见光区域，这些波长为$7.5\times10^{-7}\mathrm{m}$（红色）、$6\times10^{-7}\mathrm{m}$（黄色）、$5\times10^{-7}\mathrm{m}$（黄绿色）、$4.3\times10^{-7}\mathrm{m}$（紫色）。此外，对应于$\lambda = 30\times10^{-7}/(n+1/2), (n=1,2,\cdots)$的波长将发生相消干涉，所以在可见光区域将不包含$6.67\times10^{-7}\mathrm{m}$（橙色）、$5.5\times10^{-7}\mathrm{m}$（绿色）、$4.6\times10^{-7}\mathrm{m}$（蓝色）等波长。在肉眼看来，这样的光的颜色是白色的。因此，在白光照射下，在零光程差的点将得到白色中央条纹，在白色条纹的两侧有少数几条彩色条纹，再往外颜色很快又褪变为白色。如果还使用白色光源，但在我们的眼睛前面放一个红色（或绿色）的滤光片，将会看到相应的红色（或绿色）干涉图样。

通常在利用准单色光源（如钠光灯）产生的干涉图样中，会得到数目很多的干涉条纹，此时要确定中央条纹的位置是非常困难的。但是许多干涉实验都需要确定中央条纹的位置，根据上述讨论，如果采用白光光源，就很容易做到这一点。

与单色光相比，白光干涉与衍射的计算机仿真是个难点。首先要找到波长和颜色的对应关系，在Mathworks File Exchange 中有Jeff Mather 写的Spectral and XYZ Color Functions工具包(https://ww2.mathworks.cn/matlabcentral/fileexchange/7021-spectral-and-xyz-color-functions)，下载该工具包并加载后运行代码：

```
1 sRGB = spectrumRGB(400:0.5:700);
2 figure
3 imshow(repmat(sRGB, [100 1 1]))
```

可以得到如图2.23所示白光光谱波长对应的RGB颜色图谱。

图2.23　白光光谱波长对应的RGB颜色图谱

然后白光可以分解为多个波长光束的叠加，因此白光的杨氏双缝干涉仿真也可以先分别针对每个波长进行计算，再把波长对应的颜色信息叠加起来。仿真代码如下：

```
1  clear,close all
2  d = 0.08e-3;              % 双缝间隙，单位为m
3  L = 1;                    % 观察屏离双缝距离，单位为m
4  H = 0.1;                  % 观察屏的尺寸，单位为m
5  ScreenX = 1048;           % 观察屏横向像素
6  ScreenY = 350;            % 观察屏纵向像素
7
8  lambda = 400:700;         % 波长设置
9  sRGB = spectrumRGB(lambda); % 获取波长对应的值数据RGB
10 lambda = lambda*1e-9;     %波长转化为单位m
11
12 x01 = d/2;
13 x02 = -d/2;
14 x = linspace(-H/2, H/2, ScreenX);
15 R1 = sqrt((x - x01).^2 + L^2);
16 R2 = sqrt((x - x02).^2 + L^2);
17
18 Irgb=zeros(ScreenY,ScreenX,3); % 仿真光屏矩阵
19 Iw=zeros(ScreenY,ScreenX,3);       % 值矩阵RGB
20 for k=1:length(lambda)
21     A1 = exp(i*2*pi/lambda(k)*R1);
22     A2 = exp(i*2*pi/lambda(k)*R2);
23     I = (A1+A2).*conj(A1+A2);
24     Iw(:,:,1)=repmat(I*sRGB(1,k,1), [ScreenY 1 1]); %把红基色代码计入
25     Iw(:,:,2)=repmat(I*sRGB(1,k,2), [ScreenY 1 1]); %把绿基色代码计入
26     Iw(:,:,3)=repmat(I*sRGB(1,k,3), [ScreenY 1 1]); %把蓝基色代码计入
27     Irgb=Irgb+Iw;
28     Iw=[];
29 end
30
31 II=Irgb/max(max(max(Irgb)));
32 figure
33 subplot(2,1,1)
34 imshow(II)
35
36 Igray = rgb2gray(II);
37 Igray = Igray/max(max(Igray));
38 subplot(2,1,2)
39 plot(x,Igray(1,:))
40 ylabel('相对光强')
41 xlabel('x/m')
```

代码运行后即可得到如图2.24所示的白光杨氏双缝干涉仿真图案和相对光强分布。仿真中采用了400~700nm可见光区域中每隔1nm取1个波长，共计301个波长的数据。

与此类似，也可以将白光单缝衍射的代码写出来：

若您对此书内容有任何疑问，可以登录MATLAB中文论坛与同行们讨论交流。

若您对此书内容有任何疑问，可以登录MATLAB中文论坛与同行们讨论交流。

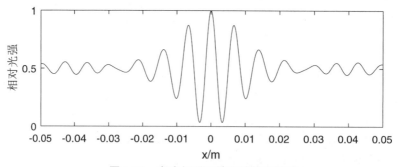

图2.24   白光杨氏双缝干涉仿真结果

```matlab
1  clear,close all
2  d = 0.05e-3;              % 狭缝宽度，单位为m
3  L = 1;                    % 观察屏离缝距离，单位为m
4  H = 0.1;                  % 观察屏的尺寸，单位为m
5  ScreenX = 1048;           % 观察屏横向像素
6  ScreenY = 350;            % 观察屏纵向像素
7
8  lambda = [400:700];       % 波长设置
9  sRGB = spectrumRGB(lambda); % 获取波长对应的值数据RGB
10 lambda = lambda*1e-9;     % 波长转化为单位m
11
12 x = linspace(-H/2, H/2, 1048);
13 theta=atan(x/L);
14
15 Irgb=zeros(1,ScreenX,3); % 仿真光屏矩阵
16 Iw=zeros(1,ScreenX,3);    % 值矩阵RGB
17 for k=1:length(lambda)
18     I = (sin(d*pi*sin(theta)./lambda(k))./(d*pi*sin(theta)/lambda(k))).^2;
19     Iw(1,:,1)=I*sRGB(1,k,1); % 把红基色代码计入
20     Iw(1,:,2)=I*sRGB(1,k,2); % 把绿基色代码计入
21     Iw(1,:,3)=I*sRGB(1,k,3); % 把蓝基色代码计入
22     Irgb=Irgb+Iw;
23     Iw=[];
24 end
25
```

```
26 II=repmat(Irgb, [ScreenY 1 1])/max(max(max(Irgb)));
27 figure
28 subplot(2,1,1)
29 imshow(II) ;
30
31 Igray = rgb2gray(II);
32 Igray = Igray/max(max(Igray));
33 subplot(2,1,2)
34 plot(x,Igray(1,:))
35 ylabel('相对光强')
36 xlabel('x/m')
```

代码运行后即可得到如图2.25所示的白光单缝衍射仿真图样和相对光强分布。与图2.14所示的单缝衍射仿真结果进行对比可以看出，白光单缝衍射仿真的第一极小值不为0。相对之前的仿真程序，RGB颜色加入代码也进行了改进。

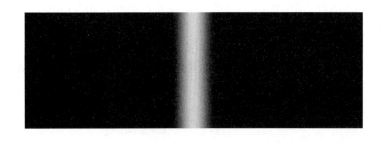

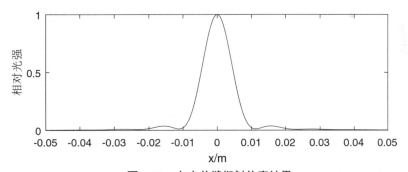

图 2.25　白光单缝衍射仿真结果

2.8　衍射的傅里叶光学仿真

傅里叶光学最基本的任务之一是描述光场从一个位置传播到另一个位置时的演变，衍射现象正是以光传播波行为为基础的，因此可以用傅里叶光学来进行光的衍射仿真。从标量衍射理论出发，可以通过一些情况下的简化推导出单色光的光学衍射的表达式，从而为光传播的仿真计算奠定基础。

当离开入射孔径的距离很大或者使用透镜将衍射图案聚焦到像平面时，衍射图案变成如下给出的傅里叶变换：

$$E(x,y,z) = C_0 \Im(E)|_{f_x = \frac{x}{\lambda z}, \frac{y}{\lambda z}} \tag{2.62}$$

一些简单结构（如光栅、矩形孔、圆形孔等）的傅里叶变换具有解析表达式。但是，利用公式可以计算任意二维结构的傅里叶变换。

为了以计算有效的方法执行二维傅里叶变换，MATLAB具有内置的快速傅里叶变换（FFT）功能。MATLAB中的fft()函数使用Cooley-Tukey算法执行离散傅里叶变换（DFT），如下所示

$$F(p,q) = \sum_{m=0}^{M} \sum_{n=0}^{N} f(m,n)\mathrm{e}^{-\mathrm{i}\frac{2\pi}{M}pm}\mathrm{e}^{-\mathrm{i}\frac{2\pi}{N}pn}, \quad p=0,1,\cdots,M-1, q=0,1,\cdots,N-1 \tag{2.63}$$

计算傅里叶变换所需的步骤是：离散孔径；使用FFT计算DFT算法；将整数参数返回到空间坐标。

在MATLAB中通过简单地在标准图形程序中创建孔径的黑白图像并将图像保存为具有2个颜色级别的GIF文件来分析2D幅度孔径。当图像读入MATLAB时，孔径将通过图像的像素化进行离散化，其中白色是完全透过，黑色是不透过。灰度图像也可用于创建不同的透过率参数，如果包含相位项则需要在MATLAB中进行添加。

二维DFT使用MATLAB中的fft2()函数进行换算。但是，fft2()函数将中心索引放置在角落中，即将最大强度放置在角落而不是中心。因此需要在MATLAB中调用fftshift()函数来解决这个问题，从而将最大强度放回到所需的位置。

对长为0.2、宽为0.1的长方形孔进行二维DFT，得到其衍射图案的MATLAB程序代码如下：

```
1 clear, close all
2 x=(-2:0.05:2);
3 y=(-2:0.05:2);
4 A=y.'*x;
5 i_index=0;
6 for i=-2:0.05:2 %方形孔径设定
7     j_index=0;
8     i_index= i_index+1;
9     for j=-2:0.05:2
10         j_index=j_index+1;
11         if abs(i) <=0.1 & abs(j)<=0.2
12             A(i_index,j_index)=1;
13         else
14             A(i_index,j_index)=0;
15         end
16     end
17 end
18 subplot(1,2,1); %方形孔径作图
19 imshow(A)
20 title('方形孔径');
21 fft_v=abs(fft2(A));
22 fft_val=fftshift(fft_v);
23 subplot(1,2,2); %二维傅里叶变换及移相后作图
24 imshow(fft_val/max(max(fft_val)))
```

若您对此书内容有任何疑问，可以登录MATLAB中文论坛与同行们讨论交流。

```
25 title('方形孔径的变换fft')
```

代码运行后可以得到如图2.26所示的长方形孔径的快速傅里叶变化仿真结果。

方形孔径 方形孔径的**fft**变换

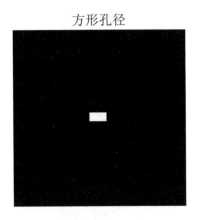

图 2.26 长方形孔径的快速傅里叶变化仿真结果

类似地,对半径0.2的圆形孔进行二维DFT,得到其衍射图案的MATLAB程序代码如下:

```
1 clear, close all
2 x=(-2:0.05:2);
3 y=(-2:0.05:2) ;
4 A=y.'*x;
5 i_index=0;
6 for i=-2:0.05:2
7     j_index=0;
8     i_index= i_index+1;
9     for j=-2:0.05:2
10         j_index=j_index+1;
11         r=sqrt(i^2+j^2);
12         if r <=0.2
13             A(i_index,j_index)=1;
14         else
15             A(i_index,j_index)=0;
16         end
17     end
18 end
19 subplot(1,2,1);  %圆形孔径的三维作图
20 mesh(x,y,A);
21 xlabel('x'); ylabel('y'); zlabel('E');
22 title('circular_aperture');
23 fft_v=abs(fft2(A));
24 fft_val=fftshift(fft_v);
25 subplot(1,2,2);  %圆形孔径的傅里叶变换及移相后三维作图
26 mesh(x,y,fft_val);
```

```
27  xlabel('fx'); ylabel('fy'); zlabel('E');
28  title('fft_of_circular_aperture');
```

代码运行后可以得到如图2.27所示的圆形孔径的快速傅里叶变化仿真结果。

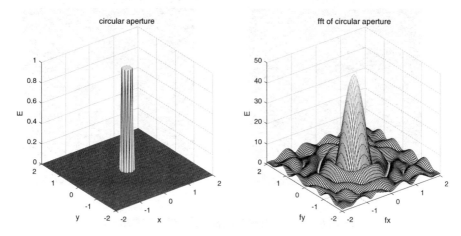

图 2.27   圆形孔径的快速傅里叶变化仿真结果

2.9   MATLAB预备技能与技巧

2.9.1   MATLAB中的数字图像

图像是人对视觉感知的物质再现。图像可以由光学设备获取，如照相机、镜子、望远镜及显微镜等；也可以人为创作，如手工绘画。图像可以记录、保存在纸质媒介、胶片等对光信号敏感的介质上。随着数字采集技术和信号处理理论的发展，越来越多的图像以数字形式存储。因而，有些情况下"图像"一词实际上是指数字图像。

数字图像，是二维图像用有限数字数值像素的表示。通常，像素在计算机中保存为二维整数数组的光栅图像，这些值经常用压缩格式进行传输和储存。数字图像可以由许多不同的输入设备和技术生成，例如数码相机、扫描仪、坐标测量机、激光雷达等，也可以从非图像数据合成得到，例如数学函数或者三维几何模型等。

每个图像的像素通常对应于二维空间中一个特定的"位置"，并且有一个或者多个与那个点相关的采样值组成数值。根据这些采样数目及特性的不同数字图像可以划分为：

- 二值图像：图像中每个像素的亮度值(intensity)仅可以取自0或1的图像，因此也称为1 bit图像。

- 灰度图像：也称为灰阶图像，图像中每个像素可以由0(黑)到255(白)的亮度值表示。0~255之间表示不同的灰度级。

- 彩色图像：彩色图像主要分为两种类型，RGB及CMYK。其中RGB的彩色图像是由三种不同颜色成分组合而成，一个为红色，一个为绿色，另一个为蓝色。而CMYK类型的图像则由四个颜色成分组成：青C、品M、黄Y、黑K。CMYK类型的图像主要用于印刷行业。

- 假彩色图像：指在一幅影像中使用与全彩不同的颜色描述物体的图像。例如拍摄700~900nm红外线波长的红外线底片，使用不同程度的"假"灰色来显示红外线的强度。

MATLAB的数字图像处理主要支持索引图像、RGB图像、二值图像和灰度图像。

1. 索引图像

索引图像包括图像矩阵与颜色图矩阵。其中，颜色图矩阵是按图像中颜色值进行排序后生成的矩阵。对于每个像素，图像矩阵包含一个值，这个值就是颜色图矩阵中的索引。颜色图矩阵为$m \times 3$的双精度值矩阵，各行分别指定红、绿、蓝(R,G,B)单色值，且R、G、B均为值域[0,1]的实数值。

图像矩阵与颜色图矩阵的关系依赖于图像矩阵是双精度类型还是无符号8位整数类型。如果图像矩阵为双精度类型，则第一点的值对应于颜色图的第一行，第二点的值对应于颜色图的第二行，依次类推，各个点的值都对应于相应颜色图的各个行；如果图像矩阵是无符号8位整数类型，且有一个偏移动量，则第0点的值对应于颜色图的第一行，第一点的值对应于颜色图的第二行。依次类推，则无符号8位整数类型常用于图形文件格式，且它支持256色。

索引图像一般用于存放色彩要求比较简单的图像，如Windows中色彩构成比较简单的壁纸多采用索引图像存放，如果图像的色彩比较复杂，就要用到RGB真彩色图像。

2. RGB图像

一般来说光源投射时所使用的色彩属于"叠加型"的原色系统，此系统中包含了红、绿、蓝三种原色，亦称为"三原色"。使用这三种原色可以产生其他颜色，例如红色与绿色混合可以产生黄色或橙色，绿色与蓝色混合可以产生青色（cyan），蓝色与红色混合可以产生紫色或品红色（magenta）。当这三种原色以等比例叠加在一起时，会变成灰色；若将此三原色的强度均调至最大并且等量重叠时，则会呈现白色。这套原色系统常被称为"RGB色彩空间"，亦即由红（red）绿（green）蓝（blue）所组合出的色彩系统。

"真彩色"是RGB颜色的另一种流行叫法。从技术角度考虑，真彩色是指写到磁盘上的图像类型，而RGB颜色是指显示器的显示模式，RGB图像的颜色是非映射的，它可以从系统的"颜色表"里自由获取所需的颜色，这种图像文件里的颜色直接与PC机上的显示颜色相对应。在真彩色图像中，每一个像素由红、绿和蓝这三个字节组成，每个字节为8bit，表示0~255之间的不同的亮度值，这三个字节组合可以产生$256 \times 256 \times 256 = 2^{24} = 4096^2 = 16777216$(相当于4096×4096 大小的图像，每个像素都不一样时的容量，即约1677万)种不同的颜色。

一幅RGB图像就是彩色像素的一个$M \times N \times 3$数组，其中的每一个彩色像素点都是在特定空间位置的彩色图像相对应的红、绿、蓝三个分量。RGB也可以看成是一个由三幅灰度图像形成的"堆"，当将其送到彩色监视器的红、绿、蓝输入端时，便在屏幕上产生了一幅彩色图像。按照惯例，形成一幅RGB彩色图像的三个图像常称为红、绿或蓝分量图像。分量图像的数据类决定了它们的取值范围。若一幅RGB图像的数据类是double，则它的取值范围就是[0,1]。类似地，unit8 类或unit16 类RGB图像的取值范围分别是[0,255]或[0,65535]。

MATLAB中的RGB数组可以是双精度的浮点数类型、8位或16位无符号的整数类型。在RGB的双精度型数组中，每一种颜色用0和1之间的数值表示。例如，颜色值是(0,0,0)的像

素显示的是黑色；颜色值是(1,1,1)的像素显示的是白色。每一个像素的三个颜色值分别保存在数组的第三维中。例如，像素(20,15)的红、绿、蓝颜色值分别保存在元素RGB(20,15,1)、RGB(20,15,2)、RGB(20,15,3)中。

3. 二值图像

在二值图像中，每个点为两个离散值中的一个，这两个值分别代表"开"或"关"。二值图像被保存在一个二维的由0(关)和1(开)组成的矩阵中。从另一个角度讲，二值图像可以看作是仅包括黑与白的特殊灰度图像，也可看作是仅有两种颜色的索引图像。

二值图像可以保存为双精度或unit8类型的数组，显然使用unit8类型更节省空间。在图像处理工具箱中，任何一个返回二值图像的函数都是以unit8类型逻辑数组来返回的。

4. 灰度图像

在MATLAB中，灰度图像是保存在一个矩阵中的，矩阵中的每一个元素代表一个像素点。矩阵可以是double类型，其值域为[0,1]；矩阵也可以是unit8类型，其数据范围为[0,255]。矩阵的每一个元素代表不同的亮度或灰度级，其中，亮度为0，表示黑色，亮度为1(或者unit8类型的255)，则代表白色。

2.9.2　MATLAB中数字图像的读取、显示及输出

MATLAB为用户提供了专门的函数来从各种图像格式的文件中读写图像数据。这种方法不像其他编程语言，需要编写复杂的代码，只需要简单地调用MATLAB提供的函数即可。MATLAB用于图像文件I/O的函数包括imread()、imshow()和imwrite()等，下面将一一介绍。

1. 图像的读取

MATLAB中利用函数imread()来实现图像文件的读取操作。其语法格式为：

```
A = imread(filename)
A = imread(filename,fmt)
A = imread(___,idx)
A = imread(___,Name,Value)
[A,map] = imread(___)
[A,map,transparency] = imread(___)
```

A = imread(filename) 表示从filename 指定的文件读取图像，并从文件内容推断出其格式。如果filename 为多图像文件，则imread 读取该文件中的第一个图像。

A = imread(filename,fmt) 表示指定具有fmt 标准文件扩展名的文件格式。如果imread 找不到具有filename 指定的名称的文件，则会查找名为filename.fmt 的文件。其中参数fmt所指示图像的格式可选的值为BMP、HDF、JPG、PNG、TIF、PCX和XWD，图像格式也可以和文件名写在一起，即filename.fmt。默认的文件目录为当前MATLAB 的工作目录，如果不指定fmt，MATLAB会自动根据文件头确定文件格式。

A = imread(___,idx) 表示从多图像文件读取指定的图像。此语法仅适用于GIF、CUR、ICO、TIF 和HDF4 文件。您必须指定filename 输入，也可以指定fmt。

A = imread(___,Name,Value) 表示使用一个或多个名称-值对组参数以及先前语法中的任何输入参数来指定格式特定的选项。

[A,map] = imread(___) 表示将filename 中的索引图像读入A，并将其关联的颜色图读入map。图像文件中的颜色图值会自动重新调整到范围[0,1] 中。

[A,map,transparency] = imread(___) 表示输出并返回图像透明度。此语法仅适用于PNG、CUR 和ICO 文件。对于PNG 文件，如果存在alpha 通道，transparency 会返回该alpha 通道。对于CUR 和ICO 文件，它为AND（不透明度）掩码。

2. 图像的显示

在MATLAB中提供的图像显示函数包括imshow()、image()和imagesec()。与函数image()和函数imagesec()类似，函数imshow()也创建句柄图形图像对象。此外，函数imshow() 也可以自动设置各种句柄图形属性和图像特征。当用户调用imshow()显示一幅图像时，该函数将自动设置图像窗口、坐标轴和图像属性。这些自动设置的属性包括图像对象的cdata属性和cdatamapping属性、坐标轴对象的clim属性以及图像窗口对象的colormap属性。另外，根据用户使用参数的不同，imshow函数在调用时除了完成前面提到的属性设置外，还可以完成下面的操作：

- 设置其他的图形窗口时象的属性和坐标轴对象的属性以优化显示效果。例如，可以设置隐藏坐标轴及其标示等。

- 包含和隐藏图像边框。

- 调用turesize函数以显示没有彩色渐变效果的图像。

函数imshow()的语法格式如下：

```
imshow(I)
imshow(X,map)
imshow(filename)
imshow(I,[low high])
imshow(___,Name,Value)
himage = imshow(___)
```

imshow(I,[low high])表示用指定的灰度范围[low high]显示灰度图像I。在显示结果中，图像中灰度值等于或低于low的都将用黑色显示，而灰度值大于等于high的都显示为白色，介于low和high之间的用其灰度值的默认值的中间色调显示。如果你用一个空矩阵[] 来代替[low high]，imshow 函数将使用[min(I(:))max(I(:))]作为第二个参数。

函数image()的语法格式如下：

```
image(C)
image(x,y,C)
image('CData',C)
image('XData',x,'YData',y,'CData',C)
image(___,Name,Value)
image(ax,___)
im = image(___)
```

image(C) 会将数组C 中的数据显示为图像。C 的每个元素指定图像的1 个像素的颜色。生成的图像是一个m×n 像素网格，其中m 和n 分别是C 中的列数和行数。这些元素的行索引和列索引确定了对应像素的中心。

image(x,y,C) 指定图像位置。使用x 和y 可指定与C(1,1) 和C(m,n) 对应的边角的位置。要同时指定两个边角，请将x 和y 设置为二元素向量。要指定第一个边角并让image 确定另一个，请将x 和y 设为标量值。图像将根据需要进行拉伸和定向。

image('CData',C) 将图像添加到当前坐标区中而不替换现有绘图。此语法是image(C) 的低级版本。有关详细信息，请参阅图像的高级与低级版本。

image('XData',x,'YData',y,'CData',C) 指定图像位置。此语法是image(x,y,C) 的低级版本。

image(___,Name,Value) 使用一个或多个名称-值对组参数指定图像属性。可以使用先前语法中的任意输入参数组合指定图像属性。

image(ax,__) 将在由ax 指定的坐标区中而不是当前坐标区(gca) 中创建图像。选项ax 可以位于前面的语法中的任何输入参数组合之前。

im = image(___) 返回创建的Image 对象。使用im 在创建图像后设置图像的属性。可以使用先前语法中的任意输入参数组合指定此输出。如需图像属性和说明的列表，可参阅Image 属性。

imagesec()跟image()的语法格式基本一样。

imshow()、image()和imagesec()在使用时有什么异同点呢？

(1)显示RGB图像

在显示RGB图像时，imshow()、image()和imagesec()都是把$m \times n \times 3$的矩阵中的数值当作RGB值来显示的，区别在于imshow()将图像以原始尺寸显示，image() 和imagesc()则会对图像进行适当的缩放（显示出来的尺寸大小）。

(2)显示灰度图像

当用 MATLAB 中的imread函数将图像读入并存入矩阵时，如果是RGB图像，得到的是$m \times n \times 3$的矩阵，但如果是索引图像，得到的就是$m \times n$ 的矩阵，这个矩阵的每个元素只是1 个数值，那么怎么确定它的RGB值来显示图像呢？这就需要colormap了。colormap是一个$m \times 3$的矩阵，每一行有3列元素构成RGB 组，也就是一种颜色，一个$m \times 3$的colormap中有m种颜色，而索引图像存储的数值和colormap中的行号对应起来就可以像RGB那样显示图像了，至于对应方法，可以直接对应（比如1 对应1,2对应2）也可以线性映射对应（比如[-128,128]映射到[1,256]）。还有一点要说明的是，默认情况下每一个figure都有且仅有一个colormap，而且默认的是jet(64)，可在figure窗口通过edit→colormap查看；另外，在弹出的窗口colormap editor中，可通过Tools→Standard colormap来修改当前figure 的colormap。

将灰度图像转化成矩阵后，矩阵中的元素都介于[0,255]。下面结合具体实例来看看这三个函数的调用效果，并解释原因。程序代码如下：

```
1 clear,clc,close all
2 img = imread('peppers.png');
3 I = rgb2gray(img);
4 figure(1)
5 subplot(2,2,1)
6 imshow(img),
7 colorbar
8 title('by imshow()')
9 xlabel('(a)')
10 subplot(2,2,2)
```

```
11 imshow(I),
12 colorbar
13 title('by_imshow()')
14 xlabel('(b)')
15 subplot(2,2,3)
16 image(I); %等效于imagesc(I,[1 64])
17 colorbar,
18 title('by_image()')
19 xlabel('(c)')
20 subplot(2,2,4)
21 imagesc(I); %等效于imagesc(I,[min(I(:)) max(I(:))])
22 colorbar      %改为colormap(gray可以得到灰度图)
23 title('by_imagesc()')
24 xlabel('(d)')
```

程序运行后得到如图2.28所示的图像显示效果。

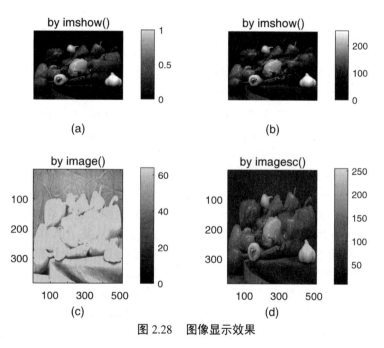

图 2.28   图像显示效果

可以看到通过调用函数imshow()显示出来的是正常的彩色图像（见图2.28(a)）和灰度图像（见图2.28(b)），调用函数image()和imagesc()显示出来的是伪彩色图像。为什么会出现这种情况呢？这是因为索引图像是矩阵和colormap配合起来显示的，而每个图像默认使用的colormap是jet(64)而不是gray(gray和gray(64)是一样的)，这个jet(64)就使得图2.28(c)和图2.28(d)中显示出来的是彩色的，当然也可以修改当前图像显示代码中的colormap为colormap(gray)（使用64个等级的灰度色图），或者colormap(gray(256))（使用256个等级的灰度色图）。而图2.28(b)为什么会是灰度图像呢？这是因为当调用imshow()来显示索引图像时，这个函数就会把当前图像的colormap设置成gray(256)。再仔细观察一下

图2.28(c)和图2.28(d)会发现，图2.28(d)中辣椒的轮廓显示得还算可以，而图2.28(c)中则出现了大面积的黄色区域，辣椒的轮廓被抹掉了很多。出现这样的情况，是因为索引图像矩阵中的数（以下简称矩阵中的数）和colormap中的索引（index）存在一定的对应关系。

函数image()直接把矩阵中的数当作索引值（可称为直接映射），例如colormap中索引为1的是颜色RGB1，索引为2的是颜色RGB2，……，索引为64的是颜色RGB64。那么矩阵中为1的数就显示成颜色RGB1，矩阵中为2的数就显示成颜色RGB2，……，矩阵中为64的数就显示成颜色RGB64。值得注意的是，矩阵中小于1的数将被显示成颜色RGB1，矩阵中大于64的数将被显示成颜色RGB64（类似于信号处理里面的限幅，也可以认为是削顶或者削底了）。这下就能明白为什么图2.28(c)中会出现大面积的黄色区域了，说明这些地方的数值都大于或等于64。

图2.28(d)用imagesc()来显示图像与图2.28(c)相比效果更好，这是因为与image()不同的是imagesc()采用的不是直接映射而是线性映射。线性映射简单地可以看成把区间A = [0,a]映射到区间B = [0,b]，对A中的元素作A/a*b的映射变换就可以了。矩阵的数到colormap索引的线性映射大概就是这样，MATLAB会自动获取矩阵中数的最小值和最大值，并把区间[Cmin,Cmax]映射到colormap的[最小索引，最大索引]，比如[1,64]，然后再根据这个对应关系把图像显示出来，具体的算法细节是MATLAB确定的，当然也可以自己指定显示范围，比如一幅索引图像I范围为[12,236]，而用户只想显示[1,64]，使用命令imagesc(I,[1,64])就可以了。如果把上面程序中的imagesc(I)换成imagesc(I,[1,64])，那么图2.28(d)中的效果就和图2.28(c)中一样了，因为只是把[1,64]这个范围映射到色图，超过的都被认为是64。使用imagesc(I)这种线性映射就可以用到整个色图从而将图像较好地显示出来，这就是图2.28(d)中的显示效果比图2.28(c)中好的原因。

函数imshow()则会把当前图像的colormap设置成gray(256)。当矩阵元素是uint8型（范围：0~255的整数，一般使用imread()和rgb2gray()返回的都是uint8型的），同样矩阵中的数和colormap中颜色索引存在对应关系。imshow的功能是比较全的，它既可以使用像image()那样的直接映射，也可使用像imagesc()那样的线性映射，当使用imshow(I)，即只有一个矩阵作为参数，这时采用的是直接映射，比如矩阵中元素0就显示成colormap中索引为1的颜色也就是黑色，矩阵中元素255就显示成colormap中索引为255的颜色也就是白色（注意：uint8范围是0~255，而gray（256）的索引是1:256，当然这些我们只要了解就可以了，编程并不会用到，因为这些对应的细节MATLAB已经帮我们做了）。如果这样调用imshow(I,[ ])，此时矩阵中的数和颜色表就是线性映射，这种调用方式和imagesc(I,[1 64])很相似，其实原理是一样的，第二个参数是一个向量，这个向量指定了矩阵中映射到颜色表的数的范围，也就是显示范围（MATLAB里叫作display range）。MATLAB中imshow()的help文档中说如果采用imshow(I,[low high])调用imshow而且用[ ]代替[low high]的话，那么imshow()会使用[min(I(:)) max(I(:))]作为显示范围，也就是说I中的最小值会显示成黑色，最大值会显示成白色，这其实就是整个范围的线性映射（没有削顶也没有削底），此时的imshow(I,[ ])函数就相当于imagesc(I)。

为了说明imshow()不仅具有image()的功能也具有imagesc()的功能，同时体会一下直接映射和线性映射的区别，可以用下面的程序代码进行测试：

```
1 clear,clc,close all
2 img = imread('peppers.png');
3 I = rgb2gray(img)*0.6;
```

```
4  subplot(2,2,1)
5  imshow(I),colorbar,title('by imshow()'),xlabel('(a)')
6  subplot(2,2,2)
7  imshow(I,[]),colorbar,title('by imshow(I,[])'),xlabel('(b)')
8  subplot(2,2,3)
9  image(I),colormap(gray(256)),colorbar,title('by image()'),xlabel('(c)')
10 subplot(2,2,4)
11 imagesc(I),colormap(gray(256)),colorbar,title('by imagesc()'),xlabel('(d)')
```

程序运行后得到如图2.29所示的图像显示效果。

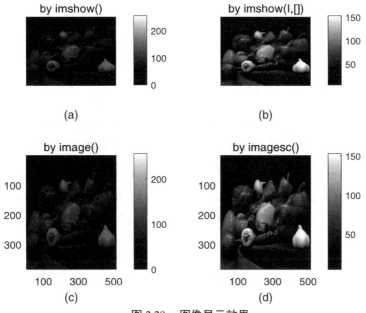

图 2.29　图像显示效果

　　可以看出图2.29(b)中的图像比图2.29(a)中的图像要亮一些，而且图2.29(c)中的显示效果和图2.29(a)中是一样的，图2.29(d)中的显示效果和图2.29(b)中是一样的。为什么会这样呢？这是因为image(I)和imshow(I)是将I中的值直接作为colormap(gray(256))中的索引，也就是直接映射，这里索引图像矩阵也就是I中的数值的范围是[5,153]，也就是说直接映射显示I，只用到色图(colormap)上[5,153]范围的颜色（比如表示白色的索引255就没有用到），从右边的colorbar也可以看出来。但线性映射就不一样了，imagesc(I)和imshow(I,[ ])采用的就是线性映射，线性映射把[5,153]按照线性算法映射到色图索引[0,255]然后再显示出来，这样整个色图的颜色都被用到了，这里也可以认为把[5,153]放大到[0,255]，这就是图2.29(b)、(d)中显示图像比图2.29(a)、(c)中亮的原因。

　　(3)显示double型数据

　　作图像处理就会对图像进行运算，使用uint8型数据精度不高，因为当运算结果超过255时会被认为是255，而负数就会被认为是0（在MATLAB中数据默认采用double型（64位）进行存储和运算），所以，读到灰度图像后一般都会将图像转换成double型（I = double(I)）然后再参与运算，运算的结果有正有负，也有小数，正的还可能超过255，比如

若您对此书内容有任何疑问，可以登录MATLAB中文论坛与同行们讨论交流。

经过运算后得到图像矩阵I，假如I的范围是[-187,152]，当然也可以用max(I(:))和min(I(:))去获取，这时怎么显示图像呢？image()、imagesc()和imshow()都可以用来显示double型数据的图像矩阵，主要区别有以下几点。

image()：将double型数据取整（正数取整就是把小数部分舍掉）然后使用直接映射的方法按照颜色表显示。

imagesc()：会对数据进行缩放再显示，也就是把显示范围自动设置成[min(I(:)) max(I(:))]，也就是线性映射。

imshow()：该函数调用方式不同，显示效果也不同，如下：

- imshow(I)：直接调用，因为当图像为double型时imshow函数会把显示范围设置成[0，1]，这样小于0的就变成黑色，大于1的就变成白色，所以处理不当就会出现全白的情况。

- imshow(I/(max(I(:)))：针对直接调用imshow函数出现的问题，用max(I(:)) 对图像矩阵进行归一化再显示，这样负数部分会变黑，正数部分还可以正常显示，但有一部分信息丢失了。

- imshow(uint8(I))：这种方式把I转化成uint8，负数会被归零，超过255的被置为255，而且小数也会被round(四舍五入)。当参数为uint8型时，imshow函数把显示范围设置成[0,255]，这样图像虽然也能显示出来，但与原始数据相比来说，丢失了很多信息，但有时可能却是想要的结果，这个要看具体情况。

- imshow(I,[ ])：这种方式就是把imshow的显示范围设置成[min(I(:)) max(I(:))]，也就是线性映射，相当于imagesc(I),colormap(gray(256))可以将整幅图像的信息显示出来。

3. 图像的输出

MATLAB中利用函数imwrite()来实现图像文件的输出和保存操作。其语法格式为：

```
imwrite(A,filename)
imwrite(A,map,filename)
imwrite(____,fmt)
imwrite(____,Name,Value)
```

imwrite(A,filename) 将图像数据A 写入filename 指定的文件，并从扩展名推断出文件格式。imwrite 在当前文件夹中创建新文件。输出图像的位深度取决于A 的数据类型和文件格式。对于大多数格式来说：

- 如果A 属于数据类型uint8，则imwrite 输出8 位值。

- 如果A 属于数据类型uint16 且输出文件格式支持16 位数据（JPEG、PNG 和TIFF），则imwrite 将输出16 位的值。如果输出文件格式不支持16 位数据，则imwrite 返回错误。

- 如果A 是灰度图像或者属于数据类型double 或single 的RGB 彩色图像，则imwrite 假设动态范围是[0,1]，并在将其作为8 位值写入文件之前自动按255 缩放数据。如果A 中的数据是single，则在将其写入GIF 或TIFF 文件之前将A 转换为double。

- 如果A 属于logical 数据类型，则imwrite 会假定数据为二值图像并将数据写入位深度为1 的文件（如果格式允许）。BMP、PNG 或TIFF 格式以输入数组形式接受二值图像。

- 如果A 包含索引图像数据，则应另外指定map 输入参数。

　　imwrite(A,map,filename) 将A 中的索引图像及其关联的颜色图写入由map filename 指定的文件。

　　如果A 是属于数据类型double 或single 的索引图像，则imwrite 通过从每个元素中减去1 来将索引转换为从零开始的索引，然后以uint8 形式写入数据。如果A 中的数据是single，则在将其写入GIF 或TIFF 文件之前将A 转换为double。

　　imwrite(A,filename,fmt)，A是图像数据，filename是目标图像名字，fmt是要生成的图像的格式。图像格式有：BMP(1-bit、8-bit和24-bit)、GIF(8-bit)、HDF、JPG(或JPEG)(8-bit、12-bit和15-bit)、JP2、JPX、PBM、PCX(8-bit)、PGM、PNG、PNM、PPM、RAS、TIF(或TIFF)、XWD。各种格式支持的图像位数不一样，比如BMP格式不支持15-bit，而PNG格式支持，又如GIF格式只支持8-bit格式。也可以用imwrite(...,filename)来调用这些图像数据。

　　imwrite(X,map,filename,fmt)，如果要存储一张索引图像，需要指定颜色表，这样在硬盘上生成图像文件时指定的颜色表和图像数据将一起写入图像文件。

　　imwrite(...,Param1,Val1,Param2,Val2...)，可以让用户控制HDF、JPEG、TIF这3种图像文件的输出。

　　imwrite(___,Name,Value) 使用一个或多个名称-值对组参数，以指定GIF、HDF、JPEG、PBM、PGM、PNG、PPM 和TIFF 文件输出的其他参数。可以在任何先前语法的输入参数之后指定Name,Value。

　　当利用函数imwrite()保存图像时，MATLAB默认的保存方式是将其简化为unit8的数据类型。与读取图像文件类型类似，MATLAB在文件保存时还支持16位的PNG和TIFF图像。所以，当用户保存这类文件时，MATLAB就将其存储在unit16中。

　　例如将真彩色图像写入JPEG的代码如下：

```
1 %创建一个随机 RGB 49×49×3 数组
2 A = rand(49,49);
3 A(:,:,2) = rand(49,49);
4 A(:,:,3) = rand(49,49);
5 %将图像数据写入 JPEG 文件，并用 'jpg' 指定输出格式
6 %使用 'Comment' 名称值对组参数添加文件注释
7 imwrite(A,'newImage.jpg','jpg','Comment','My_JPEG_file')
```

　　运行上面的程序代码后，一个随机RGB值的JPEG文件"newImage.jpg"就被写入当前工作目录。在命令行窗口输入imfinfo('newImage.jpg')，可以得到该图像文件的相关信息如下：

```
>> imfinfo('newImage.jpg')

ans =包含以下字段的

    struct:
```

```
       Filename: 'C:\Source\Matlab\newImage.jpg'
    FileModDate: '15-Jan-2019 17:42:52'
       FileSize: 2319
         Format: 'jpg'
  FormatVersion: ''
          Width: 49
         Height: 49
       BitDepth: 24
      ColorType: 'truecolor'
FormatSignature: ''
NumberOfSamples: 3
   CodingMethod: 'Huffman'
  CodingProcess: 'Sequential'
```

2.10 习 题

【习题 2.1】 杨氏双缝干涉实验中采用532 nm的激光作为相干光源，观察屏离双缝所在平面距离为1 m，观察屏的大小为0.2 m×0.2 m，请用MATLAB仿真双缝之间的间隙分别为0.01 mm、0.02 mm和0.03 mm时，在观察屏上得到的干涉图样。

【习题 2.2】 单缝衍射实验中采用532 nm的激光作为相干光源，观察屏离双缝所在平面距离为1m，观察屏的大小为0.1 m×0.1 m，请用MATLAB仿真狭缝宽度分别为0.03 mm、0.05 mm和0.08 mm时，在观察屏上得到的单缝衍射仿真图样及其相对光强分布。

【习题 2.3】 法布里–珀罗干涉仪的折射率为1.5，入射的光波长为1550 nm垂直入射情况下，求干涉仪厚度从1 mm变化至10 mm时，反射率分别为0.8、0.9和0.99三种情况下法布里–珀罗干涉仪的透射率随干涉仪厚度的变化曲线。

第 3 章
理想平板介质光波导中的光传播特性及仿真

    光在介质光波导（包括理想平板介质光波导、光纤等）中传播时，受到介质的边界条件限制，需要利用有限空间的波动光学理论来进行分析。通常采用的是本征模方法，即通过求解满足一定边界条件下的波动方程，得到简正模场分布进行讨论。

    此外，求解光波在波导中的传播特性，还有另一种称之为"光线理论"的方法，即几何光学描述的方法。事实上，该理论是在短波长极限近似条件下（$\lambda \to 0$）求解麦克斯韦方程，得到几何光学的基本方程——程函数方程。在该理论中，光线传播的方向就是光波的能流方向，进而得到在波导中光线轨迹的基本方程，其物理意义在于"光线将向着介质中折射率大的方向弯曲传播"，其中蕴含了"光线在均匀介质中是直线传播"的事实。从中可以看出，用光线理论分析光波导，能够给出清晰的物理概念。但根据其近似条件，只有当光波导尺寸比光波长大得多的情况下才能应用它。而对大多数经常遇到的光波导（例如单模光纤、平板光波导阵列）是不适用的。因此本章先利用射线光学理论引入一些物理概念，然后用波动光学理论对理想平板介质光波导中的光传播特性进行分析，最终给出基于MATLAB的仿真结果。

3.1   平板介质光波导一般概念

    理想平板介质光波导的结构如图3.1所示，主要由3层均匀介质构成，中间的芯层折射率为n_1，厚度为d，一般为$1 \sim 10 \mu m$，芯区生长在折射率为n_2的衬底上，芯区上面的覆盖层折射率为n_3，如果芯区上面是空气，则覆盖层的折射率为1。为限制在介质芯区获得真正意义上的传导模式，应使n_1大于n_2和n_3，为了不失一般性，可以设定$n_1 > n_2 \geqslant n_3$。

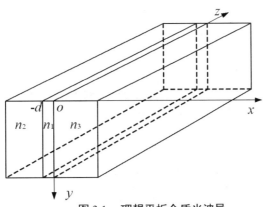

图 3.1 理想平板介质光波导

    平板介质光波导的纵向宽度（y向），比波导的厚度d大得多，也比光波波长大得多，因此可以把平板介质波导当成是无限宽，光波在y方向上不受限制。可以用射线法和波动理论来分析平板介质光波导。

射线法是把波导中的光波看作是均匀平面波在平板介质两个面上全反射而形成的，故界面 I 、 II 上的入射角应满足临界条件

$$\sin\theta_{\mathrm{Ic}} = \frac{n_3}{n_1} \tag{3.1}$$

$$\sin\theta_{\mathrm{IIc}} = \frac{n_2}{n_1} \tag{3.2}$$

如果 $n_2 \geqslant n_3$ ，则取 θ_{IIc} 为波导的临界角。

波动理论法则把平板介质光波导中的光波看作是满足波导边界条件的麦克斯韦方程组的解。此时，在波导的芯层中光波以行波传播，衬底和覆盖层中则是一种倏逝波，光波能量就是在介质表面引导下沿波导芯层内传播的，此时所传播的波称之为导行波。当入射角小于临界角时，一部分能量由界面折射后不再回到中间的芯层中，此时无法导行光波，这种波称为辐射波。

3.2 平板光波导分析的射线法

射线法是几何光学的基础。首先，要假定光是在均匀的各向同性介质中传播的。其次，还需要知道光的折射定律（Snell's law），即光线通过两介质表面时传播方向的变化关系。如图3.2所示，折射定律可以用公式表示为

$$n_1\sin\alpha_1 = n_2\sin\alpha_2 \tag{3.3}$$

式中， α_1 为入射角； α_2 为折射角。

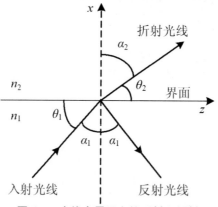

图 3.2　光线在界面上的反射和折射

为了后面讨论方便，可用光线与界面的夹角来表达折射定律

$$n_1\cos\theta_1 = n_2\cos\theta_2 \tag{3.4}$$

如果 $n_1 > n_2$ ，显然依据式(3.4)可以得到当 $n_1\cos\theta_1 > n_2$ 时无法得到实数角度的 θ_2 的解，即发生了全反射。此时在介质 n_1 中入射到界面上的光线将不会折射进入介质 n_2 中，而是全部反射回介质 n_1 中。全反射的临界角定义为

$$\cos\theta_{1c} = \frac{n_2}{n_1} \tag{3.5}$$

3.2.1　振幅反射率和附加相移

直线传播的光线可以用来描述平面光波的传播，但是平面光波的传播还包含着相位的变化。利用光程（定义为光线传播的实际长度与介质折射率的乘积）的概念可以很容易地得到光线传播过程中的相位变化。在折射率为 n_1 的介质中传播了长度为 s 的光线的光程为 $n_1 s$，其相位相对于 $s=0$ 的起点处的变化可以写成

$$\phi = -n_1 k s \tag{3.6}$$

这里等号右边的负号是必须的，因为时间相关量取 $\mathrm{e}^{\mathrm{i}\omega t}$，其中自由空间中的波数 k 定义为

$$k = 2\pi/\lambda \tag{3.7}$$

然而，平面波（光线）不仅在介质中传播时相位会发生改变，在界面反射时相位也会变化。根据式(1.91)电矢量垂直于入射面的线偏振平面光（s 波）在界面发生反射时，振幅反射率也可写成

$$r_s = \frac{\sqrt{n_1^2 k^2 - \beta^2} - \sqrt{n_2^2 k^2 - \beta^2}}{\sqrt{n_1^2 k^2 - \beta^2} + \sqrt{n_2^2 k^2 - \beta^2}} \tag{3.8}$$

式中，参数 β 是纵向波矢，定义为

$$\beta = n_1 k \cos\theta_1 \tag{3.9}$$

对于 $\theta_1 > \theta_{1c}$，根据式(3.8)可得振幅反射率 r_s 为正实数，此时光线反射并没有产生附加的相位。对于 $\theta_1 < \theta_{1c}$，界面上发生全反射，此时式(3.8)的分子和分母中第二个平方根内为负数，因此得到的振幅反射率 r_s 为复数。根据式(1.130)，s 波在界面发生全反射时引起的附加相移为

$$\phi_s = -2\arctan\frac{\sqrt{\beta^2 - n_2^2 k^2}}{\sqrt{n_1^2 k^2 - \beta^2}} \tag{3.10}$$

而对于磁矢量平行于界面的线偏振平面光（p 波）在界面发生全反射时引起的附加相移（相位变化）为

$$\phi_p = -2\arctan\frac{n_1^2\sqrt{\beta^2 - n_2^2 k^2}}{n_2^2\sqrt{n_1^2 k^2 - \beta^2}} \tag{3.11}$$

3.2.2　特征方程

了解了光线在介质表面反射的相关理论，就能够进一步讨论平板光波导中的导模及模式传播的特征方程。导模是指在平板光波导中受到界面全反射的限制，只能在芯层中传播的光线，如图3.3所示。

仅仅依靠上述介绍还是无法获得导模光线的传播条件（特征方程），因此还需要进一步考虑传播过程中的相位变化。图3.4中的虚线部分给出了平板光波导中导模光线传播过程中的等相面。

在图中标出的 A、B 两点在没有经过反射的同一光线上（光线 AB），更长些的光线 CD 则经过了两次全反射。由于在等相面上的平面波光线具有相同的相位，因此光线 AB 相比于

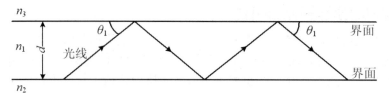

图 3.3　平板光波导中导模光线的传播

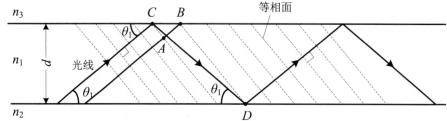

图 3.4　平板光波导中导模光线的等相面及传播特性分析示意图

光线CD 的相位差必定是2π 的整数倍。根据图3.4可得B、C 两点的距离为$d/\tan\theta_1 - d\tan\theta_1$，则$A$、$B$ 两点的距离为

$$s_1 = (1/\tan\theta_1 - \tan\theta_1)d\cos\theta_1 = (\cos^2\theta_1 - \sin^2\theta_1)d/\sin\theta_1 \tag{3.12}$$

C、D两点的距离为

$$s_2 = d/\sin\theta_1 \tag{3.13}$$

由于光线CD 还经历了两次全反射将产生两个附加相移，分别是介质1、3 界面处全反射的附加相移ϕ_3 和介质1、2 界面处全反射的附加相移ϕ_2。这些光程上的差异以及全反射产生的附加相移满足以下关系

$$n_1(s_2 - s_1)k + \phi_2 + \phi_3 = 2N\pi \tag{3.14}$$

式中，N是正整数。

式(3.14)给出了符合导波条件的光线的传播角度，或者根据式(3.9)给出的参数（特征值）β。因此式(3.14)也称为平板光波导的色散关系。

根据式(3.10)和式(3.11)，界面处的附加相移会因入射光偏振方向的不同而有所差异，因此就能够得到两个有差异的特征方程。定义电矢量平行于界面的导波为TE模，联立式(3.10)～式(3.14) 可得TE模的特征方程为

$$\arctan(\gamma/\kappa) + \arctan(\delta/\kappa) = \kappa d - N\pi \tag{3.15}$$

式中

$$\kappa = \sqrt{n_1^2 k^2 - \beta^2} = n_1 k\sin\theta_1 \tag{3.16}$$

$$\gamma = \sqrt{\beta^2 - n_2^2 k^2} = \sqrt{(n_1^2 - n_2^2)k^2 - \kappa^2} \tag{3.17}$$

$$\delta = \sqrt{\beta^2 - n_3^2 k^2} = \sqrt{(n_1^2 - n_3^2)k^2 - \kappa^2} \tag{3.18}$$

其中，参量κ叫作横向波矢量，γ和δ都是衰减系数。一旦求解出任何一个区域内的某个光波模式的一个波矢（就是说求解出纵向波矢或横向波矢或衰减系数），就容易求解出其他参数。

利用正切函数的特性，可以将式(3.15)描述的 **TE** 模特征方程简化为

$$\tan(\kappa d) = \kappa(\gamma + \delta)/(\kappa^2 - \gamma\delta) \tag{3.19}$$

运用相同的推导，可以得到电矢量垂直于界面的导波 **TM** 模的特征方程

$$\tan(\kappa d) = n_1^2 \kappa(n_3^2\gamma + n_2^2\delta)/(n_2^2 n_3^2 \kappa^2 - n_1^4\gamma\delta) \tag{3.20}$$

下一节将从麦克斯韦方程出发，结合介质界面处的边界条件推导出以上特征方程。这里给出以上特征方程式(3.19)和式(3.20)是为了表明即使采用简单的光线传播的射线理论，也可以对平板光波导中的模式理论进行解释。

3.3　平板光波导中的TE模

3.3.1　TE模的电磁理论求解

用电磁理论分析平板光波导，就是对一定边界条件下的麦克斯韦方程进行求解。利用运算符

$$\nabla = \hat{\pmb{i}}\frac{\partial}{\partial x} + \hat{\pmb{j}}\frac{\partial}{\partial y} + \hat{\pmb{k}}\frac{\partial}{\partial z} \tag{3.21}$$

式中，$\hat{\pmb{i}}$、$\hat{\pmb{j}}$、$\hat{\pmb{k}}$ 分别是 x、y、z 方向上的单位矢量。可以将平板光波导中的麦克斯韦方程写成

$$\nabla \times \pmb{H} = \varepsilon_0 n^2 \frac{\partial \pmb{E}}{\partial t} \tag{3.22}$$

$$\nabla \times \pmb{E} = -\mu_0 \frac{\partial \pmb{H}}{\partial t} \tag{3.23}$$

如同前面所述，$\pmb{E}$ 和 $\pmb{H}$ 分别是电场强度矢量和磁场强度矢量。ε_0 和 μ_0 分别是真空中的介电常数和磁导率。在本书中，所有的光波导都不考虑其介质的磁特性，因此只需采用真空中的磁导率常数 μ_0 即可。介质的折射率为 n，t 则是时间变量。

为了研究上的简化，在坐标系的选择上使得电磁场在 y 方向上不发生变化，即

$$\frac{\partial}{\partial y} = 0 \tag{3.24}$$

根据上一节的分析，平板光波导中的导波模可以分为 **TE** 模和 **TM** 模。**TE** 模在光波传播方向上的电场分量为0，而 **TM** 模则在光传播方向上的磁场分量为0。以下将对 **TE** 模和 **TM** 模分别进行讨论。此外，根据总能量有限的原则，导波模在 $x = \pm\infty$ 时必定衰减为0。

平板光波导中的TE模仅有 E_y、H_x 和 H_z 3 个场分量不为0。平板光波导的坐标系选取如图3.1所示。针对所讨论的无穷大平板光波导，考虑到 y、z 在方向无限大时，场在这两个方向不受限制。此外，本书仅考虑时间相关的严格时谐电磁场，可以用复数形式表示为

$$e^{i\omega t} \tag{3.25}$$

这里角频率 ω 与实际的光波频率的关系为

$$\omega = 2\pi f \tag{3.26}$$

由于我们只对平板光波导中的正则导波模感兴趣，可以假设导波模在z方向上的表达为

$$e^{-i\beta z} \tag{3.27}$$

将式(3.25)和式(3.27)联合起来可以得到

$$e^{i(\omega t - \beta z)} \tag{3.28}$$

式(3.28)描述了导波模在z方向上传播的相速度为

$$v = \omega/\beta \tag{3.29}$$

这里的特征值β与式(3.9)定义的量完全一致。因子式(3.28)对所有的场分量完全一样，因此为了简化推导过程可以将其省略。

对于TE模（p波），有$E_x = 0$，$E_z = 0$和$H_y = 0$，根据麦克斯韦公式(3.22)和式(3.23)并结合式(3.24)，可以得到

$$-i\beta H_x - \frac{\partial H_z}{\partial x} = i\omega\varepsilon_0 n^2 E_y \tag{3.30}$$

$$i\beta E_y = -i\omega\mu_0 H_x \tag{3.31}$$

$$\frac{\partial E_y}{\partial x} = -i\omega\mu_0 H_z \tag{3.32}$$

因此可以将$\boldsymbol{H}$的分量表示为E_y的式子

$$H_x = -\frac{i}{\omega\mu_0}\frac{\partial E_y}{\partial x} = -\frac{\beta}{\omega\mu_0}E_y \tag{3.33}$$

$$H_z = \frac{i}{\omega\mu_0}\frac{\partial E_y}{\partial x} \tag{3.34}$$

将这两个式子代入式(3.30)可以得到关于E_y的一维波动方程

$$\frac{\partial^2 E_y}{\partial x^2} + (n_j^2 k^2 - \beta^2)E_y = 0, \qquad j = 1, 2, 3 \tag{3.35}$$

式中，$k^2 = \omega^2\varepsilon_0\mu_0 = (2\pi/\lambda)^2$；$j = 1, 2, 3$ 表示分别是在芯层、衬底和覆盖层。从而使得求平板光波导中的TM模的解变得简单起来，因为只要求解一维波动方程式(3.35)，然后再根据式(3.33)和式(3.34)求出磁场分量即可。

对于$n_1 > n_2 \geqslant n_3$的非对称平板光波导，当$kn_2 < \beta < kn_1$时，由于是导模，在芯层中应是驻波解，可用正弦或余弦函数表示；在衬底和覆盖层中应是衰减解，可用指数函数表示。于是方程式(3.35)在覆盖层、芯层和衬底中的解可以表述为

$$E_y = \begin{cases} Ae^{-\delta x}, & x \geqslant 0 \\ A\cos(\kappa x) + B\sin(\kappa x), & -d \leqslant x \leqslant 0 \\ e^{\gamma(x+d)}[A\cos(\kappa d) - B\sin(\kappa d)], & x \leqslant -d \end{cases} \tag{3.36}$$

其中参数κ、γ、δ的定义分别见式(3.16)~式(3.18)。则根据式(3.34)H_z可以表示成

$$H_z = \begin{cases} -(i\delta/\omega\mu_0)Ae^{-\delta x}, & x \geqslant 0 \\ -(i\kappa/\omega\mu_0)[A\sin(\kappa x) - B\cos(\kappa x)], & -d \leqslant x \leqslant 0 \\ -(i\gamma/\omega\mu_0)[A\cos(\kappa d) - B\sin(\kappa d)]e^{\gamma(x+d)}, & x \leqslant d \end{cases} \tag{3.37}$$

3.3.2　TE模的特征方程和截止条件

前面得到的H_z还不完全满足边界条件。根据电磁波在界面$x=0$和$x=-d$上的连续性条件可以得

$$\left. \begin{array}{l} A\delta + B\kappa = 0 \\ A[\kappa\sin(\kappa d) - \gamma\cos(\kappa d)] + B[\kappa\cos(\kappa d) + \gamma\sin(\kappa d)] = 0 \end{array} \right\} \qquad (3.38)$$

以上对于A、B的线性方程组要有非零解，必定有系数行列式为0，即

$$\delta[\kappa\cos(\kappa d) + \gamma\sin(\kappa d)] - \kappa[\kappa\sin(\kappa d) - \gamma\cos(\kappa d)] = 0 \qquad (3.39)$$

此式也被称为特征方程。还可得到

$$B/A = -\delta/\kappa \qquad (3.40)$$

式(3.39)的TE模特征方程也可写成

$$\tan(\kappa d) = \kappa(\gamma + \delta)/(\kappa^2 - \gamma\delta) \qquad (3.41)$$

可以看出用电磁场理论经过严格推导得到的特征方程(3.41)和前面用射线法得到的特征方程(3.19)完全相同。根据特征方程可以求解出导模传播常数β，从而确定出导模的模式角。

为了后续公式推导使用上的方便，特征方程可以写成

$$\cos(\kappa d) = \pm\frac{\kappa^2 - \gamma\delta}{\sqrt{(\kappa^2 + \gamma^2)(\kappa^2 + \delta^2)}} \qquad (3.42)$$

$$\sin(\kappa d) = \pm\frac{\kappa(\gamma + \delta)}{\sqrt{(\kappa^2 + \gamma^2)(\kappa^2 + \delta^2)}} \qquad (3.43)$$

以上两个公式的右边同时取正号或者同时取负号。

E_y在芯层中的表达式(3.36)可以被看成是两个平面波的叠加，其也可以用指数形式$e^{i\kappa x}$来表示，将前面推导过程中省略掉的因子式(3.28)也加上，则有

$$e^{i(\omega t \mp \kappa x - \beta z)} = e^{i(\omega t - \boldsymbol{k}\cdot\boldsymbol{r})} \qquad (3.44)$$

其中传播方向矢量$\boldsymbol{k}$的形式如下

$$\boldsymbol{k} = \pm\kappa\hat{\boldsymbol{i}} + 0\hat{\boldsymbol{j}} + \beta\hat{\boldsymbol{k}} \qquad (3.45)$$

这里$\hat{\boldsymbol{i}}$、$\hat{\boldsymbol{j}}$和$\hat{\boldsymbol{k}}$分别是x、y和z方向上的单位矢量。$\boldsymbol{r}$为坐标原点到空间点的矢量，为

$$\boldsymbol{r} = x\hat{\boldsymbol{i}} + y\hat{\boldsymbol{j}} + z\hat{\boldsymbol{k}} \qquad (3.46)$$

根据式(3.16)，有

$$|\boldsymbol{k}|^2 = \kappa^2 + \beta^2 \qquad (3.47)$$

以上分析清晰地表明特征值β——平板光波导中导模的传播常数是导模在芯区中传播矢量的z分量。由于在平板光波导中有$n_1 > n_2 \geqslant n_3$，当$\beta < n_2 k$时式(3.17)给出的参数γ将为虚数。而当

$$\beta = n_2 k \qquad (3.48)$$

若您对此书内容有任何疑问，可以登录MATLAB中文论坛与同行们讨论交流。

时，有

$$\gamma = 0 \tag{3.49}$$

此时，根据式(3.36)可以看出，在芯层以下的衬底中光波在无穷远处并不消逝。因为当γ为虚数时，在芯层和衬底界面处的倏逝波将变成辐射波，因此不能在芯层中形成导模，故式(3.48)或式(3.49)被称为截止条件（cutoff condition）。

3.3.3 TE模特征方程的MATLAB图解

TE模的特征方程式(3.41)是一个超越方程，无法得到简单的解析解，只能通过作图或者利用数值方法对其进行求解。由于图解法比较直观，所以我们先介绍在MATLAB中图解TE模的特征方程。

将TE模的特征方程(3.41)的右边用函数$F(\kappa d)$来表示，写成

$$F(\kappa d) = \frac{\kappa(\gamma + \delta)}{\kappa^2 - \gamma\delta} = \frac{\kappa d(\gamma d + \delta d)}{(\kappa d)^2 - (\gamma d)(\delta d)} \tag{3.50}$$

根据定义式(3.16)~式(3.18)可以得

$$F(\kappa d) = \frac{\kappa d\left[\sqrt{(n_1^2 - n_2^2)(kd)^2 - (\kappa d)^2} + \sqrt{(n_1^2 - n_3^2)(kd)^2 - (\kappa d)^2}\right]}{(\kappa d)^2 - \sqrt{(n_1^2 - n_2^2)(kd)^2 - (\kappa d)^2}\sqrt{(n_1^2 - n_3^2)(kd)^2 - (\kappa d)^2}} \tag{3.51}$$

若令

$$V_{12} = kd\sqrt{(n_1^2 - n_2^2)} \tag{3.52}$$

$$V_{13} = kd\sqrt{(n_1^2 - n_3^2)} \tag{3.53}$$

再以x代替κd，则函数表达式(3.51)可以写成

$$F(x) = \frac{x\left[\sqrt{V_{12}^2 - x^2} + \sqrt{V_{13}^2 - x^2}\right]}{x^2 - \sqrt{V_{12}^2 - x^2}\sqrt{V_{13}^2 - x^2}} \tag{3.54}$$

因此只要作出函数$\tan(x)$和$F(x)$的曲线，得到它们的交点对应的横坐标之后就能够求出特征方程的对应解。

【例 3.1】 已知一平板光波导芯层和衬底的折射率分别为$n_1 = 1.56$和$n_2 = 1.2$，其覆盖层为空气，折射率为$n_3 = 1$，芯层的厚度$d = 3\mu m$，光波的波长为$\lambda = 1.55\mu m$。用图解法求出芯层中所有导模的传播常数。

【分析】 利用式(3.52)和式(3.53)分别求出V_{12}、V_{13}，然后在MATLAB 中将函数$\tan(x)$和$F(x)$的曲线在同一张图中作出来，求得两曲线的交点对应的横坐标x，则导模对应的$\kappa = x/d$，再利用式(3.16)和式(3.9)即可求得传播方向角θ_1和传播常数β。程序代码如下：

```
1  clear
2  close all
3  n1 = 1.56;                    %芯层折射率
4  n2 = 1.2;                     %衬底折射率
5  n3 = 1;                       %覆盖层折射率
6  d = 3e-6;                     %芯层厚度
7  lambda = 1.55e-6;             %光波波长
8  k = 2*pi/lambda;
9
10 V12 = sqrt(n1^2-n2^2)*k*d;
11 V13 = sqrt(n1^2-n3^2)*k*d;
12
13 F = @(x)(x*(sqrt(V12^2 - x^2)+sqrt(V13^2 - x^2))./...% 定义函数F(x)
14    (x^2 - sqrt(V12^2 - x^2)*sqrt(V13^2 - x^2) ));
15
16 ezplot(@tan,[0,4*pi,-5,5])         %作出正切函数tan(x)的曲线
17 hold on
18 ezplot(F,[0,4*pi])                 %作出函数F(x)的曲线
19 title('Graphical solution of the eigenvalue')
20 xlabel('\kappa d')
```

程序运行结果如图3.5所示。

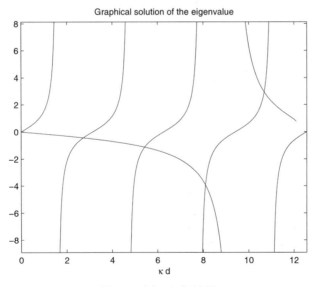

图 3.5　例3.1运行结果

从图3.5中可以看出，函数 $F(x)$ 的第一个分支在 $y=0$ 以下，该分支与 $\tan(x)$ 曲线共有3个交点，即存在3个导模；函数 $F(x)$ 的第二个分支在 $y=0$ 以上，该分支与 $\tan(x)$ 曲线也有一个交点，是第4个导模。从图中可以得到 $F(x)$ 的第一分支与 $\tan(x)$ 的第一个交点横坐标在 $x=2.5$ 附近。

为了更为精确地获得第一个交点的横坐标，可以利用MATLAB作图工具栏上的放大工具（Zoom In）。如图3.6所示，先单击鼠标左键激活放大工具，然后再选择所需要放大的区

若您对此书内容有任何疑问，可以登录 MATLAB 中文论坛与同行们讨论交流。

域。重复利用放大工具进行多次放大后得到函数 $F(x)$ 和 $\tan(x)$ 第一个交点及其附近的曲线如图3.7所示。可以看出两曲线交点的横坐标 $x \approx 2.7265$。

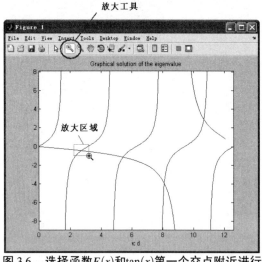
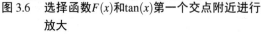

图 3.6　选择函数 $F(x)$ 和 $\tan(x)$ 第一个交点附近进行放大

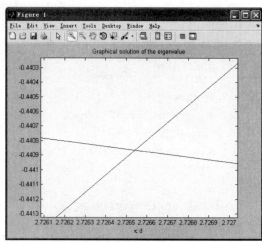

图 3.7　多次放大后得到的函数 $F(x)$ 和 $\tan(x)$ 第一个交点及其附近的曲线

再调用下面的程序代码即可获得第一个导模的传播方向角和传播常数。

```
1 x1 = 2.7265;
2 kappa1 = x1/d;
3 theta1 = asin(kappa1/(n1*k));
4 beta1 = (n1*k)*cos(theta1);
5
6 disp(['    x1 = ' num2str(x1)])
7 disp(['kappa1 = ' num2str(kappa1)])
8 disp(['theta1 = ' num2str(theta1)])
9 disp([' beta1 = ' num2str(beta1)])
```

程序运行结果为

```
1     x1 = 2.7265
2 kappa1 = 908833.3333
3 theta1 = 0.14422
4  beta1 = 6258073.3246
```

采用同样的方式可以求得第二、第三和第四个交点的横坐标以及对应的 κ、θ 和 β，具体数据如表3.1所列。

表 3.1　图解法求解平板光波导TE模所得到的数据

导模的序数	交点横坐标 $x(=\kappa d)$	κ	θ	β
1	2.7265	908833.3333	0.14422	6258073.3246
2	5.4359	1811966.6667	0.29061	6058567.2038
3	8.1027	2700900	0.44129	5717919.1104
4	10.6675	3555833.3333	0.59717	5229293.3623

3.3.4　TE模特征方程的MATLAB数值求解

在MATLAB中采用图解法虽然直观，但是操作起来比较复杂，而且由于作图时选取的数据点有限，因此会存在一定的误差。更好的办法是利用MATLAB强大的数值计算功能，直接调用其中的数值求解方程函数fzero()或fsolve()。

【例3.2】　在MATLAB中调用数值求根函数fzero()对例3.1中的平板光波导的导模进行求解，并分别计算出导模所对应的θ、β、κ、γ和δ。

【分析】　在MATLAB中调用数值求根函数fzero()进行数值求根运算时，关键是要写对所要求根的函数，其次要选取求根过程合适的初值，初值选择不当有可能得不到结果，更有可能得到错误的结果。因此一般情况下还需要对数值计算所得到的根进行验算，以避免不必要的错误。本例中的初值选取尽量靠近例3.1所得到的结果，程序代码如下：

```
 1 clear
 2 close all
 3 n1 = 1.56;                        %芯层折射率
 4 n2 = 1.2;                         %衬底折射率
 5 n3 = 1;                           %覆盖层折射率
 6 d = 3e-6;                         %芯层厚度
 7 lambda = 1.55e-6;                 %光波波长
 8 k = 2*pi/lambda;
 9
10 V12 = sqrt(n1^2-n2^2)*k*d; V13 = sqrt(n1^2-n3^2)*k*d;
11
12 F = @(x)(x*(sqrt(V12^2 - x.^2)+sqrt(V13^2 - x.^2))./...%定义函数F(x)
13     (x.^2 - sqrt(V12^2 - x.^2).*sqrt(V13^2 - x.^2) ));
14
15 Feigin = @(x)(F(x)-tan(x));       %采用匿名函数的方法定义TE模的特征方程
16
17 x(1) = fzero(Feigin,3);           %求解特征方程的第一个数值解
18 x(2) = fzero(Feigin,6);           %求解特征方程的第二个数值解
19 x(3) = fzero(Feigin,8.5);         %求解特征方程的第三个数值解
20 x(4) = fzero(Feigin,10.6);        %求解特征方程的第四个数值解
21
22 kappa = x/d;                      %求出对应的κ的数值
23 theta = asin(kappa/(n1*k));       %求出对应的θ的数值
24 beta = (n1*k)*cos(theta);         %求出对应的β的数值
25 gamma = sqrt((n1^2-n2^2)*k^2 - kappa.^2);    %求出对应的γ的数值
26 delta = sqrt((n1^2-n3^2)*k^2 - kappa.^2);    %求出对应的δ的数值
27
28 format short g                    %设定命令窗口中的数据显示格式
29 [x' theta' beta' kappa' gamma' delta']  %在命令窗口中显示对应的数据
```

程序运行后将命令窗口中的数据整理到表3.2中。

为了验证所得计算结果的正确性，根据特征方程式(3.39)和式(3.41)在MATLAB命令窗口中分别得到如下的结果：

若您对此书内容有任何疑问，可以登录MATLAB中文论坛与同行们讨论交流。

表3.2　数值法求解平板光波导TE模所得到的数据

x	θ	β	κ	γ	δ
2.7264	0.14421	6.2581e+006	9.088e+005	3.9371e+006	4.7677e+006
5.4356	0.29059	6.0586e+006	1.8119e+006	3.6117e+006	4.5027e+006
8.1026	0.44128	5.7179e+006	2.7009e+006	3.0054e+006	4.0327e+006
10.668	0.59721	5.2291e+006	3.556e+006	1.9187e+006	3.3033e+006

```
1  >> delta.*(kappa.*cos(kappa*d)+gamma.*sin(kappa*d))...
2  -kappa.*(kappa.*sin(kappa*d)-gamma.*cos(kappa*d))
3
4  ans =
5
6    -0.00097656   -0.0087891     0.013672    -0.0058594
7
8  >> kappa.*(gamma+delta)./(kappa.^2-gamma.*delta)-tan(kappa*d)
9
10 ans =
11
12   -1.1102e-016   8.8818e-016   1.1102e-014   3.1086e-015
```

可见数值求解所得的 4 个导模相应数据的计算是正确的。对比表3.2和表3.1中的相应数据，可以看到几乎完全一致，因此也验证了在 MATLAB 中求解 TE 模特征方程的两种方法的正确性。如果将两种方法求得的解都代回到 TE 模的特征方程中，可以发现利用fzero()数值求解得到的解比图解法的解更精确。请读者自行尝试，并解释为什么在 MATLAB 中利用fzero()数值求解得到的结果比图解法的结果更精确。

3.3.5　非对称平板光波导和对称平板光波导

下面来看看V对平板光波导中TE模的影响。前面提到了平板光波导中TE模的解是图3.5中曲线$F(x)$和$\tan(x)$的交点所对应的数据，但是并不是所有的交点都是有效的解。这是因为根据式(3.52)和式(3.53)，只有在$\kappa d = x \leqslant V_{12}$的情况下$F(x)$才是实数；否则，$F(x)$中的根号项将产生虚数，导致$F(x)$成为复数，使得特征方程无解。前面提到过，在MATLAB中采用plot()作图时，如果y坐标向量对应的是复数向量而不是实数向量的话，那么只取其实部作图。同样，在例3.1中利用ezplot()作图得到的图3.5也出现了这种情况，因此在$y = 0$以上的第二个分支并不是$F(x)$的有效分支。根据例题中的平板光波导的参数，有$V_{12} = 12.122$、$V_{13} = 14.561$，所以在MATLAB中利用图解法及数值求解得到的 4 个导模的κd均小于V_{12}，是有效的TE模解。那么，会不会由于平板光波导的芯层和衬底的折射率差过小或者芯层的厚度太薄亦或光波的波长太大（频率过低）导致V_{12}的值太小，从而使得$F(x)$和$\tan(x)$在有效区间$0 < x = \kappa d < V_{12}$没有交点呢？答案是肯定的。因此，在非对称的平板光波导（$n_2 \neq n_3$、$V_{12} \neq V_{13}$）中，有可能不会存在TE模的导模。

对于对称平板光波导，有$n_2 = n_3$，记

$$V = V_{12} = V_{13} = kd\sqrt{(n_1^2 - n_2^2)} \tag{3.55}$$

则式(3.54)变为

$$F(x) = \frac{2x\sqrt{V^2 - x^2}}{2x^2 - V^2} \tag{3.56}$$

此时，在$y = 0$以下的第一分支，当x由$0 \to V/\sqrt{2}$时，$F(x)$由$0 \to -\infty$；而在$y = 0$以上的第二分支，当x由$V/\sqrt{2} \to V$时，$F(x)$由$+\infty \to 0$。因此，这两个分支必定有一个会与$\tan(x)$相交，即对称平板光波导至少会有一个导模存在，这个导模被称为基模，这是对称平板光波导的一个非常重要的特性。可以在MATLAB中通过图解法对以上分析进行验证。

【例3.3】 在MATLAB中分别作出$V_{12} = 0.7$，$V_{13} = 1.1$以及$V = V_{12} = V_{13} = 0.7$时的$F(x)$和$\tan(x)$曲线，并观察两种情况下曲线是否有交点。

【分析】 可以在例3.1代码的基础上，作出$V_{12} = 0.7$，$V_{13} = 1.1$以及$V = V_{12} = V_{13} = 0.7$时的$F(x)$和$\tan(x)$曲线。其程序代码如下：

```matlab
1  clear
2  close all
3
4  V12 = .7; V13 = 1.1;       %定义V12和V13的值
5
6  F = @(x)(x*(sqrt(V12^2 - x^2)+sqrt(V13^2 - x^2))./...% 定义函数F(x)
7      (x^2 - sqrt(V12^2 - x^2)*sqrt(V13^2 - x^2) ));
8
9  figure(1)                  %新的作图
10 subplot(1,2,1)             %子图1
11 ezplot(@tan,[0,1.5*pi,-5,5])        %作出正切函数tan(x)的曲线
12 hold on
13 ezplot(F,[0,1.5*pi,-5,5])           %作出函数F(x)的曲线
14 title(['Graphical solution of the eigenvalue: V_{12}=',...
15    num2str(V12), ',V_{13}=',num2str(V13)])
16 xlabel('\kappa d')
17
18 V = .7;                    %定义V的值
19
20 F = @(x)(2*x*sqrt(V^2 - x^2))./(2*x^2-V^2); %定义函数F(x)
21
22 subplot(1,2,2)             %子图2
23 ezplot(@tan,[0,1.5*pi,-5,5])        %作出正切函数tan(x)的曲线
24 hold on
25 ezplot(F,[0,1.5*pi,-5,5])           %作出函数F(x)的曲线
26 title(['Graphical solution of the eigenvalue: V=V_{12}=V_{13}=',...
27    num2str(V12)])
28 xlabel('\kappa d')
```

程序运行后得到如图3.8所示的结果。从图中可以看出当$V_{12} = 0.7$，$V_{13} = 1.1$时$F(x)$和$\tan(x)$曲线没有交点；当$V = V_{12} = V_{13} = 0.7$时$F(x)$和$\tan(x)$曲线在$x = \kappa d = 0.66$附近有一个交点。

若您对此书内容有任何疑问，可以登录MATLAB中文论坛与同行们讨论交流。

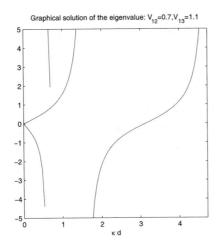
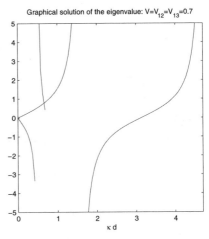

图 3.8　$V_{12}=0.7,V_{13}=1.1$以及$V=V_{12}=V_{13}=0.7$时的$F(x)$和$\tan(x)$曲线

以上通过MATLAB 中的图解法给出了在非对称平板光波导中有可能不存在导模，而在对称平板光波导中至少会有一个导模。在对称平板光波导中由于$n_1 > n_2 = n_3$，有$\gamma = \delta$，式(3.41)可以简化为

$$\tan(2\kappa d/2) = \frac{2\tan(\kappa d/2)}{1 - \tan^2(\kappa d/2)} = \frac{2\gamma/\kappa}{1 - (\gamma/\kappa)^2} \tag{3.57}$$

这是关于$\tan(2\kappa d/2)$的一个一元二次方程。存在两个根

$$\tan(\kappa d/2) = \gamma/\kappa \tag{3.58}$$

$$\tan(\kappa d/2) = -\kappa/\gamma \tag{3.59}$$

式(3.58)是对称平板光波导中偶数阶TE模的特征方程，而式(3.59)则是对称平板光波导中奇数阶TE模的特征方程。这里的偶数阶TE 模和奇数阶TE模是要先把式(3.36)对应的坐标系的原点取为对称光波导芯层的中点，然后看E_y相对于$x = 0$的对称性。在对称平板光波导中常常用d来表示芯层高度的一半，这就是为什么会在式(3.58)和式(3.59)中出现$d/2$而不是通常的d。

3.3.6　TE模的截止波长

对于每个TE模截止时的V值可以通过式(3.41)来获得。在前面曾经给出过导模截止的条件式(3.49)，因此对于每个导模的截止点存在以下关系式：

$$V_c = (\kappa d)_c \tag{3.60}$$

再根据式(3.16)~式(3.18)、式(3.41)和式(3.48)可得

$$V_c = \arctan\sqrt{\frac{n_2^2 - n_3^2}{n_1^2 - n_2^2}} + N\pi \tag{3.61}$$

式中，$N = 0,1,2,\cdots$，是TE模导模的模序数，按照该模序数TE模可以记为TE$_0$,TE$_1$,TE$_2$,$\cdots$由于$n_1 > n_2 \geqslant n_3$，因此反正切函数arctan 的取值范围为$0 \sim \pi/2$。考虑到$k = 2\pi\lambda$，即

式(3.52)可得TE模的截止波长为

$$\lambda_c = \frac{2\pi d \sqrt{n_1^2 - n_2^2}}{\arctan \sqrt{\dfrac{n_2^2 - n_3^2}{n_1^2 - n_2^2}} + N\pi} \qquad (3.62)$$

对于对称平板光波导，可得

$$V_c = N\pi \qquad (3.63)$$

则对称平板光波导的截止波长为

$$\lambda_c = \frac{2d}{N} \sqrt{n_1^2 - n_2^2} \qquad (3.64)$$

3.3.7　TE模场分布的MATLAB图示

完成对TE模的模式分析及其导模参数的数值求解后，就能够对TE 模的模场分布进行展示。根据式(3.40)可得

$$B = -\frac{\delta}{\kappa} A \qquad (3.65)$$

将上式代入式(3.36)得到TE模的模场分布为

$$E_y = \begin{cases} A\mathrm{e}^{-\delta x}, & x \geqslant 0 \\ A\left[\cos(\kappa x) - \dfrac{\delta}{\kappa} \sin(\kappa x)\right], & -d \leqslant x \leqslant 0 \\ A\left[\cos(\kappa d) + \dfrac{\delta}{\kappa} \sin(\kappa d)\right]\mathrm{e}^{\gamma(x+d)}, & x \leqslant -d \end{cases} \qquad (3.66)$$

式中，A是与TE模的电磁场功率有关联的振幅强度系数。如果知道光波的功率就能够得到A，它们的关系式将在后面进行讨论。

【例 3.4 】　在 MATLAB 中分别作出例3.1中的平板光波导中前三个 TE 模电场强度的归一化分布。

【分析】　在例3.2中已经计算出了平板光波导的相关参数，将所得参数代入式(3.66)中，由于要对 TE 模电场强度的归一化分布作图，因此可以先令$A = 1$，计算得到各介质中的E_y，最后对 E_y 进行归一化处理，然后在 MATLAB 中作图即可。在例3.2的程序代码运行后，继续运行下面的程序代码，即可获得所要的结果。

```
1 Np = 1001;                              %设置作图的点数
2 x2 = linspace(-2*d,-d,Np);              %设置介质2中的横坐标范围
3 x1 = linspace(-d,0,Np);                 %设置介质1中的横坐标范围
4 x3 = linspace(0,1*d,Np);                %设置介质3中的横坐标范围
5
6 Ey1 = zeros(Np,3); Ey2 = Ey1; Ey3 = Ey1;       %对3段介质中的Ey分别进行初始化
7
8 for m = 1:3                             %循环计算各阶TE模，其中m对应于TE模的序数
9     Ey1(:,m) = cos(kappa(m)*x1)-...     %计算介质1 中的TEm的电场Ey
10        delta(m)/kappa(m)*sin(kappa(m)*x1);
```

```
11      Ey2(:,m) = (cos(kappa(m)*d)+...              %计算介质2 中的TEm的电场Ey
12         delta(m)/kappa(m)*sin(kappa(m)*d))*exp(gamma(m)*(x2+d));
13      Ey3(:,m) = exp(-delta(m)*x3);               %计算介质3 中的TEm的电场Ey
14 end
15
16 Ey = [Ey2; Ey1; Ey3];                            %将3段介质中的Ey按顺序合并
17 Ey = Ey/diag(max(abs(Ey)));                      %对Ey进行归一化处理
18 x   = [x2';x1';x3'];                             %将3段介质中对应的横坐标按顺序合并
19
20 plot(x,Ey(:,1),'-',x,Ey(:,2),...                 %分别对TE模的3个导模的Ey作图
21     '--',x,Ey(:,3),':','LineWidth',2)
22 legend('TE_0','TE_1','TE_2')                     %标注各阶TE模
23 xlabel('x')                                      %标注横坐标
24 axis([x(1) x(end) -1.1 1.1])                     %设定图的显示范围
25 hold on                                          %保留现有作图
26 plot([-d,-d],[-1.1,1.1],'black--')              %画出介质2和介质1的边界
27 plot([ 0, 0],[-1.1,1.1],'black--')              %画出介质1和介质3的边界
28 plot([x(1), x(end)],[0,0],'black')              %画出直线y=0
```

例3.4的程序代码运行结果如图3.9所示。

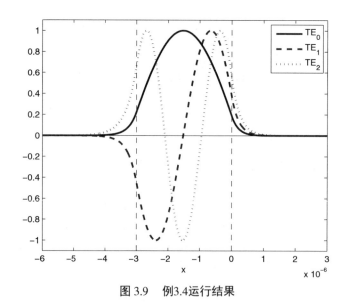

图3.9 例3.4运行结果

结合图3.9和前面的分析可以得到平板光波导中TE模的一些性质如下：

(1)平板光波导的TE模有可能存在导模，也有可能不存在导模，但是对称的平板光波导至少有一个导模TE_0，因此TE_0模也称做基模。

(2)当平板光波导的TE模存在多个导模时，其模序数m表示其横向电场E_y的驻波场取零值的次数。如图3.9所示，基模TE_0取零的次数为0，TE_1模取零的次数为1，TE_2模取零的次数为2。

(3)TE模的横向电场E_y在衬底和覆盖层中的振幅都以指数形式衰减，正因为如此，横向电场可以在靠得很近的两波导中发生耦合。

(4)TE 模的模序数m越大，其横向电场E_y在衬底和覆盖层中的振幅衰减就越缓慢，即能量在衬底和覆盖层中所延伸的部分越多，芯层中的能量所占比重也就越小。

(5)给定平板光波导的参数和工作波长时，模序数m越大，则传播方向角θ_m越大，因而传播常数β_m就越小，该模式的传播速度也就越小，即各模式之间存在模式色散。

3.3.8　TE模的模式数

平板光波导的 TE 模解的总数强烈地依赖于波导厚度。如果d减小，特征方程的$F(x)$函数曲线就会沿κd轴扩展，曲线的第一支将不断靠近y轴，直到和特征方程的函数曲线不再相交。这样，通过减小d就使得纵向波矢的特征值方程解没有了，也就是没有模式能传播，当然这只限于非对称波导。TE 模、TM模发生这种情况对应的极限厚度很接近，但是不完全相等。

对称波导的情况则不同，它在任意厚度下都有导模。这是因为当$\delta = \gamma$时，特征方程在$\kappa = \kappa_{\max} = k\sqrt{n_1^2 - n_2^2}$点处的值为0，图3.8画出了这种情形。就是说即使厚度减小使得曲线扩展，也能保证方程至少有一个解。

导模在芯–包层界面处必须要有沿外方向的负斜率，在包层内呈指数衰减，这样就可以图像化理解导模和辐射模的差别。如图3.9所示，考虑对称波导的TE$_1$模，用V参数来描述

$$V = d \cdot \kappa_{\max} = d \cdot k\sqrt{n_1^2 - n_2^2} \tag{3.67}$$

当$V \gg \pi$时，电场被限制在中心，随着d的减小，限制因子也在减小，当$V = \pi$时，模式不能被传播。对于这种情况可以这样理解：随着d的减小，模式（导模）在芯层中没有"转折的空间"，即导模的转折点（极值点）落在了芯层之外。

另一方面，对称波导中TE$_0$模在任何厚度下都存在，因为它只有一个位于中心处的拐点。对于非对称波导，即使是TE$_0$模在足够小的芯层厚度下也会截止，此时这个唯一的拐点位于芯子之外。

下面推导在芯层厚度较大时对称波导具有的导模数量的近似表达式。注意，如果$\kappa_{\max}d > \pi/2$，则即使在非对称波导中也能保证有一个导模。随着每增加一个π，将增加一个解，对称波导解的总数可以近似写成

$$m = \left[\frac{d \cdot \kappa_{\max}}{\pi}\right]_{\text{int}} = \left[\frac{d \cdot k\sqrt{n_1^2 - n_2^2}}{\pi}\right]_{\text{int}} = \left[\frac{V}{\pi}\right]_{\text{int}} \tag{3.68}$$

式中，$[x]_{\text{int}}$表示取小于x的最大整数。

3.3.9　TE模的传播功率

在平板光波导中的传播功率就是通过光波导横截面的功率。由于平板光波导在y方向是无限宽，故只计算在y方向单位宽度上传播的功率，即计算宽度为1，x方向上为$-\infty \rightarrow +\infty$的条形面积$\Pi$上传播的功率。

传播的功率等于z方向坡印廷矢量的平均值$< \boldsymbol{S} >$在所给出的光波导截面上的积分，即

$$P = \int_{\Pi} \langle \boldsymbol{S} \rangle \mathrm{d}\sigma = \frac{1}{2}\mathrm{Re}\int_{\Pi} (\boldsymbol{E} \times \boldsymbol{H}^*)\mathrm{d}\sigma \tag{3.69}$$

对于TE模，可得

$$P = -\frac{1}{2}\int_{-\infty}^{+\infty} E_y H_x^* \mathrm{d}x = \frac{\beta}{2\omega\mu_0}\int_{-\infty}^{+\infty}\left|E_y\right|^2 \mathrm{d}x \tag{3.70}$$

为了求得式(3.66)中的振幅系数A与P的关系，可以将式(3.66)得到的E_y的分段表达式代入式(3.70)中进行分段积分，即

$$P = \frac{\beta}{2\omega\mu_0}\left\{\int_{-\infty}^{-d}A^2[\cos(\kappa d)+\frac{\delta}{\kappa}\sin(\kappa d)]^2 e^{2\gamma(x+d)}\mathrm{d}x + \int_{-d}^{0}A^2[\cos(\kappa x)-\frac{\delta}{\kappa}\sin(\kappa x)]^2\mathrm{d}x + \int_{0}^{+\infty}A^2 e^{-2\delta x}\mathrm{d}x\right\} \tag{3.71}$$

对式(3.71)中的定积分进行求解，再将式(3.42)和式(3.43)代入进行化简，最终可得到

$$P = \frac{\beta}{4\omega\mu_0}\frac{(d+\frac{1}{\gamma}+\frac{1}{\delta})(\kappa^2+\delta^2)}{\kappa^2}A^2 \tag{3.72}$$

3.3.10　TE模的模式特性

根据前面的分析，平板光波导中的模式有几种不同的类型：当纵向波矢满足$kn_2 < \beta < kn_1$时，平板光波导的模式是离散的，而且被限制在波导芯层中，电磁场在衬底和覆盖层中作指数衰减。当$kn_3 < \beta < kn_2$时，模式是连续的，在芯层和衬底中呈现振荡形式，而在覆盖层中指数衰减，这种模式称为衬底辐射模。当$\beta < kn_c$时，模场在三层区域都振荡，这种模式简称为辐射模。

导模是有限多的，辐射模则为连续的，有无限多个。纵向波矢的每个特征值都对应一个或多个（存在简并模式时）离散模式，它们的场分布各异。平板光波导的模式具有正交性，而且是完备的，所以任何场分布都可以写成各模式的叠加

$$A(x,y,z) = \sum_{\text{guided}} a_i A_i(x,y,z) + \int_{\text{radiation}} a(\beta)\cdot A(x,y,z,\beta)\mathrm{d}\beta \tag{3.73}$$

式中，$A(x,y,z)$可以是电场E或磁场H。

模式的重要特性可以总结为以下几点：
①纵向波矢的每个特征值对应一个单独的模式或场分布；
②大多数模式是不能传导的，称为辐射模；
③只有有限个模式是可以传导的；
④所有模式是正交的；
⑤有些模式是简并的，即它们有相同的纵向波矢，但是场分布不同；
⑥光学系统的模式是完备的；
⑦波导的传播功率等于所有导模的功率之和。

3.3.11　TE模的归一化传播常数

下面用一种更一般的方法来描述平板光波导，这个方法仍是基于导模本征值方程的图解，但引入了归一化参数，因此结果的适用性更广。

非对称平板光波导有五个参数：芯层的厚度以及衬底、芯层和包层的折射率，再加上波矢或者波长，这些参数可以描述任意单色光在任何非对称平板光波导中的传播。

为使描述具有一般性，对于TE模引入如下几个无量纲量：

归一化频率（V参数）

$$V = kd\sqrt{n_1^2 - n_2^2} \tag{3.74}$$

非对称系数

$$a = \frac{n_2^2 - n_3^2}{n_1^2 - n_2^2} \tag{3.75}$$

归一化有效折射率

$$b = \frac{\left(\dfrac{\beta}{k}\right)^2 - n_2^2}{n_1^2 - n_2^2} = \frac{n_{\text{eff}}^2 - n_2^2}{n_1^2 - n_2^2} \tag{3.76}$$

式中，$n_{\text{eff}} = \dfrac{\beta}{k}$ 是模式的有效折射率。

平板光波导的色散关系式(3.14)可以用归一化参数表达为

$$V\sqrt{1-b} = N\pi + \arctan\sqrt{\frac{b}{1-b}} + \arctan\sqrt{\frac{b+a}{1-b}} \tag{3.77}$$

【例3.5】　在MATLAB中作出对称平板光波导中N从0到10时对应的$V - b$色散关系曲线。

【分析】　由于对称平板光波导有$a = 0$，可以将平板光波导的色散关系式(3.77)改写成

$$V = \left(N\pi + 2\arctan\sqrt{\frac{b}{1-b}}\right)\bigg/\sqrt{1-b}$$

从而可以在MATLAB中作出对称平板光波导中N从0到10时对应的$V - b$色散关系曲线，程序代码如下：

```
1  N = 11;
2  b = linspace(0,1,201);
3  V = zeros(length(b),N);
4
5  for k = 1:N
6      V(:,k) = ((k-1)*pi + 2*atan(sqrt(b./(1-b))))./sqrt(1-b);
7      plot(V(:,k),b)
8      text(V(180-k*10,k)-1,b(180-k*10),['N=' num2str(k-1)])
9      hold on
10     axis([0 50 0 1])
11 end
12 xlabel('V')
13 ylabel('b')
```

程序运行后得到如图3.10所示的对称平板光波导的色散关系曲线。对于给定的波导，就可以根据这个色散关系图得到特征值。

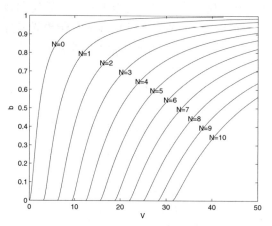

图3.10　对称平板光波导的色散关系曲线

对于给定的波导，求解给定频率下的纵向波矢可以按如下步骤进行：

(1)计算给定波导和波长下的归一化频率；

(2)从曲线中得到所要求模式对应的归一化折射率b（图3.10所示是$a=0$时的曲线，对于任意的a值都可以得到类似的曲线）；

(3)通过b值计算不同模式的n_{eff}；

(4)算出纵向波矢，即$\beta = k n_{\text{eff}}$。

这一方法得到的结果和直接的数值解法吻合得很好。

用归一化参数描述的截止条件很简单，即$b=0$，从而有

$$V_c = \arctan\left(\sqrt{a}\right) + N\pi \tag{3.78}$$

这个表达式比用数值方法来进行求解简单得多。

前面的推导都是针对 TE 模的，对于 TM 模情况类似。但是波导 TM 模的非对称系数要修改为

$$a = \frac{n_1^2(n_2^2 - n_3^2)}{n_3^2(n_1^2 - n_3^2)} \tag{3.79}$$

像图3.10这样的平板光波导色散图包含了其中波传播的大量信息。利用类似的色散曲线可以帮助理解一系列波导和光纤中的波传播特性。

3.4　平板光波导中的TM模

3.4.1　TM模的电磁理论求解

横磁模，即 TM（transverse magnetic）模的六个电磁场分量只有H_y、E_x和E_z不为零。与TE模类似，假设与时间t和坐标z相关的因子为式(3.28),则根据麦克斯韦方程组可以得到

$$i\beta H_y = i\omega\varepsilon_0 n^2 E_x \tag{3.80}$$

$$\frac{\partial^2 H_y}{\partial x^2} = i\omega\varepsilon_0 n^2 E_z \tag{3.81}$$

$$i\beta E_x + \frac{\partial E_z}{\partial x} = i\omega\mu_0 H_y \tag{3.82}$$

因此可以将电场分量表示为H_y的形式

$$E_x = \frac{\mathrm{i}}{n^2 \omega \varepsilon_0} \frac{\partial H_y}{\partial z} = \frac{\beta}{n^2 \omega \varepsilon_0} H_y \tag{3.83}$$

$$E_z = -\frac{\mathrm{i}}{n^2 \omega \varepsilon_0} \frac{\partial H_y}{\partial x} \tag{3.84}$$

将这两个式子代入式(3.82)可以得到关于H_y的一维波动方程

$$\frac{\partial^2 H_y}{\partial x^2} + (n_j^2 k^2 - \beta^2) H_y = 0, \qquad j = 1, 2, 3 \tag{3.85}$$

式中，$j = 1, 2, 3$ 表示分别在芯层、衬底和覆盖层。根据TM 模其H_y和E_z 的边界$x = 0$ 和 $x = -d$ 上的连续性条件以及在$x = \pm\infty$ 消逝的特性，可得方程(3.85)的解为

$$H_y = \begin{cases} (\beta/|\beta|) C \mathrm{e}^{-\delta x}, & x \geqslant 0 \\ (\beta/|\beta|)[C\cos(\kappa x) + D\sin(\kappa x)], & -d \leqslant x \leqslant 0 \\ (\beta/|\beta|)[C\cos(\kappa d) - D\sin(\kappa d)]\mathrm{e}^{\gamma(x+d)}, & x \leqslant -d \end{cases} \tag{3.86}$$

这里因子$(\beta/|\beta|)$ 的引入主要用于确定当磁场的方向反向时其符号能够变为负号。根据式(3.84) E_z 可以写成

$$E_z = \begin{cases} (\mathrm{i}\delta/n_3^2 \omega \varepsilon_0)(\beta/|\beta|) C \mathrm{e}^{-\delta x}, & x \geqslant 0 \\ (\mathrm{i}\kappa/n_1^2 \omega \varepsilon_0)(\beta/|\beta|)[C\sin(\kappa x) - D\cos(\kappa x)], & -d \leqslant x \leqslant 0 \\ -(\mathrm{i}\gamma/n_2^2 \omega \varepsilon_0)(\beta/|\beta|)[C\cos(\kappa d) - D\sin(\kappa d)]\mathrm{e}^{\gamma(x+d)}, & x \leqslant -d \end{cases} \tag{3.87}$$

3.4.2　TM模的特征方程

前面得到的E_z还不能完全满足边界条件。根据E_z 在界面$x = 0$ 和 $x = -d$ 上的连续性条件可以得

$$\left. \begin{array}{l} C\dfrac{\delta}{n_3^2} + D\dfrac{\kappa}{n_1^2} = 0 \\[2mm] C\left[\dfrac{\kappa}{n_1^2}\sin(\kappa d) - \dfrac{\gamma}{n_2^2}\cos(\kappa d)\right] + D\left[\dfrac{\kappa}{n_1^2}\cos(\kappa d) + \dfrac{\gamma}{n_2^2}\cos(\kappa d)\right] = 0 \end{array} \right\} \tag{3.88}$$

其中，第一个方程描述了振幅系数C和D的关系

$$\frac{D}{C} = -\frac{n_1^2}{n_3^2} \frac{\delta}{\kappa} \tag{3.89}$$

对于C和D的一元二次方程组有非零解，则必定有该方程组的系数行列式为0，即得

$$\frac{\delta}{n_3^2}\left[\frac{\kappa}{n_1^2}\cos(\kappa d) + \frac{\gamma}{n_2^2}\sin(\kappa d)\right] - \frac{\kappa}{n_1^2}\left[\frac{\kappa}{n_1^2}\sin(\kappa d) - \frac{\gamma}{n_2^2}\cos(\kappa d)\right] = 0 \tag{3.90}$$

上式两边同时除以$\cos(\kappa d)$，然后移项可得TM模的特征方程

$$\tan(\kappa d) = \frac{n_1^2 \kappa (n_3^2 \gamma + n_2^2 \delta)}{n_2^2 n_3^2 \kappa^2 - n_1^4 \gamma \delta} \tag{3.91}$$

同时，可以得到关于$\cos(\kappa d)$和$\sin(\kappa d)$的表达式

$$\cos(\kappa d) = \pm \frac{n_2^2 n_3^2 \kappa^2 - n_1^4 \gamma \delta}{\sqrt{(n_2^4 \kappa^2 + n_1^4 \gamma^2)(n_3^4 \kappa^2 + n_1^4 \delta^2)}} \tag{3.92}$$

$$\sin(\kappa d) = \pm \frac{n_1^2 \kappa (n_3^2 \gamma + n_2^2 \delta)}{\sqrt{(n_2^4 \kappa^2 + n_1^4 \gamma^2)(n_3^4 \kappa^2 + n_1^4 \delta^2)}} \tag{3.93}$$

TM模的图解法与TE模的图解法类似，其$F(\kappa d)$曲线与TE模的$F(\kappa d)$稍有差别。有兴趣的读者可以仿照TE模的图解法过程来求解TM模特征方程的解。

在对称平板光波导中，由于$n_2 = n_3$，因此其中的偶数阶和奇数阶TM模的特征方程分别为

$$\tan(\kappa d/2) = (n_1^2/n_2^2)\gamma/\kappa \tag{3.94}$$

$$\tan(\kappa d/2) = -(n_2^2/n_1^2)\kappa/\gamma \tag{3.95}$$

3.4.3　TM模的截止波长

利用式(3.48)、式(3.49)和式(3.91)可以得到TM模的截止条件为

$$V_{\mathrm{c}} = \arctan\left(\frac{n_1^2}{n_3^2}\sqrt{\frac{n_2^2 - n_3^2}{n_1^2 - n_2^2}}\right) + N\pi \tag{3.96}$$

式中，$N = 0, 1, 2, \cdots$是TM模导模的模序数，按照该模序数TM模可以记为$\mathrm{TM}_0, \mathrm{TM}_1, \mathrm{TM}_2, \cdots$由于$n_1 > n_2 \geqslant n_3$，因此反正切函数$\arctan$的取值范围为$0 \sim \pi/2$。考虑到$k = 2\pi\lambda$，由式(3.52)可得TM模的截止波长为

$$\lambda_{\mathrm{c}} = \frac{2\pi d \sqrt{n_1^2 - n_2^2}}{\arctan\left(\dfrac{n_1^2}{n_2^2}\sqrt{\dfrac{n_2^2 - n_3^2}{n_1^2 - n_2^2}}\right) + N\pi} \tag{3.97}$$

对于对称平板光波导，其中的TM模的截止条件与TE模的截止条件式(3.63)相同，截止波长也是式(3.64)。

截止条件式(3.63)和式(3.97)可以分别用来计算平板光波导中的TE模和TM模所能存在的导模个数。对于平板光波导的任何导模，根据式(3.68)可以得到该导模的V，则必定有$V < V_{\mathrm{c},N+1}$，其中$V < V_{N+1}$表示模序数为$(N+1)$的导模的截止条件。由于$m = 0$对应的是最低阶的导模，因此$m = N$对应的模序数为$N + 1$。对于TE模，根据式(3.61)可得

$$V < \arctan\sqrt{\frac{n_2^2 - n_3^2}{n_1^2 - n_2^2}} + N\pi \tag{3.98}$$

因此对应的平板光波导中所有的TE模和TM模的导模数目分别为

$$N_{\text{TE}} = \left[\frac{1}{\pi} \left(V - \arctan \sqrt{\frac{n_2^2 - n_3^2}{n_1^2 - n_2^2}} \right) \right]_{\text{int}} \tag{3.99}$$

$$N_{\text{TM}} = \left[\frac{1}{\pi} \left(V - \arctan \frac{n_1^2}{n_2^2} \sqrt{\frac{n_2^2 - n_3^2}{n_1^2 - n_3^2}} \right) \right]_{\text{int}} \tag{3.100}$$

式中，$[x]_{\text{int}}$表示取小于x的最大整数。

平板光波导中所有的导模总个数为$N_{\text{total}} = N_{\text{TE}} + N_{\text{TM}}$。

3.4.4　TM模的传播功率

类似于平板光波导中的TE模的传播功率推导，TM模的传播功率可以根据式(3.69)得到

$$P = \frac{1}{2} \int_{-\infty}^{+\infty} E_x H_y^* \mathrm{d}x = \frac{\beta}{2\omega\varepsilon_0} \int_{-\infty}^{+\infty} \frac{1}{n^2(x)} \left| E_y \right|^2 \mathrm{d}x \tag{3.101}$$

再根据式(3.88)进行分段积分，同时考虑到关系式(3.89)，可得

$$P = \frac{\beta}{2\omega\varepsilon_0} \left\{ \int_{-\infty}^{-d} C^2 \left[\cos(\kappa d) - \frac{n_1^2 \delta}{n_3^2 \kappa} \sin(\kappa d) \right]^2 \mathrm{e}^{2\gamma(x+d)} \mathrm{d}x + \int_{-d}^{0} C^2 \left[\cos(\kappa x) + \frac{n_1^2 \delta}{n_3^2 \kappa} \sin(\kappa x) \right]^2 \mathrm{d}x + \int_{0}^{+\infty} C^2 \mathrm{e}^{-2\delta x} \mathrm{d}x \right\} \tag{3.102}$$

对式(3.102)中的定积分进行求解，再将式(3.92)和式(3.93)代入进行化简，最终可得到

$$P = \frac{\beta}{4\omega\varepsilon_0} \frac{n_3^4 \kappa^2 + n_1^4 \delta^2}{n_1^2 n_3^4 \kappa^2} \left(d + \frac{n_1^2 n_2^2}{\gamma} \frac{\kappa^2 + \gamma^2}{n_2^4 \kappa^2 + n_1^4 \gamma^2} + \frac{n_1^2 n_3^2}{\delta} \frac{\kappa^2 + \delta^2}{n_3^4 \kappa^2 + n_1^4 \delta^2} \right) C^2 \tag{3.103}$$

3.5　MATLAB预备技能与技巧

3.5.1　MATLAB的脚本和函数

在MATLAB中有两种形式的M文件（扩展名为.m的文件），分别是脚本（script）M文件和函数（function）M文件。前者将在命令窗口中执行的一系列命令（程序）保存在一个文件中，相当于一个批处理文件。当它以某文件名保存在用户设定的路径中，而该路径又被在MATLAB中设置为当前路径时，则只要在命令窗口中输入该M文件的文件名，就会执行文件中的所有指令代码，完成所有的计算过程。后者是用来完成特定的任务而定义的各种函数，它有严格的格式要求。使用MATLAB函数时，例如inv()、abs()、angle()和sqrt()，MATLAB获取传递给它的变量，利用所给的输入，计算所要求的结果。然后，把这些结果返回。由函数执行的命令，以及由这些命令所创建的中间变量，都是隐含的。对使用者而言，所有可见的部分只是输入和输出，也就是说函数是一个黑箱。一个函数至少有两行代码，第一行是MATLAB所要求的格式，在函数程序中没有结束字符或表达式。例如end语句，它被用于for、while、if和switch结构而不用于函数。引入和导出函数的变量数目和它们的类型（标量、向量、矩阵）由函数接口控制，函数接口是函数程序的第一个非注释行。接口的一般形式如下：

```
function OutputVariable = FunctionName (InputVariables)
% comments

expression(s)
```

MATLAB函数的输入和输出变量的实际个数分别由nargin和nargout两个MATLAB保留变量来给出，只要进入该函数，MATLAB就将自动生成这两个变量。输出变量如果多于1个，则应该用方括号将它们括起来，否则可以省去方括号。多个输入变量或者输出变量之间用逗号分隔。正规的变量个数检测通常是必要的，如果输入或输出变量格式不正确，则应该给出相应的提示。从系统的角度来说，MATLAB函数是一个变量处理单元，它从主调函数接收变量，对之进行处理后，将结果返回到主调函数中，除了输入和输出变量外，其他在函数内部产生的所有变量都是局部变量，在函数调用结束后这些变量均将在工作空间中消失。注释语句段（% comments）的每行语句都应该由百分号（%）引导，百分号后面的内容不执行，只起注释创建此函数的帮助信息作用。在MATLAB命令行中输入

```
>>help FunctionName
```

所有相邻的注释行都将出现在MATLAB命令窗口中。任何出现在function语句之前的注释将不作为帮助文件的部分。

表达式的写法与程序文件的写法相同。函数所使用的输入变量用变量名定义，其他变量由表达式定义。输入和输出变量可以是标量、向量或矩阵，也可以由数值或字符串组成。函数可以有任意多个输入变量，变量间用逗号隔开。这些属性使得函数成为强有力的工具，用以计算命令。这些命令包括在求解一些大的问题时，经常出现的有用的数学函数或命令序列。由于这个强大的功能，MATLAB提供了一个创建用户函数的结构，并以M文件的文本形式存储在计算机上。

一个函数的M文件与脚本文件类似之处在于它们都是一个有.m扩展名的文本文件。如同脚本M文件一样，函数M文件不进入命令窗口，而是由文本编辑器所创建的外部文本文件。一个函数的M文件与脚本文件在通信方面是不同的。函数与MATLAB工作空间之间的通信，只通过传递给它的变量和通过它所创建的输出变量。在函数内中间变量不出现在MATLAB工作空间，或与MATLAB工作空间不交互。正如上面的例子所看到的，一个函数的M文件的第一行把M文件定义为一个函数，并指定它的名字。它与文件名相同，但没有.m扩展名。它也定义了它的输入和输出变量。接下来的注释行是所展示的文本，它与帮助命令相对应。第一行帮助行称为H1行，是由lookfor命令所搜索的行。最后，M文件的其余部分包含了MATLAB创建输出变量的命令。

112

3.5.2　函数的函数

在MATLAB中，有很多函数的输入参数是另一个函数，例如fzero(), ezplot(), quad(), ode23(), bvp4c()等函数，这样大大扩展了函数的通用性。

一个函数作为参数传递给另一个函数，可以采用函数句柄、内嵌对象和匿名函数等。

所谓函数句柄，就是MATLAB的一个内部函数，或定义为M文件的函数的名前加一个"@"符号，下面是几个例子。

```
@sin
@exp
```

```
@besselj1
```

其中besslj1.m是一个包含如下代码的M文件：

```
1 function fx = besselj1(x)
2   fx = besselj(1,x);
```

这样，通过这些函数句柄就可以用作函数的函数输入参数。

```
x0 = fzero(besselj1,[0,pi]);
```

其实，@besslj1也是一个合法的函数句柄，不过它对应的是一个带两个输入参数的函数。

内嵌对象是另外一种简单的定义函数的方法，在MATLAB命令窗口、程序或函数中创建局部函数时，可用inline()函数来直接编写该函数，其优点是不必将其储存为一个单独文件，就可以描述出某种数学关系。但是在运用inline函数中有限制：不能调用另一个inline函数，只能由一个MATLAB表达式组成，并且只能返回一个变量——显然不允许[u,v]这种形式。因而，任何要求逻辑运算或乘法运算以求得最终结果的场合，都不能应用inline()函数。除了这些限制，在许多情况下使用该函数非常方便。

inline()函数的一般形式为

```
FunctionName = inline( 'expression', 'arg1', 'arg2', ...)
```

其中，expression是任何有效的MATLAB表达式，arg1、arg2,…是出现在表达式中的所有变量的名字。inline()函数在数学问题求解中，尤其是在微分方程求解等数学问题中很有用。和MATLAB的M函数相比，inline()函数结构不支持结构较复杂的语句结构，只支持一个语句就能求出函数值的形式。下面的例子是用inline()函数创建一函数FofX用于求解 $f(x) = x^2 \cos(ax) - b$，其中a,b是标量；x是向量。

```
1 >> FofX = inline('x.^2.*cos(a*x)-b','x','a','b')
2
3 FofX =
4
5     Inline function:
6     FofX(x,a,b) = x.^2.*cos(a*x)-b
7
8 >> g = FofX([pi/3 pi/3.5], 4, 1)
9
10 g =
11
12    -1.5483   -1.7259
```

对函数而言，inline()函数的形式被用于很多MATLAB命令中，它要求先创建函数，然后执行命令。后面还将给出inline()函数的一些应用实例。匿名函数是MATLAB7.0及其以后版本给出的一种全新的函数描述形式，其描述格式类似于inline()函数，但比该函数更简洁，更容易使用。匿名函数的基本格式为

```
fhandle = @(arglist) expr
```

例如

```
1  sqr = @(x) x.^2;
2  sumAxBy = @(x, y) (A*x + B*y);
3  besselj1 = @(x) besselj(1,x);
```

更重要的是，该函数允许直接使用MATLAB工作空间的变量。例如，若在MATLAB工作空间内已定义了A和B变量，则使用上面的第二个匿名函数语句就可以定义数学关系式，这样无需将A、B作为附加参数在输入变量里表示出来，所以使得数学函数的定义更加方便。注意，在匿名函数定义时，A、B的值以当前MATLAB工作空间中的数值为主，在使用@定义匿名函数后，A、B的值再发生变化，则在匿名函数中的值将不随着改变。从执行效率看，匿名函数比inline()函数速度快得多，而从功能上看，匿名函数可以实现inline()函数的全部功能。所以在实际应用中可以直接采用匿名函数，而不采用inline()函数。

在MATLAB7.0以前的版本中，可以使用feval()对函数参数求值，其表达式为

```
feval(Function,x,...)
```

等价于

```
Function(x,...)
```

它们的区别在于，使用feval()时，允许将Function作为一个被传递过来的参数。在MATLAB-7.0及其以后的版本中，可直接使用更高效的匿名函数来取代这种函数的调用方式。

3.5.3 方程求根的MATLAB数值解法

1. 方程求解的有关概念

(1)方程与解方程

含有未知量的等式叫作方程。把若干方程合在一起，就组成一个方程组。在未知量可取值的范围内，找出的变量的值代入方程，能使等式成立，这些变量的值叫作方程的解。若未知量可取值的范围内，没有一个值能使方程的两边相等，则称此方程无解。找出方程的解或证明方程无解的过程叫作解方程。方程中的未知数简称为元，根据元的个数把方程分为一元方程、二元方程以及多元方程。

(2)同解方程（组）与同解变换

在解方程（组）的过程中，往往需要把方程变形。方程的变形有多种形式。

如果第一个方程（组）的解都是第二个方程（组）的解，并且第二个方程（组）的解也都是第一个方程（组）的解，那这两个方程就叫同解方程（组）。从第一个方程（组）到与它同解的第二个方程（组）的变换称为同解变换或者同价变换。方程两边都加上同一个数或者同一整式，或都乘以（或除以）不等于零的同一个数或者同一整式的变换都是同解变换。通过同解变换，不会改变方程解的性质，也不会改变方程解的个数。

(3)使变形后的方程（组）是原方程（组）的结果

如果第一个方程的解都是第二个方程的解，那么第二个方程就叫作第一个方程的结果。方程两边都乘以同一个整式或方程两边都乘方同一次数，那么所得的方程是原方程的结果。

因为没有说第二个方程的解都是第一个方程的解，那么这两个方程不一定是同解方程。两个方程不同解，也就是出现多根（增根）与少根（遗根）的现象。

在方程变形中，有时还需要将方程两边的代数式分别进行恒等变换。如果变换时扩大或缩小了自变量的可取值范围，往往会出现增解（即增根）或失去解（即减根）。

(4)方程解的验算

求出方程的解后，要将其解代入原方程验证等式是否成立，这就是方程解的验算。对于方程变形中出现的增解，容易用验算将其剔除，但遗根就较难发现。在变换过程中，随时注意到自变量可取值的范围，可以帮助克服遗根。

2. 方程求解的数值方法原理

(1)二分法

二分法，又称分半法，是一种方程式根的近似值求法。该方法的基本原理如下。

若要求已知函数 $f(x) = 0$ 的根(x 的解)，则:

①先找出一个区间 $[a, b]$，使得 $f(a)$ 与 $f(b)$ 异号。根据介值定理，这个区间内一定包含着方程式的根。

②求该区间的中点 $m = (a+b)/2$，并找出 $f(m)$ 的值。

③若 $f(m)$ 与 $f(a)$ 正负号相同则取 $[m, b]$ 为新的区间，否则取 $[a, m]$。

④重复步骤②和③至理想精确度为止。

【例 3.6】　求方程 $\sinh x = \cos x$ 的解，其中 $\sinh$ 是双曲正弦函数。

【分析】　① 定义 $f(x) = \sinh x - \cos x$。因此这里是要求 $f(x) = 0$ 的根。

②画出 $y = f(x)$ 可大约得知其根约在 0.5 和 1 之间，故使初始区间为 $[0.5, 1]$。

③此区间之中点为 0.75。

④因 $f(0.5) \approx -0.3565$，$f(0.75) \approx 0.0906$，其正负号不同，故令新区间为 $[0.5, 0.75]$。

⑤又因新区间的中点为 0.625，而 $f(0.625) \approx -0.1445$ 与 $f(0.5)$ 正负号相同，故新区间为 $[0.625, 0.75]$。

⑥不断重复运算即得 $f(x) = 0$ 的根。

程序代码如下:

```
1  f = @(x) sinh(x)-cos(x);        % 采用匿名函数法定义待求根的函数
2  ferror = 1e-5;                  % 给定求根的误差上限
3  x1 = 0.5;                       % 给定求根的范围下限
4  x2 = 1.0;                       % 给定求根的范围上限
5  fplot(f,[x1 x2])                % 利用fplot()函数作出求根范围的曲线
6  xlabel('x')
7  ylabel('f(x)')
8  hold on
9
10 % 以下是二分法的数值求解过程
11 x0 = (x1+x2)/2;
12 while abs(f(x0)) > ferror
13     plot(x0,f(x0),'+')          % 用'+'号标记二分法求根过程中得到的数值点
14     if f(x1)*f(x0)>0
15         x1 = x0;
16     else
17         x2 = x0;
18     end
19     x0 = (x1+x2)/2;
```

```
20 end
21
22 % 在命令窗口中显示二分法得到的数值解以及误差值
23 format short g
24 disp(['⎵⎵⎵⎵⎵⎵⎵x0⎵⎵⎵⎵⎵⎵⎵f(x0)'])
25 disp([x0 f(x0)])
```

程序运行后，得到如图3.11所示的运行结果，并在命令窗口得到

```
1          x0          f(x0)
2        0.70329   4.1665e-006
```

即，在MATLAB中编程得到方程$\sinh x = \cos x$二分法的数值解为0.70329，误差为4.1665×10^{-6}。

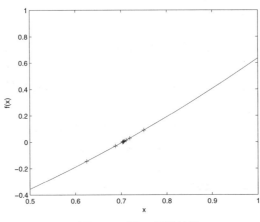

图3.11　例3.6运行结果

若您对此书内容有任何疑问，可以登录MATLAB中文论坛与同行们讨论交流。

116

(2)牛顿法

牛顿法（Newton's method）又称为牛顿–拉夫逊方法（Newton-Raphson method），它是一种在实数域和复数域上近似求解方程的方法。具体方法是使用函数$f(x)$的泰勒级数的前面几项来寻找方程$f(x) = 0$的根。

牛顿法的基本原理如下：

首先，选择一个接近函数$f(x)$零点的x_0，计算相应的$f(x_0)$和切线斜率$f'(x_0)$（这里$f'(x)$表示函数$f(x)$的导数）。然后计算穿过点$(x_0, f(x_0))$并且斜率为$f'(x_0)$的直线和x轴的交点的横坐标，也就是求如下方程的解：

$$xf'(x_0) + f(x_0) - x_0 f'(x_0) = 0 \tag{3.104}$$

将新求得的点的x坐标命名为x_1，通常x_1会比x_0更接近方程$f(x) = 0$的解。因此，可以利用x_1开始下一轮迭代。迭代公式可化简为

$$x_{n+1} = x_n - \frac{f(x_n)}{f'(x_n)} \tag{3.105}$$

已经证明，如果 $f'(x)$ 是连续的，并且待求的零点 x 是孤立的，那么在零点 x 周围存在一个区域，只要初始值 x_0 位于这个邻近区域内，那么牛顿法必定收敛；如果 $f'(x)$ 不为0，那么牛顿法将具有平方收敛的性能。粗略地说，这意味着每迭代一次，牛顿法结果的有效数字将增加一倍。

例如用牛顿法求方程 $f(x) = \cos(x) - x^3$ 的根的过程为：首先，对方程两边求导，得 $f'(x) = -\sin(x) - 3x^2$，由于 $\cos(x) \leqslant 1$（对于所有 x），以及 $x^3 > 1$（对于 $x > 1$），可知方程的根位于0~1之间；然后，根据牛顿法的原理公式，从 $x_0 = 0.5$ 开始，进行以下迭代计算：

$$
\begin{aligned}
x_1 &= x_0 - \frac{f(x_0)}{f'(x_0)} = 0.5 - \frac{\cos(0.5) - 0.5^3}{-\sin(0.5) - 3 \times 0.5^2} = 1.112141637097 \\
x_2 &= x_1 - \frac{f(x_1)}{f'(x_1)} = \vdots = \underline{0.909672693736} \\
x_3 &= x_2 - \frac{f(x_2)}{f'(x_2)} = \vdots = \underline{0.867263818209} \\
x_4 &= x_3 - \frac{f(x_3)}{f'(x_3)} = \vdots = \underline{0.865477135298} \\
x_5 &= x_4 - \frac{f(x_4)}{f'(x_4)} = \vdots = \underline{0.865474033111} \\
x_6 &= x_5 - \frac{f(x_5)}{f'(x_5)} = \vdots = \underline{0.865474033102}
\end{aligned}
$$

另外一个例子，用牛顿法求 a 的 m 次方根 $x^m - a = 0$。

首先，设 $f(x) = x^m - a$，$f'(x) = mx^{m-1}$，而 a 的 m 次方根，亦是 x 的解；然后，以牛顿法来迭代

$$
\begin{aligned}
x_{n+1} &= x_n - \frac{f(x_n)}{f'(x_n)} \\
x_{n+1} &= x_n - \frac{x_n^m - a}{mx_n^{m-1}} \\
x_{n+1} &= x_n - \frac{x_n}{m}(1 - ax_n^{-m})
\end{aligned}
$$

(3)割线法

割线法是一个求根算法，该方法用一系列割线的根来近似代替函数 $f(x)$ 的根。

割线法由以下的递推关系定义：

$$
x_{n+1} = x_n - \frac{x_n - x_{n-1}}{f(x_n) - f(x_{n-1})}f(x_n) \tag{3.106}
$$

从式(3.106)中可以看出，割线法需要两个初始值 x_0 和 x_1，它们离函数的根越近越好。

方法的推导如下：

给定 x_{n-1} 和 x_n，作通过点 $(x_{n-1}, f(x_{n-1}))$ 和 $(x_n, f(x_n))$ 的直线。注意这条直线是函数 $f(x)$ 的割线或弦。这条割线的点斜式直线方程为

$$
y - f(x_n) = \frac{f(x_n) - f(x_{n-1})}{x_n - x_{n-1}}(x - x_n) \tag{3.107}
$$

现在选择x_{n+1}为这条割线的根，因此x_{n+1}满足以下方程：

$$f(x_n) + \frac{f(x_n) - f(x_{n-1})}{x_n - x_{n-1}}(x_{n+1} - x_n) = 0 \tag{3.108}$$

解这个方程，便可以得出割线法的递推关系。

如果初始值x_0和x_1离根足够近，则割线法的第n次迭代x收敛于$f(x)$的一个根。收敛速率为α，其中

$$\alpha = \frac{1 + \sqrt{5}}{2} \approx 1.618 \tag{3.109}$$

是黄金比。特别地，收敛速率是超线性的。

这个结果只在某些条件下才成立，例如$f(x)$是连续的二阶可导函数，并且函数的根不是重根。

如果初始值离根太远，则不能保证割线法收敛。

3. 方程求根的数值解法在MATLAB中的实现

在MATLAB中实现方程求根数值解法的函数是fzero()，它除了基本的算法外，还包括好几项功能。在它开始的部分，使用一个输入的初始值估计，并寻找使函数正负号发生变化的一个区间；由函数$f(x)$返回的值并用于检验，是否为无穷大、NaN或者复数；可以改变默认的收敛阈值；也可以要求得到更多的输出，例如调用函数求值的次数。这里为了介绍在fzero()的主要算法思想，给出了由出品MATLAB软件的美国MathWorks公司的创始人Clever B. Moler博士在其经典著作《Numerical Computing with MATLAB》中介绍的一个fzero()的简化版fzerotx()。该函数的代码如下：

```
1 function b = fzerotx(F,ab,varargin)
2 %FZEROTX Textbook version of FZERO.
3 % x = fzerotx(F,[a,b]) tries to find a zero of F(x) between a and b.
4 % F(a) and F(b) must have opposite signs.  fzerotx returns one
5 % end point of a small subinterval of [a,b] where F changes sign.
6 % Arguments beyond the first two, fzerotx(F,[a,b],p1,p2,...),
7 % are passed on, F(x,p1,p2,..).
8 %
9 % Examples:
10 % fzerotx(@sin,[1,4])
11 % F = @(x) sin(x); fzerotx(F,[1,4])
12
13 % 初始化：对定义搜索区间的变量a、b和c赋值，在初始区间的端点处对函数F求值
14 a = ab(1);
15 b = ab(2);
16 fa = F(a,varargin{:});
17 fb = F(b,varargin{:});
18 if sign(fa) == sign(fb)
19    error('Function_must_change_sign_on_the_interval')
20 end
21 c = a;
```

```
22 fc = fa;
23 d = b - c;
24 e = d;
25
26 % 主循环，可以从循环中部退出
27 while fb ~= 0
28
29     % The three current points, a, b, and c, satisfy:
30     % f(x) changes sign between a and b.
31     % abs(f(b)) <= abs(f(a)).
32     % c = previous b, so c might = a.
33     % The next point is chosen from
34     % Bisection point, (a+b)/2.
35     % Secant point determined by b and c.
36     % Inverse quadratic interpolation point determined
37     % by a, b, and c if they are distinct.
38
39     if sign(fa) == sign(fb)
40         a = c;   fa = fc;
41         d = b - c;   e = d;
42     end
43     if abs(fa) < abs(fb)
44         c = b;     b = a;     a = c;
45         fc = fb;   fb = fa;   fa = fc;
46     end
47
48     % 收敛条件判断，并可能从循环中退出
49     m = 0.5*(a - b);
50     tol = 2.0*eps*max(abs(b),1.0);
51     if (abs(m) <= tol) | (fb == 0.0)
52         break
53     end
54
55     % 选择二分法或两种基于插值的方法计算
56     if (abs(e) < tol) | (abs(fc) <= abs(fb))
57         % 二分法
58         d = m;
59         e = m;
60     else
61         % 两种插值法
62         s = fb/fc;
63         if (a == c)
64             % Linear interpolation (secant)
65             p = 2.0*m*s;
66             q = 1.0 - s;
```

```matlab
67        else
68            % Inverse quadratic interpolation
69            q = fc/fa;
70            r = fb/fa;
71            p = s*(2.0*m*q*(q - r) - (b - c)*(r - 1.0));
72            q = (q - 1.0)*(r - 1.0)*(s - 1.0);
73        end;
74        if p > 0, q = -q; else p = -p; end;
75        % Is interpolated point acceptable
76        if (2.0*p < 3.0*m*q - abs(tol*q)) & (p < abs(0.5*e*q))
77            e = d;
78            d = p/q;
79        else
80            d = m;
81            e = m;
82        end;
83    end

84
85    % 下一次迭代
86    c = b;
87    fc = fb;
88    if abs(d) > tol
89        b = b + d;
90    else
91        b = b - sign(b-a)*tol;
92    end
93    fb = F(b,varargin{:});
94 end
```

3.5.4 方程求根的MATLAB符号解法

　　MATLAB不仅具有强大的数值运算功能，同时它也提供了符号运算功能。数值运算的操作对象是数值，而符号运算操作的对象则是非数值的符号。

　　MATLAB中符号运算的特点是：第一，运算以推理解析的方式进行，因此不受计算误差累积问题困扰；第二，符号计算或给出完全正确的封闭解，或给出任意精度的数值解（当封闭解不存在时）；第三，符号运算函数的调用比较简单，与经典教科书公式相近；第四，计算所需时间较长，有时得不到所需要的结果。

　　在MATLAB中，符号计算虽然以数值计算的补充身份出现，但涉及符号计算的函数调用、运算符操作、计算结果可视化、程序编制以及在线帮助系统都是十分完整和便捷的。因此通过MATLAB的符号运算功能，可以求解科学计算中符号数学问题的符号解析表达式的精确解，这在自然科学与工程计算的理论分析中有着极其重要的作用与价值。

1. 符号对象及其建立

　　前面提到过，MATLAB符号运算的操作对象是非数值的符号对象。那么何谓符号对象呢？MATLAB中的符号对象（sumbolic object）是Symbolic Math Toolbox 定义的一种新的数据类型（sym 类型），用来存储代表非数值的字符符号（通常是大、小写的英文字母及其字符串）。符号对象可以是符号常量（符号形式的数）、符号变量、符号函数以及各种符号表达式（符号数学表达式、符号方程、符号矩阵等）。

在MATLAB中，符号对象可以利用sym()、syms()函数来建立，而利用class()函数来测试建立的操作对象为何种操作对象类型、是否为符号对象类型（即sym 类型）。

sym()函数的调用格式为

```
S = sym(A)
x = sym('x')
x = sym('x','real')
x = sym('x','unreal')
S = sym(A,flag)
```

函数的功能是由A来建立一个符号对象S，其类型为sym类型。如果A（不带单引号）是一个数字（值）或数值矩阵或数值表达式，则输出是将数值对象转换成的符号对象。如果x（带单引号）是一个字符串，输出则是将字符串转换成的符号对象。

syms()函数的调用格式为

```
syms arg1 arg2 ...
syms arg1 arg2 ... real
syms arg1 arg2 ... unreal
syms arg1 arg2 ... positive
```

函数的功能是根据要求建立多个符号对象。

class()函数的调用格式为

```
str = class(object)
```

函数的功能是返回指代数据对象类型的字符串，数据对象类型如表3.3所列。

表 3.3　class()函数返回的数据对象类型

符　号	数据对象类型	符　号	数据对象类型
logical	值为true或false的逻辑数组	char	字符数组
int8	8位带符号整型数组	uint8	8位无符号整型数组
int16	16位带符号整型数组	uint16	16位无符号整型数组
int32	32位带符号整型数组	uint32	32位无符号整型数组
int64	64位带符号整型数组	uint64	64位无符号整型数组
single	单精度浮点数值数组	double	双精度浮点数值数组
cell	Cell数组	struct	结构数组
function_handle	非直接调用函数的函数句柄数组	'class_name'	用户定义的对象类型
'Java_class_name'	java对象的java类型	sym	符号对象类型

2. 符号常量和符号变量

符号常量是一种符号对象。数值常量如果作为 sym() 函数的输入参量，这就建立了一个符号对象——符号常量，即看上去是一个数值量，但它已经是一个符号对象了。创建的这个符号对象可以用 class() 函数来检测其数据类型。可以在 MATLAB 命令窗口执行以下代码来对比：

```
1 a=1/2;
2 b='1/2';
3 c=sym(1/2);
4 d=sym('1/2');
5 classa=class(a)
6 classb=class(b)
7 classc=class(c)
8 classd=class(d)
```

代码执行后，得到如下结果：

```
 1 classa =
 2 double
 3
 4 classb =
 5 char
 6
 7 classc =
 8 sym
 9
10 classd =
11 sym
```

即a是双精度浮点数值类型；b是字符类型；c和d都是符号对象类型。

变量是程序设计语言的基本元素之一。在MATLAB数值运算中，变量是内容可变的数据。而在MATLAB符号运算中，符号变量是内容可变的符号数据。符号变量通常是指一个或几个特定的字符，不是指符号表达式，虽然可以将一符号表达式赋值给一个符号变量。符号变量有时也叫作自由变量。符号变量与MATLAB数值运算的数值变量的命名规则相同：

①变量名以英文字母开头；

②变量名可以由英文字母、数字和下划线组成；

③组成变量名的字符串长度不大于31个；

④大、小写的变量名是不相同的。

前面介绍过，在MATLAB中可以用sym()函数或syms()函数来建立符号变量。

3. 符号运算中的算符和基本函数

由于新版MATLAB采用了重载技术，使得用来构成符号运算表达式的算符和基本函数，无论在形状、名称还是使用方法上，都与数值运算中的算符和基本函数几乎完全相同。这无疑给用户编程带来极大的方便。

下面就符号运算中的基本算符和函数进行简单介绍。

(1)基本运算符

算符"+"、"-"、"*"、"/"、"\"、"^"分别实现矩阵的加、减、乘、右除、左除、求幂运算。

算符".*"、"./"、".\"、".^"分别实现"元素对元素"的数组乘、除、求幂。

算符"'"、".'"分别实现矩阵的共轭转置、非共轭转置。

(2)关系运算符

在符号对象的比较中，没有"大于""大于等于""小于""小于等于"的概念，而只有是否"等于"的概念。

算符"=="、"~="分别对算符两边的对象进行"相等""不等"的比较。当事实为"真"时，比较结果用1表示；当事实为"假"时，比较结果用0表示。

(3)三角函数、双曲函数及它们的反函数

除atan2()函数仅能用于数值运算外，其余的三角函数（如sin()、cos()）、双曲函数（如sinh()、cosh()）及它们的反函数（如asin()、acos()、asinh()、acosh()），无论在数值运算还是符号运算中，它们的使用方法相同。

(4)指数、对数函数

在数值运算和符号运算中，函数sqrt()、exp()、expm()的使用方法完全相同。至于对数函数，符号运算中只有自然对数log()函数（经典教材上一般用ln），而没有数值运算中的log10()、log2()函数。

(5)复数函数

涉及复数的共轭conj()、求实部real()、求虚部imag()和求模abs()函数，在符号运算和数值运算中的使用方法相同。但是要注意的是，在符号运算中MATLAB没有提供相应求相角的函数。

(6)矩阵代数函数

在符号运算中，MATLAB提供的常用矩阵代数函数有diag()、triu()、tril()、inv()、det()、rank()、rref()、null()、colspace()、poly()、expm()、eig()、svd()。它们的用法与数值计算中的情况完全一样，只有svd()稍有差异。

在数值计算中，[U,S,V] = svd(X)函数运行后，能得到奇异值阵S和左右奇异向量阵U、V。在符号计算中使用这个函数时要注意：

- 如果X阵还有非常数的自由变量，[U,S,V] = svd(X)将不能使用，而只能使用s = svd(X)。

- 如果X不含自由变量，那么[U,S,V] = svd(X)将可给出32位精度（变精度计算中的默认精度）的数值形式的符号解。

4. 符号变量代换和数值转换

在MATLAB符号运算过程中，可以使用subs()函数实现符号变量代换，其函数调用的基本格式为

```
R = subs(S,old,new)
```

这种格式的功能是将符号表达式S中的old变量替换为new。old一定是符号表达式S中的符号变量，而new可以是符号变量、符号常量、双精度数值和数值数组等。

还有一种简化格式

```
R = subs(S,new)
```

是用new置换符号表达式S中的自变量，其他同上。

下面是subs()函数的一些调用实例及其运行结果。

单个符号变量替换

```
1 syms a b
2 subs(a+b,a,4)
3
4 ans =
5 4+b
```

多个符号变量替换

```
1 syms a b
2 subs(cos(a)+sin(b),{a,b},{sym('alpha'),2})
3
4 ans =
5 cos(alpha)+sin(2)
```

单向量展开形式

```
1 syms a t
2 subs(exp(a*t),'a',-magic(2))
3
4 ans =
5 [   exp(-t), exp(-3*t)]
6 [ exp(-4*t), exp(-2*t)]
```

多向量展开形式

```
1 syms x y
2 subs(x*y,{x,y},{[0 1;-1 0],[1 -1;-2 1]})
3
4 ans =
5      0     -1
6      2      0
```

很多情况下，MATLAB符号运算的目的是计算表达式的数值解，于是需要将符号表达式的解析解转换为数值解。在进行符号对象的数值转换操作时，要得到双精度数值解时，可以使用double()函数；要得到指定精度的精确数值解时，可以联合使用digits()和vpa()两个函数来实现。

double()函数的调用格式为

```
r = double(S)
```

其功能是将符号常量S转换为双精度数值。如果S是一个符号常量或者符号常量表达式，double()函数调用后将返回一个由S给出的双精度浮点数；如果S是一个符号常量矩阵，则double()函数调用后将返回一个由S给出的对应的双精度浮点数矩阵。下面的程序代码即展示了double()函数的使用：

```
1 a = sym(2*sqrt(2));
2 b = sym((1-sqrt(3))^2);
3 T = [a, b]
4 double(T)
```

代码执行后，得到如下结果：

```
1 T =
2 [                    sqrt(8), 4826943532748117*2^(-53)]
3
4 ans =
5     2.8284     0.5359
```

vpa()函数有两种调用格式

```
R = vpa(A)
R = vpa(A,d)
```

第一种格式必须与digits()函数连用，在其设置下，求得符号表达式A的设定精度的数值解，默认的digits值为32。值得注意的是，返回的数值解R是符号对象类型。

第二种格式的功能是求得符号表达式A的d位精度的数值解，返回的数值解R也是符号对象类型。

下面的程序代码即展示了double()函数和digits()函数的使用：

```
1 q = vpa(sin(sym('pi')/6))
2 digits(25)
3 p = vpa(pi)
4 w = vpa(sym('pi'),50)
5 classq=class(q)
6 classp=class(p)
7 classw=class(w)
```

代码执行后，得到如下结果：

```
1 q =
2 .50000000000000000000000000000
3
4 p =
5 3.14159265358979323846264
6
7 w =
8 3.1415926535897932384626433832795028841971693993751
9
10 classq =
11 sym
12
13 classp =
14 sym
15
16 classw =
17 sym
```

5. 一般代数方程的MATLAB符号求解

在中学的初等数学里，主要有代数方程与超越方程。能够通过有限次的代数运算（包括加、减、乘、除、乘方、开方）求解的方程叫作代数方程；不能够通过有限次的代数运算求解的方程叫作超越方程。常见的超越方程有指数方程、对数方程和三角方程等。在大学的高等数学里，主要是微分方程。

这里所介绍的一般代数方程包括线性（linear）、非线性（nonlinear）和超越方程（transcedental equation）等，MATLAB 对这类方程提供的符号求解函数是solve()。当方程不存在符号解时，若又无其他自由参数，则solve()将给出数值解。

solve()函数的调用格式如下：

```
solve(eq)
solve(eq,var)
solve(eq1,eq2,...,eqn)
g = solve(eq1,eq2,...,eqn,var1,var2,...,varn)
```

参数说明如下：

- en,eq1,eq2,⋯,eqn或是字符串表达式的方程，或是字符串表达式；

- 如en,eq1,eq2,⋯,eqn是不含"等号"的表达式，则函数是对eq=0，eq1=0，eq2=0，⋯，eqn=0求解；

- var,var1,var2,⋯,varn是字符串表达的求解变量名；

- 函数输出参数g是一个"构架数组"，如果要显示求解结果，必须采用g.var，g.var1，g.var2,⋯，g.varn的援引方式；

- 在得不到"封闭型解析解"时，给出数值解。

【例 3.7】 对联立方程组

$$\left.\begin{array}{l} x(x+y+z)=a \\ y(x+y+z)=b \\ z(x+y+z)=c \end{array}\right\} \tag{3.110}$$

进行符号求解。然后针对$a=6$，$b=12$，$c=18$求出对应的x、y、z的数值解。

【分析】 通过MATLAB编程，调用solve()函数就可以求得方程组的符号解，然后再调用subs()函数，将相应的a、b、c的数值代入，即可求得对应的数值解。程序代码如下：

```
1 syms x y z a b c
2
3 [x,y,z]=solve ('x*(x+y+z)-a','y*(x+y+z)-b','z*(x+y+z)-c','x,y,z')
4
5 a=6; b=12; c=18;
6 xv = subs(x,'[a b c]',[a b c])
7 yv = subs(y,'[a b c]',[a b c])
8 zv = subs(z,'[a b c]',[a b c])
```

代码运行后得到对应的符号解为

```
1 x =
2   a/(b+c+a)^(1/2)
3  -a/(b+c+a)^(1/2)
```

```
4
5   y =
6    b/(b+c+a)^(1/2)
7   -b/(b+c+a)^(1/2)
8
9   z =
10   1/(b+c+a)^(1/2)*c
11  -1/(b+c+a)^(1/2)*c
```

即该方程组有两组符号解分别是

$$(1)\begin{cases} x=\dfrac{a}{\sqrt{a+b+c}} \\ y=\dfrac{b}{\sqrt{a+b+c}} \\ z=\dfrac{c}{\sqrt{a+b+c}} \end{cases}, \qquad (2)\begin{cases} x=-\dfrac{a}{\sqrt{a+b+c}} \\ y=-\dfrac{b}{\sqrt{a+b+c}} \\ z=-\dfrac{c}{\sqrt{a+b+c}} \end{cases} \tag{3.111}$$

得到对应 $a=6$，$b=12$，$c=18$ 的 x、y、z 的数值结果为

```
1   xv =
2        1
3       -1
4
5   yv =
6        2
7       -2
8
9   zv =
10       3
11      -3
```

即方程对应的两组数值解为 [1 2 3] 和 [-1 -2 -3]。

3.6 习　题

【习题 3.1】 已知一对称平板光波导芯层的折射率 $n_1=1.56$，衬底和覆盖层的折射率均为 $n_2=n_3=1.2$，芯层的厚度 $d=3\mu m$，光波的波长为 $\lambda=1.55\mu m$。用图解法求出芯层中所有 TE 模的传播常数。

【习题 3.2】 针对习题 3.1，在 MATLAB 中编程，用 fzero() 函数求解平板光波导中的 TE 模的特征方程，并给出芯层中所有 TE 模的传播常数。

【习题 3.3】 已知一对称平板光波导芯层的折射率 $n_1=2.5$，衬底和覆盖层的折射率均为 $n_2=n_3=1.5$，芯层的厚度 $d=10\mu m$，光波的波长为 $\lambda=1.55\mu m$。用图解法求出芯层中所有 TM 模的传播常数。

【习题 3.4】 针对习题 3.3，在 MATLAB 中编程，用 fzero() 函数求解平板光波导中的 TM 模的特征方程，并给出芯层中所有 TM 模的传播常数。

若您对此书内容有任何疑问，可以登录 MATLAB 中文论坛与同行们讨论交流。

第4章
光纤中的光传播特性及仿真

光波是一种频率高达10^{14} Hz的电磁波,利用光波作介质所传递的通信容量原则上应比微波高$10^4 \sim 10^5$倍。近年来激光及低损耗光纤(< 0.2 dB/km)的诞生使光纤通信迅速发展成一种极大容量、极低损耗的新的通信手段。光纤通信中的传输及耦合问题以及集成光学中元件连接问题所涉及的基础理论就是光波(电磁波)在介质波导中的传播。本章介绍光波在光纤(圆柱光波导)中的传播特性及其MATLAB仿真。

4.1 光纤的诞生和光纤通信

人类从未放弃过对理想光传输介质的寻找。经过不懈的努力,人们发现了透明度很高的石英玻璃丝可以传光。这种玻璃丝叫作光学纤维,简称"光纤"。人们用光纤制造了在医疗上用的内窥镜,例如胃镜,可以观察到距离一米左右的体内情况。但是它的衰减损耗很大,只能传送很短的距离。光的损耗程度是用dB/km为单位来衡量的。直到20世纪60年代,最好的玻璃纤维的衰减损耗仍在1000 dB/km以上。1000 dB/km的损耗是什么概念呢? 10 dB/km损耗就是输入的信号传送1 km后只剩下了十分之一,20 dB 就表示只剩下百分之一,30 dB是指只剩千分之一……1000 dB的含义就是只剩下10的100次方(googol)分之一,是无论如何也不可能用于通信的。因此,当时有很多科学家和发明家认为用玻璃纤维通信希望渺茫,失去了信心,放弃了光纤通信的研究。

激光器和光纤的发明,使人们看到了光通信的曙光。而要实现光纤通信,还需要在激光器和光纤的性能上有重大的突破。但是在这两方面的突破遇到了许多困难,尤其是光纤的损耗要达到可用于通信的要求,从1000 dB/km降低到20 dB似乎不太可能,以致很多科学家对实现光纤通信失去了信心。就在这种情况下,出生于上海的英籍华人高锟(K.C.Kao)博士,在英国标准电信实验室所作的大量研究的基础上,对光波通信作出了一个大胆的设想。他认为,既然电可以沿着金属导线传输,光也应该可以沿着导光的玻璃纤维传输。1966 年7月,高锟就光纤传输的前景发表了具有重大历史意义的论文,论文分析了玻璃纤维损耗大的主要原因,大胆地预言,只要能设法降低玻璃纤维的杂质,就有可能使光纤的损耗从1000 dB/km降低到20 dB/km,从而有可能用于通信。这篇论文使许多国家的科学家受到鼓舞,加强了为实现低损耗光纤而努力的信心。高锟也因在光纤发明上的重大贡献而获得了2009年的诺贝尔物理学奖。

世界上第一根低损耗的石英光纤——1970年美国康宁玻璃公司的3名科研人员马瑞尔、卡普隆、凯克成功地制成了传输损耗只有20 dB/km的光纤。这是什么概念呢? 用它和玻璃的透明程度比较,光透过玻璃功率损耗一半(相当于3 dB)的长度分别是:普通玻璃为几厘米、高级光学玻璃最多也只有几米,而通过损耗为20 dB/km的光纤的长度可达150 m。这就是说,光纤的透明程度已经比玻璃高出了几百倍。在当时,制成损耗如此之低的光纤可以说是惊人之举,这标志着光纤用于通信有了现实的可能性。

1970年激光器和低损耗光纤这两项关键技术的重大突破，使光纤通信开始从理想变成可能，这立即引起了各国电信科技人员的重视，他们竞相进行研究和实验。1974年美国贝尔研究所发明了低损耗光纤制作法——CVD法（气相沉积法），使光纤损耗降低到1 dB/km；1977年，贝尔研究所和日本电报电话公司几乎同时研制成功寿命达100万小时（实用中10年左右）的半导体激光器，从而有了真正实用的激光器。1977年，世界上第一条光纤通信系统在美国芝加哥市投入商用，速率为45 Mb/s。

进入实用阶段以后，光纤通信的应用发展极为迅速，应用的光纤通信系统已经多次更新换代。20世纪70年代的光纤通信系统主要是用多模光纤，应用光纤的短波长（850 nm）波段。80年代以后逐渐改用长波长（1310 nm），光纤逐渐采用单模光纤，到90年代初，通信容量扩大了50倍，达到2.5 Gb/s。进入90年代以后，传输波长又从1310 nm 转向更长的1550 nm波长，并且开始使用光纤放大器、波分复用（WDM）等新技术。通信容量和中继距离继续成倍增长。光纤通信被广泛地应用于市内电话中继和长途通信干线，成为通信线路的骨干。

4.2　光纤的一般概念

4.2.1　光纤和光缆

光纤（optical fiber）是光导纤维的简称。它是由具有较高折射率的光纤纤芯（fiber core）、包围在纤芯四周的包层（cladding）以及最外层起保护和机械加强用的涂覆层（coating）组成的细长圆柱状光波导结构。通常光纤包层相对纤芯在尺寸上要大很多，因此涂覆层几乎对光纤内光波（电磁波）的传输特性没有影响。光纤内的光波传输特性主要受到纤芯的形状、大小、折射率分布以及纤芯和包层的折射率差等的限制。尽管纤芯可以采用各种形状，但是圆形的纤芯还是用得最多的，特殊用途中也有采用椭圆（如保偏光纤）、矩形等形状的纤芯。本章中主要讨论圆形纤芯的光纤，并且将圆形纤芯的半径用a来表示。

因光在不同物质中的传播速度是不同的，所以光从一种物质射向另一种物质时，在两种物质的交界面处会产生折射和反射。而且，折射光的角度会随入射光的角度变化而变化。当入射光的角度达到或超过某一角度时，折射光会消失，入射光全部被反射回来，这就是光的全反射。不同的物质对相同波长光的折射角度是不同的（即不同的物质有不同的光折射率），相同的物质对不同波长光的折射角度也不同。光纤通信就基于以上原理。

可见光部分波长范围是$0.4 \sim 0.76 \mu m$。大于$0.76 \mu m$部分是红外光，小于$0.4 \mu m$部分是紫外光。在光纤通信中应用的光波段主要有$0.85 \mu m$、$1.31 \mu m$和$1.55 \mu m$3种。

光导纤维简称为光纤，是一种传输光束的细微而柔韧的媒质。光纤裸纤一般分为3层：中心高折射率玻璃纤芯，中间为低折射率硅玻璃包层（直径一般为$125 \mu m$），最外是加强用的树脂涂层。

通常"光纤"与"光缆"两个名词会被混淆。多数光纤在使用前必须由几层保护结构包覆，包覆后的缆线即被称为"光缆"。光纤外层的保护结构可防止周遭环境对光纤的伤害，如水、火、电击等。光缆通常由光纤、缓冲层及披覆构成。光纤和同轴电缆相似，只是没有网状屏蔽层。中心是光传播的玻璃芯。在多模光纤中，纤芯的直径是$15 \sim 50 \mu m$，大致与人的头发的粗细相当。而单模光纤芯的直径为$8 \sim 10 \mu m$。纤芯外面包围着一层折射率比纤芯低的玻璃封套，以使光保持在纤芯内。再外面的是一层薄的塑料外套，用来保护封套。光纤通常被扎成束，外面有外壳保护。纤芯通常是由石英玻璃制成的横截面积很小的双层同心圆

129

若您对此书内容有任何疑问，可以登录MATLAB中文论坛与同行们讨论交流。

柱体，它质地脆，易断裂，因此需要外加保护层。

光缆是数据传输中最有效的一种传输介质，它的优点和光纤的优点类似，主要有以下几个方面：

①频带较宽。

②电磁绝缘性能好。光纤电缆中传输的是光束，由于光束不受外界电磁干扰与影响，而且本身也不向外辐射信号，因此它适用于长距离的信息传输以及要求高度安全的场合。

③衰减较小。可以说在较长距离和范围内信号是一个常数。

④中继器的间隔较大，因此可以减少整个通道中继器的数目，可降低成本。根据贝尔实验室的测试，当数据的传输速率为420Mb/s且距离为119km无中继器时，其误码率为10^{-8}，传输质量很好。而同轴电缆和双绞线每隔几千米就需要接一个中继器。

4.2.2 光纤的种类

光纤的种类很多，分类方法也是各种各样的。

①按光在光纤中的传输模式可分为单模光纤（single-mode fiber）和多模光纤（multi-mode fiber）。

多模光纤：中心玻璃芯较粗（50 μm或62.5 μm），可传多种模式的光。但其模间色散较大，这就限制了传输数字信号的频率，而且随距离的增加会更加严重，如600MB/km的光纤在2km时则只有300MB的带宽了。因此，多模光纤传输的距离比较近，一般只有几千米。

单模光纤：中心玻璃芯很细（芯径一般为9 μm或10 μm），只能传一种模式的光。因此，其模间色散很小，适用于远程通信，但还存在着材料色散和波导色散，这样单模光纤对光源的谱宽和稳定性有较高的要求，即谱宽要窄，稳定性要好。后来又发现在1.31 μm波长处，单模光纤的材料色散和波导色散一为正、一为负，大小也正好相等。这就是说在1.31 μm波长处，单模光纤的总色散为零。从光纤的损耗特性来看，1.31 μm处正好是光纤的一个低损耗窗口。这样，1.31 μm波长区就成了光纤通信的一个很理想的工作窗口，也是现在实用光纤通信系统的主要工作波段。1.31 μm常规单模光纤的主要参数是由国际电信联盟ITU–T在G652建议中确定的，因此这种光纤又称G652光纤。

②按最佳传输频率窗口分为常规型单模光纤和色散位移型单模光纤。

常规型单模光纤：光纤生产厂家将光纤传输频率最佳化在单一波长的光上，如1.31 μm。

色散位移型单模光纤：光纤生产厂家将光纤传输频率最佳化在两个波长的光上，如：1.31 μm和1.55 μm。

单模光纤没有模间色散所以具有很高的带宽，那么如果让单模光纤工作在1.55 μm波长区，不就可以实现高带宽、低损耗传输了吗？但是实际上并不是这么简单。常规单模光纤在1.31 μm处的色散比在1.55 μm处色散小得多。这种光纤如工作在1.55 μm波长区，虽然损耗较低，但由于色散较大，仍会给高速光通信系统造成严重影响。因此，这种光纤仍然不是理想的传输媒介。为了使光纤较好地工作在1.55 μm处，人们设计出一种新的光纤，叫作色散位移光纤（DSF）。这种光纤可以对色散进行补偿，使光纤的零色散点从1.31 μm处移到1.55 μm附近。这种光纤又称为1.55 μm零色散单模光纤，代号为G653。

G653光纤是单信道、超高速传输的极好的传输媒介。现在这种光纤已用于通信干线网，特别是海缆通信类的超高速率、长中继距离的光纤通信系统中。

色散位移光纤虽然对于单信道、超高速传输是很理想的传输媒介，但当它用于波分复用多信道传输时，又会由于光纤的非线性效应而对传输的信号产生干扰。特别是在色散为零的波长附近，干扰尤为严重。为此，人们又研制了一种非零色散位移光纤即 G655 光纤，将光纤的零色散点移到 1.55 μm 工作区以外，即 1.60 μm 以后或在 1.53 μm 以前，但在 1.55 μm 波长区内仍保持很低的色散。这种非零色散位移光纤不仅可用于现在的单信道、超高速传输，而且还可适用于将来用波分复用来扩容，是一种既满足当前需要，又兼顾将来发展的理想传输媒介。

还有一种单模光纤是色散平坦型单模光纤。这种光纤在 1.31 μm 到 1.55 μm 整个波段上的色散都很平坦，接近于零。但是这种光纤的损耗难以降低，体现不出色散降低带来的优点，所以目前尚未进入实用化阶段。

③按折射率分布情况分：阶跃型折射率光纤和渐变型折射率光纤。

阶跃型折射率光纤：光纤纤芯到玻璃包层的折射率是突变的。其成本低，模间色散高。适用于短途低速通信，如：工控。但单模光纤由于模间色散很小，所以单模光纤都采用阶跃型。阶跃型折射率光纤的纤芯折射率高于包层折射率，使得输入的光能在纤芯一包层交界面上不断产生全反射而前进。这种光纤纤芯的折射率是均匀的，包层的折射率稍低一些。光纤中心芯到玻璃包层的折射率是突变的，只有一个台阶，所以称为阶跃型折射率多模光纤，简称阶跃光纤，也称突变光纤。这种光纤的传输模式很多，各种模式的传输路径不一样，经传输后到达终点的时间也不相同，因而产生时延差，使光脉冲受到展宽。所以这种光纤的模间色散高，传输频带不宽，传输速率不能太高，用于通信不够理想，只适用于短途低速通信，比如：工控。但单模光纤由于模间色散很小，所以单模光纤都采用突变型。

渐变型折射率光纤：光纤中心芯到玻璃包层的折射率是逐渐变小的，可使高次模的光按正弦形式传播，这能减少模间色散，提高光纤带宽，增加传输距离，但成本较高，现在的多模光纤多为渐变型光纤。渐变光纤的包层折射率分布与阶跃光纤一样，为均匀的。渐变光纤的纤芯折射率中心最大，沿纤芯半径方向逐渐减小。由于高次模和低次模的光线分别在不同的折射率层界面上按折射定律产生折射，进入低折射率层中去，因此，光的行进方向与光纤轴方向所形成的角度将逐渐变小。同样的过程不断发生，直至光在某一折射率层产生全反射，使光改变方向，朝中心较高的折射率层行进。这时，光的行进方向与光纤轴方向所构成的角度，在各折射率层中每折射一次，其值就增大一次，最后达到中心折射率最大的地方。在这以后，和上述完全相同的过程不断重复进行，由此实现了光波的传输。可以看出，光在渐变光纤中会自觉地进行调整，从而最终到达目的地，这叫作自聚焦。

常用光纤的规格参数如表 4.1 所列。

表 4.1　常用光纤规格参数表

光纤类型	纤芯直径/包层直径/ μm
单模光纤	8/125，9/125，10/125
多模光纤	50/125（欧洲标准），62.5/125（美国标准）
塑料光纤	98/1000（用于汽车控制）

4.2.3　光纤的制造

光纤利用高纯度的玻璃材料制造而成。根据采用的玻璃所含化学元素成分的不同，可以分为以石英玻璃（SiO_2）为主体的石英系光纤和普通的多组分玻璃光纤。制造光纤时，要先制作出预制棒，然后把预制棒放入高温拉丝炉中加热软化，以一定的比例尺寸缩小后，拉制

成直径很小且又长又细的玻璃丝，拉制的过程中同时在玻璃丝的周围加上起保护作用的涂覆层。这种玻璃丝中的纤芯和包层的厚度比例以及折射率的分布都与原始的光纤预制棒一样，就是我们所需要的光纤。

根据光纤预制棒的制造工艺，可以获得不同性能的光纤。现在光纤预制的制造方法主要有：管内CVD（化学气相沉积）法、棒内CVD法、PCVD（等离子体化学气相沉积）法、VAD（轴向气相沉积）法、微波腔体等离子体法、多元素组分玻璃法等。

4.2.4   光纤的损耗

光波在光纤中传输，随着传输距离的增加光功率将逐渐减少，这就是光纤的传输损耗，简称光纤损耗（loss）。光纤的损耗是光纤传输中最重要的特性之一，因为直接关系到光纤通信系统传输距离的长短。光纤损耗与波长λ有关，与传输距离成正比。自从光纤问世以来，人们在降低光纤损耗方面做了大量的工作，目前光纤在$1.31\ \mu m$波段的最低损耗值小于$0.5\ dB/km$，在$1.55\ \mu m$波段的最低损耗小于$0.2\ dB/km$，都接近光纤损耗的理论极限。

造成光纤内光波传输的损耗主要因素有：本征损耗、弯曲损耗、挤压损耗、杂质损耗、不均匀损耗和对接损耗等。

- 本征损耗：是光纤的固有损耗，包括瑞利散射、固有吸收等。
- 弯曲损耗：光纤弯曲时部分光纤内的光会因散射而损失掉，造成损耗。
- 挤压损耗：光纤受到挤压时产生微小的弯曲而造成的损耗。
- 杂质损耗：光纤内杂质吸收和散射在光纤中传播的光，造成损失。
- 不均匀损耗：光纤材料的折射率不均匀造成的损耗。
- 对接损耗：光纤对接时产生的损耗，如：不同轴（单模光纤同轴度要求小于$0.8\ \mu m$），端面与轴心不垂直，端面不平，对接心径不匹配和熔接质量差等。

光纤的损耗系数：光波在实际光纤中传输时，光功率将随传输距离的增加而以指数衰减，即

$$P(l) = P_i e^{-\alpha l} \tag{4.1}$$

式中，P_i为光纤输入端的功率；$P(l)$为光波传输距离l后的输出功率。在光纤通信和光纤传感中，光功率的单位一般用dBm表示，也可用mW表示，$1\ mW = 0\ dBm$。α为光纤的功率损耗系数，单位为km^{-1}。在实际工程应用，通常采用"分贝（dB）"来表示光纤的损耗。由于光纤的损耗还与波长λ相关，因此光纤的损耗定位为一定波长的光波在光纤中传输单位距离所引起的光功率衰减分贝数α_{dB}。

若用$P_i(\lambda)$表示波长为λ的光波在长度为L的光纤中传输的输入光功率，用$P_o(\lambda)$表示输出光纤的光功率，则波长为λ的光在光纤中传输引起的损耗系数定义为

$$\alpha_{dB}(\lambda) = -\frac{10}{L} \lg \frac{P_o(\lambda)}{P_i(\lambda)} \approx 4.343\alpha(\lambda) \tag{4.2}$$

4.2.5   光纤传输的优点

1960年，美国科学家梅曼发明了世界上第一台激光器，为光通信提供了良好的光源。随后20多年，人们对光传输介质进行了攻关，终于制成了低损耗光纤，从而奠定了光通信的基石。从此，光通信进入了飞速发展的阶段。光纤传输有许多突出的优点。

① 频带宽。

频带的宽窄代表传输容量的大小。载波的频率越高，可以传输信号的频带宽度就越大。在VHF频段，载波频率为48.5～300 MHz。带宽约250 MHz，只能传输27套电视和几十套调频广播。可见光的频率达100000 GHz，比VHF频段高出一百多万倍。尽管由于光纤对不同频率的光有不同的损耗，使频带宽度受到影响，但在最低损耗区的频带宽度也可达30000 GHz。目前单个光源的带宽只占了其中很小的一部分(多模光纤的频带约几百兆赫，好的单模光纤可达10 GHz以上)，采用先进的相干光通信可以在30000 GHz 范围内安排2000个光载波，进行波分复用，可以容纳上百万个频道。

② 损耗低。

在同轴电缆组成的系统中，最好的电缆在传输800 MHz信号时，每千米的损耗都在40 dB以上。相比之下，光导纤维的损耗则要小得多，传输1.31 μm的光，每千米损耗在0.35 dB以下；若传输1.55 μm的光，每千米损耗更小，可达0.2 dB以下。这就比同轴电缆的功率损耗要小一亿倍，使其能传输的距离要远得多。此外，光纤传输损耗还有两个特点，一是在全部有线电视频道内具有相同的损耗，不需要像电缆干线那样必须引入均衡器进行均衡；二是其损耗几乎不随温度而变，不用担心因环境温度变化而造成干线电平的波动。

③ 重量轻。

因为光纤非常细，单模光纤芯线直径一般为4～10 μm，外径也只有125 μm，加上防水层、加强筋、护套等，用4～48根光纤组成的光缆直径还不到13 mm，比标准同轴电缆的直径47 mm要小得多，加上光纤是玻璃纤维材料，比重小，使它具有了直径小、重量轻的特点，安装十分方便。

④ 抗干扰能力强。

因为光纤的基本成分是石英，只传光，不导电，不受电磁场的作用，在其中传输的光信号不受电磁场的影响，故光纤传输对电磁干扰、工业干扰有很强的抵御能力。也正因为如此，在光纤中传输的信号不易被窃听，因而利于保密。

⑤ 工作性能可靠。

一个系统的可靠性与组成该系统的设备数量有关。设备越多，发生故障的机会就越大。因为光纤系统包含的设备数量少(不像电缆系统那样需要几十个放大器)，可靠性自然也就高，加上光纤设备的寿命都很长，无故障工作时间达50万～75万小时，其中寿命最短的是光发射机中的激光器，最低寿命也在10万小时以上。故一个设计良好、正确安装调试的光纤系统的工作性能是非常可靠的。

⑥ 成本不断下降。

目前，有人提出了新摩尔定律，也叫作光学定律。该定律指出，光纤传输信息的带宽，每6个月增加1倍，而价格降低一半。光通信技术的发展，为Internet宽带技术的发展奠定了非常好的基础。这就为大型有线电视系统采用光纤传输方式扫清了最后一个障碍。由于制作光纤的材料（石英）来源十分丰富，随着技术的进步，成本还会进一步降低；而电缆所需的铜原料有限，价格会越来越高。显然，今后光纤传输将占绝对优势，成为建立全国有线电视网的最主要传输手段。

4.3 光纤的参数定义

4.3.1 基本特性参数

描述光纤传光特性的基本结构参数有以下几个。

(1)几何特征参数

如图4.1所示，光纤的几何特征参数主要包括纤芯直径$2a$和包层外径$2d$。此外，纤芯不圆度、纤芯与包层的同心度误差也属于光纤的几何特征参数。

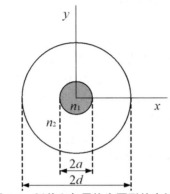

图 4.1　纤芯和包层均为圆形的光纤截面

(2)数值孔径NA

光纤的数值孔径是表示光纤集光能力大小的参数，数值孔径越大即孔径角越大，光纤的集光能力就越强，也就是说能够进入光纤的光通量就越多。光纤的数值孔径由纤芯的折射率n_1和包层的折射率n_2给出，计算公式如下：

$$NA = \sqrt{n_1^2 - n_2^2} \tag{4.3}$$

(3)相对折射率差Δ

相对折射率差是表示纤芯和包层之间相对折射率差的一个参数，由下式给出：

$$\Delta = \frac{n_1^2 - n_2^2}{2n_1^2} \approx \frac{n_1 - n_2}{n_1} \tag{4.4}$$

在弱波导条件下，纤芯和包层的折射率相差很小，Δ的取值一般在$0.001 \sim 0.01$的范围内，即满足$\Delta \ll 1$。此时，数值孔径 NA 和相对折射率差 Δ 满足如下关系：

$$NA = n_1\sqrt{2\Delta} \tag{4.5}$$

4.3.2 归一化频率

光波导中的模式场分布，与折射率分布及工作波长等直接相关。为了分析方便，我们常常采用归一化频率V，它的定义为

$$V = \frac{2\pi a}{\lambda} \sqrt{n_1^2 - n_2^2} = \frac{2\pi a}{\lambda} NA \tag{4.6}$$

式中，a 是光波导的横向特征尺寸，对于一维阶跃光波导，它经常取为波导厚度，对于圆截面阶跃光纤，它经常取为芯区（即 $n = n_1$ 区域）半径；n_1 和 n_2 分别是芯区和包层的折射率。在有关光纤的文献（著作）中，归一化频率也叫作 V 参量或 V 数。V 也可以表示为

$$V = \frac{2\pi a}{\lambda} n_1 \sqrt{2\Delta} = k_0 a n_1 \sqrt{2\Delta} \tag{4.7}$$

光波导的 V 值越高，横向尺寸相对于波长而言就越大，其中能容纳的导波模也越多。显然，同一光波导随着工作波长的变化，既可以工作在多模状态，也可以工作在单模状态。从这个意义来说，"高 V 光波导"和"低 V 光波导"的提法比习惯上沿用的"多模光波导"和"单模光波导"更为科学。

根据以上定义可知，V、a 和 Δ 三个参数中只有两个是独立的。

4.3.3　归一化横向相位参数和归一化横向衰减参数

以上定义的 V 和 Δ 不直接反映光波导中光场的横向分布特征。为此需要定义归一化横向相位参数 U 为

$$U = \sqrt{k_0^2 n_1^2 - \beta^2}\, a \tag{4.8}$$

它的物理意义十分明显：假定在一个阶跃折射率光波导的芯区（折射率 n_1）中有一个导波模，它的纵向传播常数是 β，这时如果把导波模看成是平面电磁波（其传播常数必然是 $k_0 n_1$）的横向内反射，则其横向传播常数必为 U/a。对于某一导波模，由于场在振荡区沿径向不能突变，故 U 必然只能取有限值。当频率由截止频率增加时，β 由 $k_0 n_2$ 向 $k_0 n_1$ 增加，U 必然由某一较小的有限值增至另一较大的有限值。

另外，在包层区也可以相应定义归一化横向衰减参数

$$W = \sqrt{\beta^2 - k_0^2 n_2^2}\, a \tag{4.9}$$

其物理意义可以说明如下：对于导波模，由于 $\beta > k_0 n_1$，如果在 U 的表达式中将 n_1 换为 n_2，则 U 将变为虚数。这意味着包层中场横向将不是一个波，而是振幅按某种接近指数规律变化的衰减场（即消逝场）。换而言之，W 将表征导波模场在包层区的衰减快慢（W 越大则衰减越快）。显然，对于任一导波模，当频率由截止频率（$\beta = k_0 n_2$）不断增加时，W 将由零上升，并趋于无限大。

由以上 U、W 和 V 的定义，有

$$V^2 = U^2 + W^2 \tag{4.10}$$

导波模截止时 $W = 0$，此时的归一化频率称为该导波模的归一化截止频率 V_c。随 V 自 V_c 增加，U 和 W 都不断变大（U 自 U_c 开始趋于另一个有限值，W 自 0 开始趋于 ∞）。

4.3.4　有效折射率

对于每一个导波模，可以由其传播常数 β 定义一个有效折射率

$$n_{\text{eff}} = \frac{\beta}{k_0} \tag{4.11}$$

其物理意义可以被看成是无穷大介质平面电磁波的传播常数为 β 时，该介质应有的折射率。对于导波模而言，$n_{\text{eff}} \in (n_2, n_1)$。

若您对此书内容有任何疑问，可以登录 MATLAB 中文论坛与同行们讨论交流。

4.3.5 归一化相位常数

归一化相位常数定义为

$$b = \frac{W^2}{V^2} = \frac{\beta^2 - k_0^2 n_2^2}{k_0^2 n_1^2 - k_0^2 n_2^2} = \frac{n_{\text{eff}}^2 - n_2^2}{n_1^2 - n_2^2} \tag{4.12}$$

b描述了光纤中某种模式的归一化相位常数或相速。定义参数b的好处是，对于所有的导波模都有$b \in (0, 1)$，这在给出各导波模的色散特性曲线时将带来很大的方便。根据b的定义式，可以得出

$$U = V\sqrt{1-b} \tag{4.13}$$
$$W = V\sqrt{b} \tag{4.14}$$

4.3.6 截止波长

"截止波长"的概念只对单模光纤有效。单模光纤一词说明这种光纤只支持一种模式，即只有一个光束沿光纤的中心线传播（在一些文献中也使用"唯一模式"：monomode fiber）。为什么需要这一类光纤呢，这是因为在光纤通信中使用多模光纤会受到模式较高的脉冲信号扩展（色散）的影响，而单模光纤是解决模间色散问题的一个有效办法。

理论研究和实验都表明，对于单模光纤一般需要使其$V \leqslant 2.4048$。在后续的章节中可以推算出，只有在$V \leqslant 2.4048$时，光纤中才只有LP$_{01}$模存在；而当$V > 2.4048$光纤中除了LP$_{01}$模外还会有LP$_{11}$等高阶模存在。所以，为了使光纤只传输一个模式，需要减小纤芯半径a，增加工作波长λ或者使折射率n_1和n_2尽量接近。制造商为了达到这个目的，使用了所有这些方法，单模光纤的纤芯直径大约为10 μm或者更小，典型的工作波长范围开始于1.3 μm，相对折射率差Δ小于0.4%。其结果就是光纤排斥了所有的高阶模式而只传输一种基本模式——LP$_{01}$模。与单模光纤相比，典型的多模光纤纤芯直径为50 μm、62.5 μm甚至1000 μm，工作波长范围开始于可见光区域（0.65 μm），相对折射率差Δ为1%甚至更高。

根据式(4.6)可知，在V值为2.4048，也就是在单模工作的临界状态时，存在一个截止波长λ_c，因此可以得出

$$\lambda_c = \frac{2\pi a}{2.4048}\sqrt{n_1^2 - n_2^2} = 2.6128 a \sqrt{n_1^2 - n_2^2} \tag{4.15}$$

利用式(4.3)，也可以将截止波长的计算公式写为

$$\lambda_c = 2.6128 a \cdot NA \tag{4.16}$$

这里截止波长为仅用于单模光纤的一个新参数，这也就是一根光纤可以支持单模工作的最短波长。如果光纤工作于比λ_c还短的波长，就会有两个、三个甚至更多的模式会沿着光纤传输。换句话说，根据不同的工作波长，相同的光纤可以为单模的或者多模的。单模和多模间的转换是逐步发生的。在实际中，光纤被设计为专用于多模或单模工作，对于后者，工作波长总是大于λ_c。所以，当提到一个单模光纤的波长依赖性时，隐含工作波长大于截止波长。

若您对此书内容有任何疑问，可以登录MATLAB中文论坛与同行们讨论交流。

4.4 光纤波导的电磁理论解法

4.4.1 柱坐标系亥姆霍兹方程和Bessel函数

光纤是一种圆形介质波导，其中的光波电磁矢量的精确解可以根据电磁场理论进行严格的求解。其解要满足均匀圆形介质波导边界条件的麦克斯韦方程组。由于光纤（圆形介质波导）的柱对称性，宜采用柱坐标。

实际使用中的光纤（尤其是单模光纤）纤芯材料的折射率比包层材料的折射率稍微大一点，即

$$n_1 - n_2 \ll 1 \tag{4.17}$$

因此也被称为弱波导光纤，在纤芯和包层的界面上产生全反射的临界角 $\theta_c = \arcsin(n_2/n_2) \approx 90°$。在该情况下光纤中的光波要形成导波模式传播，其在纤芯和包层界面上的入射角 θ_i 必须大于临界角 θ_c，即此时传播的方向角 $\theta_1 \approx 0$。这样的导波可以看成是"准TEM 模"，它在光纤中的纵向分量 E_z 和 H_z 相比于横向场分量 E_x、E_y 和 H_x、H_y 要小得多。只要先求出光波的纵向分量就可以根据麦克斯韦方程得到其他的横向分量。

把亥姆霍兹方程写为柱坐标下的形式，在介质波导中，相应于纤芯与包层其折射率分别为 n_1、n_2，得到与之对应的方程。方程在纤芯与包层中同时有解。具体解法如下：

由麦克斯韦方程组第 1、2 式导出的柱坐标下 E_r、E_φ、H_r、H_φ 与 E_z、H_z 之间的关系可知，首先求出 z 向场分量，就可求出全部电磁分量。z 向场分量亥姆霍兹方程为

$$\left. \begin{array}{l} \nabla^2 E_z + K_0^2 n^2 E_z = 0 \\ \nabla^2 H_z + K_0^2 n^2 H_z = 0 \end{array} \right\} \tag{4.18}$$

对应得圆柱坐标系下亥姆霍兹方程则为

$$\left. \begin{array}{l} \dfrac{\partial^2 E_z}{\partial r^2} + \dfrac{1}{r}\dfrac{\partial E_z}{\partial r} + \dfrac{1}{r^2}\dfrac{\partial^2 E_z}{\partial \varphi^2} + \dfrac{\partial^2 E_z}{\partial z^2} + k_0^2 n^2 E_z = 0 \\ \dfrac{\partial^2 H_z}{\partial r^2} + \dfrac{1}{r}\dfrac{\partial H_z}{\partial r} + \dfrac{1}{r^2}\dfrac{\partial^2 H_z}{\partial \varphi^2} + \dfrac{\partial^2 H_z}{\partial z^2} + k_0^2 n^2 H_z = 0 \end{array} \right\} \tag{4.19}$$

在纤芯与包层中 n 是不同的，将 n_1、n_2 分别代替上式中的 n，就可以得到纤芯与包层中的对应方程，解此方程使满足光纤的边界条件，即得到 E_z、H_z 的场方程。解方程(4.18)应用分离变量法，以 E_z 为例，其可写为

$$E_z = R(r)\Phi(\varphi)Z(z) \tag{4.20}$$

代入式(4.19)后，其中关于 z 的方程解具有传播因子形式

$$Z(z) = e^{-i\beta z} \tag{4.21}$$

关于 φ 的方程解具有沿圆周方向驻波状态的变化形式

$$\Phi(\varphi) = \begin{bmatrix} \sin(l\varphi) \\ \cos(l\varphi) \end{bmatrix} \tag{4.22}$$

关于 r 的方程在纤芯与包层中分别为

$$\left.\begin{array}{l}\dfrac{\mathrm{d}^2 R(r)}{\mathrm{d}r^2} + \dfrac{1}{r}\dfrac{\mathrm{d}R(r)}{\mathrm{d}r} + \left[(k_0^2 n_1^2 - \beta^2) - \dfrac{m^2}{r^2}\right]R(r) = 0, \qquad r \leqslant a \\[4mm] \dfrac{\mathrm{d}^2 R(r)}{\mathrm{d}r^2} + \dfrac{1}{r}\dfrac{\mathrm{d}R(r)}{\mathrm{d}r} + \left[(k_0^2 n_2^2 - \beta^2) - \dfrac{m^2}{r^2}\right]R(r) = 0, \qquad r \geqslant a \end{array}\right\} \tag{4.23}$$

对于阶跃型光纤，芯区折射率 n_1 是常数，上式是著名的Bessel方程。其解是圆柱函数族，已经有很详尽的研究。方程中的参数 m 即 φ 方向上电场变化的周期数，称为Bessel方程的阶。在芯区电场幅值必然是有界的，而且随 r 做震荡形变化，因此应选第一类Bessel函数 $J_l(r)$ 的形式，如图4.2所示。在MATLAB中提供了5种类型的Bessel函数，具体如表4.2所列。

表4.2　MATLAB中的贝赛尔函数

函数形式	Bessel函数类型
besselj()	第一类Bessel函数
besseli()	第一类变型Bessel函数
bessely()	第二类Bessel函数（诺伊曼函数）
besselk()	第二类变型Bessel函数
besselh()	第三类Bessel函数（汉克尔函数）

对于第一类Bessel函数的调用形式如下：

```
J = besselj(nu,Z)
J = besselj(nu,Z,1)
[J,ierr] = besselj(nu,Z)
```

这里只要使用第一种调用形式即可。在该形式中，第一个输入参数nu是第一类Bessel函数的阶数，第二个输入参数Z为自变量。编写下面的MATLAB程序代码：

```
1  clear                              %清空内存
2  close all                          %关闭所有已打开的图
3  M = 5;                             %设置要作图前M阶Bessel函数
4  N = 1001;                          %每个Bessel函数曲线的点数
5  Xmin = 0;                          %曲线起始点
6  Xmax = 15;                         %曲线终止点
7  x = linspace(Xmin,Xmax,N);         %生成起始点和终止点之间共N点的横坐标向量
8  y = zeros(N,M);                    %对Bessel函数曲线数据数组y进行初始化
9  for m = 0:M-1
10     y(:,m+1) = besselj(m,x);       %将第m阶Bessel函数赋值给y的第（m+1）列
11 end
12 plot(x,y);                         %画出前M阶Bessel函数曲线
13
14 [ymax pos]=max(y);
15 for i = 1:M                        %标注各条曲线对应的相应阶数Bessel函数
16    text(x(pos(i)+1),ymax(i)-0.05,['J_' num2str(i-1) '(x)']);
17 end
18 grid on                            %加栅格
```

```
19 xlabel('x')
20 ylabel('J_n(x)')
```

运行后即可得到如图4.2所示的前五阶第一类Bessel 函数曲线。

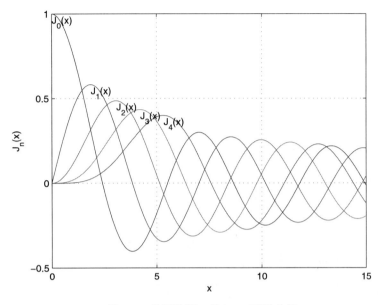

图 4.2　前五阶第一类Bessel函数曲线

在包层区，当r趋向无穷时，电场应趋于零。所以选取第二类变型Bessel函数$K_l(r)$，其曲线如图4.3所示，可以看出该函数在r较大时呈指数规律衰减，符合物理要求。r趋于零时函数虽趋于无穷大，但包层区限制在$r > a$范围内，不会产生矛盾。在MATLAB中对于$K_l(r)$的作图与$J_l(r)$类似，需要调用第二类变型Bessel函数besselk()，并需要对程序进行一些小的修改，程序代码如下：

```
1 clear                              %清空内存
2 close all                          %关闭所有已打开的图
3 M = 2;                             %设置要作图前M阶第二类变型Bessel函数
4 N = 1001;                          %每个Bessel函数曲线的点数
5 Xmin = 0;                          %曲线起始点
6 Xmax = 15;                         %曲线终止点
7 x = linspace(Xmin,Xmax,N);         %生成起始点和终止点之间共N点的横坐标向量
8 y = zeros(N,M);                    %对塞尔函数曲线数据数组y进行初始化
9 for m = 0:M-1
10     y(:,m+1) = besselk(m,x);      %将第m阶Bessel函数赋值给y的第（m+1）列
11 end
12 plot(x,y);                        %画出前M阶Bessel函数曲线
13 legend('K_0(x)','K_1(x)')         %给曲线加标注
14 grid on                           %加栅格
15 axis([Xmin Xmax 0 2])             %限制纵轴的作图区间为0-2
```

由于$K_l(r)$在r趋于零时函数值趋于无穷大，因此在$K_l(r)$的作图程序最后增加一行用于限制纵坐标的作图区间。可以看出随着r的增大，$K_l(r)$很快趋近于0。

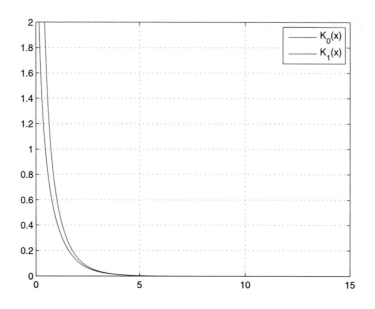

图 4.3　前两阶第二类变型Bessel函数曲线

4.4.2　光纤中的电磁场分量矢量解

根据4.4.1节的推导，可以得到式(4.23)的两个特解:

$$R(r) = \begin{cases} A_1 J_l\left(r\sqrt{k_0^2 n_1^2 - \beta^2}\right), & r \leqslant a \\ A_2 K_l\left(r\sqrt{\beta^2 - k_0^2 n_2^2}\right), & r > a \end{cases} \tag{4.24}$$

为简化计算，采用式(4.8)和(4.6)的归一化横向相位参数U和归一化横向衰减参数W，并采用归一化半径坐标$R_a = r/a$，于是得到

$$R(r) = \begin{cases} A_1 J_l(U R_a), & R_a \leqslant 1 \\ A_2 K_l(W R_a), & R_a > 1 \end{cases} \tag{4.25}$$

则光纤中的z方向电场分量E_z可表示为

$$E_z = e^{-i\beta z}\sin(l\varphi) \begin{cases} A_1 J_l(U R_a), & R_a \leqslant 1 \\ A_2 K_l(W R_a), & R_a > 1 \end{cases} \tag{4.26}$$

或

$$E_z = e^{-i\beta z}\cos(l\varphi) \begin{cases} A_1 J_l(U R_a), & R_a \leqslant 1 \\ A_2 K_l(W R_a), & R_a > 1 \end{cases} \tag{4.27}$$

根据光纤的边界条件，在$R_a = 1$（$r = a$）处电场切向分量连续，最终可得电场矢量z分量的表达式

$$E_z = A e^{-i\beta z}\sin(l\varphi) \begin{cases} \dfrac{J_l(U R_a)}{J_l(U)}, & R_a \leqslant 1 \\ \dfrac{K_l(W R_a)}{K_l(W)}, & R_a > 1 \end{cases} \tag{4.28}$$

式中，$A = A_1 J_l(U) = A_2 K_l(W)$。

同样，可得到磁场矢量的 z 分量 H_z 的表达式

$$H_z = Be^{-i\beta z} \cos(l\varphi) \begin{cases} \dfrac{J_l(UR_a)}{J_l(U)}, & R_a \leqslant 1 \\[3mm] \dfrac{K_l(WR_a)}{K_l(W)}, & R_a > 1 \end{cases} \tag{4.29}$$

在导出 H_z 时用了 $R_a = 1$ 处磁场 $H_{z1} = H_{z2}$ 的边界条件。这里只给出了 E_z 采用 $\sin(l\varphi)$，H_z 采用 $\cos(l\varphi)$ 表示的一套解。当然还存在着 E_z 用 $\cos(l\varphi)$ 表示，H_z 用 $\sin(l\varphi)$ 表示的另一套解。但这两套解特性相似，只讨论其中的一套即可。

求出了 E_z 及 H_z 的表达式，考虑到它们和纤芯与包层中的电场和磁场的另 4 个分量之间的关系，就可以求得纤芯与包层中的电场 $E_{r1}, E_{\varphi1}, H_{r1}, H_{\varphi1}$ 及 $E_{r2}, E_{\varphi2}, H_{r2}, H_{\varphi2}$。下面给出一组与式(4.28)和式(4.29)相应的光纤纤芯和包层中电场和磁场完整解的各 6 个电磁场分量表达式。

纤芯中的电磁场分量为

$$\left.\begin{aligned} E_{z1} &= \frac{AJ_l(UR_a)}{J_l(U)}\sin(l\varphi) \\[2mm] E_{r1} &= -i\left(\frac{a}{U}\right)^2\left[-\frac{\omega\mu_0 lB}{r}\frac{J_l(UR_a)}{J_l(U)} + \frac{\beta Au}{a}\frac{J_l'(UR_a)}{J_l(U)}\right]\sin(l\varphi) \\[2mm] E_{\varphi1} &= -i\left(\frac{a}{U}\right)^2\left[\frac{\beta lA}{r}\frac{J_l(UR_a)}{J_l(U)} - \frac{\omega\mu_0 BU}{a}\frac{J_l'(UR_a)}{J_l(U)}\right]\cos(l\varphi) \\[2mm] H_{z1} &= \frac{BJ_l(UR_a)}{J_l(U)}\cos(l\varphi) \\[2mm] H_{r1} &= -i\left(\frac{a}{U}\right)^2\left[-\frac{\omega\varepsilon_0 n_1^2 lA}{r}\frac{J_l(UR_a)}{J_l(U)} + \frac{\beta BU}{a}\frac{J_l'(UR_a)}{J_l(U)}\right]\cos(l\varphi) \\[2mm] H_{\varphi1} &= -i\left(\frac{a}{U}\right)^2\left[-\frac{\beta lB}{r}\frac{J_l(UR_a)}{J_l(U)} + \frac{\omega\varepsilon_0 n_1^2 AU}{a}\frac{J_l'(UR_a)}{J_l(U)}\right]\sin(l\varphi) \end{aligned}\right\} \tag{4.30}$$

包层中的电磁场分量为

$$\left.\begin{aligned} E_{z2} &= \frac{AK_l(WR_a)}{K_l(W)}\sin(l\varphi) \\[2mm] E_{r2} &= i\left(\frac{a}{W}\right)^2\left[-\frac{\omega\mu_0 lB}{r}\frac{K_l(WR_a)}{K_l(W)} - \frac{\beta AW}{a}\frac{K_l'(WR_a)}{K_l(W)}\right]\sin(l\varphi) \\[2mm] E_{\varphi2} &= i\left(\frac{a}{W}\right)^2\left[\frac{\beta lA}{r}\frac{K_l(WR_a)}{K_l(W)} - \frac{\omega\mu_0 BW}{a}\frac{K_l'(WR_a)}{K_l(W)}\right]\cos(l\varphi) \\[2mm] H_{z2} &= \frac{BK_l(WR_a)}{K_l(W)}\cos(l\varphi) \\[2mm] H_{r2} &= i\left(\frac{a}{W}\right)^2\left[-\frac{\omega\varepsilon_0 n_2^2 lA}{r}\frac{K_l(WR_a)}{K_l(W)} + \frac{\beta BW}{a}\frac{K_l'(WR_a)}{K_l(W)}\right]\cos(l\varphi) \\[2mm] H_{\varphi2} &= i\left(\frac{a}{W}\right)^2\left[-\frac{\beta lB}{r}\frac{K_l(WR_a)}{K_l(W)} + \frac{\omega\varepsilon_0 n_2^2 AW}{a}\frac{K_l'(WR_a)}{K_l(W)}\right]\sin(l\varphi) \end{aligned}\right\} \tag{4.31}$$

为了书写方便，在上式中省略了 $e^{-i\beta z}$ 这一公共因子。

形成导波时，要求 U、V 为正实数，因而有

$$W^2 > 0, U^2 > 0 \tag{4.32}$$

由此得

$$k_0 n_2 < \beta < k_0 n_1 \tag{4.33}$$

这表示导波的相位常数 β 是介于纤芯材料和包层材料中平面波的波数之间的。

必须强调的是，导波的 β 必定大于 $k_0 n_2$。这意味着，当 $\beta < k_0 n_2$ 时，波在包层中将出现振荡解而形成辐射模，使导波截止。因此 $\beta = k_0 n_2$ 是导波截止的临界状态，此时参数 $W = 0$，考虑到 V、U 和 W 三者之间的关系式(4.10)，可知在临界状态时有

$$U = V \tag{4.34}$$

以上讨论的是用电磁理论对圆形介质波导作严格的矢量解。

4.4.3 矢量解的特征方程

在介质波导严格的矢量解式(4.28)和式(4.29)中，包含了参数 U、W 和 β，这3个参数可以利用式(4.8)和式(4.6)的两个方程以及从边界条件中得出的特征方程来确定。下面将从光纤的边界条件求特征方程。

光纤的边界条件是：在光纤芯的边界上，电场和磁场的切向分量连续，即在 $R_a = 1$ 处有

$$\left. \begin{array}{l} E_{\varphi_1} = E_{\varphi_2} \\ H_{\varphi_1} = H_{\varphi_2} \\ E_{z_1} = E_{z_2} \\ H_{z_1} = H_{z_2} \end{array} \right\} \tag{4.35}$$

把前面求出的场分量表达式代入式(4.35)的前两个子式，得

$$\omega \mu_0 B \left[\frac{1}{U} \frac{J_l'(U)}{J_l(U)} + \frac{1}{W} \frac{K_l'(W)}{K_l(W)} \right] = \beta l A \left(\frac{1}{U^2} + \frac{1}{W^2} \right) \tag{4.36}$$

和

$$\omega \varepsilon_0 A \left[\frac{n_1^2}{U} \frac{J_l'(U)}{J_l(U)} + \frac{n_2^2}{W} \frac{K_l'(W)}{K_l(W)} \right] = \beta l B \left(\frac{1}{U^2} + \frac{1}{W^2} \right) \tag{4.37}$$

把式(4.36)与式(4.37)相乘，得

$$\omega^2 \mu_0 \varepsilon_0 \left[\frac{1}{U} \frac{J_l'(U)}{J_l(U)} + \frac{1}{W} \frac{K_l'(W)}{K_l(W)} \right] \left[\frac{n_1^2}{U} \frac{J_l'(U)}{J_l(U)} + \frac{n_2^2}{W} \frac{K_l'(W)}{K_l(W)} \right] = \beta^2 l^2 \left(\frac{1}{U^2} + \frac{1}{W^2} \right)^2 \tag{4.38}$$

将上式中的 β 消去并加以整理，得

$$\left[\frac{1}{U} \frac{J_l'(U)}{J_l(U)} + \frac{1}{W} \frac{K_l'(W)}{K_l(W)} \right] \left[\frac{n_1^2}{U} \frac{J_l'(U)}{J_l(U)} + \frac{n_2^2}{W} \frac{K_l'(W)}{K_l(W)} \right] = l^2 \left(\frac{1}{U^2} + \frac{1}{W^2} \right) \left(\frac{n_1^2}{n_2^2 U^2} + \frac{1}{W^2} \right) \tag{4.39}$$

上式包含了U和W两个未知量，但由式(4.10)知

$$W^2 = V^2 - U^2 = (n_1^2 - n_2^2) k_0^2 a^2 - U^2 \tag{4.40}$$

可知式(4.39)可被看作仅包含一个未知量U（或W）的方程，这一方程就是光纤中导波的特征方程。讨论光纤中导波的模式及其特性，都要以此为根据。求解出U（或W）后，进而可以利用式(4.8)得到不同模式的传播常数β。一般说来，特征方程是超越方程，只能以数值解法来求解。

对于通信中常用的弱导光纤，即$n_1/n_2 \to 1$，芯与包层折射率相差极小，可近似地认为$n_1/n_2 = 1$。因此可得

$$\frac{J_l'(U)}{UJ_l(U)} + \frac{K_l'(W)}{WK_l(W)} = \pm l\left(\frac{1}{U^2} + \frac{1}{W^2}\right) \tag{4.41}$$

这就是弱导光纤的近似特征方程。上式具有两组解，当方程右端取正号时得一组解，取负号时得另一组解。

4.4.4 导波模的分类和特征方程

导波模的分类首先根据圆周方向的序号l，其次根据TE模、TM模和混合模（EH模和HE模）符号，最后根据半径方向的模序号。

$l=0$时，光纤中只存TE模和TM模。当$l \neq 0$时，出现的是E_z和H_z共存的EH模和HE模。为了区分，将特征方程右端取正号时对应的模式叫EH模，取负号对应的模式称HE模。

此外，由式(4.22)可知，当$l=0$时，$\Phi(\varphi)$为常数，这意味着在圆周方向是轴对称的，即TE、TM模对应着几何光线中的子午线，而混合模EH、HE则对应着斜光线。

（1）TE_{0m}和TM_{0m}模

根据光纤矢量解表达式(4.28)知，对于TE模，必有$E_z = 0$，因此有常数$A = 0$，代入式(4.37)得

$$\beta lB\left(\frac{1}{U^2} + \frac{1}{W^2}\right) = 0 \tag{4.42}$$

式中$(1/U^2 + 1/W^2)$不能为零，相位常数β及常数B均不可能为零，因此只能使$l=0$。这样就得出结论，光纤中的TE模只能在$l=0$的情况下才能存在。同样，可以证明光纤中的TM模也只能在$l=0$的情况下才能存在。这就是说，光纤中只存在$l=0$的TE模和TM模。

在特征方程(4.41)中令$l=0$，就可得到TE模和TM模的特征方程

$$\frac{J_0'(U)}{UJ_0(U)} + \frac{K_0'(W)}{WK_0(W)} = 0 \tag{4.43}$$

利用Bessel函数的递推公式

$$J_0'(U) = -J_1(U)$$
$$K_0'(W) = -K_1(W) \tag{4.44}$$

可把上式变换为

$$\frac{J_1(U)}{UJ_0(U)} + \frac{K_1(W)}{WK_0(W)} = 0 \tag{4.45}$$

这就是TE模和TM模共同的特征方程。

（2）EH模和HE模

当$l \neq 0$时，不能出现TE模和TM模，而只能是E_z和H_z同时存在，其中E_z所占的分量大时即为EH模（将特征方程右端取正号），反之为HE模（将特征方程右端取负号）。

因此，EH模的特征方程为

$$\frac{J'_l(U)}{UJ_l(U)} + \frac{K'_l(W)}{WK_l(W)} = l\left(\frac{1}{U^2} + \frac{1}{W^2}\right) \tag{4.46}$$

HE模的特征方程为

$$\frac{J'_l(U)}{UJ_l(U)} + \frac{K'_l(W)}{WK_l(W)} = -l\left(\frac{1}{U^2} + \frac{1}{W^2}\right) \tag{4.47}$$

应用Bessel函数递推公式

$$\begin{aligned} J'_l(U) &= \frac{l}{U}J_l(U) - J_{l+1}(U) = -\frac{l}{U}J_l(U) + J_{l-1}(U) \\ K'_l(U) &= \frac{l}{U}K_l(U) - K_{l+1}(U) = -\frac{l}{U}K_l(U) + K_{l-1}(U) \end{aligned} \tag{4.48}$$

简化后的特征方程为

EH模

$$\frac{J_{l+1}(U)}{UJ_l(U)} + \frac{K_{l+1}(W)}{WK_l(W)} = 0 \tag{4.49}$$

HE模

$$\frac{J_{l-1}(U)}{UJ_l(U)} = \frac{K_{l-1}(W)}{WK_l(W)} \tag{4.50}$$

综上所述，在光纤中可存在4种类型的模式，分别为TE模、TM模、EH模、HE模。其中TE模、TM模只在$l = 0$时存在，而EH模、HE模在$l > 0$时存在。各模式的特征方程可化为仅含一个未知量U（或W）的方程。在给定工作波长情况下，对应于一个l，Bessel函数就会有一系列解，求出的每一个U值的解就对应着一个模式。例如，对于EH模，对应一个l的Bessel函数第m个根所相应的U值解就代表了EH_{lm}模。因此，若光纤归一化频率V足够大时，光纤中可存在一系列的TE模、TM模和一系列的EH模、HE模。

144

4.5 光纤中的线性偏振模式LP_{lm}

4.5.1 LP模的简并及其特征方程

在弱导近似下，由$HE_{l+1,m}$模和$EH_{l-1,m}$模组合的模式是一个线偏振模，按照其英文（linear polorized mode）被简写为LP_{lm}模。

在纤芯中，LP模的电场纵向分量相对于横向分量的振幅系数之比为

$$\frac{|E_z|}{|E_y|} \approx \frac{U}{\beta a} \approx \frac{\sqrt{k_1^2 n_1^2 - \beta^2}}{k_0} < \sqrt{n_1^2 - n_2^2} \tag{4.51}$$

由于弱导近似下，$n_1 \approx n_2$，因此LP模场的纵向分量比横向分量小很多，这种导波近似于TEM模。

为了完整地描述光纤中的线偏振模，还需考虑正交方向上的偏振模式。对于LP模，其电磁场的横向分量满足以下关系式：

纤芯中的电磁场分量为

$$E_x = A J_l(U R_a) \left\{ \begin{array}{c} \cos(l\varphi) \\ \sin(l\varphi) \end{array} \right\} \qquad (4.52)$$

$$H_y = \sqrt{\frac{\varepsilon_0}{\mu_0}} n A J_l(U R_a) \left\{ \begin{array}{c} \cos(l\varphi) \\ \sin(l\varphi) \end{array} \right\} \qquad (4.53)$$

$$E_y \approx H_x \approx 0 \qquad (4.54)$$

包层中的电磁场分量为

$$E_x = A J_l(U) \frac{K_l(W R_a)}{K_l(W)} \left\{ \begin{array}{c} \cos(l\varphi) \\ \sin(l\varphi) \end{array} \right\} \qquad (4.55)$$

$$H_y = \sqrt{\frac{\varepsilon_0}{\mu_0}} n A J_l(U) \frac{K_l(W R_a)}{K_l(W)} \left\{ \begin{array}{c} \cos(l\varphi) \\ \sin(l\varphi) \end{array} \right\} \qquad (4.56)$$

$$E_y \approx H_x \approx 0 \qquad (4.57)$$

由于$E_y \approx H_x \approx 0$，所以电场沿$x$方向线偏振。

当$l > 0$时，LP_{lm}模有两种正交偏振态的选择方式，每一种偏振态又有两种三角函数的选择方式。因此LP_{lm}模在$l > 0$时是四度简并的，这四种方式具有同一个传播常数β。

当$l = 0$时，由于$\sin(l\varphi) = 0$，此时LP_{lm}模仅包含相互正交的两个偏振态的简并。

表4.3中列出了LP_{lm}模和导出或构成它的模式、简并度及模式特征方程。

表 4.3 LP_{lm}模的简并度及模式特征方程

LP模命名	原有命名	简并度	特征方程
LP_{0m} ($l = 0$)	HE_{1m}	2	$\dfrac{J_0(U)}{U J_1(U)} = \dfrac{K_0(W)}{W K_1(W)}$
LP_{1m} ($l = 1$)	TE_{0m}、TM_{0m}、HE_{2m}	4	$\dfrac{J_1(U)}{U J_0(U)} = -\dfrac{K_1(W)}{W K_0(W)}$
LP_{lm} ($l \geqslant 2$)	$EH_{l-1,m}$、$HE_{l+1,m}$	4	$\dfrac{J_l(U)}{U J_{l-1}(U)} = -\dfrac{K_l(W)}{W K_{l-1}(W)}$

表4.4中列出了几个较低次LP_{lm}模和导出或构成该LP_{lm}模的原有模式对照表。

在上面的分析中采用了弱导近似，即在运用表达式时作了$n_1 = n_2$的处理。实际上由于$n_1 \neq n_2$，它们之间微小的差别使得LP_{lm}模的传播常数与$HE_{l+1,m}$模及$EH_{l-1,m}$模稍有差别，换句话说，合成模场将沿传播方向周期性发生变化。因而LP_{lm}模并非严格意义上的模式，故称为伪模式。

表 4.4　几个较低阶LP模与原有模式对照表

LP模	TM、TE、HE、EH模及其数目	简并度
LP_{01}	$HE_{11} \times 2$	2
LP_{11}	TE_{01}、TM_{01}、$HE_{21} \times 2$	4
LP_{21}	$EH_{11} \times 2$、$HE_{31} \times 2$	4
LP_{02}	$HE_{12} \times 2$	2
LP_{31}	$EH_{21} \times 2$、$HE_{41} \times 2$	4
LP_{12}	TE_{02}、TM_{02}、$HE_{22} \times 2$	4
LP_{41}	$EH_{31} \times 2$、$HE_{51} \times 2$	4

4.5.2　LP模的截止条件

如前所述，LP_{lm} 模由弱导条件下简并模式$HE_{l+1,m}$ 模和$EH_{l-1,m}$ 模组合而成，它们的传播常数β 相同，特征方程等价。$HE_{l+1,m}$ 模和$EH_{l-1,m}$ 模的截止条件就是LP_{lm} 的截止条件。以$HE_{l-1,m}$ 模的特征方程式(4.50)为例，方程的等价形式为

$$\frac{UJ_l(U)}{J_{l-1}(U)} = \frac{WK_l(W)}{K_{l-1}(W)} \tag{4.58}$$

当$x \to 0$时，根据Bessel函数的渐进关系式，有

$$J_l(x) \to \frac{1}{l!}\left(\frac{x}{2}\right)^l \tag{4.59}$$

$$K_0(x) \to -\left(\ln\frac{x}{2} + 0.5772 + \cdots\right) \tag{4.60}$$

$$K_l(x) \to \frac{(l-1)!}{2}\left(\frac{2}{x}\right)^l \qquad (l = 1,2,3,\cdots) \tag{4.61}$$

当$x \gg 1$时，根据Bessel函数的渐进关系式，有

$$J_l(x) \to \sqrt{\frac{2}{\pi x}}\cos\left(x - \frac{l\pi}{2} - \frac{\pi}{4}\right) \tag{4.62}$$

$$K_l(x) \to \sqrt{\frac{2}{x}}e^{-x} \qquad (l = 1,2,3,\cdots) \tag{4.63}$$

根据以上两式，可以写出在$W \to 0$时，$l = 0$、$l = 1$及$l \geqslant 2$这3种LP_{lm}模的特征方程如下：

$$LP_{0m}(l=0) : \frac{UJ_1(U)}{J_0(U)} = \frac{WK_1(W)}{K_0(W)} \approx \left(\ln\frac{2}{1.781W}\right)^{-1} \to 0 \tag{4.64}$$

$$LP_{1m}(l=1) : \frac{UJ_0(U)}{J_1(U)} = -\frac{WK_0(W)}{K_1(W)} \approx -W^2\ln\frac{2}{1.781W} \to 0 \tag{4.65}$$

$$LP_{lm}(l \geqslant 2) : \frac{UJ_{l-1}(U)}{J_l(U)} = -\frac{WK_{l-1}(W)}{K_l(W)} \approx -\frac{W^2}{2(l-1)} \to 0 \tag{4.66}$$

因此在模式截止时，上面3个方程的左边也等于0，利用这一判据得到这3种LP模式的截止条件如下：

$$\text{LP}_{0m}(l=0):J_1(U=V_c)=0 \tag{4.67}$$

$$\text{LP}_{1m}(l=1):J_0(U=V_c)=0 \tag{4.68}$$

$$\text{LP}_{lm}(l\geqslant 2):J_{l-1}(U=V_c)=0(\text{取}U\text{的非零解}) \tag{4.69}$$

式(4.69)最右边的括号中注明的条件是说对于$l \geqslant 2$的LP_{lm}模，其截止频率只能取方程(4.69)的非零根，因为如果取$V_c=0$的话，当$U \ll 1$时，根据渐进关系式(4.59)有

$$J_l(U)\approx\frac{1}{l!}\left(\frac{U}{2}\right)^l \tag{4.70}$$

利用上式，得到方程(4.66)的左边

$$\frac{UJ_{l-1}(U)}{J_l(U)}\approx\frac{\dfrac{U}{(l-1)!}\left(\dfrac{U}{2}\right)^{l-1}}{\dfrac{1}{l!}\left(\dfrac{U}{2}\right)^l}=2l\neq 0 \tag{4.71}$$

因而不满足截止条件，所以必须将$V_c=0$这个根从截止条件式(4.69)中排除。

4.5.3　LP模归一化截止频率的数值求解

经过前面的分析，得到了3种LP模式的截止条件式(4.67)~式(4.69)，LP模归一化截止频率就是满足这些截止条件式的根，也就是不同阶数的Bessel函数的根。可以利用MATLAB强大的数值求解功能获得这些不同阶数Bessel函数的根的数值解，从而得到LP模式相应的归一化频率。

LP_{0m}模的归一化截止频率是满足其截止条件式(4.67)的根，即一阶Bessel函数的根，可以在MATLAB中对其进行数值求解。

【例4.1】　在MATLAB中数值求解一阶贝赛尔函数的前10个零点，作出一阶贝赛尔函数曲线，并在曲线上标注出其零点。

【分析】　在MATLAB中直接调用besselj(1,x)即可得到一阶贝赛尔函数，然后采用fzero()函数即可进行数值求解。程序代码如下：

```
1 clear
2 close all
3 besselj1 = @(x)besselj(1,x);              %得到一阶贝赛尔函数的匿名函数形式
4 for n = 1:10
5     z(n) = fzero(besselj1,[(n-1) n]*pi);   %对一阶贝赛尔函数进行数值求解
6 end
7 x = 0:pi/100:10*pi;
8 y = besselj(1,x);
9 plot(z,zeros(1,10),'o',x,y,'-')           %作出一阶贝赛尔函数曲线并标记其根
10 line([0 10*pi],[0 0],'color','black')
11 axis([0 10*pi -0.5 1.0])
12 xlabel('U')
13 ylabel('J_1(U)')
14 [(1:n)' z']              %在命令窗口总获得前10个一阶贝赛尔函数根的数值解
```

程序运行后得到如图4.4所示的结果。

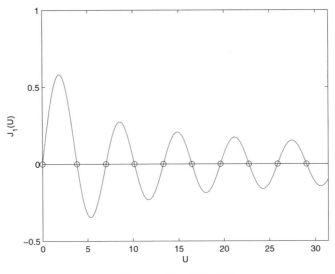

图 4.4　例4.1运行结果

可以在MATLAB的命令窗口中获得一阶贝赛尔函数零点的10个数值解如下：

```
 1 ans =
 2
 3      1.0000           0
 4      2.0000      3.8317
 5      3.0000      7.0156
 6      4.0000     10.1735
 7      5.0000     13.3237
 8      6.0000     16.4706
 9      7.0000     19.6159
10      8.0000     22.7601
11      9.0000     25.9037
12     10.0000     29.0468
```

其中第一列是一阶贝赛尔函数根的序数，第二列是对应的一阶贝赛尔函数根的数值解。

同样也可以得到零阶Bessel函数和二阶Bessel函数的曲线前10个零点分别如图4.5和图4.6所示，它们前10个零点的数值解如表4.5所列。

在MATLAB中，也可以采用更为通用的函数形式来求解n阶Bessel函数的前m个根。程序如下：

```
1 function xp = FindZeroOfBesselj(m,n)
2
3 xp = zeros(n,1);
4 x0 = m + 2.5;
5 xp(1) = fzero(@(x)besselj(m,x), x0);
6
```

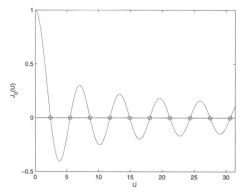

图 4.5 零阶Bessel函数曲线及其前10个零点

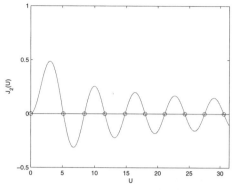

图 4.6 二阶Bessel函数曲线及其前10个零点

```
7  if( n>1.5 )
8      xp(2) = fzero(@(x)besselj(m,x), xp(1)+pi);
9  end
10
11 if ( n > 2.5)
12     for ii = 3:n
13         xp(ii) = fzero(@(x)besselj(m,x), 2*xp(ii-1)-xp(ii-2));
14     end
15 end
16
17 x = linspace(0,ceil(xp(end)),1000);
18 y = besselj(m,x);
19 plot(xp,zeros(1,n),'o',x,y,'-')      %作出m阶贝赛尔函数曲线并标记其零点
20 line([0 ceil(xp(end))],[0 0],'color','black')
21 axis([0 ceil(xp(end)) -0.5 1.0])
22 xlabel('U')
23 ylabel('J(U)')
24 title(['m=' num2str(m) ',n=' num2str(n)])
```

表 4.5 前四阶Bessel函数的前10个零点的数值解

根序数	零阶	一阶	二阶	三阶
1	2.404 8	3.831 7	5.135 6	6.380 2
2	5.520 1	7.015 6	8.417 2	9.761 0
3	8.653 7	10.173 5	11.619 8	13.015 2
4	11.791 5	13.323 7	14.796 0	16.223 5
5	14.930 9	16.470 6	17.959 8	19.409 4
6	18.071 1	19.615 9	21.117 0	22.582 7
7	21.211 6	22.760 1	24.270 1	25.748 2
8	24.352 5	25.903 7	27.420 6	28.908 4
9	27.493 5	29.046 8	30.569 2	32.064 9
10	30.634 6	32.189 7	33.716 5	35.218 7

只要在MATLAB的命令窗口中调用函数FindZeroOfBesselj(m,n)，就可以求得对应的m阶Bessel函数的前n个零点。例如当$m=10,n=15$时，可得

若您对此书内容有任何疑问，可以登录MATLAB中文论坛与同行们讨论交流。

149

```
 1 >> FindZeroOfBesselj(10,15)
 2
 3 ans =
 4
 5    14.4755
 6    18.4335
 7    22.0470
 8    25.5095
 9    28.8874
10    32.2119
11    35.4999
12    38.7618
13    42.0042
14    45.2316
15    48.4472
16    51.6533
17    54.8516
18    58.0436
19    61.2302
```

　　根据表4.4和LP模式的截止条件式(4.67)~式(4.69)，加上用MATLAB求得的各阶Bessel函数的根，可以得到表4.6所列的部分低阶LP模式的归一化截止频率。

表 4.6　部分低阶LP模式的归一化截止频率

V	$m=1$	$m=2$	$m=3$	$m=4$
$l=0$	0	3.831 7	7.015 6	10.173 5
$l=1$	2.404 8	5.520 1	8.653 7	11.791 5
$l=2$	3.831 7	7.015 6	10.173 5	13.323 7
$l=3$	5.135 6	8.417 2	11.619 8	14.796 0
$l=4$	6.380 2	9.761 0	13.015 2	16.223 5

4.6　阶跃型折射率光纤中的模式容量和光功率分布

4.6.1　阶跃型折射率光纤中LP模的模式容量

　　多模光纤根据其V值的不同，能够容纳的LP模的模式总数也会发生变化。由LP_{lm}的截止条件式(4.69)

$$J_{l-1}(U_m) = 0 \quad (U_m < V) \tag{4.72}$$

所求得的零点数目就是多模光纤中能够传输的导模个数。光纤参数n_1、n_2、a和光波长λ给定后，其归一化频率V即可根据式(4.6)求得。式(4.72)中归一化横向相位参数U的下标m是l阶模对应的根的序数。当m很大时，根U_m的值也很大。由渐进关系式(4.62)，当$x \gg 1$时有

$$J_l(x) \rightarrow \sqrt{\frac{2}{\pi x}} \cos\left(x - \frac{l\pi}{2} - \frac{\pi}{4}\right) \tag{4.73}$$

因此，当 $U \gg 1$ 时

$$J_{l-1}(U) \to \sqrt{\frac{2}{\pi U}} \cos\left[U - \frac{(l-1)\pi}{2} - \frac{\pi}{4}\right] = \sqrt{\frac{2}{\pi U}} \cos\left(U - \frac{l\pi}{2} + \frac{\pi}{4}\right) \tag{4.74}$$

再联合截止条件式(4.72)可得

$$U_m - \frac{l\pi}{2} + \frac{\pi}{4} = m\pi + \frac{\pi}{2} \quad (m \text{取整数}) \tag{4.75}$$

当 m 较大时，有

$$U_m \approx (l + 2m)\frac{\pi}{2} \tag{4.76}$$

由于 $U_m \leqslant V$，因此在 V 值给定的情况下，l 和 m 的取值范围由下式确定

$$l + 2m \leqslant \frac{2V}{\pi} \tag{4.77}$$

由于 V 值的限制，l 和 m 的取值范围只限于图4.7中阴影部分。

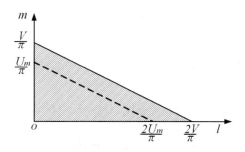

图 4.7　多模光纤中的模式计算

考虑到 m 较大时每个 LP 模式是四度简并的（见表4.4）。因此在 m 较大时对于一个给定的 V 值，多模光纤中可能存在的模式总数由图4.7 中阴影区域面积的4倍给出，即模式总数为

$$M = 4 \times \frac{1}{2} \times \left(\frac{2V}{\pi} \times \frac{V}{\pi}\right) \approx \frac{V^2}{2} \tag{4.78}$$

M 也被称为多模光纤中的模式容量。

4.6.2　阶跃型折射率光纤中LP模的光功率

对于阶跃型折射率光纤中的一个导模来说，其场量在纤芯中呈震荡分布，在包层中呈指数衰减分布，因此导波模式所携带的电磁能量（光功率流）一部分在纤芯中传输，另一部分在包层中传输。如果一个模式远离它的截止点，即 $\beta \approx k_0 n_1$，则该模式的能量更集中于纤芯之中；如果靠近它的截止点，即 $\beta \approx k_0 n_2$，则其场量更加深入包层区域，从而在包层中传输能量比例更大。当处于截止状态时，包层中的场量不再衰减，成为辐射模。

若电磁场分量均以实函数的形式表示，则在阶跃型折射率光纤的纤芯和包层中的功率流，即坡印廷矢量由下式给出：

$$\begin{aligned} S &= E \times H \\ &= (E_y H_z - E_z H_y)\hat{i} + (E_z H_x - E_x H_z)\hat{j} + (E_x H_y - E_y H_x)\hat{k} \end{aligned} \tag{4.79}$$

若您对此书内容有任何疑问，可以登录 MATLAB 中文论坛与同行们讨论交流。

沿光纤轴向的分量

$$S_z = E_x H_y - E_y H_x \tag{4.80}$$

将纤芯中的电磁场分量表达式(4.52)～式(4.54)和包层中的电磁场分量表达式(4.55)～式(4.57)代入式(4.80)，可得

$$S_z = \begin{cases} \sqrt{\dfrac{\varepsilon_0}{\mu_0}} n A^2 J_l^2(UR_a) \begin{Bmatrix} \cos^2(l\varphi) \\ \sin^2(l\varphi) \end{Bmatrix}, & (R_a \leqslant 1) \\[3mm] \sqrt{\dfrac{\varepsilon_0}{\mu_0}} n A^2 \dfrac{J_l^2(U)}{K_l^2(W)} K_l^2(WR_a) \begin{Bmatrix} \cos^2(l\varphi) \\ \sin^2(l\varphi) \end{Bmatrix}, & (R_a > 1) \end{cases} \tag{4.81}$$

包含于纤芯和包层中的总光功率分别由以下两式给出：

$$P_{\text{core}} = a^2 \int_0^{2\pi} \int_0^1 S_z R_a \mathrm{d}R_a \mathrm{d}\varphi \tag{4.82}$$

$$P_{\text{clad}} = a^2 \int_0^{2\pi} \int_1^{\infty} S_z R_a \mathrm{d}R_a \mathrm{d}\varphi \tag{4.83}$$

由于Bessel函数有如下形式的积分：

$$\int_0^1 J_l^2(UR_a) R_a \mathrm{d}R_a = \frac{1}{2}[J_l^2(U) - J_{l-1}(U)J_{l+1}(U)] \tag{4.84}$$

$$\int_1^{\infty} K_l^2(WR_a) R_a \mathrm{d}R_a = \frac{1}{2}[K_{l-1}(W)K_{l+1}(W) - K_l^2(W)] \tag{4.85}$$

三角函数积分

$$\int_0^{2\pi} \cos^2(l\varphi)\mathrm{d}\varphi = \int_0^{2\pi} \sin^2(l\varphi)\mathrm{d}\varphi = C_l \pi \tag{4.86}$$

其中

$$C_l = \begin{cases} 2, & l = 0 \\ 1, & l \geqslant 1 \end{cases} \tag{4.87}$$

联立以上关系式，可以得到

$$P_{\text{core}} = \frac{n\pi a^2 A^2}{2} \sqrt{\frac{\varepsilon_0}{\mu_0}} \left[1 - \frac{J_{l-1}(W) J_{l+1}(W)}{J_l^2(W)} \right] \tag{4.88}$$

$$P_{\text{clad}} = \frac{n\pi a^2 A^2}{2} \sqrt{\frac{\varepsilon_0}{\mu_0}} \left[\frac{K_{l-1}(U) K_{l+1}(U)}{K_l^2(U)} - 1 \right] \tag{4.89}$$

光纤中的总光功率为

$$P_{\text{total}} = P_{\text{core}} + P_{\text{clad}} \tag{4.90}$$

通常情况下，比较关心的是纤芯中的光功率在光纤的总光功率中所占的比重，即光纤纤芯的光功率填充因子Γ。基于弱导波模方法，Gloge已经得到了其精确度在纤芯包层折射率

差 Δ 量级内的结果。对于一个特定的导波模式 V，其光纤纤芯中的光功率填充因子的计算公式为

$$\Gamma = \frac{P_{\text{core}}}{P_{\text{total}}} = \left(1 - \frac{U^2}{V^2}\right)\left[1 - \frac{J_l^2(U)}{J_{l+1}(U)J_{l-1}(U)}\right] \tag{4.91}$$

利用归一化相位常数 b 也可将上式写成

$$\Gamma = \frac{P_{\text{core}}}{P_{\text{total}}} = b\left[1 - \frac{J_l^2\left(V\sqrt{1-b}\right)}{J_{l+1}\left(V\sqrt{1-b}\right)J_{l-1}\left(V\sqrt{1-b}\right)}\right] \tag{4.92}$$

4.7　单模光纤特性分析

4.7.1　单模光纤的特征方程及其 MATLAB 数值求解

根据 LP 模的本征方程及 V、U 和 W 的相互关系式，在 MATLAB 环境下调用相关的函数即可完成给定 V 值下 U 和 W 的数值求解。LP_{01} 模也称为光纤中的基模，根据其本征方程及 V、U 和 W 的相互关系式可得

$$\left.\begin{array}{l} V^2 = U^2 + W^2 \\ \dfrac{J_0(U)}{UJ_1(U)} = \dfrac{K_0(W)}{WK_1(W)} \end{array}\right\} \tag{4.93}$$

【例 4.2】　在 MATLAB 中数值求解零 LP_{01} 模的特征方程，并作出 $V-U$ 以及 $V-W$ 的关系曲线。

【分析】　在 MATLAB 中，Bessel 函数（第一类）及变型 Bessel 函数（第一类）分别为 besselj(nu,Z) 和 besselk(nu,Z)。利用上述关系式，调用 fzero() 函数即可求得给定 V 值下 U 和 W 的数值。程序代码如下：

```
1 clear
2 close all
3 tic            %程序运行开始计时
4 Vmax = 10;     %V的最大值为10
5 N =100;        %共计算(0.1,10)中的100个点
6
7 for j = 1:N
8     V(j) = j/N*Vmax;
9     Vtemp = V(j);
10
11    Utemp = NaN;
12    i = 0;
13
14    while (isnan(Utemp)  && i<N+1)
15        init = Vtemp*(i+1)/N-eps;
16        try
17          Utemp = fzero(@(Utemp) ...     % 调用fzero求解本征方程
18              besselj(0,Utemp)/(Utemp*besselj(1,Utemp)) - ...
```

```
19              besselk(0,sqrt(Vtemp^2-Utemp^2))/ ...
20          (sqrt(Vtemp^2-Utemp^2)*besselk(1,sqrt(Vtemp^2-Utemp^2)))),init);
21          catch
22          end
23          i = i+1;
24      end
25
26      U(j) = Utemp;
27 end
28
29 W = sqrt(V.^2-U.^2);
30 Ymax = ceil(max([U,W]));
31
32 figure
33 subplot(1,2,1)            %作V-U曲线图
34 plot(V,U,'r');
35 axis equal
36 axis([0 Vmax 0 Ymax])
37 xlabel('V')
38 ylabel('U')
39 title('LP_{01}__V-U')
40
41 subplot(1,2,2)            %作V-W曲线图
42 plot(V,W,'r');
43 axis equal
44 axis([0 Vmax 0 Ymax])
45 xlabel('V')
46 ylabel('W')
47 title('LP_{01}__V-W')
48
49 toc                        %程序运行结束计时
```

程序运行后得到如图4.8所示的LP_{01}模数值求解得到的$V-U$和$V-W$曲线。

在MATLAB的命令窗口中，可以看到"Elapsed time is 54.023923 seconds."，表明程序运行了54 s。

从图4.8可以看出，程序代码执行后，在V值取0.1、0.2和0.3时，都没有求得对应U和W的数值解；当V值取0.4、0.5和0.6时，U的数值解与V相同，而W值非常接近于0。如果在MATLAB的命令窗口中输入

```
1 >> format long
2 >> [V' U' W']
3
4 ans =
5
6    0.100000000000000              NaN              NaN
7    0.200000000000000              NaN              NaN
```

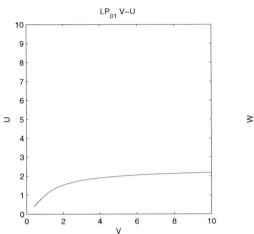 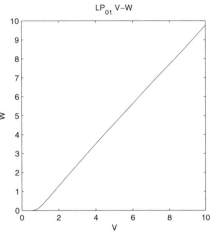

图 4.8　LP_{01} 模数值求解得到的 $V-U$ 和 $V-W$ 曲线

8	0.300000000000000	NaN	NaN
9	0.400000000000000	0.399999999963788	0.000005382352229
10	0.500000000000000	0.499999764803533	0.000484970526867
11	0.600000000000000	0.599973905351464	0.005595792822505
12	0.700000000000000	0.699571691585789	0.024483633958170
13	0.800000000000000	0.797433586926312	0.064028700141701
14	0.900000000000000	0.891337328836958	0.124570326409608
15	1.000000000000000	0.979310766796297	0.202362106227544
16	……		

就可以得到较长数据格式显示下 LP_{01} 模对应的 V、U 和 W 的数值解。可以看出，当 V 值取 0.4、0.5 和 0.6 时，U 的数值解与 V 非常接近。因此当 V 的值小于或者等于 0.5 时，可以认为 U 和 V 的值相等，而 W 的值接近于 0。表 4.7 列出了 V 从 0.1 增加到 10 时对应的 U 和 W 的值。

在很多情况下，可以用近似公式来计算 W 和 U。从图 4.8 的 $V-W$ 曲线，可以看出在某些区域，$V-W$ 曲线具有很好的线性度，因此可以用多项式拟合来得到 $V-W$ 的近似关系，从而能够很方便地根据 V 得到 W 的近似值。

【例 4.3】　根据例 4.2 计算得到的 V 和 W 的数值，拟合 $V \in [1.5, 2.4]$ 区间的 V 和 W 线性关系式，并给出拟合得到数值的最大误差。

【分析】　在 MATLAB 中提供了专门的多项式拟合函数 polyfit() 用于根据给定的数值拟合多项式，调用该函数即可求得给定区间的 V 和 W 线性关系式。程序代码如下：

```
1 NN = 15:24; %待拟合的数据区间
2 x = V(NN);
3 y = W(NN);
4 p = polyfit(x,y,1); %线性拟合
5 f = polyval(p,x); %拟合得到的数值
6 maxerr = max(y-f); %拟合曲线的最大误差
7 figure
8 plot(x,y,'o',x,f,'-')
9 xlabel('V')
```

若您对此书内容有任何疑问，可以登录 MATLAB 中文论坛与同行们讨论交流。

155

表4.7　LP$_{01}$模对应的V、U和W的数值解

V	U	W	V	U	W	V	U	W
0.1	0.1	0	3.4	1.833 6	2.863 2	6.7	2.087 7	6.366 4
0.2	0.2	0	3.5	1.847 3	2.972 8	6.8	2.091 9	6.470 2
0.3	0.3	0	3.6	1.860 4	3.082 0	6.9	2.096 0	6.574 0
0.4	0.4	0	3.7	1.872 8	3.191 0	7.0	2.099 9	6.677 6
0.5	0.5	0.000 5	3.8	1.884 7	3.299 7	7.1	2.103 8	6.781 2
0.6	0.6	0.005 6	3.9	1.896 1	3.408 1	7.2	2.107 6	6.884 6
0.7	0.699 6	0.024 5	4,0	1.906 9	3.516 2	7.3	2.111 2	6.988 0
0.8	0.797 4	0.064 0	4.1	1.917 3	3.624 1	7.4	2.114 8	7.091 4
0.9	0.891 3	0.124 6	4.2	1.927 2	3.731 7	7.5	2.118 3	7.194 6
1.0	0.979 3	0.202 4	4.3	1.936 8	3.839 1	7.6	2.121 7	7.297 8
1.1	1.060 3	0.292 8	4.4	1.945 9	3.946 3	7.7	2.125 1	7.401 0
1.2	1.134 1	0.392 1	4.5	1.954 7	4.053 3	7.8	2.128 3	7.504 0
1.3	1.201 1	0.497 3	4.6	1.963 2	4.160 0	7.9	2.131 5	7.607 0
1.4	1.261 8	0.606 5	4.7	1.971 4	4.266 6	8.0	2.134 6	7.710 0
1.5	1.316 9	0.718 2	4.8	1.979 2	4.373 0	8.1	2.137 6	7.812 8
1.6	1.367 0	0.831 5	4.9	1.986 8	4.479 1	8.2	2.140 6	7.915 7
1.7	1.412 7	0.945 7	5.0	1.994 1	4.585 2	8.3	2.143 5	8.018 4
1.8	1.454 5	1.060 4	5.1	2.001 1	4.691 0	8.4	2.146 3	8.121 2
1.9	1.492 8	1.175 3	5.2	2.007 9	4.796 7	8.5	2.149 1	8.223 8
2.0	1.528 2	1.290 2	5.3	2.014 5	4.902 2	8.6	2.151 8	8.326 4
2.1	1.560 8	1.404 9	5.4	2.020 8	5.007 6	8.7	2.154 5	8.429 0
2.2	1.591 1	1.519 4	5.5	2.027 0	5.112 9	8.8	2.157 1	8.531 5
2.3	1.619 1	1.633 6	5.6	2.032 9	5.218 0	8.9	2.159 6	8.634 0
2.4	1.645 3	1.747 5	5.7	2.038 7	5.322 9	9.0	2.162 1	8.736 4
2.5	1.669 7	1.860 6	5.8	2.044 3	5.427 8	9.1	2.164 6	8.838 8
2.6	1.692 6	1.973 6	5.9	2.049 7	5.532 5	9.2	2.167 0	8.941 2
2.7	1.714 0	2.086 2	6.0	2.054 9	5.637 1	9.3	2.169 3	9.043 5
2.8	1.734 2	2.198 3	6.1	2.060 0	5.741 6	9.4	2.171 6	9.145 7
2.9	1.753 2	2.310 1	6.2	2.065 0	5.846 0	9.5	2.173 9	9.247 9
3.0	1.771 1	2.421 4	6.3	2.069 8	5.950 3	9.6	2.176 1	9.350 1
3.1	1.788 0	2.532 4	6.4	2.074 5	6.054 5	9.7	2.178 2	9.452 3
3.2	1.804 0	2.643 0	6.5	2.079 0	6.158 6	9.8	2.180 4	9.554 4
3.3	1.819 2	2.753 3	6.6	2.083 4	6.262 5	9.9	2.182 5	9.656 4
						10.0	2.184 5	9.758 5

```
10 ylabel('W')
```

程序运行后得到如图4.9所示的LP$_{01}$模在$V \in [1.5, 2.4]$区间的V和W线性拟合曲线。

在MATLAB命令窗口中可以得到拟合系数p和最大误差maxerr分别为

```
1 >> p
2
3 p =
4
5      1.1450   -1.0001
6
7 >> maxerr
8
9 maxerr =
10
11  8.0606e-004
```

即可得

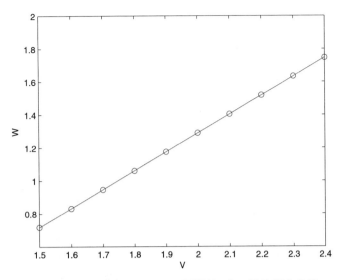

图 4.9　LP_{01} 模在 $V \in [1.5, 2.4]$ 区间的 V 和 W 线性拟合曲线

（1）$V \in [1.5, 2.4]$

$$W \approx 1.145V - 1.0001 \quad （误差 < 1 \times 10^{-3}） \tag{4.94}$$

同样可以得到其他区间及更高精度的 V 和 W、U 的近似关系如下：

（2）$V \in [1.5, 3.0]$

$$W \approx 1.1377V - 0.9862 \quad （误差 < 5 \times 10^{-3}） \tag{4.95}$$
$$W \approx -0.0122V^2 + 1.1926V - 1.0454 \quad （误差 < 3 \times 10^{-3}） \tag{4.96}$$

（3）$V \in [1.5, 4.0]$

$$W \approx 0.0033V^4 - 0.0381V^3 + 0.1440V^2 + 0.9223V - 0.8779 \quad （误差 < 8 \times 10^{-4}） \tag{4.97}$$
$$U \approx -0.0071V^4 + 0.1007V^3 - 0.5698V^2 + 1.6390V - 0.1630 \quad （误差 < 5 \times 10^{-4}） \tag{4.98}$$

由于作为比较标准的式(4.93)本身也是弱导条件下的近似式，其误差量级为 $\Delta(U/V)^2$，典型值约为 10^{-3}，故谋求精度更高的近似表达式没有实际意义。

4.7.2　单模光纤的一维模场分布

单模光纤中 LP_{01} 模在纤芯区和包层区的归一化电场分布为

$$E(R_a) = \begin{cases} J_0(UR_a), & R_a \leqslant 1 \\ J_0(U)\dfrac{K_0(WR_a)}{K_0(W)}, & R_a > 1 \end{cases} \tag{4.99}$$

利用上述关系式，即可得出归一化的 LP_{01} 模在纤芯区和包层区的电场分布曲线。

157

【例4.4】 在MATLAB中作图，给出单模光纤中LP_{01}模在V分别为0.8、1.6和2.4时，电场分量E相对归一化直径R_a的归一化曲线。

【分析】 先根据表4.7得到V分别为0.8、1.6和2.4时，对应的U分别为0.7974、1.3670和1.6453，对应的W分别为0.0640、0.8315和1.7473。然后根据式(4.99)可以得到归一化的LP_{01}模在纤芯区和包层区的电场分布曲线。程序代码如下：

```
1  clear
2  close all
3
4  V = [0.8000    1.6000    2.4000];    %LP01模的三个V值
5  U = [0.7974    1.3670    1.6453];    %LP01模的对应的三个U值
6  W = [0.0640    0.8315    1.7473];    %LP01模的对应的三个W值
7
8  Ra1 = -1:0.01:1;
9  Ra2 = [-5:0.01:-1];
10 Ra3 = [1:0.01:5];
11
12 E1 = zeros(length(V),length(Ra1));
13 E2 = zeros(length(V),length(Ra2));
14 E3 = zeros(length(V),length(Ra3));
15
16 for i = 1:length(V)
17     E1(i,:) = besselj(0,U(i)*Ra1);
18     E2(i,:) = besselj(0,U(i)).*besselk(0,W(i).*abs(Ra2))./besselk(0,W(i));
19     E3(i,:) = besselj(0,U(i)).*besselk(0,W(i).*abs(Ra3))./besselk(0,W(i));
20 end
21 R = [Ra2 Ra1 Ra3];
22 E = [E2 E1 E3];
23
24 plot(R,E)
25 xlabel('R_a=r/a')
26 ylabel('E')
27 hold on
28 plot([-1 -1],[0 1],'b--',[1 1],[0,1],'b--')
```

程序运行后得到的单模光纤中LP_{01}模的电场分量E相对归一化直径R_a的归一化曲线如图4.10所示。

由于对应的纤芯区和包层区的光强分布为$I(R_a) = E^2(R_a)$，因此可以得到单模光纤中LP_{01}模的光强I相对归一化直径R_a的关系为

$$I(R_a) = \begin{cases} J_0^2(UR_a), & R_a \leqslant 1 \\ J_0^2(U)\dfrac{K_0^2(WR_a)}{K_0^2(W)}, & R_a > 1 \end{cases} \tag{4.100}$$

根据式(4.100)，修改例4.4程序代码的第17～19行，于是得到LP_{01}模的光强I相对归一化直径R_a的归一化曲线，如图4.11所示。

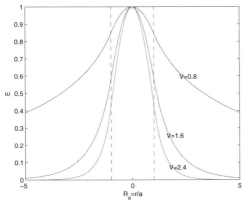
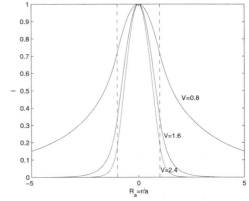

图 4.10　电场 E 相对归一化直径 R_a 的归一化曲线　　图 4.11　光强 I 相对归一化直径 R_a 的归一化曲线

从图中可以看出随着 V 的逐渐增大，单模光纤中 LP_{01} 模的模场分布更加集中在纤芯（图中两虚线之间的区域）内。前面分析过，W 表征导波模场在包层区的衰减快慢，W 越大则导波模场在包层区的衰减越快。为了限制高阶模出现，V 参数必须很小，这带来一个问题。根据前面的数值解结果，此时基模 LP_{01} 的场将显著地延伸进入包层介质。例如 V 小于1.4，将近一半的模式能量在包层中，界面外的渐消尾伸得很远。为降低传输损耗，包层介质必须很纯而且足够厚。因此，对于单模光纤中的 LP_{01} 模，为了确保尽可能多的导波模能量在纤芯中传输，V 值的选取要足够大，需要在指定的工作波长上，恰当设计光纤有关的几何尺寸及芯区和包层区折射率，使光纤的 V 接近2.4048，使次阶模 LP_{11} 截止，光纤中便只能传输唯一的模式 LP_{01}。

4.7.3　单模光纤的二维模场分布

根据 LP_{01} 模在纤芯区和包层区的电场分布公式(4.99)，并利用表4.7已得到的 LP_{01} 模 V、U 和 W 数值关系，结合 MATLAB 强大的二维作图功能，可以得到 LP_{01} 模场分布的二维图示。

【例 4.5】　在 MATLAB 中进行二维作图，给出单模光纤中 LP_{01} 模在 V 为2.4时，归一化电场分量 E 相对归一化直径 R_a 的二维分布图。

【分析】　在 MATLAB 中利用二维强度作图函数 imagesc()、等高线图作图函数 contour() 并结合矢量作图函数 quiver3() 可以得到归一化电场分量 E 相对归一化直径 R_a 各种不同形态的二维分布图。程序代码如下：

```
1 clc,clear,close all
2
3 V = 2.4000;          %设置单模光纤的归一化工作频率V的取值
4 U = 1.6453;          %设置单模光纤的归一化横向相位参数U的取值
5 W = 1.7473;          %设置单模光纤的归一化横向衰减参数W的取值
6
7 Npoint = 21;         %设置二维作图的分辨率
8 Rx = 2;              %设置横坐标方向的归一化半径取值范围
9 Ry = 2;              %设置纵坐标方向的归一化半径取值范围
10
11 %网格设定及计算
12 x = linspace(-Rx,Rx,Npoint);
```

若您对此书内容有任何疑问，可以登录 MATLAB 中文论坛与同行们讨论交流。

```
13 y = linspace(-Ry,Ry,Npoint);
14 X = meshgrid(x,y);
15 Y = meshgrid(y,x);
16 Y = Y';
17 R = sqrt(X.^2 + Y.^2);
18
19 %单模光纤纤芯和包层中的电场分量计算
20 E1 = besselj(0,U*R);
21 E2 = besselj(0,U).*besselk(0,W.*R)./besselk(0,W);
22 E = E1;
23 pos = find(R>=1);
24 E(pos) = E2(pos);
25
26 %单模光纤纤芯和包层中的电场分量的二维强度作图
27 imagesc(x,y,E)
28 colormap(gray),colorbar
29 xlabel('x'),ylabel('y'),title('E')
30
31 %单模光纤纤芯和包层中的电场分量的等高线图
32 figure
33 contour(x,y,E),colorbar
34 axis equal
35 xlabel('x'),ylabel('y'),title('E')
36
37 %单模光纤纤芯和包层中的电场分量的等高线结合梯度矢量图
38 figure
39 [px,py] = gradient(E);
40 contour(X,Y,E), hold on
41 quiver(X,Y,px,py), hold off
42 axis equal
```

程序运行后可以得到如图4.12所示的$V=2.4$时单模光纤中电场分量E相对归一化直径R_a的二维强度分布图，以及如图4.13和图4.14所示对应的电场分量E的等高线图和梯度矢量图。

从图4.12中可以看出单模光纤中电场分量E的二维强度分布由非常明显的不同灰度值的小方格构成，这是由于在MATLAB程序代码的第7行对二维作图的分辨率设置偏低所致。如果把分辨率的设置值由21分别改为41和201，则可以得到如图4.15和图4.16所示的更高分辨率的电场分量E的二维强度分布图。

【例4.6】 在MATLAB中进行二维作图，给出单模光纤中LP$_{01}$模在V为2.4时，归一化光强I相对归一化直径R_a的二维分布图。

【分析】 在MATLAB中利用二维强度作图函数imagesc()作图。程序代码如下：

```
1 clc,clear,close all
2
```

160

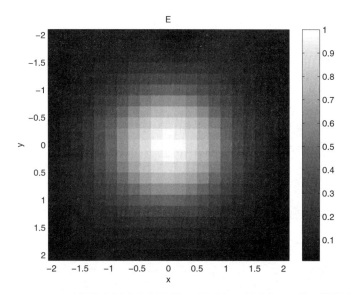

图 4.12 $V = 2.4$ 时单模光纤中电场分量 E 相对归一化直径 R_a 的二维强度分布图

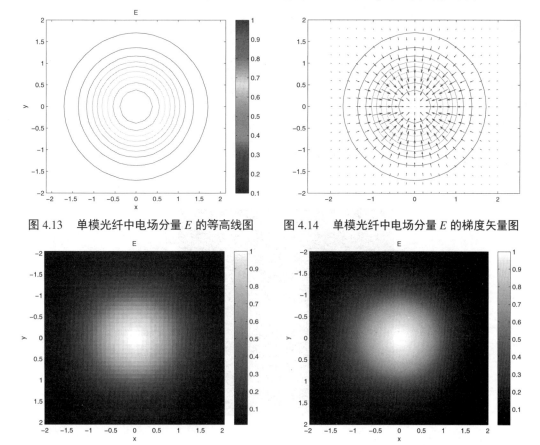

图 4.13 单模光纤中电场分量 E 的等高线图　　图 4.14 单模光纤中电场分量 E 的梯度矢量图

图 4.15 E 的二维强度分布图（分辨率 41×41）　　图 4.16 E 的二维强度分布图（分辨率 201×201）

```
3 V = 2.4000;          %设置单模光纤的归一化工作频率V的取值
4 U = 1.6453;          %设置单模光纤的归一化横向相位参数U的取值
5 W = 1.7473;          %设置单模光纤的归一化横向衰减参数W的取值
```

若您对此书内容有任何疑问，可以登录 MATLAB 中文论坛与同行们讨论交流。

```
 6
 7 Npoint = 501;        %设置二维作图的分辨率
 8 Rx = 2;              %设置横坐标方向的归一化半径取值范围
 9 Ry = 2;              %设置纵坐标方向的归一化半径取值范围
10
11 %网格设定及计算
12 x = linspace(-Rx,Rx,Npoint);
13 y = linspace(-Ry,Ry,Npoint);
14 X = meshgrid(x,y);
15 Y = meshgrid(y,x);
16 Y = Y';
17 R = sqrt(X.^2 + Y.^2);
18
19 %单模光纤纤芯和包层中的光强分布计算
20 I1 = besselj(0,U*R).^2;
21 I2 = (besselj(0,U).*besselk(0,W.*R)./besselk(0,W)).^2;
22 I = I1;
23 pos = find(R>=1);
24 I(pos) = I2(pos);
25
26 %单模光纤纤芯和包层中的光强分布的二维强度作图
27 imagesc(x,y,I,[0 1]);
28 colormap(gray),colorbar
29 xlabel('x'),ylabel('y'),title('I')
```

程序运行后可以得到如图4.17所示的 $V = 2.4$ 时单模光纤中光强 I 相对归一化直径 R_a 的二维分布。

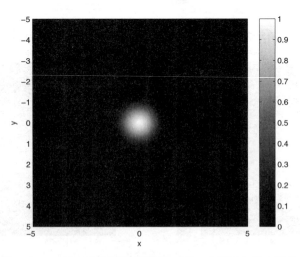

图 4.17 $V = 2.4$ 时光纤中光强 I 相对归一化直径 R_a 的二维分布

对例4.6的程序代码进行简单修改，就能得到 $V = 1.6$ 和 $V = 0.8$ 时单模光纤中光强 I 相对归一化直径 R_a 的二维分布分别如图4.18和图4.19所示。

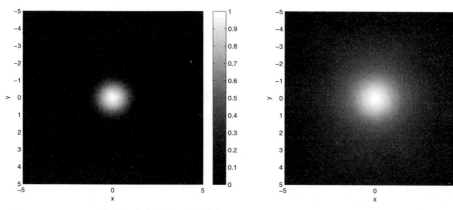

图 4.18　$V=1.6$ 时光纤中光强的二维分布　　　图 4.19　$V=0.8$ 时光纤中光强的二维分布

4.7.4　单模光纤的三维模场分布及动画演示

MATLAB 具有强大的三维作图功能。根据 LP$_{01}$ 模在纤芯区和包层区的电场分布公式(4.99)，并利用表 4.7 已得到的 LP$_{01}$ 模 V、U 和 W 数值关系，结合 MATLAB 强大的三维作图功能，可以得到 LP$_{01}$ 模场分布的三维图示。

【例 4.7】　在 MATLAB 中进行三维作图，给出单模光纤中 LP$_{01}$ 模在 V 为 2.4 时，归一化电场分量 E 和归一化光强 I 相对归一化直径 R_a 的三维分布图。

【分析】　在 MATLAB 中利用三维作图函数 surf() 作图。程序代码如下：

```
1 clc,clear,close all
2
3 V = 2.4000;        %设置单模光纤的归一化工作频率V的取值
4 U = 1.6453;        %设置单模光纤的归一化横向相位参数U的取值
5 W = 1.7473;        %设置单模光纤的归一化横向衰减参数W的取值
6
7 %网格设定及计算
8 Npoint = 201;
9 R1 = linspace(0,1,Npoint);
10 R2 = linspace(1,5,Npoint);
11 Theta1 = linspace(0,2*pi,Npoint);
12 Theta2 = linspace(0,2*pi,Npoint);
13
14 E1 = zeros(Npoint,Npoint);
15 E2 = zeros(Npoint,Npoint);
16 I1 = E1; I2= E2;
17
18 %光纤纤芯中的光场分布
19 for i = 1:Npoint
20     E1(:,i) = besselj(0,U*R1);
21     I1(:,i) = E1(:,i).^2;
22 end
23
24 %光纤包层中的光场分布
```

```
25 for i = 1:Npoint
26     E2(:,i) = besselj(0,U).*besselk(0,W.*R2)./besselk(0,W);
27     I2(:,i) = E2(:,i).^2;
28 end
29
30 %极坐标变换为柱坐标，以便于作图
31 [Theta1 R1] = meshgrid(Theta1, R1);
32 [Theta2 R2] = meshgrid(Theta2, R2);
33 [X1 Y1] = pol2cart(Theta1,R1);
34 [X2 Y2] = pol2cart(Theta2, R2);
35
36 %LP01模的归一化电场分量三维作图并标注
37 figure
38 surf(X1,Y1,E1)
39 shading interp
40 hold on
41 surf(X2,Y2,E2)
42 shading interp
43 xlabel('x'),ylabel('y'),zlabel('E')
44 title(['LP_{01}_Mode,_V_=_' num2str(V)])
45
46 %LP01模的归一化光强三维作图并标注
47 figure
48 surf(X1,Y1,I1)
49 shading interp
50 hold on
51 surf(X2,Y2,I2)
52 shading interp
53 xlabel('x'),ylabel('y'),zlabel('I')
54 title(['LP_{01}_Mode,_V_=_' num2str(V)])
```

程序运行后可以得到如图4.20和图4.21所示的$V = 2.4$时单模光纤中归一化电场分量E和归一化光强I相对归一化直径R_a的三维分布图。

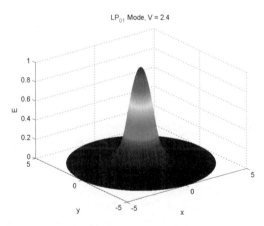

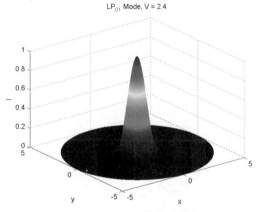

图 4.20 $V = 2.4$时光纤中电场分量的三维分布　　图 4.21 $V = 2.4$时光纤中光强的三维分布

利用 MATLAB 的动画制作功能，还可以作出光纤中电场分量的三维分布随时间变化的振型动画。只需要在例4.7程序代码的基础上，添加如下代码：

```matlab
1  %生成动画
2  numFrames = 100;                    %设置动画的总帧数
3  mov = moviein(numFrames);
4  figure('Renderer','zbuffer');        %打开新图形窗口
5  surf(X1,Y1,E1)
6  shading interp
7  xlabel('x'),ylabel('y'),zlabel('I')
8  title(['LP_{01}_Mode,_V_=_' num2str(V)])
9  axis([-inf,inf,-inf,inf,-1,1])
10 set(gca,'NextPlot','replaceChildren');
11
12 for k = 1:numFrames
13     scale = cos(2*pi*k/numFrames);
14     surf(X1,Y1,E1*scale)
15     shading interp
16     xlabel('x'),ylabel('y'),zlabel('I')
17     title(['LP_{01}_Mode,_V_=_' num2str(V)])
18     axis([-inf,inf,-inf,inf,-1,1])
19     view([-38,12])
20     hold on
21     surf(X2,Y2,E2*scale)
22     shading interp
23     axis([-inf,inf,-inf,inf,-1,1])
24     mov(k) = getframe;
25     hold off
26 end
27 movie(mov)    %播放动画
28
29 %将动画存储为GIF文件并播放
30 animated(1,1,1,numFrames) = 0;
31 for k=1:numFrames
32     if k == 1
33         [animated, cmap] = rgb2ind(mov(k).cdata,256,'nodither');
34     else
35         animated(:,:,1,k) = rgb2ind(mov(k).cdata,cmap,'nodither');
36     end
37 end
38 filename = 'LP01.gif';
39 imwrite(animated,cmap,filename,'DelayTime',0.1,'LoopCount', inf);
40 web(filename)
```

程序运行之后可以看到非常生动的光纤中 LP_{01} 模电场分量的三维分布随时间变化的振型动画，而且将生成文件名为 "LP01.gif" 的GIF 动画文件，可以插入到网页或者ppt文档中

展示该动画过程。

对例4.7的程序代码进行简单修改，还能得到$V=1.6$和$V=0.8$时LP_{01}模的归一化电场分量E和归一化光强I相对归一化直径R_a的三维分布图，分别如图4.22和图4.23所示。

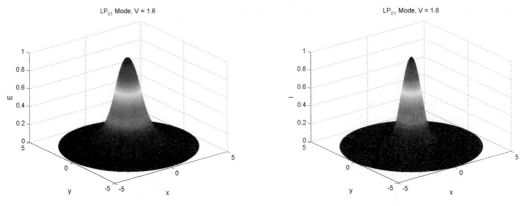

图4.22　$V=1.6$时光纤中LP_{01}模电场分量和光强的三维分布

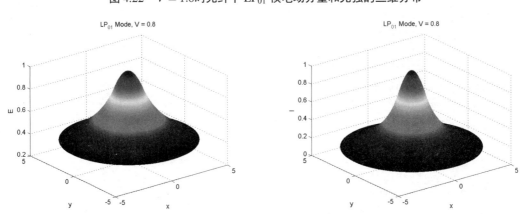

图4.23　$V=0.8$时光纤中LP_{01}模电场分量和光强的三维分布

4.7.5　单模光纤的归一化相位常数

根据4.3.5节的单模光纤归一化相位常数定义，以及表4.3中列出的LP_{01}模的模式特征方程，可以得到单模光纤的归一化相位常数b和归一化频率V满足如下特征方程：

$$V\sqrt{1-b}\frac{J_1(V\sqrt{1-b})}{J_0(V\sqrt{1-b})}-V\sqrt{b}\frac{K_1(V\sqrt{b})}{K_0(V\sqrt{b})}=0 \tag{4.101}$$

利用式(4.101)，可以在MATLAB中对LP_{01}模的归一化相位常数b进行数值求解。

【例4.8】　在MATLAB中数值求LP_{01}模的特征方程式(4.101)，并作出LP_{01}模$b-V$的关系曲线。

【分析】　在MATLAB中利用fzero()函数编程，求解特征方程式(4.101)。程序代码如下：

```
1 clc,clear,close all
2 tic          %程序运行开始计时
```

```
 3 Vmax = 10;      %V的最大值为10
 4 N =100;         %共计算(0.1,10)中的100个点
 5 V = (1:N)/N*Vmax;
 6 b = zeros(N,1);
 7
 8 %主循环，求解不同V对应的b值
 9 for j = 1:N
10     Vtemp = V(j);
11     btemp = NaN;
12     i = 0;
13     while (isnan(btemp)  && i<N+1)
14         init = (N-i)/N;
15         try
16          btemp = fzero(@(b) ...    %调用fzero求解本征方程
17             Vtemp*sqrt(1-b)*besselj(1,Vtemp*sqrt(1-b))/ ...
18             besselj(0,Vtemp*sqrt(1-b)) - Vtemp*sqrt(b)* ...
19             besselk(1,Vtemp*sqrt(b))/besselk(0,Vtemp*sqrt(b)),init);
20         catch
21         end
22         i = i+1;
23     end
24     b(j) = btemp;
25 end
26
27 plot(V,b,'r');          %作b-V曲线图
28 axis([0 Vmax 0 1])
29 xlabel('V')
30 ylabel('b')
31 title('LP_{01}')
32 grid on
33 toc                   %程序运行结束计时
```

167

　　程序运行后得到如图4.24所示的LP_{01}模的$b-V$关系曲线。

　　从图4.24可以看出，b的值限定在$[0,1]$之间，并且随着V增加，b也不断增加。对于V值在$1.5\sim2.4$的单模光纤，LP_{01}模的归一化相位常数b可以通过下式近似得出：

$$b \approx b_a = \left(1.1428 - \frac{0.996}{V}\right)^2 \tag{4.102}$$

　　与数值计算得到的结果相比，其相对误差小于0.1%。对此可以在MATLAB中编程进行验证，程序代码如下：

```
1 ba = (1.1428 - 0.996./V).^2;
2 figure
3 plot(V,(b-ba)/b)
4 xlabel('V')
5 ylabel('(b-ba)/b')
```

```
6 axis([1.5 2.4 -0.001 0.001])
```

程序运行后，得到如图4.25所示的LP_{01}模归一化相位常数b的数值解和根据式(4.102)得到的近似解相对误差。可以看出，利用公式(4.102)计算得到的LP_{01}模的归一化相位常数近似值b_a与数值计算得到的结果相比相对误差小于0.1%。

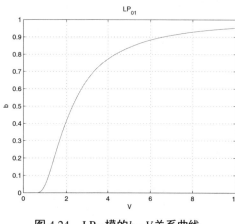

图4.24　LP_{01}模的$b-V$关系曲线

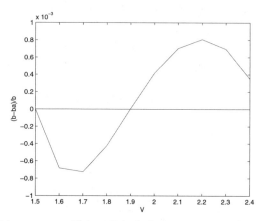

图4.25　LP_{01}模归一化相位常数b的数值解和近似解相对误差

4.7.6　单模光纤的光功率填充因子

对于单模光纤，其纤芯中的光功率填充因子可以根据式(4.91)进行计算。由于单模光纤中只有LP_{01}模，因此$l=0$，式(4.91)可以写为

$$\Gamma_{01}=\left(1-\frac{U^2}{V^2}\right)\left[1-\frac{J_0^2(U)}{J_1(U)J_{-1}(U)}\right] \tag{4.103}$$

或者

$$\Gamma_{01}=b\left[1-\frac{J_0^2(V\sqrt{1-b})}{J_1(V\sqrt{1-b})J_{-1}(V\sqrt{1-b})}\right] \tag{4.104}$$

此外，还可以根据单模光纤中归一化光强公式(4.100)来计算其纤芯中的光功率填充因子，计算公式如下：

$$\Gamma_{01}=\frac{P_{\text{core}}}{P_{\text{core}}+P_{\text{clad}}}=\frac{\int_0^1 I(R_a)R_a\mathrm{d}R_a}{\int_0^\infty I(R_a)R_a\mathrm{d}R_a}=\frac{\int_0^1 J_0^2(UR_a)R_a\mathrm{d}R_a}{\int_0^1 J_0^2(UR_a)R_a\mathrm{d}R_a+\frac{J_0^2(U)}{K_0^2(W)}\int_1^\infty K_0^2(WR_a)R_a\mathrm{d}R_a} \tag{4.105}$$

【例4.9】　分别根据式(4.103)和式(4.105)，在MATLAB中数值求LP_{01}模在光纤纤芯中的功率填充因子，并作出$V-\Gamma_{01}$曲线。

【分析】　在例4.2程序代码运行之后，可以得到LP_{01}模对应的V、U和W值，再根据式(4.103)和式(4.105)在MATLAB中利用quad()函数等进行计算，并作图即可。程序代码如下：

```
1 %根据式(4.103)计算LP01模的光功率填充因子
2 Gamma1 =(1-U.^2./V.^2).*(1-besselj(0,U).^2./(besselj(1,U).*besselj(-1,U)));
```

```
3
4  %根据式(4.105)计算LP01模的光功率填充因子
5  for i = 1:length(V)
6      Pcore(i) = quad(@(R) R.*besselj(0,U(i)*R).^2,0,1);
7      Pclad(i) = quad(@(R) R.*besselj(0,U(i))^2.*besselk(0,W(i)*R).^2. ...
8                           /besselk(0,W(i))^2,1,5);
9      Gamma2(i) = Pcore(i)/(Pcore(i)+Pclad(i));
10 end
11
12 %作图并标注
13 figure
14 plot(V,Gamma1,V,Gamma2,'r--')
15 xlabel('V')
16 ylabel('\Gamma_{01}')
```

程序运行后得到如图4.26所示的$\Gamma_{01}-V$变化曲线。从图中可以看出当$V<1$时，根据式(4.105)通过积分计算得到的Γ_{01}计算结果与根据式(4.103)计算得到的结果误差较大，而当$V>1.5$时两者得到的结果趋于一致。这是因为根据前面的分析知道，当V值比较小时，光纤中的光功率大多分布在包层中。而在例4.9的程序代码第8行，积分上限为5，因此还有较大一部分包层中的光功率没有计算进去。要获得更为精确的计算结果，必须把积分上限加大到足够大，让包层中绝大多数光功率都处于积分限以内。如果将程序代码第7行的积分区间上限由5改为20，重新运行代码，就可以得到如图4.27所示的改变积分上限后的$\Gamma_{01}-V$变化曲线。从图中可以看出，这时两种方法计算得到的LP01模在光纤纤芯中的光功率填充因子Γ_{01}已经基本一致。

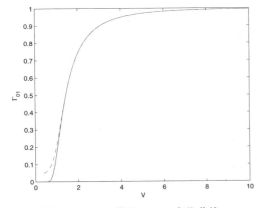

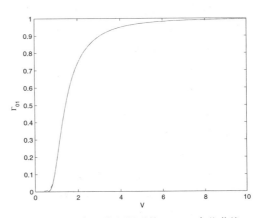

图 4.26 LP01模的$\Gamma_{01}-V$变化曲线　　　　图 4.27 改变积分上限后的$V-\Gamma_{01}$变化曲线

根据计算结果，可以得到一些典型值下V、Γ_{01}对应值，如表4.8所列。从表中的数据可以知道，对于单模光纤，其纤芯中的光功率填充因子Γ_{01}在V值接近截止条件（$V=2.4048$）时达到最大值，约为83%；而当V值小于1.4时，只有不到一半的光功率在光纤的纤芯中传输；当V值小于0.7时，只有约1%的光功率在光纤的纤芯中传输。由于在制作光纤的过程中，纤芯是高纯度的熔融石英，因而光在其中传输时的损耗非常小，相对而言光纤包层材料中的光传输损耗要大一些。为了尽量减小光在光纤传输过程中的损耗，要求尽可能多的光集中在光纤的纤芯中传输，因此要进行远距离光纤传输时，尽量选择对应工作波长接近截止条

件的单模光纤，或者说选择工作波长比截止波长稍大的单模光纤。

表 4.8　LP$_{01}$模的典型V、Γ_{01}对应值表

V	0.6	0.7	1.1	1.4	1.6	2.4	3.0	7.5
Γ_{01}	0.0010	0.0100	0.2541	0.4792	0.5916	0.8268	0.8973	0.9902

4.7.7　单模光纤的模场直径（模场半径）

在考查单模光纤的性能参数时，一个十分重要的性能参数是光纤中传输模场（而不是纤芯直径和数值孔径）的几何分布，即单模光纤的模场直径（mode feild diameter，MFD）或模场半径。模场半径可以由主模式LP$_{01}$模的模场分布决定。多模光纤的模场半径与纤芯半径几乎相等，但是单模光纤的模场半径一般不等于纤芯半径，这是因为单模光纤中并非所有的光都由纤芯承载并局限于纤芯内传播。

模场半径是单模光纤的一个极为重要的参数。由模场半径可以导出等效阶跃光纤（ESF）的构成参数，还可估算出单模光纤的连接损耗、弯曲损耗、微弯损耗以及光纤的色散等，因而被称为单模光纤的万用参数。

单模光纤中的基模（LP$_{01}$模）场在光纤的横截面内具有特定的模场分布。对于阶跃折射率光纤这个分布是零阶Bessel函数，但在一定的条件下可以近似为高斯函数；对于平方折射率光纤这个分布就是高斯函数；对于其他渐变型光纤，也可以通过某种近似方法，采用一种高斯函数来描述其场分布。而高斯函数的函数形式唯一地由其模场半径w_0来决定，w_0对应场强分布曲线中心最大值的e^{-1}（对强度或功率分布则是e^{-2}）处所对应的半径，这个参数描述了光功率在光纤中受约束的范围。

实际情况中，除了平方折射率光纤外，其他光纤的场分布都不同程度地偏离高斯分布。因此，模场半径w_0就取决于实际场分布与高斯分布的拟合方法。也就是说，单模光纤的模场半径不仅因测量方法的不同而有所差异，而且还受到模场半径定义的影响。

目前已经提出多种模场半径的定义，应用较广泛的有

(1)功率传输函数定义模场半径w_T；

(2)最大激发效率定义模场半径w_η；

(3)近场二阶矩定义模场半径w_{rms}；

(4)远场二阶矩定义模场半径w_L。

其中，前两种是国际电报电话咨询委员会（CTU-T）建议的定义。

在所有的这些方法中，最主要考虑的因素是如何近似描述电场的分布。当光纤的归一化频率$V>1.2$时，用高斯函数来近似描述光纤内模式LP$_{01}$模的模场分布能够获得很高的近似。此时，可以将电场分布近似为

$$E(r) = E_0 e^{-r^2/w_0^2} \tag{4.106}$$

式中，r是到光纤纤芯中点的距离；E_0是$r=0$处的场量值；w_0是电场分布的半宽度。于是可以定义式(4.106)中的全宽w_0为模场半径，也就是场量降至中心处的e^{-1}半径的2倍（等价于光功率降至中心处的e^{-2}半径）。因此，LP$_{01}$模的模场半径宽度w_0可以定义为

$$2w_0 = 2\left[\frac{2\int_0^\infty r^3 E^2(r)\mathrm{d}r}{\int_0^\infty r E^2(r)\mathrm{d}r}\right]^{1/2} \tag{4.107}$$

式中，$E(r)$代表LP$_{01}$模的场分布。这个定义并不是唯一的，还有好几种定义方式被提出来，实际中常用的有三种模场半径的定义，其中由Marcuse给出一种定义、Petermann 给出另外两种定义，分别记为w_M、w_{PI}和w_{PII}。测试光纤模场半径的实验手段和仪器也被开发出来，主要分为近场测试和远场测试两类。其中远场测试更为精确和简单。实际上，通信工业协会推荐使用Petermann给出的第二种模场半径定义w_{PII}，该参数基于远场测试并且能有效地反映光纤的特征。

1. Marcuse模场半径

高斯光束耦合进光纤基模的功率比率取决于其束腰半径w。Marcuse定义光纤的模场半径为具有最大功率耦合效率的高斯光束的半径，并且记为w_M。功率耦合效率T为

$$T = \left[\frac{2\sqrt{2\pi}}{w} \int_0^\infty e^{-r^2/w^2} R_0(r) r \mathrm{d}r \right]^2 \tag{4.108}$$

式中，w是高斯光束的束腰半径；$R_0(r)$是光纤中的模场分布函数。通过对式(4.108)进行微分，即可求得最大功率耦合效率为微分运算的0点，即

$$\frac{\mathrm{d}}{\mathrm{d}w} \left[\frac{2\sqrt{2\pi}}{w} \int_0^\infty e^{-r^2/w^2} R_0(r) r \mathrm{d}r \right] = 0 \tag{4.109}$$

经过简单的微分运算，可以得到w_M满足以下方程

$$w_M^2 = 2 \frac{\int_0^\infty e^{-r^2/w_M^2} R_0(r) r^3 \mathrm{d}r}{\int_0^\infty e^{-r^2/w_M^2} R_0(r) r \mathrm{d}r} \tag{4.110}$$

Marcuse对几种纤芯折射率呈幂率分布的光纤根据式(4.110)进行数值求解，总结得到模场半径相关的经验公式如下：

$$\frac{w_M}{a} = \frac{A}{V^{2/(\alpha+1)}} + \frac{B}{V^{3/2}} + \frac{C}{V^6} \tag{4.111}$$

其中，A、B和C与光纤的折射率剖面分布参数α的关系如下：

$$A = \left\{ \frac{2}{5} \left[1 + 4 \left(\frac{2}{\alpha} \right)^{5/6} \right] \right\}^{1/2} \tag{4.112}$$

$$B = e^{0.298/\alpha} - 1 + 1.478(1 - e^{-0.077\alpha}) \tag{4.113}$$

$$C = 3.76 + \exp(4.19/\alpha^{0.418}) \tag{4.114}$$

对于阶跃折射率光纤，Marcuse模场半径的经验公式为

$$\frac{w_M}{a} \approx 0.65 + \frac{1.619}{V^{3/2}} + \frac{2.879}{V^6} \tag{4.115}$$

2. 第一类Petermann模场半径

前面介绍的Marcuse模场半径w_M是根据高斯光束的最大功率耦合效率来定义的，这种定义方式在物理意义上很直观。但是，是否能够根据光纤内的模场分布函数$R_0(r)$来直接定义模场半径，或者根据光纤的远场辐射模式来定义模场半径？这就是两类Petermann模场半径w_{PI}和w_{PII}的来由。

式(4.110)中的积分项包含了光纤模场和输入高斯光束分布函数的乘积，Petermann将其中的高斯函数替换为光纤的模场分布函数$R_0(r)$，从而得到有关第一类Petermann模场半径定义的公式

$$w_{PI}^2 = 2\frac{\int_0^\infty [R_0(r)]^2 r^3 \mathrm{d}r}{\int_0^\infty [R_0(r)]^2 r \mathrm{d}r} \tag{4.116}$$

从式(4.116)中，可以得到$w_{PI}/\sqrt{2}$为光纤模场功率密度（$[R_0(r)]^2$）的均方根半径。一旦知道模场分布函数$R_0(r)$，就可以计算出光纤的模场半径。对于阶跃折射率光纤，光纤模场分布函数为满足式(4.99)的定义，将式(4.99)代入式(4.116)可以得到阶跃折射率光纤的第一类Petermann模场半径的相关公式为

$$\frac{w_M^2}{a^2} = \frac{3}{4}\left[\frac{J_0(V\sqrt{1-b})}{V\sqrt{1-b}J_1(V\sqrt{1-b})} + \frac{1}{2} + \frac{1}{V^2 b} - \frac{1}{V^2(1-b)}\right] \tag{4.117}$$

3. 第二类Petermann模场半径

式(4.116)中的模场半径定义只包含了光纤模场的近场特性，而在很多情况下希望利用光纤模场的远场特性。于是Petermann又定义了另外一种模场半径，即第二类Petermann模场半径，表示为

$$w_{PII}^2 = 2\frac{\int_0^\infty [R_0(r)]^2 r \mathrm{d}r}{\int_0^\infty \left[\frac{\mathrm{d}R_0(r)}{\mathrm{d}r}\right]^2 r \mathrm{d}r} \tag{4.118}$$

对于阶跃折射率光纤，第二类Petermann模场半径计算公式为

$$\frac{w_{PII}}{a} = \frac{\sqrt{2}}{V\sqrt{b}}\frac{J_1(V\sqrt{1-b})}{J_0(V\sqrt{1-b})} \tag{4.119}$$

根据公式(4.115)、式(4.117)和式(4.119)，可以在MATLAB中作出阶跃折射率光纤中归一化的模场半径相对于归一化频率V的关系曲线。在例4.8程序代码运行得到阶跃折射率光纤V、b等值的基础上，再运行下面的程序代码即可。

```
1 WM = 0.65+1.619./V.^(3/2)+2.879./V.^6;
2 WPI = sqrt(4/3*((besselj(0,V.*sqrt(1-b))./(V.*sqrt(1-b).* ...
3      besselj(1,V.*sqrt(1-b)))+1/2+1./(V.^2.*b)-1./(V.^2.*(1-b)))));
4 WPII = sqrt(2)./(V.*sqrt(b)).*besselj(1,V.*sqrt(1-b))./ ...
5      besselj(0,V.*sqrt(1-b));
6
7 plot(V,WM,'b-',V,WPI,'r--',V,WPII,'g-.')
8 axis([.5 5 0 3])
9 grid on
```

```
10 legend('w_{\rm M}/a','w_{{\rm_PI}}/a','w_{{\rm_PII}}/a')
11 xlabel('V')
12 ylabel('Mode_Field_Radius_w_{\rm M}/a,w_{{\rm_PI}}/a,w_{{\rm_PII}}/a_')
```

程序运行后得到如图4.28所示的阶跃折射率光纤的归一化模场半径与V的关系曲线,从图中可以看出,对于这三类光纤模场半径的定义,有

$$w_{\rm DII} < w_{\rm M} < w_{\rm DI} \tag{4.120}$$

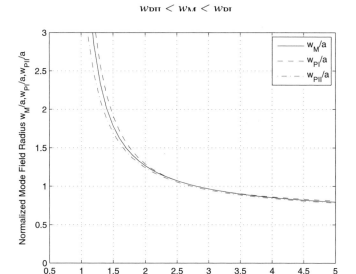

图4.28　阶跃折射率光纤的归一化模场半径与V的关系曲线

4.7.8　光纤中模场的高斯模型近似

根据模场半径就能够用高斯模型来近似单模光纤中的真实模场分布。式(4.106)给出$E(r) = E_0 \mathrm{e}^{-r^2/w_0^2}$,该模型由单个参数确定——模场直径（MFD）$2w_0$。在光纤为阶跃折射率光纤或简单的抛物线折射率分布时,这个公式与LP_{01}模场的实验测量非常近似。对于这些光纤,高斯模型表明MFD是控制单模光纤工作的主要参数。的确,MFD对于单模光纤就像纤芯直径和NA对多模光纤那样重要,因为MFD确定单模光纤中的功率限制。MFD的另一个观点:工作波长越接近截止波长,高斯模型就越接近于实际模场分布。

所以,如果使用高斯模型来描述光纤中模场分布,要知道的唯一参数是MFD=$2w_0$,那么如何得到w_0呢? 可以通过4.7.7节的Marcuse模场半径经验公式(4.115)、第一类Petermann模场半径公式(4.117)或者第二类Petermann模场半径公式(4.119)来计算得到w_0。但在实际情况中,较多采用Marcuse模场半径经验公式。

在V值较大时,也通过下面的近似公式计算模场半径:

$$\frac{w_0}{a} = \frac{1}{\sqrt{\ln V}} \tag{4.121}$$

以上模场半径计算公式说明MFD（实质上就是模场半径w_0）如何随纤芯半径改变,而纤芯半径对于给定的光纤是一个常数。式(4.115)和式(4.121)是用不同的方法推导出来的。为了解决到底使用哪一个公式,可以通过MATLAB编程画出两个公式给出的规格化MFD随光纤V值变化的曲线。程序代码如下:

```
1 V = 1:0.01:2.5;
2 MFD1 = 0.65+1.619./V.^(3/2)+2.879./V.^6;
3 MFD2 = 1./sqrt(log(V));
4 plot(V,MFD1,V,MFD2,'r--')
5 xlabel('V')
6 ylabel('w_0/a')
```

程序运行后得到如图4.29所示的规格化MFD随V值变化的曲线，其中实线根据式(4.115)作出，虚线根据式(4.121)作出。从图中可以看出，当$V > 2$时两个公式得到的结果非常接近。

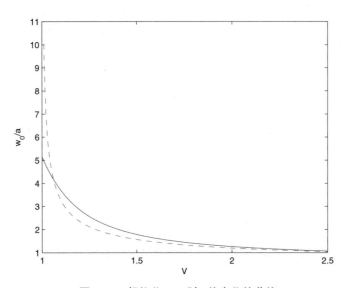

图 4.29 规格化MFD随V值变化的曲线

使用式(4.115)和式(4.121)，需要知道光纤的V值，而制造商提供的通常不是V值，而是光纤的截止波长。幸好可以通过(4.15)和式(4.6)得到它们之间的关系。

采用高斯模型来描述光纤中的光场分布时会遇到两种形式，一种是电场强度分布$E(r)$，而另一种是模场强度分布$I(r)$，其中模场强度通常与光功率等价。因为模场强度与电场强度平方成正比，即$I \propto e^2$，所以它们的表达式分别如下：

$$E(r) = E_0 e^{-r^2/w_0^2} \tag{4.122}$$

$$I(r) = I_0 e^{-2r^2/w_0^2} \tag{4.123}$$

因此，$2w_0$定义为$E(r)$变为E_0的e^{-1}时的直径，也等价于$2w_0$定义为$I(r)$变为I_0的e^{-2}时的直径。

采用高斯模型能够很简单地把光纤中的模场强度或者电场强度描述出来，但是高斯模型有一个主要缺点：当与专业精密测量的结果相比较时，存在系数上的不一致性。这是因为在前面的分析中得到，光纤中光场的模式行为是亥姆霍兹方程的解的形式，因此模场的精确解在纤芯中用第一类Bessel函数描述，在包层中用第二类变型Bessel函数描述。

【例4.10】 对于纤芯半径$a = 5\ \mu m$，数值孔径$NA = 0.1$的单模光纤，分别计算出其在$1.32\ \mu m$和$1.55\ \mu m$的模场直径，并在MATLAB中作图比较其中的模场强度分布的高斯模型和精确解的曲线。

【分析】　首先利用式(4.6)计算出对应波长的V值，然后分别利用式(4.94)和式(4.10)计算得到W和U，再通过式(4.115)计算出对应波长的MFD，最后再利用高斯模型公式(4.123)和精确解模型公式(4.100)即可得到对应的模场强度分布曲线。程序代码如下：

```
1  clc,clear,close all
2
3  a = 5e-6;
4  NA = 0.1;
5  lambda = [1.32e-6 1.55e-6];
6
7  V = 2*pi*a*NA./lambda;
8  W = 1.145*V - 1.0001;
9  U = sqrt(V.^2-W.^2);
10 MFD = (0.65+1.619./V.^(3/2)+2.879./V.^6)*2*a;
11
12 r = linspace(-3*a,3*a,100);
13 for i = 1:length(lambda)
14     subplot(1,length(lambda),i)
15     IrB = (besselj(0,U(i).*besselk(0,W(i).*abs(r/a))./besselk(0,W(i)))).^2;
16     IrB(find(abs(r)<a)) = besselj(0,U(i)*r(find(abs(r)<a))/a).^2;
17     IrG = exp(-2*r.^2/(MFD(i)/2)^2);
18     plot(r,IrG,r,IrB,'r--')
19     axis([-3*a 3*a 0 1])
20     title(['\lambda_=_' num2str(lambda(i)) ',V=' num2str(V(i))])
21     xlabel('r')
22     ylabel('I(r)')
23
24     line([-MFD(i)/2 MFD(i)/2],[exp(-2) exp(-2)])
25     text(-a,exp(-2)+.02,['MFD=' num2str(MFD(i))])
26 end
```

　　程序运行后得到如图4.30所示的光纤中模场强度分布的高斯模型（实线）和精确解（虚线）曲线，从图中可以看出，高斯模型与精确解在一定程度上是非常接近的，因此可以在很多情况下用高斯模型来描述光纤中LP_{01}模的模场分布。通过程序运行的结果还可得到波长分别为$1.32\,\mu m$和$1.55\,\mu m$时，光纤对应的MFD分别为$11.068\,\mu m$和$12.526\,\mu m$，这也说明MFD在$1.55\,\mu m$处要比$1.32\,\mu m$处大。更为一般的情况是，单模光纤的MFD随着波长的增加而变大。

4.8　多模光纤特性分析

4.8.1　多模光纤的特征方程及其MATLAB数值求解

　　单模光纤中只有LP_{01}模存在，而在多模光纤中存在更多更高阶的模式。下面就多模光纤中一些典型的低阶模进行分析。

　　在4.5节中，分析了光纤中LP模的简并及其特征方程，根据表4.3，可以得到LP_{1m}模是由一个TE_{0m}模、一个TM_{0m}模以及两个HE_{2m}一共4个模式简并而成的，其特征方程为

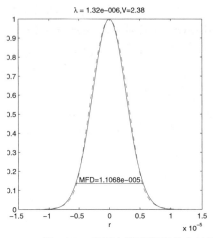 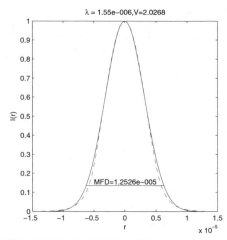

图 4.30　光纤中模场强度分布的高斯模型（实线）和精确解（虚线）

$$\frac{J_1(U)}{UJ_0(U)} = -\frac{K_1(W)}{WK_0(W)} \tag{4.124}$$

仿照单模光纤的特征方程求解，可以在MATLAB中调用fzero()函数对式(4.124)所描述的LP_{1m}模的特征方程进行数值求解。

【例4.11】　在MATLAB中数值求解零LP_{11}模的特征方程，并作出其$V-U$以及$V-W$的关系曲线。

【分析】　参考例4.2，在MATLAB中调用fzero()函数即可求得给定V值下U和W的数值。
程序代码如下：

```
1  clc,clear,close all
2  tic          %程序运行开始计时
3  Vmax = 10;   %V的最大值为10
4  N =100;      %共计算(0.1,10)中的100个点
5
6  for j = 1:N
7      V(j) = j/N*Vmax;
8      Vtemp = V(j);
9
10     Utemp = NaN;
11     i = 0;
12
13     while (isnan(Utemp)  && i<N+1)
14         init = 3.5*(N-i)/N;
15         try
16             Utemp = fzero(@(Utemp) ...     % 调用求解本征方程fzero
17             besselj(1,Utemp)/(Utemp*besselj(0,Utemp)) + ...
18             besselk(1,sqrt(Vtemp^2-Utemp^2))/(sqrt(Vtemp^2-Utemp^2) * ...
19             besselk(0,sqrt(Vtemp^2-Utemp^2))),init);
20         catch
```

```
21          end
22          i = i+1;
23      end
24
25      U(j) = Utemp;
26 end
27
28 W = sqrt(V.^2-U.^2);
29 Ymax = ceil(max([U,W]));
30
31 figure
32 subplot(1,2,1)          %作V-U曲线图
33 plot(V,U);
34 axis equal
35 axis([0 Vmax 0 Ymax])
36 xlabel('V')
37 ylabel('U')
38 title('LP_{11}_V-U')
39
40 subplot(1,2,2)          %作V-W曲线图
41 plot(V,W);
42 axis equal
43 axis([0 Vmax 0 Ymax])
44 xlabel('V')
45 ylabel('W')
46 title('LP_{11}_V-W')
47
48 toc                     %程序运行结束计时
```

程序运行后得到如图4.31所示的LP_{11}模数值求解得到的$V-U$和$V-W$曲线。从图中可以看出，$V-U$曲线的数值解起点在$V=2.5$处，也就是说当$V<2.4$时，没有对应的U值的数值解。这是因为特征方程式(4.124)在$V<2.4$时无解，严格地说应该是当V小于零阶Bessel函数的第一个零点2.4048时，特征方程式(4.124)无解。这也佐证了当V小于2.4048时，只有LP_{01}的特征方程式有解，即此时光纤中只存在LP_{01}模。

如果将例4.11程序代码的第16行，改写为

```
init = Vmax*(N-i)/N;
```

然后再运行程序，可以得到如图4.32所示的$V-U$和$V-W$曲线。为什么只是修改了程序代码中的一个参数，得到的结果差别却如此之大呢？

仔细对比图4.31和图4.32中的$V-U$曲线可以看出，当$V<5.5$时两条曲线是相同，但是图4.32中的$V-U$曲线在$V=5.5$和$V=8.7$发生了两次阶跃突变。究其原因还得要从式(4.124)出发，由于LP_{1m}模的特征方程均为式(4.124)，也就是说不论m是多少，LP_{1m}模的V、U都满足式(4.124)，因此特征方程式(4.124)是一个多值方程，即同一个V值有可能对应不同的U值。而在MATLAB中编程调用fzero()函数来对LP_{1m}模的特征方程进行求解时，

若您对此书内容有任何疑问，可以登录MATLAB中文论坛与同行们讨论交流。

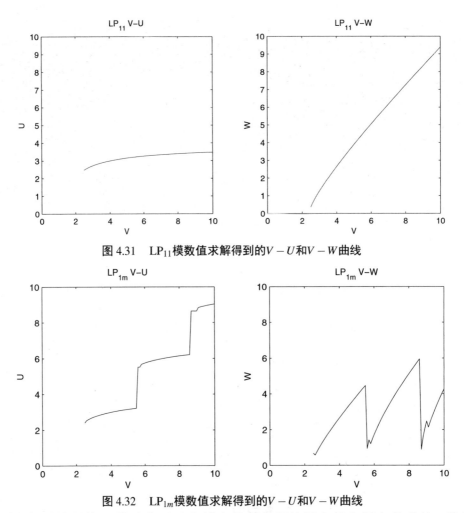

图 4.31　LP_{11} 模数值求解得到的 $V-U$ 和 $V-W$ 曲线

图 4.32　LP_{1m} 模数值求解得到的 $V-U$ 和 $V-W$ 曲线

fzero() 函数初始猜测值x0 的选取对于多值函数数值解的零点是有很大关系的。编程时采用了搜索的方法来求解特征方程，因此搜索的区间及方式都会对最后的数值解有影响。所以图4.32中的 $V-U$ 和 $V-W$ 曲线都各有三段，分别对应 LP_{11} 模、LP_{12} 模和 LP_{13} 模的 $V-U$ 和 $V-W$ 曲线。

对于 LP_{lm}（$l \geqslant 2$）也有类似的结果，留作本章后面的习题供大家练习。

4.8.2　多模光纤模式的二维光场分布

式(4.81)给出了阶跃折射率光纤中的光场分布，根据该式以及4.7节中计算得到的LP模对应的 V、U 以及 W，就能够在MATLAB中作出相应的 LP_{11} 模的二维、三维光场分布。

【例 4.12】　根据4.7节中求解 LP_{11} 模的特征方程，得到阶跃折射率光纤的 LP_{11} 模在 $V=5$ 时对应的 $U=3.1527$、$W=3.8808$，在MATLAB 中编程作出光纤中 LP_{11} 模的二维光场分布。

【分析】　参考例4.5和例4.6，在MATLAB中利用二维作图函数imagesc()和contour()作出 LP_{11} 模的二维光场分布。程序代码如下：

```
1 clc,clear,close all
```

```
2
3 V = 5.0000;        %设置LP11模的归一化工作频率V的取值
4 U = 3.1527;        %设置LP11模的归一化横向相位参数U的取值
5 W = 3.8808;        %设置LP11模的归一化横向衰减参数W的取值
6
7 Npoint = 201;      %设置二维作图的分辨率
8 Rx = 2;            %设置横坐标方向的归一化半径取值范围
9 Ry = 2;            %设置纵坐标方向的归一化半径取值范围
10
11 %网格设定及计算
12 x = linspace(-Rx,Rx,Npoint);
13 y = linspace(-Ry,Ry,Npoint);
14 X = meshgrid(x,y);
15 Y = meshgrid(y,x);
16 Y = Y';
17 R = sqrt(X.^2 + Y.^2);
18 Theta = atan2(Y,(X+eps));
19
20 %光纤纤芯中的电场分布
21 E1 = besselj(1,U*R).*cos(Theta);
22 %光纤包层中的电场分布
23 E2 = besselj(1,U)*besselk(1,W.*R).*cos(Theta)/besselk(1,W);
24
25 %光纤纤芯中的光强分布
26 I1 = E1.^2;
27 %光纤包层中的光强分布
28 I2 = E2.^2;
29
30 %归一化处理
31 I = I1;
32 E = E1;
33 pos = find(R>=1);
34 I(pos) = I2(pos);
35 E(pos) = E2(pos);
36 I = I/max(max(I1));
37 E = E/max(max(E1));
38
39 %多模光纤纤芯和包层中LP11模的电场分量的二维强度作图
40 imagesc(x,y,E)
41 colormap(gray),colorbar
42 xlabel('x'),ylabel('y'),title(['LP_{11}_Mode_E,_V_=_' num2str(V)])
43
44 %多模光纤纤芯和包层中LP11的电场分量的等高线图
45 figure
46 contour(x,y,E),colorbar
```

179

```
47 axis equal
48 xlabel('x'),ylabel('y'),title(['LP_{11}_Mode_E,_V_=_' num2str(V)])
49
50 %多模光纤纤芯和包层中LP11的电场分量的等高线结合梯度矢量图
51 figure
52 [px,py] = gradient(E);
53 contour(X,Y,E), hold on
54 quiver(X,Y,px,py), hold off
55 axis equal
56 xlabel('x'),ylabel('y'),title(['LP_{11}_Mode_E,_V_=_' num2str(V)])
57
58 %多模光纤纤芯和包层中LP11模的光强的二维强度作图
59 figure
60 imagesc(x,y,I)
61 colormap(gray),colorbar
62 xlabel('x'),ylabel('y'),title(['LP_{11}_Mode_I,_V_=_' num2str(V)])
```

程序运行后得到 $V = 5$ 时光纤中 LP_{11} 模的电场分量二维强度分布如图4.33所示，光强二维强度分布如图4.34所示，LP_{11} 模的电场分量等高线图和电场分量梯度矢量图则分别如图4.35和图4.36（为了能够清晰地显示电场分量的梯度矢量，对作图分辨率进行了适当的降低）所示。从图4.34中可以看出，LP_{11} 模此时有两个对称的主瓣。

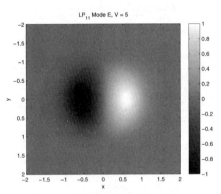

图 4.33　LP_{11} 模的电场分量二维强度分布

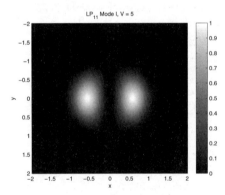

图 4.34　LP_{11} 模的光强二维强度分布

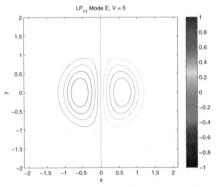

图 4.35　LP_{11} 模的电场分量等高线图

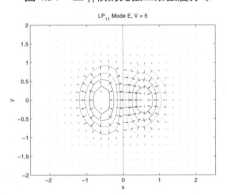

图 4.36　LP_{11} 模的电场分量梯度矢量图

同样也可以在MATLAB中编程作出 $V = 8$ 时光纤中 LP_{12} 模（对应的 $U = 6.1425$、$W =$

5.1253）二维光场分布，其电场分量二维强度分布如图4.37 所示，光强二维强度分布如图4.38所示。

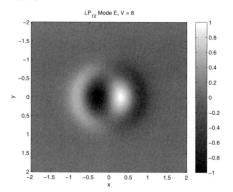

图 4.37　LP$_{12}$模的电场分量二维强度分布

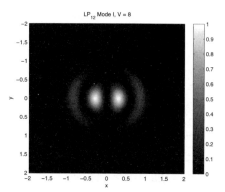

图 4.38　LP$_{12}$模的光强二维强度分布

LP$_{12}$模的电场分量等高线图和电场分量梯度矢量图则分别如图4.39和图4.40所示。从图4.38中可以看出，LP$_{12}$ 模此时除了两个对称的主瓣外，还有对称的旁瓣。

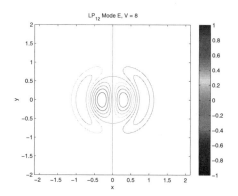

图 4.39　LP$_{12}$模的电场分量等高线图

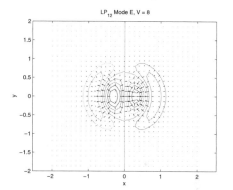

图 4.40　LP$_{12}$模的电场分量梯度矢量图

4.8.3　多模光纤模式的三维光场分布及动画演示

参考4.7.4节单模光纤的三维模场分布及动画演示也可以在 MATLAB 中编程作出多模光纤模式的三维光场分布及对应的动画演示。

【例 4.13】　根据例4.12中LP$_{11}$模的数据，在 MATLAB 中编程作出其在光纤中的三维光场分布。

【分析】　参考例4.7，在 MATLAB 中利用三维作图函数surf()来作出LP$_{11}$模的三维光场分布及其电场分量振型的动画演示。程序代码如下：

```
1 clc,clear,close all
2
3 V = 5.0000;      %设置LP11模的归一化工作频率V的取值
4 U = 3.1527;      %设置LP11模的归一化横向相位参数U的取值
5 W = 3.8808;      %设置LP11模的归一化横向衰减参数W的取值
6
7 %网格设定及计算
```

```matlab
 8 Npoint = 201;
 9 R1 = linspace(0,1,Npoint);
10 R2 = linspace(1,5,Npoint);
11 Theta1 = linspace(0,2*pi,Npoint);
12 Theta2 = linspace(0,2*pi,Npoint);
13
14 E1 = zeros(Npoint,Npoint);
15 E2 = zeros(Npoint,Npoint);
16 I1 = E1; I2= E2;
17
18 %光纤纤芯中的光场分布
19 for i = 1:Npoint
20     for j = 1:Npoint
21         E1(i,j) = besselj(1,U*R1(i))*cos(Theta1(j));
22         I1(i,j) = E1(i,j).^2;
23     end
24 end
25
26 %光纤包层中的光场分布
27 for i = 1:Npoint
28     for j = 1:Npoint
29         E2(i,j) = besselj(1,U).*besselk(1,W.*R2(i))./ ...
30             besselk(1,W)*cos(Theta1(j));
31         I2(i,j) = E2(i,j).^2;
32     end
33 end
34
35 %归一化处理
36 E2 = E2/max(max(E1));
37 E1 = E1/max(max(E1));
38 I2 = I2/max(max(I1));
39 I1 = I1/max(max(I1));
40
41 %极坐标变换为柱坐标，以便于作图
42 [Theta1 R1] = meshgrid(Theta1, R1);
43 [Theta2 R2] = meshgrid(Theta2, R2);
44 [X1 Y1] = pol2cart(Theta1,R1);
45 [X2 Y2] = pol2cart(Theta2,R2);
46
47 %三维作图并标注
48 figure,surf(X1,Y1,E1)
49 shading interp
50 hold on
51 surf(X2,Y2,E2)
52 shading interp
```

```
53 xlabel('x'),ylabel('y'),zlabel('E')
54 title(['LP_{11}_Mode,_V_=_' num2str(V)])
55 figure,surf(X1,Y1,I1)
56 shading interp
57 hold on
58 surf(X2,Y2,I2)
59 shading interp
60 xlabel('x'),ylabel('y'),zlabel('I')
61 title(['LP_{11}_Mode,_V_=_' num2str(V)])
62
63 %生成动画
64 numFrames = 100;
65 mov = moviein(numFrames);
66 figure('Renderer','zbuffer');     %打开新图形窗口
67 surf(X1,Y1,E1)
68 shading interp
69 xlabel('x'),ylabel('y'),zlabel('I')
70 title(['LP_{11}_Mode,_V_=_' num2str(V)])
71 % axis tight
72 set(gca,'NextPlot','replaceChildren');
73
74 for k = 1:numFrames
75     scale = cos(2*pi*k/numFrames);
76     surf(X1,Y1,E1*scale)
77     shading interp
78     xlabel('x'),ylabel('y'),zlabel('I')
79     title(['LP_{11}_Mode,_V_=_' num2str(V)])
80     axis([-inf,inf,-inf,inf,-1,1])
81     view([-38,12])
82     hold on
83     surf(X2,Y2,E2*scale)
84     shading interp
85     axis([-inf,inf,-inf,inf,-1,1])
86     mov(k) = getframe;
87     hold off
88 end
89 movie(mov)    %播放动画
90
91 %将动画存储为GIF文件并播放
92 animated(1,1,1,numFrames) = 0;
93 for k=1:numFrames
94     if k == 1
95         [animated, cmap] = rgb2ind(mov(k).cdata,256,'nodither');
96     else
97         animated(:,:,1,k) = rgb2ind(mov(k).cdata,cmap,'nodither');
```

183

```
98      end
99  end
100  filename = 'LP11.gif';
101  imwrite(animated,cmap,filename,'DelayTime',0.1,'LoopCount', inf);
102  web(filename)
```

程序运行后得到$V = 5$时LP_{11}模的电场分量三维分布如图4.41所示，其光强的三维分布如图4.42所示，从图中可以看出，LP_{11}模有两个对称的主瓣。此外，还可以看到非常生动的LP_{11}模电场分量的三维分布随时间变化的振型动画，而且将生成文件名为"LP11.gif"的GIF动画文件。

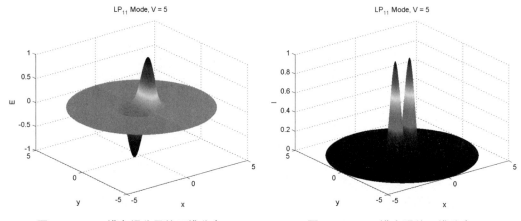

图4.41　LP_{11}模电场分量的三维分布　　　　图4.42　LP_{11}模光强的三维分布

同样也可以在MATLAB中编程作出$V = 8$时LP_{12}模的电场分量三维分布如图4.43所示，其光强的三维分布如图4.44所示。LP_{12}模此时除了两个对称的主瓣外，还有对称的旁瓣，从光强方面来看旁瓣的幅度大约只有主瓣的三分之一。

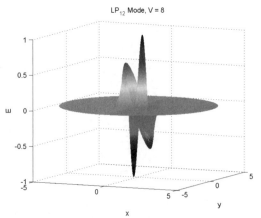
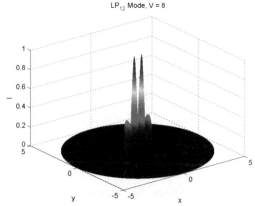

图4.43　LP_{12}模电场分量的三维分布　　　　图4.44　LP_{12}模光强的三维分布

4.9 MATLAB预备技能与技巧

4.9.1 Bessel函数及其特性

1. 第一类Bessel函数

二阶线性、齐次常微分方程

$$z^2 \frac{\mathrm{d}^2 y}{\mathrm{d}z^2} + z\frac{\mathrm{d}y}{\mathrm{d}z} + (z^2 - n^2)\, y = 0 \quad (n\text{为整数}) \tag{4.125}$$

称为n阶Bessel方程。$J_n(z)$和$Y_n(z)$是它的两个线性无关特解，分别称为第一类Bessel函数和第二类Bessel函数；其如下特定线性组合

$$H_n^{(1)}(z) = J_n(z) + \mathrm{i}Y_n(z)$$
$$H_n^{(2)}(z) = J_n(z) - \mathrm{i}Y_n(z) \tag{4.126}$$

亦是Bessel方程的解；$H_n^{(1)}(z)$和$H_n^{(2)}(z)$分别称为第一类Hankel函数和第二类Hankel函数。

Bessel方程的一般解可表示为$J_n(z)$、$Y_n(z)$、$H_n^{(1)}(z)$和$H_n^{(2)}(z)$中任意两个解的线性组合，如

$$y(z) = a_n J_n(z) + b_n Y_n(z) \tag{4.127}$$

式中，a_n和b_n为任意常数。

下面给出第一类Bessel函数$J_n(z)$的一些特性。

（1）积分表示式

$J_n(z)$可以写成积分表示式

$$J_n(z) = \frac{1}{2\pi} \int_{-\pi}^{\pi} \mathrm{e}^{\mathrm{i}(z\sin\theta - n\theta)} \mathrm{d}\theta \tag{4.128}$$

或者与之等价的

$$J_n(z) = \frac{1}{\pi} \int_{0}^{\pi} \cos(z\sin\theta - n\theta)\mathrm{d}\theta \tag{4.129}$$

（2）级数表示式

和三角函数类似，Bessel函数$J_n(z)$也可以展开成幂级数，即

$$J_n(z) = \sum_{k=0}^{\infty} \frac{(-1)^k (z/2)^{n+2k}}{k!(n+k)!} \tag{4.130}$$

对于$n=0$的特殊情况，有

$$J_0(z) = 1 - \frac{(z/2)^2}{(1!)^2} + \frac{(z/2)^4}{(2!)^2} - \frac{(z/2)^6}{(3!)^2} + \cdots \tag{4.131}$$

当$n=1$时，则有

$$J_1(z) = \frac{z/2}{0!1!} - \frac{(z/2)^3}{1!2!} + \frac{(z/2)^5}{2!3!} - \cdots \tag{4.132}$$

若您对此书内容有任何疑问，可以登录MATLAB中文论坛与同行们讨论交流。

对于更大的 n 值可以依次类推。

（3）递推公式

$$J_{n-1}(z) + J_{n+1}(z) = \frac{2n}{z}J_n(z) \tag{4.133}$$

$$J_{n-1}(z) - J_{n+1}(z) = 2J_n'(z) \tag{4.134}$$

$$J_n'(z) = J_{n-1}(z) - \frac{n}{z}J_n(z) \tag{4.135}$$

$$J_n'(z) = -J_{n+1}(z) + \frac{n}{z}J_n(z) \tag{4.136}$$

$$J_0'(z) = -J_1(z) \tag{4.137}$$

（4）$J_n(z)$ 的特殊值

①当 $z \to 0$ 时，有

$$J_0(z) \underset{z \to 0}{\approx} 1 \tag{4.138}$$

$$J_n(z) \underset{z \to 0}{\approx} \frac{(z/2)^n}{n!} \tag{4.139}$$

②当 n 取定值，$z \to \infty$ 时的渐进式

$$J_n(z) \underset{z \to \infty}{\approx} \sqrt{\frac{2}{\pi z}} \cos\left(z - \frac{n\pi}{2} - \frac{\pi}{4}\right) \tag{4.140}$$

（5）解析延拓公式

$$J_n(-z) = (-1)^n J_n(z) \tag{4.141}$$

$$J_{-n}(z) = (-1)^n J_n(z) \tag{4.142}$$

2. 变型Bessel函数

二阶线性、齐次常微分方程

$$z^2 \frac{d^2 y}{dz^2} + z \frac{dy}{dz} + (z^2 + n^2) y = 0 \quad (n为整数) \tag{4.143}$$

称为 n 阶变型Bessel方程。$I_n(z)$ 和 $K_n(z)$ 是它的两个线性无关特解，分别称为第一类变型Bessel函数和第二类变型Bessel函数。

变型Bessel方程的一般解可表示为 $I_n(z)$ 和 $K_n(z)$ 两个特解的线性组合

$$y(z) = a_n I_n(z) + b_n K_n(z) \tag{4.144}$$

式中，a_n 和 b_n 为任意常数。

下面给出第二类变型Bessel函数 $K_n(z)$ 的一些特性。

（1）积分表示式

变型Bessel函数的积分表达式为

$$K_0(z) = \frac{-1}{\pi} \int_0^\pi e^{\pm z\cos\theta} \left[\gamma + \ln(2z\sin^2\theta) \right] d\theta \tag{4.145}$$

式中，γ为欧拉常数，其值为$\gamma = 0.57722$。

$$K_n(z) = \frac{\sqrt{\pi}\left(\frac{1}{2}z\right)^n}{\Gamma\left(n+\frac{1}{2}\right)} \int_0^\infty e^{-z\cosh t} \sinh^{2n} t\, dt \tag{4.146}$$

$$K_0(x) = \int_0^\infty \cos(x\sinh t) dt = \int_0^\infty \frac{\cos(xt)}{\sqrt{t^2+1}} dt, \quad (x>0) \tag{4.147}$$

$$K_n(x) = \sec\left(\frac{1}{2}n\pi\right) \int_0^\infty \cos(x\sinh t) \cosh(nt) dt, \quad (x>0) \tag{4.148}$$

（2）递推公式

如果令$L_n = e^{i\pi n} K_n$，则变型Bessel函数存在如下的递推关系：

$$L_{n-1}(z) - L_{n+1}(z) = \frac{2n}{z} L_n(z) \tag{4.149}$$

$$L_n'(z) = L_{n-1}(z) - \frac{n}{z} L_n(z) \tag{4.150}$$

$$L_{n-1}(z) + L_{n+1}(z) = 2L_n'(z) \tag{4.151}$$

$$L_n'(z) = L_{n+1}(z) + \frac{n}{z} L_n(z) \tag{4.152}$$

（3）$K_n(z)$的特殊值

给定n，在$|z|$取值较大时有

$$K_n(z) \approx \left(\frac{\pi}{2z}\right)^{1/2} e^{-z} \left[1 - \frac{4n^2-1}{8z} + \frac{(4n^2-1)(4n^2-9)}{2!(8z)^2} + \cdots \right] \tag{4.153}$$

（4）解析延拓公式

变形Bessel函数存在如下的解析延拓关系：

$$K_{-n}(z) = K_n(z) \tag{4.154}$$

3. 用FFT计算整数阶的Bessel函数

快速傅里叶变换（FFT）是计算整数阶Bessel函数的有效手段。其基本原理在于$J_n(x)$可以通过复数形式的傅里叶系数$e^{in\theta}$的发生函数来获得

$$e^{ix\sin\theta} = \sum_{n=-\infty}^{\infty} J_n(x) e^{in\theta} \tag{4.155}$$

根据正交条件，隐含有逆变换

$$J_n(x) = \frac{1}{2\pi} \int_0^{2\pi} e^{i(x\sin\theta - n\theta)} d\theta \tag{4.156}$$

若您对此书内容有任何疑问，可以登录MATLAB中文论坛与同行们讨论交流。

因此，由$J_n(x)$表示的傅里叶系数可以通过FFT计算得到。由于有限阶Bessel函数连续可导，因此其有限序列展开式收敛得非常快。此外，$e^{ix\sin\theta}$对于较大值的$|x|$振荡得很剧烈，于是需要FFT采取足够多的点数来获取所需要的$J_n(x)$的计算精度。对于$n<30$且$|x|<30$，128点的FFT可以获得$J_n(x)$的10位有效数字的计算精度。下面的MATLAB代码即基于以上思路，同时画出$J_n(x)$随n、x变化的三维表面图，如图4.45所示。

```matlab
 1 function plotJnz
 2 %利用快速傅里叶变换(FFT)计算整数阶的Bessel函数
 3 x=0:0.2:20;
 4 n=0:20;
 5 J=jnfft(n,x);
 6 surf(x,n,J');
 7 title('Surface_Plot_For_J_{n}(x)');
 8 ylabel('n')
 9 xlabel('x')
10 zlabel('J_{n}(x)')
11 %==========================================
12 function J=jnfft(n,z,nfft)
13 % n - 定义Bessel函数阶数的整数矢量
14 % z - Bessel函数的自变量取值矢量
15 % nfft - 计算用到的点数，该值为2的整数次方，并且大于n的两倍，缺省情况下的取值为512
16 if nargin<3, nfft=512; end;
17 J=exp(sin((0:nfft-1)'*(2*pi/nfft))*(j*z(:).'))/nfft;
18 J=fft(J);
19 J=J(1+n,:).';
20 if sum(abs(imag(z)))<max(abs(z))/1e10
21     J=real(J);
22 end
```

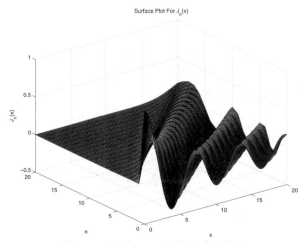

图4.45　各阶Bessel函数构成的曲面

4.9.2　MATLAB的三维曲线作图

　　MATLAB具有强大的三维作图功能，提供了非常好的可视化效果。下面就对MATLAB中的三维作图进行简单的介绍。

1. 基本三维曲线绘图

　　MATLAB的三维曲线绘图函数主要是plot3()，其基本调用形式如下：

```
plot3(X1,Y1,Z1,...)
```

　　其中，X1、Y1、Z1是3个相同长度的向量。调用plot3()函数将绘制一条三维曲线，该曲线上的点的坐标分别为向量X1、Y1、Z1的相应元素。MATLAB将生成该三维曲线的二维投影。例如，下面的代码将生成一条三维螺旋线：

```
1 t = 0:pi/50:10*pi;
2 plot3(sin(t),cos(t),t)
3 axis square
4 grid on
5 xlabel('x'),ylabel('y'),zlabel('z')
```

　　代码运行后得到如图4.46所示结果。
　　此外，如果plot3()函数的参数为3个相同大小的矩阵，设为X1、Y1、Z1，则MATLAB将绘制这些矩阵的列的三维曲线。具体示例的程序代码如下：

```
1 [X1,Y1] = meshgrid([-2:0.1:2]);
2 Z1 = X1.*exp(-X1.^2-Y1.^2);
3 plot3(X1,Y1,Z1)
4 grid on
5 xlabel('x'),ylabel('y'),zlabel('z')
```

　　代码运行后得到如图4.47所示结果。

若您对此书内容有任何疑问，可以登录MATLAB中文论坛与同行们讨论交流。

189

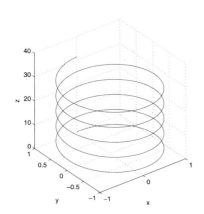

图 4.46　利用plot3()函数绘制三维曲线

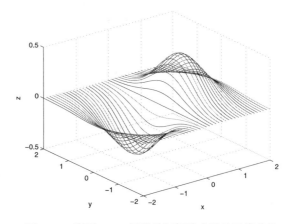

图 4.47　利用plot3()函数绘制矩阵参数的三维曲线

2. 三维枝干图

MATLAB中，stem3()函数用于绘制起点在Oxy平面的三维枝干图。该函数只带一个向量参数时，MATLAB将只在$x=1$（当该参数向量为列向量时）或$y=1$（当该参数向量为行向量时）处绘制一行枝干图。stem3()函数可以显示二维示图中无法显示到的数据。例如，快速傅里叶变换是在复平面的单位圆上的点完成计算的，如果利用三维枝干图就可以将其计算过程显示出来。程序代码如下：

```
1  %计算复平面上的单位圆
2  th = (0:127)/128*2*pi;
3  x = cos(th);
4  y = sin(th);
5  %计算频率相应的幅值
6  f = abs(fft(ones(10,1),128));
7  %绘制枝干图并设置视角
8  stem3(x,y,f','d','fill')
9  view([-65 30])
10 %对枝干图进行标注
11 xlabel('Real')
12 ylabel('Imaginary')
13 zlabel('Amplitude')
14 title('Magnitude_Frequency_Response')
```

代码运行后得到如图4.48所示结果。

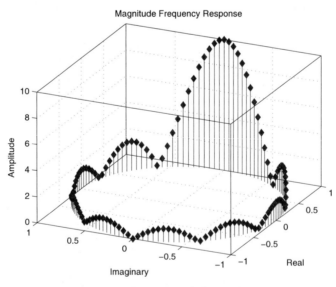

图 4.48   利用stem3()函数绘制快速傅里叶变换的三维枝干图

在MATLAB中，利用stem3()函数也可以将三维枝干图与其他线条图形叠加，这一点在实现离散函数可视化时非常有用。例如，可以利用stem3()函数获得拉普拉斯变换的基函数$y=\mathrm{e}^{-st}$在某一特定参数s的可视化效果。程序代码如下：

```
1  t = 0:.1:10;        %时间范围
```

```
 2 s = 0.1+i;        %螺旋速率
 3 y = exp(-s*t);    %计算延时指数
 4 %绘制枝干图并设置视角
 5 stem3(real(y),imag(y),t)
 6 hold on
 7 plot3(real(y),imag(y),t,'r')
 8 hold off
 9 view(45,48)
10 %对枝干图进行标注
11 xlabel('Real')
12 ylabel('Imaginary')
13 zlabel('Magnitude')
```

程序运行后，得到如图4.49所示的可视化效果。

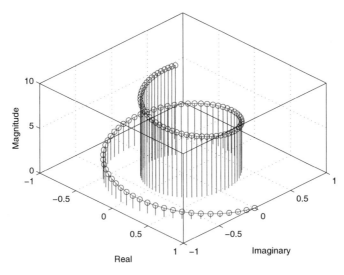

图 4.49　三维枝干图与其他图形的叠加

3. 三维箭头图

在MATLAB中，quiver3()函数用于作出在三维空间中(x, y, z)点处的由(u, v, w)确定的向量的三维箭头图。例如，可以用三维箭头图来显示抛物运动过程的速度向量，该抛物运动轨迹用时间为变量的函数表达式如下：

$$z(t) = v_z t + \frac{at^2}{2} \tag{4.157}$$

先计算出该抛物运动过程的三维的位置(x, y, z)随时间变化的向量，然后调用gradient()函数计算出三个方向的速度矢量(u, v, w)，最后利用quiver3()函数即可作出抛物运动速度向量的三维向量箭头图。程序代码如下：

```
1 %对速度vz和加速度a进行赋值
2 vz = 10; %速度值
3 a = -50; %加速度值
4 %设置时间t的范围及其增量，计算出对应的高度z
```

191

```
 5 t = 0:.1:1;
 6 z = vz*t + 1/2*a*t.^2;
 7 %计算x方向和y方向的位置
 8 vx = 2;
 9 x = vx*t;
10 vy = 3;
11 y = vy*t;
12 %计算速度向量的三个组元
13 u = gradient(x);
14 v = gradient(y);
15 w = gradient(z);
16 %将速度矢量用三维箭头图显示出来，并设置视角和标注
17 scale = 0;
18 quiver3(x,y,z,u,v,w,scale)
19 view([70 18])
20 xlabel('x'),ylabel('y'),zlabel('z')
```

程序运行后，得到如图4.50所示的可视化效果。

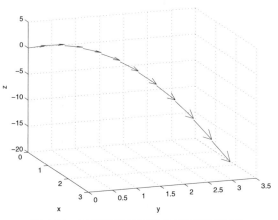

图 4.50　抛物运动的速度向量三维箭头图

4.9.3　MATLAB的三维曲面作图

在MATLAB中，更强的三维画图函数可生成曲面图、三维等高线图、立体图以及这些基本图形的变形和特殊化处理。

1. 基本的MATLAB三维曲面作图

MATLAB提供的基本的曲面绘图函数为

```
mesh(Z)
surf(Z)
```

surf()函数画出的曲面由彩块组成，而mesh()画出由边界给定的白色曲面。在surf()函数中，块的颜色由z轴方向的值决定，而mesh()中的线颜色也由z轴数值决定。

三维曲面Z可以由二元函数来确定，其定义的表达式为

$$z = f(x, y) \tag{4.158}$$

其中，x、y是xy平面的坐标，z是根据函数定义得出的高度，生成三维曲面的语句为

```
surf(X,Y,Z)    %绘制三维曲面图，X,Y,Z为图形坐标向量
surfc(X,Y,Z)   %绘制带等高线的曲面图
surfl(X,Y,Z)   %绘制带被光照射带阴影的曲面图
```

因此，绘制三维曲面图时，第一步就是创建在函数定义域中对应的矩阵X和矩阵Y，然后再利用这两个矩阵以及曲面定义的二元函数来计算得到矩阵Z，最后通过MATLAB中的三维曲面作图函数将其绘制出来。下面是一段程序代码示例：

```
1 [X,Y] = meshgrid(-8:.5:8);
2 R = sqrt(X.^2 + Y.^2) + eps;
3 Z = sin(R)./R;
4 mesh(X,Y,Z,'EdgeColor','black')
```

在代码的第1行，调用了meshgrid()函数，该函数在三维曲面作图时经常用到，调用的格式为

```
[X,Y] = meshgrid(x,y)
[X,Y] = meshgrid(x)
```

其功能是将指定的两个向量x和y转换为两个矩阵X和Y。其中，矩阵X的大小为length(y)×length(x)，其中的行全部相同，都为向量x的拷贝，行数为向量y的长度；而矩阵Y与矩阵X的大小一样，但是其中的列全部相同，都为向量y的拷贝，列数为向量x的长度。如果只有一个输入向量x，则产生两个大小为length(x)×length(x)的方阵，即meshgrid(x)等价于meshgrid(x,x)。因此，代码的第1行执行后，将生成两个大小为33×33的方阵。

代码的第2行用于生成一个到原点距离的矩阵R。此处，在R后面添加eps是为了避免出现R等于0的情况，因为在第3行要将R作为分母。而eps是MATLAB中浮点数的相对精度。

代码的第3行和第4行分别用于创建二元函数定义的三维曲面矩阵Z，然后将其绘制出来。

程序代码运行后，得到如图4.51所示的可视化效果。

在默认情况下，MATLAB使用当前的颜色映射表（colormap）来给所绘制的三维曲面着色。然而在本例的程序代码中，通过设置'EdgeColor'和'black'的表面属性，将所绘制的三维曲面着色为黑颜色的单色网格曲面。

每个MATLAB图形窗口都有一个与之关联的颜色映射表。颜色映射表其实就是一个包含3列的矩阵，每一列的长度等于其定义的颜色个数。该矩阵的每一行通过在0～1范围内指定的3个值来定义一种特定的颜色组合，这种颜色组合的指定方式是按照RGB来进行的。

在MATLAB中，当colormap函数不带任何参数调用时，其返回值为当前图形的颜色映射表。例如，MATLAB默认的颜色映射表包含64种颜色，而其中第8种颜色为蓝色。在MATLAB的命令窗口中即可获得

```
1 >> cm = colormap;
2 >> cm(8,:)
```

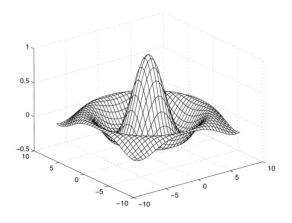

图 4.51   利用mesh()函数绘制的三维曲面图形

```
3
4 ans =
5
6      0     0     1
```

利用MATLAB 的数组操作方法，可以创建自己的颜色映射表。此外，还可以利用MATLAB 自带的颜色映射表，包括jet、hsv、hot、cool、spring、summer、autumn、winter、gray、bone、copper、pink 以及lines 等。通过选取不同的颜色映射表，即可以获得所需要的三维图形显示效果。

此外，还可以利用shading 来设置三维图形显示的网格修饰，调用格式为

```
shading faceted    %网格修饰，缺省方式
shading flat       %去掉黑色线条，根据小方块的值确定颜色
shading interp     %颜色整体改变，根据小方块四角的值差补过度点的值确定颜色
```

如果将前面用到的mesh()函数用surf()函数取代，则绘制出来的表面图形如图4.52所示。MATLAB中提供了一个colorbar命令，用于在显示的三维图旁边显示出高度的彩色条，使得三维表面图更具可读性。程序代码如下：

```
1 [X,Y] = meshgrid(-8:.5:8);
2 R = sqrt(X.^2 + Y.^2) + eps;
3 Z = sin(R)./R;
4 surf(X,Y,Z)
5 colormap hsv
6 colorbar
```

MATLAB 还提供了一些简易的绘制三维图形的函数，它们接受函数句柄作为输入参数，能够快捷地绘制二元图形函数的三维图形。这些简易三维图形绘制函数调用的格式如下：

```
ezplot3(FUNX,FUNY,FUNZ,[TMIN,TMAX])    %在[TMIN,TMAX]范围下绘制三维曲线
ezmesh(FUN,DOMAIN)     %在 DOMAIN 指定的区域绘制 FUN 指定的二元函数的网线图
ezmeshc(FUN,DOMAIN)    %在ezmesh()函数作图的基础上增加x-y平面叠加绘制的等高线
ezsurf(FUN,DOMAIN)     %在DOMAIN指定的区域绘制 FUN 指定的二元函数的表面图
ezsurfc(FUN,DOMAIN)    %在ezsurf()函数作图的基础上增加x-y平面叠加绘制的等高线
```

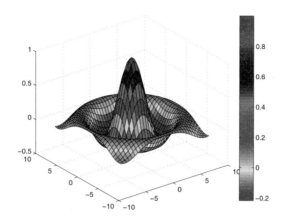

图 4.52　利用 surf() 函数绘制的三维曲面图形

其中，FUNX、FUNY、FUNZ 和 FUN 这些参数可以是函数句柄、匿名函数或者函数字符串，DOMAIN 是指定平面区域 [xmin,xmax,ymin,ymin] 形式的数组。

下面的程序代码运行后将得到如图 4.53 所绘制的简易三维曲面图形。

```
1  subplot(2,2,1)
2  ezplot3('cos(t)','t*sin(t)','sqrt(t)')    %简易绘制三维曲线
3  subplot(2,2,2)
4  ezmesh('x*exp(-x^2-y^2)')                  %简易绘制三维网线图
5  subplot(2,2,3)
6  ezsurf(@peaks)                             %简易绘制三维表面图
7  subplot(2,2,4)
8  ezsurfc(@(v,u)u.*(v.^2)./(u.^2 + v.^4))    %简易绘制三维表面图，并叠加绘制等高线
```

用 MATLAB 的画图命令还可以生成更复杂的三维图形。下面的程序代码运行后将得到如图 4.54 所示的彩色海螺三维曲面。

```
1  t = linspace(0, 2*pi, 512);
2  [u,v] = meshgrid(t);
3  a = -0.4; b = .5; c = .1;
4  n = 3;
5  x = (a*(1 - v/(2*pi)) .* (1+cos(u)) + c) .* cos(n*v);
6  y = (a*(1 - v/(2*pi)) .* (1+cos(u)) + c) .* sin(n*v);
7  z = b*v/(2*pi) + a*(1 - v/(2*pi)) .* sin(u);
8  surf(x,y,z,z)
9  axis off
10 axis equal
11 colormap(hsv(1024))
12 shading interp
13 material shiny
14 lighting phong
15 camlight('left', 'infinite')
16 view([-160 25])
```

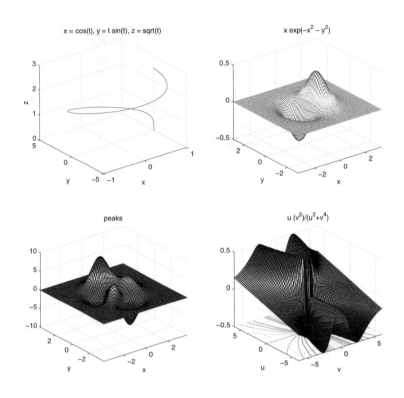

图4.53　绘制的简易三维曲面图形

图4.54　彩色海螺三维曲面图形

　　MATLAB还提供了许多技术用于增强图形的显示效果。例如可以让所绘制的三维曲面具有一定的透视效果，可以调用alpha()函数，其值为0～1。同样对于前面的程序代码，只要增加一行代码

```
alpha(.4)
```

就可以获得如图4.55所示的具有透视效果的三维曲面图形。

　　此外，还可以对三维曲面图形添加灯光效果，并进行视图调整，以突出函数图形的形状。例如执行如下的代码：

```
1 [X,Y] = meshgrid(-8:.5:8);
2 R = sqrt(X.^2 + Y.^2) + eps;
```

```
3 Z = sin(R)./R;
4 surf(X,Y,Z,'FaceColor','red','EdgeColor','none')
5 camlight left; lighting phong
```

可以获得如图4.56所示的添加灯光效果的三维曲面图形。

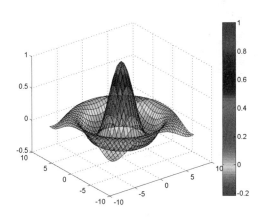
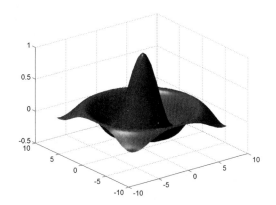

图 4.55　具有透视效果的三维曲面图形　　　图 4.56　添加灯光效果的三维曲面图形

也可在同一图形中创建多个曲面。考虑下述曲面

$$z(r,\theta)=r^3\cos(3\theta) \tag{4.159}$$

其中$0 \leqslant r \leqslant 1$，$0 \leqslant \theta \leqslant 2\pi$。假设曲面与两个半径为1的平行圆盘相交于$z=\pm 0.4$，则创建曲面的程序代码如下：

```
 1 nr=12;nth=50;
 2 r=linspace(0,1,nr);
 3 theta=linspace(0,2*pi,nth);
 4 [R,T]=meshgrid(r,theta)
 5 x=cos(theta')*r;
 6 y=sin(theta')*r;
 7 surf(x,y,R.^3.*cos(3*T))
 8 hold on
 9 z0=repmat(0.4,size(x));
10 surf(x,y,z0)
11 surf(x,y,-z0)
12 view(-42.5,20)
```

可以获得如图4.57所示的一个曲面与两个圆盘相交的三维效果图。

2. MATLAB的二维半作图

二维半作图是指 MATLAB 中应用函数 contour()、contourf()和pcolor() 进行作图。其中 contour() 是用于轮廓绘制等高线图的作图函数。等高线是两个变量的函数曲线，沿着该函数具有一个恒定值，通过加入一系列标高点来创建等高线图。contour()函数的调用格式为

```
contour(Z)
contour(Z,n)
```

若您对此书内容有任何疑问，可以登录 MATLAB 中文论坛与同行们讨论交流。

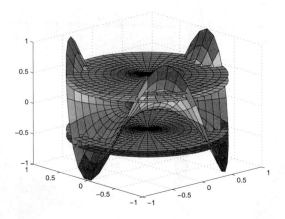

图4.57　一个曲面与两个圆盘相交的三维效果图

```
contour(Z,v)
contour(X,Y,Z)
contour(X,Y,Z,n)
contour(X,Y,Z,v)
```

　　contourf()是中间用颜色进行填充的等高线作图函数。contourf()作图时，注意合理设置等高线的数量，有时候不同的数量，画出来的图差异很大。一般情况下，对离散数据画图，等高线数量设置越多，画出来的图越平滑漂亮。contourf()的调用格式与contour()类似。下面是一段程序代码示例：

```
1 [X,Y] = meshgrid(-8:.5:8);
2 R = sqrt(X.^2 + Y.^2) + eps;
3 Z = sin(R)./R;
4 [C, h] = contour(X,Y,Z);
5 colormap gray
6 colorbar
7 set(h,'ShowText','on','TextStep',get(h,'LevelStep'))
```

　　可以获得如图4.58所示的带标注的等高线图形。将程序代码中的contour()函数改成contourf()函数，可以得到如图4.59所示的带标注填充的等高线图形。

　　pcolor()也用于三维彩色填充作图，但它与contourf()的区别在于contourf()先计算等高线，再填充图。相当于先计算contour，然后再fill color。如果使用shading flat 以后，看似和pcolor()画的图差不多，但pcolor()是直接填充的伪色图。

3. 特殊的MATLAB三维曲面作图

　　MATLAB还提供了球形和柱面形等特殊的三维曲面绘制函数。用户只需调用sphere()函数和cylinder()函数即可获得球面和柱面。其中sphere()函数的调用格式为

```
[X,Y,Z] = sphere(n)
```

　　该函数将产生3个(n+1)×(n+1)的矩阵X、Y、Z，其中n的默认值为20。用户可以采用生成的三维矩阵来绘制出一个圆心位于原点、半径为1的单位球面。如果在调用该函数时不返回任何参数，则将不返回矩阵，而直接绘制出所需的球面；如n的取值较小，则将绘制出多面体表示图。例如下面的程序代码：

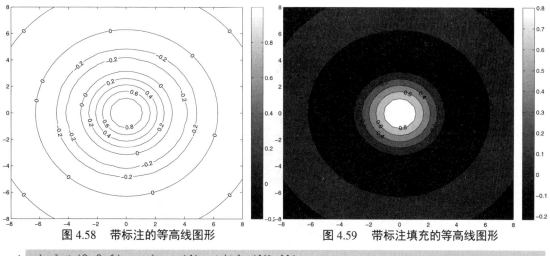

图 4.58 带标注的等高线图形   图 4.59 带标注填充的等高线图形

```
1 subplot(2,2,1), sphere(4),  title('N=4')
2 subplot(2,2,2), sphere(8),  title('N=8')
3 subplot(2,2,3), sphere,     title('N=20')
4 subplot(2,2,4), sphere(40), title('N=40')
```

运行后，得到如图4.60所示的可视化效果。

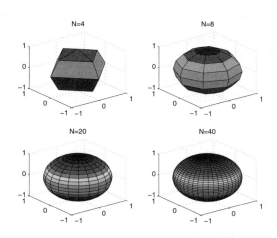

图 4.60 利用sphere()函数绘制的三维球面

柱面体（严格说来应该是锥面体）也可以很容易地通过调用cylinder()函数来绘制，该函数的调用格式为

```
[X,Y,Z] = cylinder(r,n)
```

其中r为一个向量，分别存放柱面各个层次上的半径。例如下面的程序代码：

```
1 [x,y,z]=cylinder(1.1+sin(0:0.25:2*pi),16);
2 surf(x,y,z)
3 colorbar
```

运行后，得到如图4.61所示的可视化效果。

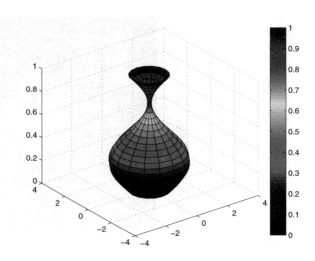

图 4.61　利用cylinder()函数绘制的三维柱面

4.9.4　MATLAB的动画制作

动画是指由许多帧静止的画面，以一定的速度（如每秒30张）连续播放时，人的肉眼因视觉暂留产生错觉，而误以为画面在活动的作品。为了得到活动的画面，每个画面之间都会有细微的改变。而画面的制作方式，最常见的是手绘在纸张或赛璐珞片上，其他的方式还包含了黏土、模型、纸偶、沙画等。由于电脑科技的进步，现在也有许多利用电脑动画软件，直接在电脑上制作出来的动画，或者是在动画制作过程中使用电脑进行加工的方式，这些都已经大量运用在商业动画的制作中。

MATLAB 也具有强大的动画制作功能，通过将科学计算和动画作图结合起来进行形象生动展示。在MATLAB 中动画实现的方式有三种：质点动画、擦除动画和电影动画。

1. 质点动画

质点动画是用comet()、comet3()等函数绘制彗星图，它们能演示一个质点的运动，前者是二维，后者是三维。comet(y)显示质点绕向量y，comet(x,y)显示质点绕向量y与x，comet(x,y,p)中p为轨迹尾巴的长度。以comet（x，y）为例，下面的程序代码用来显示炮弹发射的动画过程：

```
1 vx = 100*cos(1/3*pi);
2 vy = 100*sin(1/3*pi);
3 t = 0:0.005:18;
4 x = vx*t;
5 y = vy*t-9.8*t.^2/2;
6 comet(x,y)
```

利用comet3()函数可以形象地绘制出如图4.62所示的洛伦兹吸引子的三维动态图，程序代码如下：

```
1 %定义洛伦兹微分方程组
2 f1=@(t,x)[-8/3*x(1)+x(2)*x(3);
3          -10*(x(2)-x(3));
4          -x(1)*x(2)+28*x(2)-x(3)];
```

```
5  t_final=100;                         %设定时间范围
6  x0=[0;0;1e-10];                      %设定初值
7  [t,x]=ode45(f1,[0,t_final],x0);      %利用ode45()函数对洛伦兹微分方程组进行数值求解
8  figure;                              %打开新图形窗口
9  axis([10 42 -20 20 -20 25]);         %根据实际数值手动设置坐标系
10 comet3(x(:,1),x(:,2),x(:,3))         %动态显示吸引子的绘制过程
```

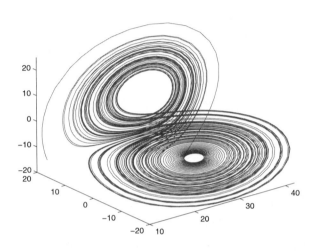

图 4.62　　洛伦兹吸引子的三维动态图

2. 擦除动画

擦除动画是在图形窗口中按照一定的算法连续擦除和重绘图形对象，运行结果表现为动画形式，这个也是MATLAB中使用最多的方法。

使用MATLAB的绘图函数不断重复绘制图形对象，重绘过程中递增式地改变图形对象位置将产生动画效果。在重绘对象的过程中之所以能产生动画效果是由于对原来的图形对象进行了擦除处理。MATLAB中创建擦除重绘动画的过程分为以下三步：

第一步：设置重绘对象的擦除模式即EraseMode模式。

MATLAB的图形绘制函数允许采用不同的擦除模式来擦除原来的对象，不同的擦除模式将产生不同的动画效果。擦除模式是通过设置"EraseMode"属性来完成的，一共有三种擦除模式：

none：重新绘制图形对象时不擦除原来的对象，这种模式可动态演示图形的生成过程，如曲线和旋转曲面的生成过程。

background：在重新绘制图形对象之前，用背景色重绘对象来达到擦除原来图形对象的目的。该模式会擦除任何对象和它下面的任何图形。

xor：在重新绘制图形对象之前，只擦除原来的对象，不会擦除其他对象或图形。这种模式能产生图形对象移动的效果。

第二步：在循环语句中使用set更改图形的xdata、ydata和zdata等坐标数据。

第三步：使用drawnow命令刷新屏幕。

下面的程序代码用来显示两条曲线的擦除动画：

```
1  t=[0];
```

201

```
2  m=[sin(t);cos(t)];
3  p=plot(t,m,'EraseMode','background','MarkerSize',5);%p是需要执行动画图像的句柄
4  x=-1.5*pi;
5  axis([x x+2*pi -1.5 1.5]);
6  grid on;
7
8  for i=1:1000
9      t=[t 0.1*i];
10     m=[m [sin(0.1*i);cos(0.1*i)]];
11     set(p(1),'XData',t,'YData',m(1,:))    %更新曲线1的坐标数据
12     set(p(2),'XData',t,'YData',m(2,:))    %更新曲线2的坐标数据
13     drawnow                                %刷新屏幕
14     x=x+0.1;
15     axis([x x+2*pi -1.5 1.5]);             %更改坐标显示区域
16     pause(0.2);
17 end
```

3. 电影动画

在电影中看起来连续的画面，其实是由一帧帧单独的照片构成的，但是由于这些帧的照片接替的速度很快，人的肉眼无法察觉出来它们是彼此独立的图像，这是由视觉暂留造成的。视觉暂留使得图像离开后，仍能在眼睛中保留"视像"约十分之一秒，因此人们的大脑感觉到图像是"运动"的。MATLAB 也可以生成类似的电影动画。首先保存想要产生动画的图片，存储为一系列各种类型的二维、三维图，再像放电影的方式按次序播放出来。步骤是由getframe()函数将当前的图片抓取为电影的画面，再由movie()函数将动画显示出来。

getframe()用于获得当前坐标轴的图像信息。所有的信息将汇集成一个或者一系列特殊的数据，因此往往需要建立一个特殊的矩阵来存储这些数据。在存储好之后，就可以用movie()函数来"播放"这个特殊的矩阵了。特殊矩阵的创建：一般在循环中新建矩阵，将每一个循环的图片状态存储到矩阵的相应元素中。一般形式如下：

```
for k=m:n
    ... %这里是图像绘制部分
    frame(k) = getframe;
end
```

movie函数的用法相当简单。一般用法有

```
movie(frame)            %播放frame
movie(frame,n)          %将frame播放n遍
movie(frame,n,fps)      %将frame以每秒fps帧的速度播放n遍
```

下面的程序代码用来显示如图4.63所示的山峰波动电影动画：

```
1  Z = peaks;
2  figure('Renderer','zbuffer');
3  surfc(Z);
4  axis tight manual;
5  set(gca,'NextPlot','replaceChildren');
```

```
 6 for j = 1:20
 7     surfc(sin(2*pi*j/20)*Z)
 8     F(j) = getframe;
 9 end
10 movie(F,20)    %播放动画20次
```

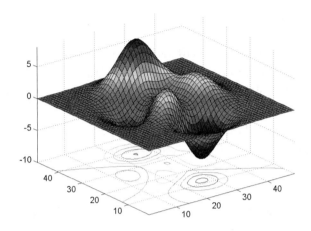

图 4.63　山峰波动的电影动画

4. AVI 和GIF 动画制作

　　MATLAB 动画保存只对电影动画有意义，因为其他两种都是实时动画，一眨眼运行完就过去了，而电影动画是先将动画一帧一帧地保存下来，再使用movie()函数播放。它的好处是，只要帧数据还在，运行一次MATLAB 程序就可以重复播放无数次。但是这样还是不方便，由于它没法脱离MATLAB 环境，要在ppt 或其他应用环境中展示很不方便。幸好MATLAB 提供了movie2avi()函数，它可以把动画直接转换成AVI 文件，而AVI 文件可以脱离MATLAB 环境在其他地方顺利运行。

　　MATLAB 中用来生成AVI动画文件的几个必要函数是：avifile()用来创建一个新的AVI 文件，getframe()用于获得当前坐标轴的图像信息，addframe()则用来把新的视频帧加入AVI 文件中。

　　下面的程序代码用来演示将两个小圆环分别作顺时针和逆时针方向旋转所生产的AVI动画。

```
 1 clc,clear,close all;
 2 fig = figure;
 3 aviobj = avifile('example.avi');        %设置所生成AVI文件的文件名
 4 n = 100;
 5 t = 0:2*pi/n:2*pi;
 6 x = cos(t);
 7 y = sin(t);
 8 for k = 1:n
 9     x(k) = cos(t(k));
10     y(k) = sin(t(k));
```

若您对此书内容有任何疑问，可以登录MATLAB中文论坛与同行们讨论交流。

```
11      H = plot(x,y,x(k),y(k),'or',x(k),-y(k),'ob');
12      axis equal
13      grid on
14      MOV = getframe(fig);
15      aviobj = addframe(aviobj,MOV);
16 end
17 close(fig)
18 aviobj = close(aviobj)
```

  MATLAB 还能生成更为简洁的动态GIF 动画。GIF（graphics interchange format）即图像互换格式，是一种位图图形文件格式，以8位色（即256种颜色）重现真彩色的图像。它实际上是一种压缩文档，采用LZW压缩算法进行编码，有效地减少了图像文件在网络上传输的时间。和.jpg格式一样，它是目前广泛应用于网络传输的图像格式之一。GIF分为静态GIF 和动画GIF 两种，扩展名为.gif，是一种压缩位图格式，支持透明背景图像，适用于多种操作系统，并且"体型"很小，因此网上很多小动画都是GIF 格式。其实GIF 是将多幅图像保存为一个图像文件，从而形成动画，最常见的就是通过一帧帧的动画串联起来的GIF 图，所以归根到底GIF 仍然是图片文件格式，但GIF 只能显示256色。

  MATLAB 里要生成动态GIF 动画有两个关键：首先是图像数据，要准备多幅同样大小的图像或者将图像数据变化的过程保存下来。其次是正确调用imwrite() 函数，最主要有两个属性，一是DelayTime，控制图像切换的间隔；二是LoopCount，用于设置图像默认的循环次数，默认是无穷次，即不断循环，若要手动设置此值，0代表循环一次，1代表循环两次，以此类推。下面的程序代码演示了如何生成GIF 动画：

```
1 clc,clear,close all;
2 set(gca,'nextplot','replacechildren','box','off','color','w');
3
4 %生成动画
5 numFrames = 30;
6 for k=1:numFrames
7     plot(fft(eye(k+16)));
8     axis([-1. 1. -1. 1.]);
9     axis equal
10    f(k) = getframe(gcf);        %构造GIF图像的帧
11 end
12 movie(f,5)                       %播放动画5次
13
14 %将动画存储为GIF文件并播放
15 animated(1,1,1,numFrames) = 0;
16 for k=1:numFrames
17     if k == 1
18         [animated, cmap] = rgb2ind(f(k).cdata,256,'nodither');
19     else
20         animated(:,:,1,k) = rgb2ind(f(k).cdata,cmap,'nodither');
21     end
22 end
```

```
23 filename = 'fftmov.gif';
24 imwrite(animated,cmap,filename,'DelayTime',0.5,'LoopCount', inf);
25 web(filename)
```

程序运行之后可以看到非常生动的动画演示，图4.64是动画过程中的部分图示。同时还将生成文件名为"fftmov.gif"的GIF动画文件，可以插入到网页或者ppt等文档中形象地展示该动画过程。

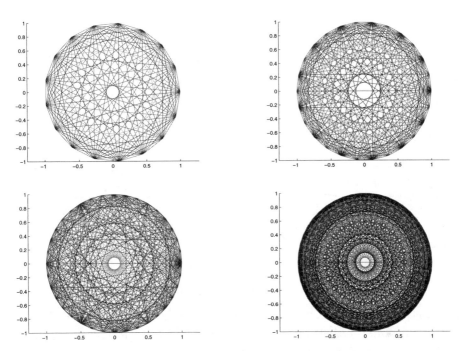

图 4.64　MATLAB 中的GIF动画文件生成过程图示

4.10　习　题

【习题 4.1】　根据表4.3中的LP_{lm}模的简并度及模式特征方程，利用MATLAB编程计算LP_{02}模的$V-U$和$V-W$的对应关系，并绘制V值从0到10变化时的$V-U$和$V-W$关系曲线。

【习题 4.2】　根据习题4.1中的计算结果，给出$V=5$时的U、W值，并根据这些参数在MATLAB中作出多模光纤中LP_{02}模的二维光场分布和三维光场分布。

【习题 4.3】　根据表4.3中的LP_{lm}模的简并度及模式特征方程，利用MATLAB编程计算LP_{22}模的$V-U$和$V-W$的对应关系，并绘制V值从0到10变化时的$V-U$和$V-W$关系曲线。

【习题 4.4】　根据习题4.3中的计算结果，给出$V=8$时的U、W值，并根据这些参数在MATLAB中作出多模光纤中LP_{22}模的二维光场分布和三维光场分布。

第5章
高斯光束和光纤耦合

在很多应用场合中，都需要考虑从光纤端面输出光的传播及耦合。为了更好地分析光纤端面的入射光和出射光的传播特性，可以假定光纤的端面位于 $z=0$ 处，出射光和入射光与光纤端面的相对位置分别如图5.1(a)和图5.1(b) 所示。光纤端面外是空气介质的自由空间。对于光纤端面的出射光（辐射光场），研究者感兴趣的是夫琅禾费区域，即远场的光传播特性。而对于光纤端面的入射光（光耦合问题），通常假定入射光为高斯光束。这里的光纤是阶跃折射率分布的弱导光纤。

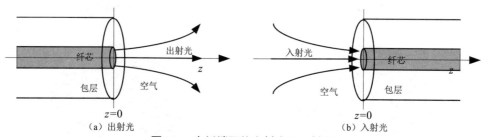

图 5.1　光纤端面的出射光和入射光

从光纤端面辐射到自由空间中的光场是发散的，这与光纤中的光场受边界约束的传播很不相同，对于单模光纤其端面辐射光场可以近似为高斯光束。因此，深入了解高斯光束的传播特性，对于与光纤相关的光耦合效率非常重要。

5.1　高斯光束及其传播

5.1.1　高斯光束的基本性质

稳态传播的电磁场满足亥姆霍兹方程

$$\Delta E(x,y,z) + k^2 E(x,y,z) = 0 \tag{5.1}$$

式中，$E(x,y,z)$ 与电场强度的复数表示 $E(x,y,z,t)$ 间存在如下关系：

$$E(x,y,z,t) = E(x,y,z)\exp(\mathrm{i}\omega t) \tag{5.2}$$

容易证明，平面波和球面波都是式(5.1)的特解。高斯光束则不同，它不是式(5.1)的精确解，而是缓变振幅近似（SVA）下的一个特解。在柱坐标系中设

$$E(r,z) = A(r,z)\exp(-\mathrm{i}kz) \tag{5.3}$$

且在 $z=0$ 处有一振幅为

$$A(r,z)\big|_{z=0} = A(r,0) = A_0\exp(-r^2/w_0^2) \tag{5.4}$$

的高斯光束，然后求在任意位置z处的$A(r,z)$，其中w_0^2为高斯光束的束腰，A_0为高斯光束的振幅常量，如果只考虑相对值，则可由归一化条件求出。

将式(5.3)代入式(5.1)，在缓变振幅近似条件

$$\frac{\partial A}{\partial z} \ll kA, \qquad \frac{\partial^2 A}{\partial z^2} \ll k\frac{\partial A}{\partial z} \tag{5.5}$$

下，得到

$$\frac{\partial^2 A}{\partial x^2} + \frac{\partial^2 A}{\partial y^2} - 2\mathrm{i}k\frac{\partial A}{\partial z} = 0 \tag{5.6}$$

式(5.6)在柱坐标系(r,ϕ,z)下的形式为

$$\frac{\partial^2 A}{\partial r^2} + \frac{1}{r}\frac{\partial A}{\partial r} + \frac{1}{r^2}\frac{\partial^2 A}{\partial \phi^2} - 2\mathrm{i}k\frac{\partial A}{\partial z} = 0 \tag{5.7}$$

设试解为

$$A(r,z) = A_0 f_1(z) \exp\left[-f_2(z)\frac{r^2}{w_0^2}\right] \tag{5.8}$$

式中，f_1、f_2为待定函数，满足

$$f_1(0) = f_2(0) = 1 \tag{5.9}$$

将式(5.8)微分后代入式(5.7)，由该方程对任意r成立条件得到关系式

$$\left.\begin{array}{l} \dfrac{2f_2^2}{w_0^2} + \mathrm{i}k\dfrac{\mathrm{d}f_2}{\mathrm{d}z} = 0 \\[2mm] \dfrac{2f_1 f_2}{w_0^2} + \mathrm{i}k\dfrac{\mathrm{d}f_1}{\mathrm{d}z} = 0 \end{array}\right\} \tag{5.10}$$

微分方程组(5.10)在边界条件为式(5.9)时的解为

$$f_1(z) = f_2(z) = \frac{1}{1 - \mathrm{i}z(2/kw_0^2)} = \frac{1}{1 - \mathrm{i}z/Z_R} \tag{5.11}$$

式中

$$Z_R = \frac{1}{2}kw_0^2 = \frac{\pi w_0^2}{\lambda} \tag{5.12}$$

称为瑞利尺寸或共焦参数。

因此可以得到形如

$$A(r,z) = A_0 \frac{1}{1 - \mathrm{i}z/Z_R} \exp\left[-\frac{r^2}{w_0^2}\frac{1}{(1 - \mathrm{i}z/Z_R)}\right] \tag{5.13}$$

的高斯光束是亥姆霍兹方程式(5.1)在缓变振幅近似下的一个特解。其物理意义为：如果在$z=0$处有一形如式(5.8)的高斯光束，则它将以式(5.13)的非均匀高斯球面波的形式在自由空间传播。

若您对此书内容有任何疑问，可以登录MATLAB中文论坛与同行们讨论交流。

式(5.13)可改写为

$$A(r,z) = A_0 \frac{w_0}{w(z)} \exp\left[-\frac{r^2}{w^2(z)}\right] \exp\left\{-\mathrm{i}\left[\frac{kr^2}{2R(z)} - \psi(z)\right]\right\} \tag{5.14}$$

式中，$w(z)$为高斯光束的束宽，表达式如下：

$$w(z) = w_0 \sqrt{1 + \left(\frac{z}{Z_R}\right)^2} = w_0 \sqrt{1 + \left(\frac{\lambda z}{\pi w_0^2}\right)^2} \tag{5.15}$$

$R(z)$为高斯光束的等相面曲率半径，表达式如下：

$$R(z) = Z_R \left(\frac{z}{Z_R} + \frac{Z_R}{z}\right) = z\left[1 + \left(\frac{\pi w_0^2}{\lambda z}\right)^2\right] \tag{5.16}$$

$\psi(z)$为高斯光束的相位因子，表达式如下：

$$\psi(z) = \tan^{-1}\left(\frac{z}{Z_R}\right) = \tan^{-1}\left(\frac{\lambda z}{\pi w_0^2}\right) \tag{5.17}$$

将式(5.14)代入式(5.3)可将$E(r,z)$表示为

$$E(r,z) = \underbrace{\frac{A_0 w_0}{w(z)} \exp\left[-\frac{r^2}{w^2(z)}\right]}_{\text{振幅部分}} \underbrace{\exp\left\{-\mathrm{i}\left\{k\left[\frac{r^2}{2R(z)} + z\right] - \psi(z)\right\}\right\}}_{\text{相位部分}} \tag{5.18}$$

由式(5.14)～式(5.17)知，高斯光束有以下基本性质。

1. 高斯光束的振幅

高斯光束在z为常数的面内场振幅以高斯函数$\exp\left[-r^2/w^2(z)\right]$的形式从中心向外平滑地减小。由式(5.15)求出的$w(z)$称为高斯光束的束宽。显然，对高斯光束，$w(z)$也等于场振幅减小到中心值$1/e$处的r值。由式(5.15)可知，束宽$w(z)$随坐标z按双曲线

$$\frac{w^2(z)}{w_0^2} - \frac{z^2}{Z_R^2} = 1 \tag{5.19}$$

规律向外扩展。$z = 0$时，$w(0) = w_0$取最小值。

2. 高斯光束的等相面

所谓等相面是指相位相同点的轨迹，一般为空间曲面。对高斯光束可由式(5.18)中令相位部分等于常数得出，即

$$k\left[\frac{r^2}{2R(z)} + z\right] - \psi(z) = \text{const} \tag{5.20}$$

式中，const代表常数。在近轴条件下，可略去$\psi(z)$项，即得

$$\frac{r^2}{2R(z)} + z = \text{const} \tag{5.21}$$

式(5.21)说明，除在 $z=0$ 面附近之外，等相面均为抛物面。式(5.21)也是原点在 $(0,0,a)$、半径为 R 的球面方程

$$x^2 + y^2 + (z-a)^2 = R^2 \tag{5.22}$$

的近轴形式。因此，可以认为高斯光束的等相面为球面，球面的曲率半径 $R(z)$ 由式(5.16)决定，且有

- $z=0$, $R \to \infty$ 等相面为平面；

- $z \ll Z_R$, $R \approx Z_R^2/z$ 等相面亦可近似视为平面；

- $z = \pm Z_R, R = 2Z_R$ 取极小值；

- $z \gg Z_R$, $R \to z$ 在远场处可将高斯光束近似视为一个由 $z=0$ 点发出，半径为 z 的球面波。

3. 高斯光束的相移

由式(5.18)知，总相移为

$$\varphi(r,z) = k\left[z + \frac{r^2}{2R(z)}\right] - \psi(z) \tag{5.23}$$

它表征高斯光束在点 (r,z) 处相对于原点 $(0,0)$ 的相位差。其中 kz 为几何相移，$kr^2/2R(z)$ 表示与径向有关的相移，$\psi(z) = \tan^{-1}(z/Z_R)$ 为高斯光束在空间传播距离 z 时相对于几何相移产生的附加相移。

4. 瑞利长度（共焦参数）

由式(5.12)知，瑞利长度的物理意义为：当 $|z| = Z_R$ 时，$w(Z_R) = \sqrt{2}w_0$。在实际中常取 $|z| \leqslant Z_R$ 的范围作为高斯光束的准直范围，在这段长度内，高斯光束可以近似认为是平行的。所以，瑞利长度越长，就意味着高斯光束的准直范围越大，反之亦然。

5. 远场发散角

高斯光束远场发散角 θ_0 可用下式定义：

$$\theta_0 = \lim_{z \to \infty} \frac{w(z)}{z} \tag{5.24}$$

利用式(5.15)求极限得

$$\theta_0 = \frac{\lambda}{\pi w_0} \tag{5.25}$$

可知高斯光束远场发散角 θ_0 在数量上等于以束宽 w_0 为半径的光束的衍射角，即它已达到了衍射极限。

利用式(5.15)、式(5.16)可将式(5.25)改写为

$$\theta_0 = \sqrt{\left[\frac{w(z)}{R(z)}\right]^2 + \left[\frac{\lambda}{\pi w(z)}\right]^2} \tag{5.26}$$

　　由此可知，高斯光束的远场发散角包含了在传播距离处光束的几何张角与衍射发散两部分的贡献。式(5.25)实际上是高斯光束在自由空间中传播时的远场发散角公式。当考虑高斯光束在光学谐振腔中的传播问题时，式(5.26)是比式(5.25)更一般的公式。

　　综上可知，高斯光束在其轴线附近可以看作是一种分布均匀的高斯球面波，在传播过程中曲率中心不断改变，其振幅在横截面内为一高斯函数，强度集中在轴线及其附近，且等相面保持为球面（特殊范围内为平面）。

　　【例 5.1】 根据高斯光束的特性，在MATLAB中作出束腰半径为 0.5 mm 的高斯光束在束腰处的三维光强分布图。

　　【分析】 根据高斯光束的特性公式(5.18)，结合MATLAB的三维作图函数surf()即作出高斯光束在束腰处的三维光强分布图。程序代码如下：

```matlab
1  clc
2  clear
3  close all
4
5  N=200;
6  w0=0.5;
7  r=linspace(0,3*w0,N);
8  eta=linspace(0,2*pi,200);
9  [rho,theta]=meshgrid(r,eta);        %生成极坐标网格
10 [x,y]=pol2cart(theta,rho);          %将极坐标网格转换为直角坐标网格
11 I=exp(-2*rho.^2/w0^2);              %得到高斯光束在网格处的归一化光强值
12
13 surf(x,y,I)                          %直角坐标系下的三维曲面作图
14 shading interp
15 xlabel('position_/mm')
16 ylabel('position_/mm')
17 zlabel('relative_intensity_/a.u.')
18 title('Gauss_intensity_distribution')
19 axis([-3*w0 3*w0 -3*w0 3*w0 0 1])
20 colorbar
```

程序运行后得到如图5.2所示的高斯光束的三维光强分布。

　　【例 5.2】 根据高斯光束的特性，在MATLAB中作出束腰半径为 0.5 mm 的高斯光束在束腰处的二维光强分布图。

　　【分析】 参考例5.1，结合MATLAB的三维作图函数imagesc()即作出高斯光束在束腰处的二维光强分布图。程序代码如下：

```matlab
1  clc
2  clear
3  close all
4
5  Npoint = 501;
6  w0 = 0.5;
7  x = linspace(-3*w0,3*w0,Npoint);
```

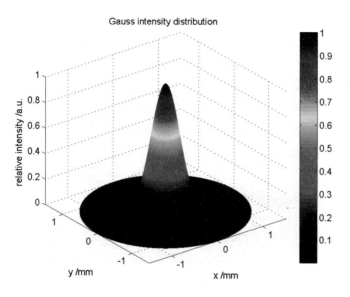

图 5.2　高斯光束的三维光强分布

```
8  y = linspace(-3*w0,3*w0,Npoint);
9  X = meshgrid(x,y);
10 Y = meshgrid(y,x);
11 Y = Y';
12 R = sqrt(X.^2 + Y.^2);
13 I = exp(-2*R.^2/w0^2);
14
15 imagesc(x,y,I,[0 1]);
16 colormap gray;
17 colorbar
18 xlabel('x /mm')
19 ylabel('y /mm')
20 title('Gauss intensity distribution')
21 axis([-3*w0 3*w0 -3*w0 3*w0])
```

程序运行后得到如图5.3所示的高斯光束的二维光强分布。

5.1.2　高斯光束的复参数表示和*ABCD*定律

1. 高斯光束的复参数表示

由式(5.15)～式(5.18)可知，高斯光束由$R(z)$、$w(z)$和z中任意两个即可确定，因此可用复参数q将这3个量联系起来。定义q为

$$\frac{1}{q} = \frac{1}{R} - \mathrm{i}\frac{\lambda}{\pi w^2} \tag{5.27}$$

利用式(5.15)和式(5.16)可得

$$q = z + \mathrm{i}Z_R \tag{5.28}$$

若您对此书内容有任何疑问，可以登录MATLAB中文论坛与同行们讨论交流。

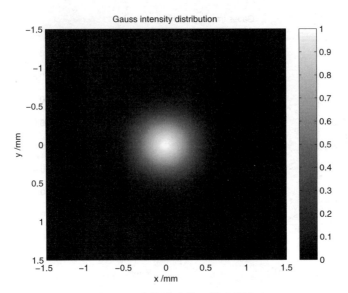

图 5.3 高斯光束的二维光强分布

用复参数q可将式(5.14)简洁地表示为

$$A(r,q) = A_0 \frac{iZ_R}{q} \exp\left(-\frac{ikr^2}{2q}\right) \tag{5.29}$$

这样高斯光束可由复参数q确定。当q已知时，$R(z)$、$w(z)$可按下式求出：

$$\frac{1}{R} = \mathrm{Re}\left(\frac{1}{q}\right) \tag{5.30}$$

$$\frac{1}{w^2} = -\frac{\pi}{\lambda}\mathrm{Im}\left(\frac{1}{q}\right) \tag{5.31}$$

其中，Re表示复数取实部；Im表示复数取虚部运算。

在讨论高斯光束的传播变换问题时，通常可用w_0、z参数，$R(z)$、$w(z)$参数或者复参数q来描述，但其中以q参数法最为简便、规范，本书就主要使用这一方法，注意对$n=1$，式(5.27)中λ为真空（或空气）中波长，$n \neq 1$时，λ应理解为折射率n介质中波长。

2. 高斯光束的ABCD定律

高斯光束复参数q通过变换矩阵$\boldsymbol{M} = \begin{bmatrix} A & B \\ C & D \end{bmatrix}$的光学系统的变换遵守ABCD定律：

$$q_2 = \frac{Aq_1+B}{Cq_1+D} \tag{5.32}$$

或者写为

$$\frac{1}{q_2} = \frac{C+D/q_1}{A+B/q_1} \tag{5.33}$$

如果复参数为q的高斯光束顺次通过变换矩阵为

$$\boldsymbol{M}_1 = \begin{bmatrix} A_1 & B_1 \\ C_1 & D_1 \end{bmatrix}, \boldsymbol{M}_2 = \begin{bmatrix} A_2 & B_2 \\ C_2 & D_2 \end{bmatrix}, \cdots, \boldsymbol{M}_n = \begin{bmatrix} A_n & B_n \\ C_n & D_n \end{bmatrix} \tag{5.34}$$

的光学系统后变为复参数为q的高斯光束（见图5.4），利用矩阵乘法易证，此时$ABCD$定律亦成立，但其中$ABCD$为下面矩阵$\boldsymbol{M}$诸元：

$$\boldsymbol{M} = \boldsymbol{M}_n \cdots \boldsymbol{M}_2 \boldsymbol{M}_1 \tag{5.35}$$

即

$$\boldsymbol{M} = \begin{bmatrix} A & B \\ C & D \end{bmatrix} = \begin{bmatrix} A_n & B_n \\ C_n & D_n \end{bmatrix} \cdots \begin{bmatrix} A_2 & B_2 \\ C_2 & D_2 \end{bmatrix} \begin{bmatrix} A_1 & B_1 \\ C_1 & D_1 \end{bmatrix} \tag{5.36}$$

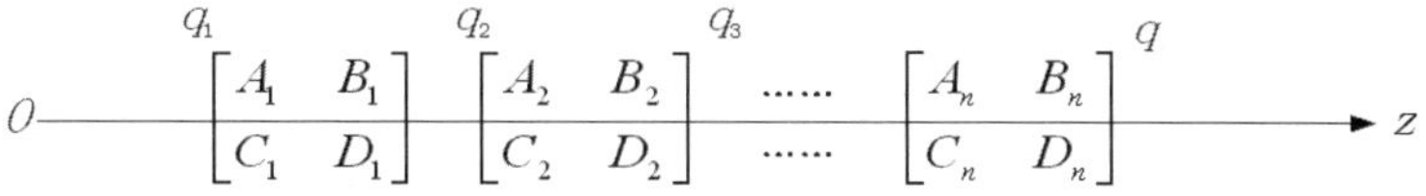

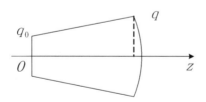

图 5.4　q参数通过变换矩阵为$\boldsymbol{M}_1, \boldsymbol{M}_2, \cdots, \boldsymbol{M}_n$串接光学系统的变换

　　当q和$\boldsymbol{M}_1$、$\boldsymbol{M}_2$、$\cdots$、$\boldsymbol{M}_n$为已知时，原则上由$ABCD$定律可求出任意z处的q,再由式(5.30)和式(5.31)做复数运算分离实、虚部得到R和w，于是高斯光束的复参数表示和$ABCD$定律给出了研究高斯光束通过无光阑限制近轴$ABCD$光学系统传播变换的一个基本方法。现在以高斯光束在自由空间传播的最简单情况为例，说明$ABCD$定律的应用。如图5.5所示，设在$z=0$处有一等相面为平面的高斯光束

$$\frac{1}{q_0} = -\mathrm{i}\frac{\lambda}{\pi w_0^2} \tag{5.37}$$

在自由空间中传播距离z后，设其复参数为q。因为自由空间中的传播矩阵为

$$\boldsymbol{M} = \begin{bmatrix} 1 & z \\ 0 & 1 \end{bmatrix} \tag{5.38}$$

图 5.5　高斯光束在自由空间的传播

由$ABCD$定律可得

$$q = \frac{1 \times q_0 + z}{0 + 1} = q_0 + z \tag{5.39}$$

将式(5.27)、式(5.37)代入式(5.39)中作复数运算，可以得到

$$w = w_0 \sqrt{1 + (z/Z_R)^2} \tag{5.40}$$

$$R = Z_R\left(\frac{z}{Z_R} + \frac{Z_R}{z}\right) \tag{5.41}$$

这即式(5.15)、式(5.16)，它描述了以束腰处为参考，高斯光束的等相面曲率半径$R(z)$和束宽$w(z)$随传播距离z的变化规律。式(5.40)还可用式(5.12)和式(5.25)改写为

$$w^2 = w_0^2 + \theta_0^2 z^2 \tag{5.42}$$

因此，可以在MATLAB中画出高斯光束在自由空间传播过程中的光强度变化。

【例5.3】 根据高斯光束在自由空间传播过程中的特性，在 MATLAB 中画出束腰为0.5mm，波长为$1.55\,\mu\text{m}$的高斯光束在3倍瑞利长度范围内传播过程中的振幅变化图。

【分析】 根据高斯光束在自由空间传播过程中的束腰半径计算公式(5.40)以及振幅计算公式(5.14)，结合MATLAB的作图函数imagesc()，即可作出高斯光束在自由空间传播过程中的振幅变化图。

```
1 clc
2 clear
3 close all
4
5 w0=0.5e-3;   %高斯光束的束腰半径
6 lambda=1.55e-6;  %高斯的光束波长
7 ZR=pi*w0^2/lambda;   %高斯光束的瑞利长度
8 Lz= 3*ZR;   %高斯光束的传播范围设置
9
10 N=200;
11 z=linspace(-Lz,Lz,N);
12 y=linspace(-4*w0,4*w0,N);
13 [py,pz]=meshgrid(y,z);
14 wz=w0*sqrt(1+(lambda*pz/pi/w0^2).^2);
15 Iopt=w0^2./wz.^2.*exp(-2*py.^2./wz.^2);
16 imagesc(z,y,Iopt');
17 xlabel('z_/mm');
18 ylabel('y_/mm');
19 title('Intensity_of_Gauss_beam_propagation');
20 colorbar;
21 colormap hot;
```

程序运行后得到如图5.6所示的高斯光束在自由空间传播过程中的振幅分布。

利用高斯光束的复参数及*ABCD*定律，还可以求出高斯光束在传播过程中某一时刻的电场分量的空间分布。这样可以更为形象地展现高斯光束在自由空间传播的过程。

【例5.4】 在 MATLAB 中画出束腰半径为$2\,\mu\text{m}$，波长为$1.5\,\mu\text{m}$ 的高斯光束在自由空间传播过程中其束腰附近某一时刻的电场分量的归一化空间分布。

【分析】 根据高斯光束在束腰处的复参数表达式(5.37)及其在自由空间传输的*ABCD*定律简化表达式(5.39)，可以求得高斯光束在任意空间点的复参数形式，然后再利用式(5.30)和式(5.31)算出该空间点的R和w。最后将这些参数值代入公式(5.18)求出高斯光束的电场分量的归一化空间分布。

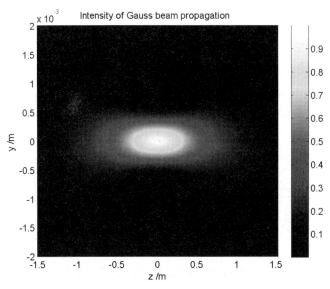

图 5.6　高斯光束在自由空间传播过程的光强分布

```
1  clc,clear,close all
2  lambda = 1.5e-6;        %波长
3  w0 = 2e-6;              %高斯光束的束腰半径
4  Ld = 10*w0;            %高斯光束的传播的纵向计算范围
5  Rd = 5*w0;            %高斯光束的传播的横向计算范围
6  N = 401;
7  zd = linspace(-Ld, Ld, 2*N-1);
8  rd = linspace(-Rd, Rd, N);
9  [z r] = meshgrid(zd, rd);
10
11 k0 = 2*pi/lambda;
12 invq0 = -i*lambda/(pi*w0^2);
13 q0 = 1/invq0;        %求得束腰处的复参数
14 q = q0 + z;          %z处的复参数
15 invw2 = -pi/lambda*imag(1./q);
16 w = sqrt(1./invw2);  %求得w参数
17 R = 1./real(1./q);   %求得R参数
18 phi = atan(lambda*z/pi/w0^2);        %求得相位
19 %根据公式(5.18)求得电场分量
20 E = w0./w.*exp(-r.^2./w.^2).*exp(-(i*(k0*(r.^2./(2*R)+z)-phi)));
21 E = E/(max(max(abs(E))));        %进行归一化处理
22 %作图
23 scrsz = get(0,'ScreenSize');
24 figure('Position',[scrsz(3)*1/4 scrsz(4)*1/4 scrsz(3)/2 scrsz(4)/2])
25 imagesc(zd,rd,real(E))        %作出高斯光束的电场分量的实部
26 colorbar
27 hold on
28 plot(zd,w,'r',zd,-w,'r')      %作出高斯光束的束宽包络曲线
```

程序运行后得到如图5.7所示的高斯光束在自由空间传播过程中的电场分量实部的归一化分布。

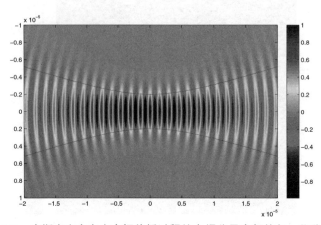

图5.7　高斯光束在自由空间传播过程的电场分量实部的归一化分布

如果将程序代码第25行改为

```
imagesc(zd,rd,abs(real(E)))
```

则可以得到如图5.8所示的高斯光束在自由空间传播过程中的电场分量实部绝对值的归一化分布。在很多情况下，图5.8更多地被用来展示高斯光束的电场分布形式。

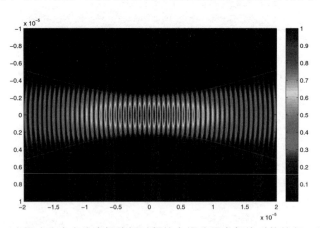

图5.8　高斯光束在自由空间传播过程的电场分量实部绝对值的归一化分布

读者也可将程序代码第25行改为

```
imagesc(zd,rd,abs(E))
```

看看程序运行后会得到什么样的结果，并分析该结果跟图5.6有什么异同点。

结合 MATLAB 强大的动画制作功能，还可以非常形象地展示高斯光束在自由空间传播过程中电场分量的变化。在例5.4代码的基础上运行下面的程序代码即可：

```
1 %创建高斯光束在自由空间传播过程中电场分量变化的动画
2 numFrames = 25;
3 for k = 1:numFrames
4     E = w0./w.*exp(-r.^2./w.^2).*...
```

```
5          exp(-(i*(k0*(r.^2./(2*R)+z)-phi-k*2*pi/25)));
6     E = E/(max(max(abs(E))));
7     imagesc(zd,rd,real(E))
8     hold on
9     plot(zd,w(1,:),'r',zd,-w(1,:),'r')
10    mov(k) = getframe;
11 end
12 %创建AVI文件
13 v = VideoWriter('GaussianBeam.avi');
14 open(v)
15 writeVideo(v,mov);
16 %创建GIF文件
17 animated(1,1,1,numFrames) = 0;
18 for k=1:numFrames
19    if k == 1
20       [animated, cmap] = rgb2ind(mov(k).cdata, 256, 'nodither');
21    else
22       animated(:,:,1,k) = rgb2ind(mov(k).cdata, cmap, 'nodither');
23    end
24 end
25 filename = 'GaussianBeam.gif';
26 imwrite(animated, cmap, filename, 'DelayTime', 0.1, ...
27    'LoopCount', inf);
28 %查看GIF 动画
29 web(filename)
```

5.1.3 高斯光束通过复杂光学系统的变换

使用高斯光束的复参数表示和*ABCD*定律可以推导出高斯光束通过复杂光学系统的一般变换公式，并能够详细讨论高斯光束的3个放大率和主面、节面等问题。

1. 一般变换公式

如图5.9所示，在折射率 n_1 的物空间 s_1 处入射复参数为 q_1 的高斯光束，通过变换矩阵 $\begin{bmatrix} a & b \\ c & d \end{bmatrix}$ 的复杂光学系统后，在折射率 n_2 的像空间 s_2 处变换为复参数 q_2 的高斯光束，于是有

$$\frac{1}{q_i} = \frac{1}{R_i} - \mathrm{i}\frac{\lambda_i}{\pi w_i^2} = X_i - \mathrm{i}Y_i, \qquad i = 1,2 \tag{5.43}$$

图5.9中 s_1、s_2 分别以 RP_1、RP_2 为参考计算，s_1 在 RP_1 之左为正，s_2 在 RP_2 之右为正，反之为负。由 q_1 至 q_2 的变换遵从*ABCD*定律公式(5.32)，式中*ABCD*对应的*M*矩阵为：

$$\boldsymbol{M} = \begin{bmatrix} A & B \\ C & D \end{bmatrix} = \begin{bmatrix} 1 & s_2 \\ 0 & 1 \end{bmatrix} \begin{bmatrix} a & b \\ c & d \end{bmatrix} \begin{bmatrix} 1 & s_1 \\ 0 & 1 \end{bmatrix} = \begin{bmatrix} a+cs_2 & b+as_1+ds_2+cs_1s_2 \\ c & d+cs_1 \end{bmatrix} \tag{5.44}$$

217

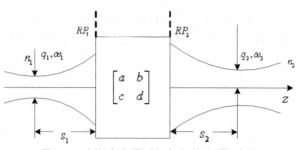

图 5.9　高斯光束通过复杂光学系统的变换

将式(5.43)和式(5.44)代入式(5.32)，并利用变换矩阵的性质，得

$$X_2 = \frac{\left(X_1^2 + Y_1^2\right)BD + X_1\left(AD + BC\right) + AC}{A^2 + 2X_1 AB + \left(X_1^2 + Y_1^2\right)B^2}$$
$$Y_2 = \frac{\left(n_1/n_2\right)Y_1}{A^2 + 2X_1 AB + \left(X_1^2 + Y_1^2\right)B^2} \tag{5.45}$$

式(5.45)即高斯光束通过复杂光学系统的一般变换公式，式中诸量均为实数。现对公式的一些特例进行讨论。

　　① 当入射光束取在束腰 w_{01} 处，即 $X_1 = 0$ 时，有

$$Y_1 = Y_{01} = \frac{\lambda_1}{\pi w_{01}^2} = \frac{1}{Z_{01}} \tag{5.46}$$

式中，Z_{01} 为物方瑞利长度。式(5.45)可写为

$$X_2 = \frac{BD + ACZ_{01}^2}{B^2 + A^2 Z_{01}^2}$$
$$Y_2 = \frac{\left(n_1/n_2\right)Z_{01}}{B^2 + A^2 Z_{01}^2} \tag{5.47}$$

　　② 实际工作中最感兴趣的是 $X_1 = X_2 = 0$，即研究入射与出射高斯光束束腰间的变换问题，此时式(5.45)简化为

$$BD + ACZ_{01}^2 = 0$$
$$Z_{02} = \frac{B^2 + A^2 Z_{01}^2}{\left(n_1/n_2\right)Z_{01}} \tag{5.48}$$

　　设

$$s_1 = s_0,\, s_2 = s_i \tag{5.49}$$

当 $c \neq 0$ 时，可将式(5.48)写为

$$s_i = -\frac{a}{c} + \frac{\left(n_1/n_2\right)\left(s_0 + d/c\right)}{\left(d + cs_0\right)^2 + c^2 Z_{01}^2}$$
$$w_{02} = \frac{\left(n_1/n_2\right)w_{01}}{\left[\left(d + cs_0\right)^2 + c^2 Z_{01}^2\right]^{1/2}} \tag{5.50}$$

式(5.51)决定了像方束腰位置 s_i 和束腰大小 w_{02}，常称为成像公式和物像比例公式。

当 $n_2 = n_1 = 1$ 时，式(5.48)亦可写为

$$as_0 + ds_i + cs_0s_i + b = -Z_{01}^2 \frac{c(a+bs_i)}{d+cs_0}$$

$$w_{02} = w_{01} \left\{ (a+cs_i)^2 + \left[\frac{as_0 + ds_i + cs_0s_i + b}{Z_{01}} \right] \right\}^{1/2} \qquad (5.51)$$

$$= w_{01} |a+cs_i| \left[1 + Z_{01}^2 \frac{1}{(d+cs_0)^2} \right]^{1/2}$$

2. 高斯光束的放大率、主面和节面

高斯光束放大率包括角放大率、横向放大率和轴放大率等，分别定义如下：

① 角放大率

$$M_1 = \frac{\theta_{02}}{\theta_{01}} \qquad (5.52)$$

式中

$$\theta_{0i} = \frac{\lambda_i}{\pi w_{0i}}, \qquad i = 1,2 \qquad (5.53)$$

为物方和像方高斯光束远场发散角。

② 横向放大率

$$M_2 = \frac{w_{02}}{w_{01}} \qquad (5.54)$$

③ 轴向放大率

$$M_3 = \frac{Z_{02}}{Z_{01}} \qquad (5.55)$$

式中，Z_{02}、Z_{01} 为像方瑞利长度和物方瑞利长度。

易证 M_1、M_2 和 M_3 间有关系

$$M_2 = M_1 M_3 \qquad (5.56)$$

$$M_1 M_2 = n_1/n_2 \qquad (5.57)$$

由式(5.52)、式(5.54)和式(5.57)得

$$n_2 \theta_{02} w_{02} = n_1 \theta_{01} w_{01} \qquad (5.58)$$

这对应于经典光学的拉格朗日–亥姆霍兹不变式。

5.1.4 高斯光束通过薄透镜的变换

如图5.10所示为高斯光束通过薄透镜的变换，设 $n_2 = n_1 = 1$。

此时传播矩阵为

$$M = \begin{bmatrix} 1 & 0 \\ -\frac{1}{f} & 1 \end{bmatrix} \qquad (5.59)$$

式中，f 为薄透镜焦距。将式(5.59)代入式(5.51)，得到成像公式

$$\frac{1}{s_i} = \frac{1}{f} - \frac{1}{s_0} \frac{1}{1 + Z_{01}^2/s_0(s_0-f)} \qquad (5.60)$$

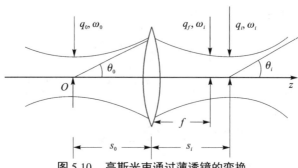

图 5.10　高斯光束通过薄透镜的变换

物像比例公式为

$$w_i = \frac{f w_0}{\left[(s_0 - f)^2 + Z_{01}^2\right]^{1/2}} \tag{5.61}$$

【例 5.5】　在MATLAB中编程，作出高斯光束在通过薄透镜变换时，取不同的归一化参数 Z_{01}/f（$0, 0.2, 0.4, 0.5, 1, 5$）的情况下，归一化物距参数 s_0/f 随归一化像距参数 s_i/f 的变化曲线。

【分析】　根据式(5.60)，以归一化像距参数 s_i/f 作为以归一化物距参数 s_0/f 的函数，可以通过MATLAB编程作出不同的归一化参数 Z_{01}/f 的变化曲线。程序代码如下：

```
1  clc
2  clear
3  close all
4  f = 0.1;
5  Z0 = [0 0.2 0.4 0.5 1 5]*f;
6  t = -2:0.01:4;
7  s1 = f*t;
8  s2 = zeros(length(t),length(Z0));
9  for i = 1:length(Z0)
10     s2(:,i) = f+(s1-f)*f^2./[(f-s1).^2+Z0(i).^2];
11 end
12 plot(s1/f,s2/f) %作图
13 axis([-2 4 -2 4])
14 grid on
15 axis square
16
17 xlabel('s_0/f') %标注
18 ylabel('s_i/f')
19 text(0.5,2.5,'Z_{01}/f')
20 text(1.3,3.8,'0')
21 [val pos] = max(s2);
22 for i=2:length(Z0)
23     text(t(pos(i))-0.1,val(i)/f-0.1,num2str(Z0(i)/f));
24 end
```

程序运行后得到如图5.11所示的归一化像距 s_i/f 和归一化物距 s_0/f 的关系曲线。

从图中可以看出，对于高斯光束通过薄透镜成像，如果入射高斯光束的束腰在透镜

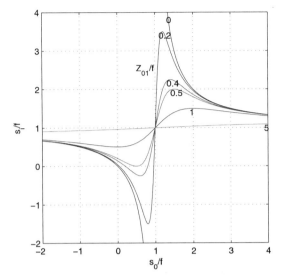

图 5.11　归一化像距s_i/f和归一化物距s_0/f的关系曲线，归一化参数为Z_{01}/f

物方的焦面上，则出射高斯光束的束腰必定处在透镜像方的焦面上，而在几何光学中（见$Z_{01}=0$的曲线），物处于透镜物方焦面上则其像将处在无穷远处。

当$(s_0-f)^2 \gg Z_{01}^2$，$Z_{01} \to 0$时，式(5.60)过渡为几何光学中薄透镜成像公式

$$\frac{1}{s_i}+\frac{1}{s_0}=\frac{1}{f} \tag{5.62}$$

同样可以根据物像比例公式(5.61)，在MATLAB中编程，作出物像比例w_i/w_0和归一化物距s_0/f的关系曲线，程序代码如下：

```
1 clc
2 clear
3 close all
4 f = 0.1;
5 Z01 = [0 0.2 0.4 0.5 1 2 5]*f;
6 t = -2:0.01:4;
7 s0 = f*t;
8 w1w0 = zeros(length(t),length(Z01));
9
10 for i = 1:length(Z01)
11     w1w0(:,i) = f./sqrt((s0-f).^2+Z01(i)^2);
12 end
13 plot(s0/f,w1w0) %作图
14 axis([-2 4 0 6])
15 grid on
16 axis square
17
18 xlabel('s_0/f') %标注
19 ylabel('w_1/w_0')
```

```
20 text(0.2,3.5,'Z_{01}/f')
21 text(1,5.5,'0')
22 [val pos] = max(w1w0);
23 for i=2:length(Z01)
24     text(t(pos(i)),val(i),num2str(Z01(i)/f));
25 end
```

程序运行后得到如图5.12所示的物像比例w_i/w_0和归一化物距s_0/f的关系曲线，其中归一化参数Z_{01}/f发生变化时可以得到不同的曲线。当$(s_0-f)^2 \gg Z_{01}^2$，$Z_{01} \to 0$时，物像比例关系与几何光学相同，有

$$w_i = \frac{fw_0}{s_0-f} = \frac{sw_0}{s_0} \tag{5.63}$$

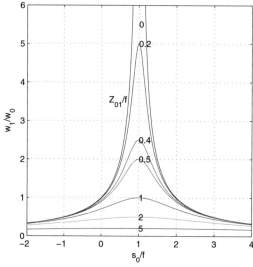

图5.12　物像比例w_i/w_0和归一化物距s_0/f的关系曲线，归一化参数为Z_{01}/f

像方瑞利长度Z_{02}为

$$Z_{02} = \frac{\pi w_i^2}{\lambda} = \frac{f^2 Z_{01}}{Z_{01}^2 + (s_0-f)^2} \tag{5.64}$$

通常称式(5.64)为高斯光束的景深公式，它说明长的准直距离和良好的聚焦效果（小的束宽）两者不可兼得，在工程设计中只能根据具体问题要求选择适当参数，在一定容限范围内予以满足。

5.1.5　高斯光束的聚焦

本节讨论高斯光束通过薄透镜的聚焦，出发点是式(5.60)和式(5.61)。这一问题在数学上归结为要求像方束宽w_i的极值。当w_0一定时，由式(5.61)知w_i是f、s_0的函数，下面分两种情况分别讨论：

1. f一定时，w_i随s_0变化情况

将式(5.61)对s_0求一阶偏导数，得到

$$\frac{\partial w_i}{\partial s_0} = \frac{w_0 f(f - s_0)}{\left[(s_0 - f)^2 + Z_{01}^2\right]^{3/2}} \tag{5.65}$$

(1)$s_0 < f$时

因这时$\partial w_i / \partial s_0 > 0$，故$w_i$随$s_0$的减小而单调减小，当$s_0 = 0$时，$w_i$取极小值。

$$w_{i,\min} = \frac{w_0}{\sqrt{1 + (Z_{01}/f)^2}} < w_0 \tag{5.66}$$

由式(5.61)可求得

$$s_i = \frac{f}{1 + (f/Z_{01})^2} < f \tag{5.67}$$

因此，当$s_0 = 0$时，w_i总比w_0小，不论透镜焦距f多大（$f > 0$），总有一定聚焦作用，并且像距始终小于f，这表示像方束腰位置总在透镜后焦点以内。

若进一步满足$f \ll Z_{01}$，即使用短焦距透镜时，由式(5.66)、式(5.67) 得到

$$w_{i,\min} \approx \frac{\lambda f}{\pi w_0} \tag{5.68}$$

$$s_i \approx f \tag{5.69}$$

这时，像方束腰近似于透镜后焦面上，且透镜焦距越短，聚焦效果越好。

(2)$s_0 > f$时

因$\partial w_i / \partial s_0 < 0$，$w_i$随$s_0$的增加而单调减小，当$s_0 \to \infty$时，

$$w_i = 0, \quad s_i = f \tag{5.70}$$

当然，这只是理想极限情形。实际上当$s_0 \gg f$时，有

$$w_i \approx \frac{\lambda f}{\pi w_0 \sqrt{1 + (\lambda s_0 / \pi w_0^2)^2}} = \frac{\lambda f}{\pi w(s_0)} \tag{5.71}$$

式中

$$w(s_0) = w \sqrt{1 + (s_0 / Z_{01})^2} \tag{5.72}$$

为入射在透镜表面上的高斯光束束宽，且还有

$$s_i \approx f \tag{5.73}$$

若同时还满足$s_0 \gg Z_{01}$，则

$$w_i \approx \frac{f w_0}{s_0} \tag{5.74}$$

因此，当物距s_0远远大于透镜焦距f时，s_0越大，f越小，则聚焦效果越好。这是实际中常用情形。

(3)$s_0 = f$时

显然，这时w_i达到极大值

$$w_{i,\max} = \frac{\lambda f}{\pi w_0} \tag{5.75}$$

且

$$s_i = f \tag{5.76}$$

仅当$\lambda f/\pi w_0^2 < 1$，即$f < Z_{01}$时，透镜才有聚焦作用。

以上的讨论结果都可以从图5.12中体现出来。从图5.12中还可看出，不论s_0值多少，只要满足条件$Z_{01}/f > 1$，总有一定的聚焦作用。

2. s_0一定时，w_i随f变化情况

因

$$\frac{\partial w_i}{\partial f} = w_0 \frac{Z_{01}^2 + s_0(s_0 - f)}{\left[(s_0 - f)^2 + Z_{01}^2\right]^{3/2}} \tag{5.77}$$

(1)当

$$f = s_0 \left[1 + (Z_{01}/s_0)^2\right] = R(s_0) \tag{5.78}$$

时，w_i取极大值

$$w_{i,\max} = w_0 \sqrt{1 + (s_0/Z_{01})^2} = w(s_0) \tag{5.79}$$

式中，$R(s_0)$、$w(s_0)$分别为高斯光束入射在透镜处等相面的曲率半径和束宽。

(2)$f < R(s_0)$时

因$w_i/\partial f > 0$，故w_i随f的减小而单调减小。当$f = R(s_0)/2$时，

$$w_i = w_0 \tag{5.80}$$

仅当$f < R(s_0)/2$时，透镜对高斯光束才有聚焦作用，且f越小，聚焦效果越好。当$f \ll s_0$时，有

$$w_i \approx \frac{\lambda f}{\pi w(s_0)} \tag{5.81}$$

$$s_i \approx f \tag{5.82}$$

(3) $f > R(s_0)$时

因$\partial w_i/\partial f < 0$，$w_i$随$f$的增加而单调减小。当$f \to \infty$时，$w_i \to w_0$，故在此范围内无聚焦作用。

综上所述，使用短焦距会聚透镜或者增大物距，使$s_0 \gg f$，总会使高斯光束聚焦。

3. 1:1 成像

由式(5.61)知，1:1成像，即$w_i = w_0$的条件为

$$s_0^2 - 2fs_0 + Z_{01}^2 = 0 \tag{5.83}$$

解之得

$$s_0 = f \pm \sqrt{f^2 - Z_{01}^2} = s_i \tag{5.84}$$

因此在一般情况下，$s_0 = s_i \neq 2f$。仅当$Z_{01} \to 0$时，方有

$$s_0 = s_i = 2f \tag{5.85}$$

5.2　光纤端面的辐射场

5.2.1　夫琅禾费区域的辐射场

定义如图5.13所示的柱坐标系$(r, \phi, 0)$来表示光纤端面上的点，球坐标系(R, Θ, Φ)来表示光纤端面以外的自由空间中的点。根据菲涅耳–夫琅禾费衍射公式，可以得到夫琅禾费区域（远场区域）的辐射场为

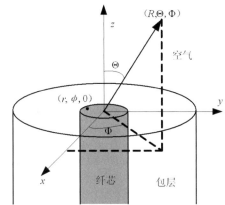

图 5.13　圆柱坐标系下的夫琅禾费区域的辐射场计算

$$E_{\text{FF}}(R, \Theta, \Phi) \approx \mathrm{i}k \frac{\mathrm{e}^{-\mathrm{i}kR}}{2\pi R} \frac{1 + \cos\Theta}{2} \int_0^{2\pi} \int_0^\infty E(r, \phi, 0) \mathrm{e}^{\mathrm{i}kr\sin\Theta\cos(\Theta-\phi)} r\mathrm{d}r\mathrm{d}\phi \tag{5.86}$$

这里采用下标FF表示夫琅禾费区域。由于光纤的数值孔径通常比较小，光纤端面出射光线被限定在一个发散角不大的光锥中，即倾斜因子$(1 + \cos\Theta)/2$近似为1。因此式(5.86)可简化成

$$E_{\text{FF}}(R, \Theta, \Phi) \approx \mathrm{i}k \frac{\mathrm{e}^{-\mathrm{i}kR}}{2\pi R} \int_0^{2\pi} \int_0^\infty E(r, \phi, 0) \mathrm{e}^{\mathrm{i}kr\sin\Theta\cos(\Theta-\phi)} r\mathrm{d}r\mathrm{d}\phi \tag{5.87}$$

假定光纤的导模是x偏振方向的LP_{lm}模，则其横向电场分量可以写成

$$\boldsymbol{E}(r, \phi, 0) = \hat{\boldsymbol{i}} e_l(r) \cos(l\phi) \tag{5.88}$$

其中$e_l(r)$可以写成

$$e_l(r) = \begin{cases} E_l \dfrac{J_l\left(V\sqrt{1-b}\dfrac{r}{a}\right)}{J_l\left(V\sqrt{1-b}\right)}, & 0 \leqslant r \leqslant a \\[4mm] E_l \dfrac{K_l\left(V\sqrt{b}\dfrac{r}{a}\right)}{K_l\left(V\sqrt{b}\right)}, & r > a \end{cases} \tag{5.89}$$

由于光纤的导模是x偏振方向，从光纤端面辐射出来的光场也为x偏振方向，因此只需对辐射场的x分量$E_{\text{FF}x}$进行分析即可。为了求出$E_{\text{FF}x}$，将式(5.88)和式(5.89)代入式(5.87)，并利用以下两个数学特性：

$$e^{ix\cos\phi} = J_0(x) + 2\sum_{p=1}^{\infty} J_p(x)\cos(p\phi) \tag{5.90}$$

$$\int_0^{2\pi} \cos(l\phi)\cos[p(\Phi-\phi)]\mathrm{d}\phi = \begin{cases} 0, & l \neq p \\ 2\pi, & l = p = 0 \\ \pi\cos(l\Phi), & l = p \neq 0 \end{cases} \tag{5.91}$$

可以得到

$$E_{\mathrm{FFx}}(R,\Theta,\Phi) \approx ik\frac{e^{-ikR}}{R}\cos(l\Phi)\int_0^{\infty} e_l(r)J_l(kr\sin\Theta)r\mathrm{d}r \tag{5.92}$$

为了获得解析表达式，可以将上式右边积分部分分为以下两种情况进行计算：

$$\frac{E_l}{J_l(V\sqrt{1-b})}\int_0^a J_l\left(V\sqrt{1-b}\frac{r}{a}\right)J_l(kr\sin\Theta)r\mathrm{d}r \tag{5.93}$$

$$\frac{E_l}{J_l(V\sqrt{b})}\int_a^{\infty} K_l\left(V\sqrt{b}\frac{r}{a}\right)J_l(kr\sin\Theta)r\mathrm{d}r \tag{5.94}$$

利用Bessel函数的递归特性，有如下关系式存在：

$$\int rJ_l(pr)J_l(qr)\mathrm{d}r = \frac{1}{p^2-q^2}\left[pJ_{l+1}(pr)J_l(qr) - qJ_l(pr)J_{l+1}(qr)\right] \tag{5.95}$$

$$\int rJ_l(pr)K_l(qr)\mathrm{d}r = \frac{1}{p^2-q^2}\left[pJ_{l+1}(pr)K_l(qr) - qJ_l(pr)K_{l+1}(qr)\right] \tag{5.96}$$

将以上Bessel函数的积分递推关系式代入式(5.93)和式(5.94)中，即可将式(5.92)化简为

$$E_{\mathrm{FFx}}(R,\Theta,\Phi) \approx iE_l\frac{e^{-ikR}}{kR}(kaV)^2\cos(l\Phi)F_l(\Theta) \tag{5.97}$$

式中

$$F_l(\Theta) = \frac{ka\sin\Theta J_{l+1}(ka\sin\Theta) - V\sqrt{1-b}\dfrac{J_{l+1}(V\sqrt{1-b})}{J_l(V\sqrt{1-b})}J_l(ka\sin\Theta)}{\left[V^2(1-b) - k^2a^2\sin^2\Theta\right]\left[V^2b + k^2a^2\sin^2\Theta\right]} \tag{5.98}$$

此时，$ka\sin\Theta \neq V\sqrt{1-b}$。

当$ka\sin\Theta = V\sqrt{1-b}$时，$F_l(\Theta)$的值为

$$\begin{aligned} &F_l(\Theta)|_{ka\sin(\Theta)=V\sqrt{1-b}} \\ &= \frac{2lJ_l(V\sqrt{1-b})J_{l+1}(V\sqrt{1-b}) - V\sqrt{1-b}[J_l^2(V\sqrt{1-b}) + J_{l+1}^2(V\sqrt{1-b})]}{2V^3\sqrt{1-b}J_l(V\sqrt{1-b})} \end{aligned} \tag{5.99}$$

如果不考虑常数项，$\cos(l\Phi)F_l(\Theta)$即可表示辐射的远场模式分布，而$|\cos(l\Phi)F_l(\Theta)|^2$即为辐射的远场功率（或强度）分布。辐射的远场功率分布随方位角的变化关系比较简单，为$\cos^2(l\Phi)$。辐射的远场功率（或强度）分布随Θ的变化则比较复杂。可以利用MATLAB的作图功能直观地显示它们之间的关系。

【例 5.6 】 在MATLAB中作出$V = 2.4$，$ka = 20.3$的LP$_{01}$模的辐射的远场功率分布随Θ变化的极坐标曲线。

【分析】 利用例4.8的计算结果可以得到LP$_{01}$模取$V = 2.4$时的b值，然后根据式(5.97)和式(5.98)计算出辐射的远场功率分布随方位角的变化值。在MATLAB中对LP$_{01}$模辐射的远场功率分布随Θ变化的极坐标曲线作图时，首先对远场的功率分布取对数，考虑到MATLAB中极坐标作图函数polar()的特性，在实际作图中将取对数后的远场功率分布整体平移了100(加上100)。程序代码如下：

```
1  % Radiation pattern of field radiated by LP01 mode
2  clc
3  clear
4  close all
5
6  N = 10000;
7  L = 0;       %设置模序数值
8
9  V = 2.4;
10 b = 0.53303;
11 ka = 20.3;
12
13 theta = linspace(-pi/2,pi/2,N);
14 Fl = (ka*sin(theta).*besselj(L+1,ka*sin(theta))- ...
15     V*sqrt(1-b)*besselj(L+1,V*sqrt(1-b))/...
16     besselj(L,V*sqrt(1-b))* besselj(L,ka*sin(theta)) )./...
17     ((V^2*(1-b)-(ka*sin(theta)).^2).*(V^2*b+(ka*sin(theta)).^2));
18
19 Effx= cos(L.*theta).*Fl;
20
21 y = abs(Effx).^2;
22 Ny = y/max(y);       %寻找最大值进行归一化处理
23 Py = 10*log10(Ny)+100;    %极坐标作图数据预处理
24 Py(find(Py<0))=0;
25
26 polar(theta,Py)
27 text(100,-70,['LP' int2str(L) '1' '_mode'])
28 text(100,-80, ['V=' num2str(V)])
29 text(100,-90, ['b=' num2str(b)])
30 text(100,-100, ['ka=' num2str(ka)])
```

程序运行后得到如图5.14所示的LP$_{01}$模辐射的远场功率分布随Θ变化的极坐标曲线，从图中可以看出正如前面所述，光纤端面出射的辐射场主要限制在沿传播方向发散角不大的光锥中。此外，远场功率分布的边带非常小，事实上，最大的边带比主峰也要小-40 dB以上。

如果将程序第7行的模序数值L改为1，则可得到LP$_{11}$模辐射的远场功率分布随Θ变化的极坐标曲线，如图5.15所示。

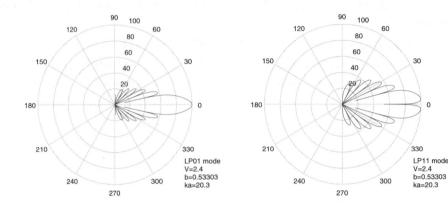

图 5.14　LP$_{01}$模辐射的远场功率分布随Θ变　图 5.15　LP$_{11}$模辐射的远场功率分布随Θ变
　　　　　化的极坐标曲线　　　　　　　　　　　　　　　　化的极坐标曲线

更为常用的方式是以$ka\sin\Theta$为变量代替以Θ为变量的模辐射曲线。通过MATLAB可以画出以$ka\sin\Theta$为变量的LP$_{01}$，LP$_{11}$，LP$_{21}$模在不同V值下的归一化后的模辐射曲线。LP$_{01}$模的远场辐射图的程序代码如下：

```
1  % Normalized irradiance pattern radiated by LP01 modes
2  % as a function kasin(theta)
3  clc
4  clear
5  close all
6
7  N = 10000;
8  L = 0;    %设置模序数值
9
10 V = [1.0 1.8 2.4];
11 b = 0.53303;
12 ka = 20.3;
13
14 kasin = linspace(0,15,N);
15 theta = asin(kasin/ka)';
16
17 for i = 1:length(V)
18 Fl(:,i) = (kasin.*besselj(L+1,kasin)- ...
19    V(i)*sqrt(1-b)*besselj(L+1,V(i)*sqrt(1-b))/...
20    besselj(L,V(i)*sqrt(1-b)) * besselj(L,kasin) )./...
21    ((V(i)^2*(1-b)-(kasin).^2).*(V(i)^2*b+(kasin).^2));
22
23 Effx(:,i) = cos(L*theta).*Fl(:,i);
24 end
25
26 y = abs(Effx).^2;
27 Ny = y/diag(max(y));    %寻找最大值进行归一化处理
```

```
28 Py = 10*log10(Ny);
29
30 figure,grid on,hold on    %根据计算值作图
31 plot(kasin,Py(:,1),'r-')
32 plot(kasin,Py(:,2),'b--')
33 plot(kasin,Py(:,3),'k:')
34 axis([0 15 -100 0])
35 title('LP01_mode')
36 xlabel('kasin\Theta')
37 ylabel('Normalized_|EFFx|^2(_dB)')
38 legend('V=1.0','V=1.8','V=2.4')
```

程序运行后得到如图5.16所示的LP_{01}模的归一化辐射随$ka\sin\Theta$变化曲线，其中V取了3个典型值1.0、1.8和2.4。

对程序进行简单的修改，也可以得到LP_{11}模的归一化辐射随$ka\sin\Theta$变化曲线，如图5.17所示，其中V取了3个典型值2.0、3.5和4.0。

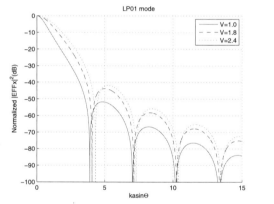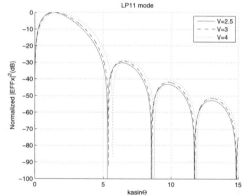

图 5.16　LP_{01}模的归一化辐射随$ka\sin\Theta$变化曲线　　图 5.17　LP_{11}模的归一化辐射随$ka\sin\Theta$变化曲线

图中每条曲线均通过本身最大值进行了归一化处理。从上图的曲线可得出以下结论：

①LP_{0m}模的辐射图的主峰值位置位于$\Theta=0$处。

②$l\geqslant1$时LP_{lm}模的辐射曲线在$\Theta=0$位置处不再为主峰值，而为0值。可以解释为在横向平面上，LP_{lm}模场变量在$\cos(l\Phi)$因子的作用下，从光纤端面各位置点共同作用到z轴互相抵消，结果为0。

③$l\geqslant1$时LP_{lm}模辐射曲线的主峰位置稍微偏离z轴，主峰偏离位置的角坐标决定于V值和模式的不同值。

④对于所有的不同阶数的LP模，$|E_{FFx}|^2$的值到达主峰位置后，将会迅速下降。

⑤ LP模旁瓣的大小取决于不同的V值和模式。通常情况下LP模的旁瓣一般低于主峰值$-50\,dB\sim-40\,dB$。不同的LP模，阶数越高旁瓣越大，相同的LP模，V越大旁瓣越大。

5.2.2　高斯孔径光束的辐射场

LP_{01}模的横向电场分量在光纤的轴线上取最大值，并且随着距轴线的距离r增加不断减小，这种变化特性与高斯函数相类似。事实上，当$V>2.0$时，LP_{01}模的横向电场分量分布跟高斯函数惊人地吻合。因此可以在极高的近似程度上用高斯分布的辐射场来代替LP_{01}模的

若您对此书内容有任何疑问，可以登录MATLAB中文论坛与同行们讨论交流。

横向电场的远场辐射。为此，需要对高斯分布的辐射场进行分析对比，假设在$z=0$处光纤端面的横向电场为高斯分布

$$\boldsymbol{E}_{GB}(r,\varphi,0)=\hat{\boldsymbol{i}}E_0\mathrm{e}^{-r^2/w^2} \tag{5.100}$$

其中，w是高斯分布场的光束半径。该高斯光束的夫琅禾费区域的辐射场可以通过将式(5.100)代入式(5.86)后，再进行积分运算求得。利用如下贝塞尔函数的积分特性：

$$\int_0^{\infty}J_0(qr)\mathrm{e}^{-p^2r^2}\mathrm{d}r=\frac{1}{2p^2}\mathrm{e}^{-q^2/4p^2}\qquad,|\arg(p)|<\frac{\pi}{4} \tag{5.101}$$

可以得到高斯光束的夫琅禾费区域的辐射场为

$$E_{GBFFx}(R,\Theta,\Phi)=\mathrm{i}kE_0\frac{\mathrm{e}^{-\mathrm{i}kR}}{R}\frac{w}{2}\mathrm{e}^{-(kw\sin\Theta)^2/4} \tag{5.102}$$

注意到位于$z=0$平面上的孔径分布式(5.100)以及夫琅禾费域内的辐射场式(5.102)均为高斯函数。如图5.18所示为$|E_{GBFFx}|^2$以$ka\sin\Theta$为变量与LP_{01}模辐射曲线的比较。

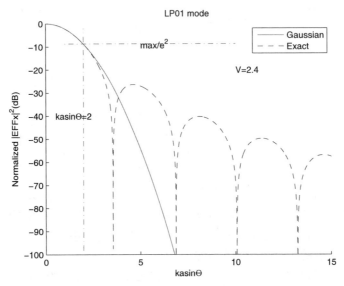

图 5.18 LP_{01}模的归一化辐射与高斯场辐射比较图

如下为MATLAB仿真主程序，主要参数设定为$V=2.4$，$b=0.53303$，$ka=20.3$。

```
1  clc
2  clear
3  close all
4  %Gaussian 场辐射形式
5  lambda = 1.55e-6;      %参数初始化
6  V = 2.4;
7  E0 = 1;
8  R = 1;
9  k = 2*pi/lambda;
10 kw = 20.3;
11 w = kw/k;
```

```
12 kwsin=[0:0.001:15]';
13
14 %Gaussian函数定义
15 E_GBFFx = j*k*E0*exp(-j*k*R)/R*(w^2/2)*exp(-kwsin.^2./4);
16 E_GB=10.*log10(abs(E_GBFFx).^2/max(abs(E_GBFFx).^2));      %归一化处理
17
18 hold on
19 axis([0 15 -100 0])                    %画二维图形
20 plot(kwsin,E_GB,'r-')
21
22 %精确场辐射形式
23 b = 1.5;        %参数初始化
24 L = 0;
25 El=0.01;
26 R=1;
27 k=0.01;
28 ka=20.3;
29 kasin=[0:0.001:15]';
30 theta=asin(kasin/ka);
31
32 %精确函数定义
33 F_theta=[kasin.*besselj((L+1),kasin)-V.*sqrt(1-b)...
34          .*besselj((L+1),V.*sqrt(1-b))/besselj(L,V.*sqrt(1-b))...
35          .*besselj(L,kasin)]./[(V^2.*(1-b)-kasin.^2)...
36          .*(V^2*b+kasin.^2)];
37 E_FFx=-j*El*exp(-j*k*R)/(k*R)*(ka*V)^2.*cos(L.*theta).*F_theta;
38 E_FF=10.*log10(abs(E_FFx).^2/max(abs(E_FFx).^2));        %归一化处理
39
40 title('LP01_mode_')
41 xlabel('kasin\Theta')
42 ylabel('Normalized_|EFFx|^2(_dB)')
43 plot(kasin,E_FF,'b--')    %画二维图形进行比较
44 legend('Gaussian','Exact')
45 text(10,-20,'V=2.4');
46
47 %画出x=2的直线
48 x1=[2,2];
49 y1=[-100,-2];
50 plot(x1,y1,'g-.')
51 text(0.5,-40,'kasin\Theta=2');
52 %画出最大值下降到1/e^2处的直线
53 x2=[1,10];
54 y2=[10*log10(1/exp(2)),10*log10(1/exp(2))];
55 plot(x2,y2,'g-.')
56 text(5,y2(1),'max/{\rm_e}^2')
```

231

从图5.18中可以得到如下结论：

①在$\Theta = 0$处$|E_{\mathrm{GBFFx}}|^2$有最大峰值点。

②高斯孔径光束的辐射场从最大峰值处快速下降且没有旁瓣。

③在$ka\sin\Theta = 2$处$|E_{\mathrm{GBFFx}}|^2$峰值下降到$1/\mathrm{e}^2$，如图5.18所示。则可定义$\Theta_H = \sin^{-1}(2/kw)$为辐射场半功率角宽。因此可以通过测得夫琅禾费域的辐射场半功率角宽Θ_H推导出高斯孔径场的光束半径w。

④当$2.0 < V < 2.8$时，$|E_{\mathrm{GBFFx}}|^2$和$|E_{\mathrm{FFx}}|^2$的主瓣具有非常高的近似度。这也可以从图5.18中（$V = 2.4$）看出来。

5.2.3　试验确定参数ka及V的值

由5.2.2节可知通过测量夫琅禾费域辐射场的半功率角宽可以得到高斯孔径场有效半径。此方法同样适用于其他的LP模，确实可以通过夫琅禾费域辐射场的测量得到V、ka以及阶跃折射率分布光纤的折射率差Δ。

为了确定实验测试原理的基本过程，如图5.18所示，首先绘制了典型LP_{01}模的辐射图。对Θ_N、Θ_H进行定义。Θ_N定义为离主峰最近的零值点对应的角度值。从数学角度解释是由于在满足$ka\sin\Theta \neq V\sqrt{1-b}$的条件下$F_0(\Theta)$满足式(5.103)时的一个根，使得$F_0(\Theta)$的值为0。

$$ka\sin\Theta\frac{J_1(ka\sin\Theta)}{J_0(ka\sin\Theta)} = V\sqrt{1-b}\frac{J_1(V\sqrt{1-b})}{J_0(V\sqrt{1-b})} \tag{5.103}$$

等式右边是V和b的函数，而b又为V的函数，即可得等式的右边为V的函数。可以根据给出的V值解得$ka\sin\Theta$的值，将Θ用Θ_N替代则可解得Θ_N的值。从上可得$ka\sin\Theta_N$为V的函数，为了方便可写为

$$ka\sin\Theta_N = G_N(V) \tag{5.104}$$

接下来定义Θ_H为半功率角，如前所述对LP_{01}模在$\Theta = 0$处为峰值，因此峰值大小正比于$|F_0(0)|^2$，在半功率角Θ_H处，在辐射图中的位置正好是一半峰值处，表达式为

$$|F_0(\Theta_H)|^2 = \frac{1}{2}|F_0(0)|^2 \tag{5.105}$$

对于给定的光纤，可以对$ka\sin\Theta$进行数值求解。显然$ka\sin\Theta$为V的函数，可以简写为

$$ka\sin\Theta_H = G_H(V) \tag{5.106}$$

通过MATLAB编程可以在LP_{01}模辐射图中标出Θ_H、Θ_N的位置，程序代码如下：

```
1 clc
2 clear
3 close all
4
5 lambda = 1.55e-6;
6 b = 0.77273;
7 L = 0;
8 El = 1;
```

```
 9 R = 1;
10 k = 2*pi/lambda;
11 ka = 20.3;
12 V = 2.4;
13
14 %函数定义
15 theta = [0:0.00001:pi/6]';
16 degree = theta.*180./pi;              %角度转换
17 F_theta = [ka.*sin(theta).*besselj((L+1),ka.*sin(theta))-V.*sqrt(1-b)...
18          .*besselj((L+1),V.*sqrt(1-b))/besselj(L,V.*sqrt(1-b))...
19          .*besselj(L,ka.*sin(theta))]./[(V^2.*(1-b)-ka^2.*sin(theta).^2)...
20          .*(V^2*b+ka^2.*sin(theta).^2)];
21 Eff = -j*El*exp(-j*k*R)/(k*R)*(ka*V)^2*cos(L.*theta).*F_theta;
22 Eff2 = abs(Eff).^2;
23 max0 = max(Eff2);                     %寻找最大值进行归一化处理
24 EFF = Eff2./max0;
25
26 r1 = find(0.5>=EFF);     %找出1/2能量处的位置Theta_H
27 Xh = degree(r1(1));      %对应的角度值
28 Yh = Eff2(r1(1));        %对应的能量值
29 x = [ Xh, Xh];
30 y = [10e-6,Yh/max0];
31
32 r2=find(0<=EFF & EFF<=10e-10);       %找出Theta_N位置
33 Xn=degree(r2(1));
34 Yn=EFF(r2(1));
35 x2=[Xn, Xn];
36 y2=[Yn,10e-3];
37
38 semilogy(degree,EFF,'k-',x,y,'r--',x2,y2,'b:')   %画二维对数坐标图,y值用对数表示
39 text(Xh,10e-4,'\ThetaH')             %画线表示出位置,用Theta_H进行标示
40 text(Xn,10e-4,'\ThetaN')             %画线表示出位置,用Theta_N进行标示
41 title('LP_{01}_mode')
42 xlabel('\theta(deg)')
43 ylabel('Normalized_|EFFx|^2')
44 text(15,0.1,'V=2.4,b=0.77273_')
45 text(15,0.05,'ka=20.3')
46 axis([0 30 10e-7 1])
```

程序运行后得到如图5.19所示的以Θ为变量的LP_{01}模归一化辐射曲线。图中标出了Θ_H、Θ_N的位置。

尽管Θ_H、Θ_N的值与ka和V相关,但是比值$\sin\Theta_H / \sin\Theta_N$与$ka$无关,只跟$V$有关,即有

$$\frac{\sin\Theta_H}{\sin\Theta_N} = \frac{ka\sin\Theta_H}{ka\sin\Theta_N} = \frac{G_H(V)}{G_N(V)} \tag{5.107}$$

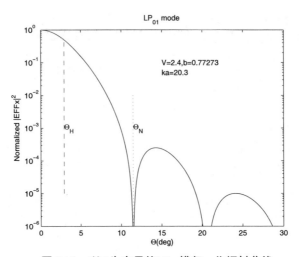

图 5.19　以Θ为变量的LP$_{01}$模归一化辐射曲线

通过实验测得Θ_H、Θ_N的值，然后通过式(5.107)得到V的值，将V的值代入式(5.104)或式(5.106)可以求得ka的值。从得到的V值及ka的值可以推得光纤折射率差Δ。如果已知光波长λ，那么就可以得到纤芯半径。同样，可以通过G_N、G_H及G_H/G_N来求解LP$_{11}$模。

5.3　光纤的光功率发射和耦合

在光纤的使用过程中，光纤线路的耦合对于其中光功率的传播至关重要。这里存在着两种主要的系统问题：1）如何从多种类型的发光光源将光功率耦合进一根特定的光纤；2）如何将光功率从一个光纤发射出来后经过特定的装置耦合进另外一根光纤。这两种情况都要考虑一系列因素，包括光纤的数值孔径、光纤的纤芯尺寸、光纤纤芯的折射率分布等，除此之外还要考虑光源的尺寸、辐射强度和光功率的角分布等。

在光源发射的全部光功率中，能耦合进光纤的光功率通常采用耦合效率η来度量，耦合效率定义为

$$\eta = \frac{P_F}{P_S} \tag{5.108}$$

式中，P_F为耦合进光纤的光功率；P_S为光源发射出的全部光功率。发射效率或耦合效率取决于和光源连接的光纤类型和耦合实现的过程，例如是否采用透镜或其他耦合改进方案。

实际上，许多光源供应商提供的光源都附带一小段长度（1m或更短）的光纤，以便使其与光纤链接过程总是处于最佳功率耦合状态，这段短光纤通常称为"尾纤"或"跳线"。因此，对于这些带有尾纤的光源与光纤的耦合问题可以简化成一种简单形式：即从一根光纤到另一根光纤的光功率耦合问题。在这个问题中，需要考虑的因素包括光纤的类型（单模光纤或多模光纤）、纤芯尺寸、数值孔径、纤芯折射率分布、光纤位置偏差等。

5.3.1　光源的输出方向图

测量发光光源功率输出的一种方便而有用的方法是测量给定驱动电流下光源辐射强度（或称亮度）的角分布B。辐射强度的角分布是单位发射面积射入单位立体角内的光功率，通常用单位平方厘米、单位球面度内的光功率（瓦特）来度量。由于能够耦合进光纤的光功率取决于辐射角分布（也就是光功率的空间分布），当考虑光源–光纤耦合效率时，光源的辐射角分布与光源全部输出功率相比是一个更重要的参数。

　　为了确定光纤的光功率接收能力，必须首先知道光源的空间辐射方向图。这一方向图通常是比较复杂的。参考如图5.20所示的表征光源辐射方向图的球面坐标，R、θ 和ϕ 是表征三个坐标的变量，发射面的法线为其极轴。通常辐射强度既是θ 的函数又是ϕ 的函数，同时还随发光面上位置的变化而变化。为了简化分析，可以进行一个合理的假设，即在光源发光面内其发射是均匀的。

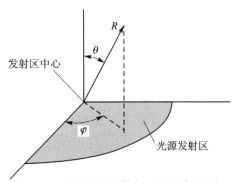

图 5.20　表征光源辐射方向图的球面坐标

　　面发射的光源通常利用朗伯光源的输出方向图来表征，这种方向图意味着无论从任何方向观察，光源都是等亮度的。在相对于发射面法向的θ角度上，测量出光源发射出的光功率随$\cos\theta$变化。因为随着观察方向的变化，发射面的投影也随着$\cos\theta$变化，因此朗伯光源的发射方向图使用如下的关系式来表示：

$$B(\theta,\varphi)=B_0\cos\theta \tag{5.109}$$

式中，B_0是沿辐射面法线方向的辐射强度。

　　边发光LED和半导体激光器有更复杂的发射方向图。这些器件在 LED 的 P-N 结平面的水平方向和垂直方向分别有不同的辐射角分布$B(\theta,0°)$和$B(\theta,90°)$。辐射角分布可以近似为以下的一般形式：

$$\frac{1}{B(\theta,\varphi)}=\frac{\sin^2\varphi}{B_0\cos^T\theta}+\frac{\cos^2\varphi}{B_0\cos^L\theta} \tag{5.110}$$

式中，T和L分别是横向和侧向的光功率分布系数。一般情况下，对于边发光光源$L=1$（这是一个120°半功率光束宽度的朗伯分布），而T的值则要更大些。对于半导体激光器，L的值可能超过100。

　　【例5.7】　在MATLAB中作图比较一个朗伯光源和一个半导体激光器的输出水平方向图，此半导体激光器具有水平方向（$\varphi=0°$）的$2\theta=15°$的半功率光束宽度。

　　【分析】　对于这种半导体激光器，从式(5.110)可得$B(\theta=7.5°,\varphi=0°)=B_0(\cos 7.5°)^L=0.5B_0$，于是可以求解$L$，在MATLAB中作出水平方向图。程序代码如下：

```
1 N = 1000;
2 theta = linspace(-pi/2,pi/2,N);
3 B1 = cos(theta);
4 L = log(0.5)/log(cos(7.5/180*pi));
5 B2 = cos(theta).^L;
6 polar(theta,B1)
```

```
7 hold on
8 polar(theta,B2,'--r')
```

程序运行后得到如图5.21所示的结果，其中实线为朗伯光源的辐射方向图，虚线为具有强方向性的半导体激光器的水平输出方向图。半导体激光器更窄的输出光束有利于将其输出光功率更高效地耦合进光纤中。

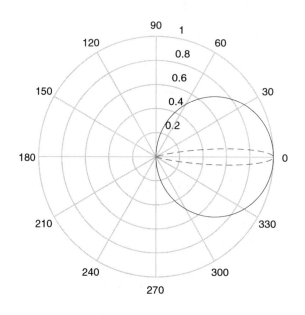

图 5.21　例5.7运行结果

5.3.2　光源耦合进多模光纤的光功率计算

为了计算耦合进多模光纤的最大光功率，首先考虑如图5.22所示亮度为$B(A_S, \Omega_S)$的对称光源的情况，其中A_S和Ω_S分别是光源的发光区面积和发射立体角。

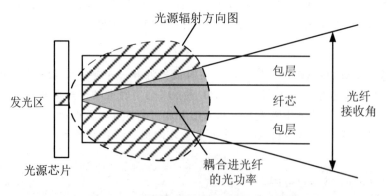

图 5.22　光源耦合进光纤的光功率示意图

光纤端面在光源发射面中心之上并且其位置尽可能靠近光源。耦合光纤的光功率可以用下面的关系式计算：

$$P = \int_{A_s} dA_s \int_{\Omega_f} B(A_S, \Omega_S) d\Omega_S$$

$$= \int_0^{r_m} \int_0^{2\pi} \left[\int_0^{2\pi} \int_0^{\theta_{max}} B(\theta, \varphi) \sin\theta d\theta d\varphi \right] d\theta_S r dr \tag{5.111}$$

式中，光纤的端面和容许的立体接收角定义了积分的上下限。首先将处于光源发光区上一个单独的辐射点光源的辐射角分布函数$B(\theta, \varphi)$在光纤所允许的立体接收角上进行积分，这一积分就是括号内的表达式，其中θ_{max}是光纤的最大接收角，它与光纤的数值孔径NA有关，并且可以通过$\theta_{max} = \arcsin(NA/n)$计算得到（这里$n$是光纤端面外介质的折射率）。总的耦合光功率可以通过计算面积为$rdrd\theta_s$的每一个单独发光区面元所发射的光功率总和来决定，也就是在发光区面积上进行积分。发光区通常为圆形或矩形，为了简化起见，将这里发射区视为圆形。如果光源的半径r_s小于光纤的纤芯半径a，那么积分上限$r_m = r_s$；如果光源面积大于纤芯的面积，则有$r_m = a$。

考虑一个面发射的朗伯光源，其半径r_s小于光纤纤芯的半径a，计算其对光纤的耦合光功率可将式(5.109)代入式(5.111)，得到

$$P = \int_0^{r_s} \int_0^{2\pi} \left(\int_0^{2\pi} 2\pi B_0 \int_0^{\theta_{max}} \cos\theta \sin\theta d\theta \right) d\theta_S r dr$$

$$= \pi B_0 \int_0^{r_s} \int_0^{2\pi} \sin^2\theta_{max} d\theta_S r dr \tag{5.112}$$

$$= \pi B_0 \int_0^{r_s} \int_0^{2\pi} NA^2 d\theta_S r dr$$

对于阶跃折射率光纤，其数值孔径与光纤端面的θ_s和r无关，因此式(5.112)变为

$$P_{step} = \pi^2 r_s^2 B_0 NA^2 \approx 2\pi^2 r_s^2 B_0 n_1^2 \Delta \tag{5.113}$$

而半径为r_s的朗伯光源发射到半球（2πsr）中的全部光功率P_s为

$$P_s = \pi r_s^2 \int_0^{2\pi} \int_0^{\pi/2} B(\theta, \varphi) \sin\theta d\theta d\varphi$$

$$= \pi r_s^2 2\pi B_0 \int_0^{\pi/2} \cos\theta \sin\theta d\theta \tag{5.114}$$

$$= \pi^2 r_s^2 B_0$$

因此可以将式(5.113)表示为P_s的函数，即

$$P_{step} = P_s(NA)^2 \tag{5.115}$$

于是耦合效率为

$$\eta_{step} = \frac{P_{step}}{P_s} = (NA)^2 \qquad (r_s \leqslant a) \tag{5.116}$$

当光源的半径r_s大于纤芯的半径a时，式(5.115)变为

$$P_{step} = \left(\frac{a}{r_s} NA \right)^2 P_s \qquad (r_s > a) \tag{5.117}$$

若您对此书内容有任何疑问，可以登录MATLAB中文论坛与同行们讨论交流。

5.3.3　LED与单模光纤的光功率耦合

在光纤应用的早期，LED仅应用在多模光纤系统中。随着科学技术的发展，研究人员发现边发光的LED能够将足够的光功率耦合进单模光纤中。由于边发光LED的成本低，其稳定性好于半导体激光器，同时它在垂直结平面的方向上有类似于激光器的输出方向图，因此在一些需要跟单模光纤耦合输出的系统中得到应用。

根据单模光纤的特性，LED与单模光纤间耦合的精确计算必须使用电磁波理论公式。然而，利用电磁波理论对从一个边发光LED到一根单模光纤的耦合问题也可以使用几何光学观点进行近似分析，这主要得益于单模光纤的端面场分布以及边发光LED的光场都可以用高斯分布来近似。通常，边发光LED在平行和垂直于结平面的方向上存在着高斯近场输出，其$1/e^2$全宽分别约为$0.9\ \mu m$和$22\ \mu m$。远场方向图在垂直方向上十分接近于$\cos^7\theta$，而在平行方向上则近似按$\cos\theta$变化（朗伯光源）。

对于一个具有圆形对称辐射强度$B(A_s, \Omega_s)$的光源，式(5.111)通常不能分成来自平行和垂直两个方向的作用。不过，通过近似计算出式(5.111)中各个分量单独作用结果，就好像每个分量都具有圆对称分布，然后再求几何平均值，就可以计算出总的耦合光功率和总的耦合效率。定义x为平行方向，y为垂直方向，τ_x、τ_y分别为x、y方向上的功率传播因子（方向耦合效率），利用它们可以简单地计算出LED到光纤的最大耦合效率η

$$\eta = \frac{P_{\text{coupled}}}{P_s} = \tau_x \tau_y \tag{5.118}$$

式中，P_{coupled}是耦合进光纤的光功率；P_s是LED光源的总输出光功率。

使用小角度近似，首先在光纤的有效立体接收角上积分，其值为πNA_{sm}^2，这里NA_{sm}是单模光纤的数值孔径。假定光源的输出为高斯分布，然后将LED与纤芯半径为a的单模光纤对接耦合，那么在x、y方向的耦合效率分别为

$$\tau_x = \left(\frac{P_{\text{xin}}}{P_s}\right)^{1/2} = \left(\frac{\pi NA_{\text{sm}}^2 \int_0^{2\pi}\int_0^a B_0 e^{-2r^2/w_x^2} r\,dr\,d\theta_s}{\int_0^{2\pi}\int_0^\infty B_0 e^{-2r^2/w_x^2} x\,dx\,d\theta_s \int_0^{2\pi}\int_0^{\pi/2}\cos\theta\sin\theta\,d\theta\,d\varphi}\right)^{1/2} \tag{5.119}$$

$$\tau_y = \left(\frac{P_{\text{yin}}}{P_s}\right)^{1/2} = \left(\frac{\pi NA_{\text{sm}}^2 \int_0^{2\pi}\int_0^a B_0 e^{-2r^2/w_y^2} r\,dr\,d\theta_s}{\int_0^{2\pi}\int_0^\infty B_0 e^{-2r^2/w_y^2} y\,dy\,d\theta_s \int_0^{2\pi}\int_0^{\pi/2}\cos^7\theta\sin\theta\,d\theta\,d\varphi}\right)^{1/2} \tag{5.120}$$

式中，P_{xin}和P_{yin}分别是光源输出的从x方向和y方向耦合进光纤的光功率，它们分别对应于$1/e^2$的LED光强度半径w_x和w_y。

【例5.8】　对于数值孔径NA_{sm}为0.11，纤芯半径a为$4.5\ \mu m$的单模光纤，要将光强度半径w_x和w_y分别为$10.8\mu m$和$0.47\mu m$的LED的光耦合进该单模光纤，得到的总光耦合效率是多少？若LED的输出功率为$500\mu W$，那么耦合进单模光纤的总光功率是多少？

【分析】　利用式(5.119)和式(5.120)在MATLAB中编程，先分别求出x、y方向的耦合效率，然后根据式(5.118)求出总体光耦合效率，随即可以得到耦合进单模光纤的总光功率，对于公式中的双重积分可以调用MATALB中的双重积分函数dblquad()进行求解。程序代码如下：

```
1 clc
```

```
2 clear
3 close all
4
5 NAsm = 0.11;        %单模光纤数值孔径
6 a = 4.5e-6;         %单模光纤纤芯直径
7 omega_x = 10.8e-6;  %LED的x方向强度半径
8 omega_y = 0.47e-6;  %LED的y方向强度半径
9 P_LED = 500e-6;     %LED的输出光功率
10
11 t11x = dblquad(@(r,theta)(exp(-2*r.^2/omega_x^2).*r),0,a,0,2*pi,1e-16);
12 t22x = dblquad(@(x,theta)(exp(-2*x.^2/omega_x^2).*x),0,5*omega_x,...
13                    0,2*pi,1e-16);
14 t33x = dblquad(@(theta,phi)(cos(theta).*sin(theta)),0,pi/2,0,2*pi,1e-16);
15
16 t11y = dblquad(@(r,theta)(exp(-2*r.^2/omega_y^2).*r),0,a,0,2*pi,1e-16);
17 t22y = dblquad(@(y,theta)(exp(-2*y.^2/omega_y^2).*y),0,5*omega_y,...
18                    0,2*pi,1e-16);
19 t33y = dblquad(@(theta,phi)(cos(theta).^7.*sin(theta)),0,pi/2,0,2*pi,1e-16);
20
21 tau_x = sqrt(pi*NAsm^2*t11x/(t22x*t33x));    %x方向的耦合效率
22 tau_y = sqrt(pi*NAsm^2*t11y/(t22y*t33y));    %y方向的耦合效率
23
24 eta = tau_x*tau_y;      %总的光耦合效率
25 P_Fiber = P_LED*eta;    %耦合进单模光纤的总光效率
26
27 format short g          indexformat!format short g
28 disp('_____tau_x_____tau_y_____eta_____P_Fiber')
29 disp([tau_x  tau_y   eta   P_Fiber])
```

程序运行后可以在MATLAB命令窗口得到

```
1     tau_x          tau_y          eta         P_Fiber
2     0.059578       0.21969        0.013089    6.5443e-006
```

于是 x、y 方向的耦合效率分别为 $\tau_x = 0.059578$（即 -12.249 dB），$\tau_y = 0.21969$（即 -6.5819 dB），总的光耦合效率为 $\eta = 0.013089$（即 -18.831 dB），耦合进单模光纤的总光功率为 6.5443μW。

如果仔细分析LED与纤芯半径为 a 的单模光纤对接耦合计算公式(5.119)和式(5.120)，可以发现其实可以将二重积分公式简化成单重积分。下面即为简化后的 x、y 方向的耦合效率计算公式：

$$\tau_y = \left(\frac{P^x_{\text{step}}}{P_s}\right)^{1/2} = \left(\frac{NA^2_{\text{sm}}\int_0^a B_0 e^{-2r^2/w_x^2} r\,dr}{2\int_0^\infty B_0 e^{-2r^2/w_x^2} y\,dy \int_0^{\pi/2}\cos\theta\sin\theta\,d\theta}\right)^{1/2} \tag{5.121}$$

$$\tau_y = \left(\frac{P^y_{\text{step}}}{P_s}\right)^{1/2} = \left(\frac{NA^2_{\text{sm}}\int_0^a B_0 e^{-2r^2/w_y^2} r\,dr}{2\int_0^\infty B_0 e^{-2r^2/w_y^2} y\,dy \int_0^{\pi/2}\cos^7\theta\sin\theta\,d\theta}\right)^{1/2} \tag{5.122}$$

【例5.9】 根据简化后的耦合效率计算公式，对于例5.8中的LED的光耦合进单模光纤的相关参数重新进行计算。

【分析】 利用式(5.121)和式(5.122)在MATLAB中编程，先分别求出x、y方向的耦合效率，然后根据式(5.118)求出总体光耦合效率，随即可以得到耦合进单模光纤的总光功率，对于公式中的双重积分可以调用MATALB中的双重积分函数quad()进行求解。程序代码如下：

```
1 clc
2 clear
3 close all
4
5 NAsm = 0.11;       %单模光纤数值孔径
6 a = 4.5e-6;        %单模光纤纤芯直径
7 omega_x = 10.8e-6;    %LED的x方向强度半径
8 omega_y = 0.47e-6;    %LED的y方向强度半径
9 P_LED = 500e-6;       %LED的输出光功率
10
11 t1x = quad(@(r)(exp(-2*r.^2/omega_x^2).*r),0,a,1e-16);
12 t2x = quad(@(x)(exp(-2*x.^2/omega_x^2).*x),0,5*omega_x,1e-16);
13 t3x = quad(@(theta)(cos(theta).*sin(theta)),0,pi/2,1e-16);
14
15 t1y = quad(@(r)(exp(-2*r.^2/omega_y^2).*r),0,a,1e-16);
16 t2y = quad(@(y)(exp(-2*y.^2/omega_y^2).*y),0,5*omega_y,1e-16);
17 t3y = quad(@(theta)(cos(theta).^7.*sin(theta)),0,pi/2,1e-16);
18
19 tau_x = sqrt(NAsm^2*t1x/(2*t2x*t3x));
20 tau_y = sqrt(NAsm^2*t1y/(2*t2y*t3y));
21
22 eta = tau_x*tau_y;
23 P_Fiber = P_LED*eta;
24
25 format short g
26 disp('     tau_x       tau_y       eta      P_Fiber')
27 disp([tau_x  tau_y   eta   P_Fiber])
```

程序运行后可以在MATLAB命令窗口得到：

```
1     tau_x       tau_y        eta       P_Fiber
2     0.059578    0.21969    0.013089   6.5443e-006
```

因此，得到的数值计算结果与例5.8完全一样。

如果在例5.8的程序代码第4行加入tic，而在程序代码的最后加入toc，则程序代码运行后就可以获得程序运行的时间，这个时间跟具体使用的电脑配置、内存状态以及MATLAB的版本都有关系，笔者的笔记本电脑对于例5.8的程序代码运行的时间约为2.3 s。同样在例5.9的程序代码相应的位置加入tic和toc，可以得到其运行的时间约为0.2 s。可见，例5.8的程序代码运行时间几乎比例5.9的要高出一个量级，这是因为双重积分计算函数dblquad()要比单重

积分quad()的计算量要大得多。所以在利用MATLAB进行积分的数值计算时，尽量先把多重积分进行简化，然后再做数值计算。

5.4 光纤与光纤的连接及其光功率损耗

在任何光纤系统的应用过程中，都必须考虑的一个重要问题是光纤之间的低损耗连接方法，以确保光纤纤芯中的光功率能够有效地通过连接处耦合到另外一根光纤的纤芯中去。这些连接存在于光源、光检测器、光缆内部中点上两根光纤的连接处以及线路中两根光缆的中间连接点。光纤连接需要采用哪一种特殊技术，取决于光纤是否永久连接或是连接可轻易拆卸。一个永久性的连接通常是指一个接头，而一个易拆卸的连接则称为连接器。

每种连接方法都会受制于一些特定的条件，它们在连接点处都将导致不同数量的光功率损耗。这些损耗取决于一些参数，诸如连接点的输入功率分布、光源与连接点之间的光纤长度、在连接点处相连的两根光纤的几何特性与波导特性以及光纤头端面的质量等。此外，多模光纤之间的连接和单模光纤之间的连接所产生的光功率损耗也有较大差异，需要区别对待。

5.4.1 多模光纤连接的光功率损耗

在多模光纤与多模光纤连接时，能够从一根多模光纤耦合进另一根多模光纤的功率受制于每根光纤中能传播的模式数量。例如如果一根可传播1000个模式的光纤连接到另一根仅能传播800个模式的光纤中，那么第一根光纤中最多有80%的光功率可耦合进第二根光纤中（如果假设所有的模式都受到同等的激励）。对于阶跃折射率多模光纤，其中的模式总数量可以通过式(4.78)计算出来。对于渐变折射率光纤的模式总数量计算较为复杂，其纤芯半径为a，包层折射率为n_2，$k = 2\pi/\lambda$，则模式总数量可以使用下面的表达式来计算：

$$M = k^2 \int_0^a \left[n^2(r) - n_2^2 \right] r \mathrm{d}r \tag{5.123}$$

式中，$n(r)$为光纤纤芯内距离光纤轴为r处的折射率，它与光纤的本地数值孔径$NA(r)$的关系为

$$NA(r) = \begin{cases} \sqrt{n^2(r) - n_2^2} \simeq NA(0)\sqrt{1 - (r/a)^\alpha}, & r \leqslant a \\ 0, & r > a \end{cases} \tag{5.124}$$

其中，α是折射率剖面系数；$NA(0)$是光纤轴上的数值孔径，定义为

$$NA(0) = \sqrt{n^2(0) - n_2^2} = \sqrt{n_1^2 - n_2^2} \approx n_1\sqrt{2\Delta} \tag{5.125}$$

因此，式(5.123)可以表示为

$$\begin{aligned} M &= k^2 \int_0^a NA^2(r) r \mathrm{d}r \\ &= k^2 NA^2(0) \int_0^a [1 - (r/a)^\alpha] r \mathrm{d}r \end{aligned} \tag{5.126}$$

通常，任何相互连接的两根光纤都将存在半径a、轴上数值孔径$NA(0)$和折射率剖面α的差异。于是，从一根光纤到另一根光纤的光功率耦合比与两根光纤所共有的模式容量M_c成

若您对此书内容有任何疑问，可以登录MATLAB中文论坛与同行们讨论交流。

正比（假设在所有模式上的功率均匀分布），由此可得到多模光纤与多模光纤之间的耦合效率η_F为

$$\eta_F = \frac{M_c}{M_E} \qquad (5.127)$$

式中，M_E是发射光纤的模式数量，光功率由发射光纤注入另一光纤。

多模光纤之间的耦合损耗L_F可以用η_F定义为

$$L_F = -10\lg \eta_F \qquad (5.128)$$

通常情况下，在连接点处，要对两根多模光纤的光功率损耗进行精确的估计和分析是比较困难的，因为光功率损耗取决于多模光纤中模式间的光功率分配。例如，在考虑第一种情况时，即光纤中所有模式被同等地激励，此时发射光纤的光束充满了整个发射光纤的输出数值孔径。而在另一种情况中，如果稳态模式平衡已经在发射光纤中建立，而且大部分光功率集中在低阶的光纤模式中，这表示光功率集中在纤芯的中心附近，此时从发射光纤出射的光功率仅仅充满稳态数值孔径决定的空间。这两种情况下，两根连接光纤的机械对准误差以及几何特性误差对连接损耗的影响是不一样的。

因此，在这里假设多模光纤中所有模式均同等地受到激励，虽然这给出了一个对光纤间连接损耗的稍嫌粗略的估计，但是它可以对由于机械对准误差、几何失配以及两根连接光纤间的波导特性变化而引起的损耗进行计算。

机械对准误差是两根光纤进行连接时产生的主要问题。由于多模光纤的纤芯直径通常只有$50 \sim 100\mu m$，如此之细的光纤之间如果存在机械对准误差则必将产生光功率的连接耦合损耗，因为发射光纤的辐射圆锥可能与接收光纤的接收圆锥失配。连接损耗的大小取决于两根光纤对准误差的程度。光纤之间的三种典型的机械对准误差类型如图5.23所示。

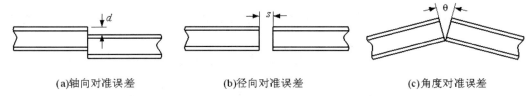

(a)轴向对准误差　　　　　(b)径向对准误差　　　　　(c)角度对准误差

图5.23　两根光纤连接时产生的三种典型的机械对准误差

轴向对准误差的产生是由于两根光纤的轴线存在横向偏移量d；径向对准误差的产生是由于两根光纤虽然在同一轴线上，但是光纤的端面之间存在间隙s；角度对准误差的产生是由于两根光纤的轴之间存在一个角度θ，以至于两根光纤的端面不再平行。

在实际情况中，最常见的光纤对准误差是轴向对准误差，这种由于轴向上的偏移所产生的对准误差会导致最严重的功率损耗。轴向偏移减小了两根光纤纤芯端面的重叠区域，如图5.24所示，其结果是减小了从一根光纤耦合进另一根光纤的光功率值。

下面计算轴向对准误差对两根参数相同的阶跃折射率多模光纤连接时所产生的损耗。如图5.24所示，两根光纤的纤芯半径均为a，轴向偏移为d（$0 \leqslant d \leqslant 2a$），假定发射光纤中有均匀的模式功率分布，因而从发射光纤耦合进接收光纤的光功率比值就简单地正比于两根光纤公共的纤芯区域面积A_O，即耦合效率为

$$\eta_{F,step} = \frac{A_o}{A_c} = \frac{A_o}{\pi a^2} \qquad (5.129)$$

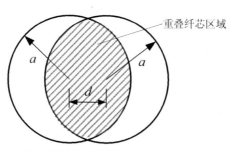

若您对此书内容有任何疑问，可以登录 MATLAB 中文论坛与同行们讨论交流。

图 5.24　轴向对准误差导致两根光纤端面重叠纤芯区域减小

要根据两光纤的轴线横向偏移量计算出式(5.129)，有很多种方法。其中通过几何运算可以得到解析解，有

$$A_o = 2a^2 \arccos\left(\frac{d}{2a}\right) - d\sqrt{a^2 - \frac{d^2}{4}} \tag{5.130}$$

因此，对于阶跃折射率多模光纤之间的连接，存在轴向对准误差时的耦合效率为

$$\eta_{F,\text{step}} = \frac{A_o}{\pi a^2} = \frac{2}{\pi}\arccos\left(\frac{d}{2a}\right) - \frac{d}{\pi a}\sqrt{1 - \left(\frac{d}{2a}\right)^2} \tag{5.131}$$

令归一化轴向偏移量 $t = d/a$（$0 \leqslant t \leqslant 2$），即将轴向偏移量 d 对多模光纤纤芯直径作归一化处理，可以将式(5.131)耦合效率改写为

$$\eta_{F,\text{step}} = \frac{2}{\pi}\arccos\left(\frac{t}{2}\right) - \frac{t}{\pi}\sqrt{1 - \left(\frac{t}{2}\right)^2} \tag{5.132}$$

此外，也可以通过积分得到

$$\eta_{F,\text{step}} = \frac{4}{\pi}\int_{t/2}^{1}\sqrt{1 - x^2}\,\mathrm{d}x \tag{5.133}$$

还可以通过在重叠区域 A_o 进行双重积分得到

$$\eta_{F,\text{step}} = \frac{1}{\pi}\int_{-1}^{1}\int_{-1}^{1} 1 \cdot A(x,y)\,\mathrm{d}x\mathrm{d}y \tag{5.134}$$

其中，辅助函数 $A(x,y)$ 为

$$A(x,y) = \begin{cases} 1, & \sqrt{x^2 + y^2} \leqslant 1 \text{且} \sqrt{(x-t)^2 + y^2} \leqslant 1 \\ 0, & \text{其他情况} \end{cases} \tag{5.135}$$

【例 5.10】　分别利用式(5.131)、式(5.133)和式(5.134)在 MATLAB 中作出归一化轴向偏移量 t 从 0 变化到 2 时，多模光纤由于轴向对准误差时的耦合效率曲线。

【分析】　对于式(5.131)可直接计算，对式(5.133)和式(5.134)则需要分别调用数值积分函数 quad() 和 dblquad() 进行计算。程序代码如下：

243

```matlab
1  t = 0:0.1:2;          %设定归一化轴向偏移量的取值
2  %根据式(5.131)计算耦合效率
3  eta1 = 2/pi*acos(t/2) - t/pi.*sqrt(1-(t/2).^2);
4
5  for i = 1:length(t)
6      %根据式(5.133)计算耦合效率
7      eta2(i) = quad(@(x)(sqrt(1-x.^2)), t(i)/2,1)/pi*4;
8      %根据式(5.134)计算耦合效率
9      eta3(i) = dblquad(@(x,y)(sqrt(x.^2+y.^2)<=1 &...
10         sqrt((x-t(i)).^2+y.^2)<=1), -1,1,-1,1)/pi;
11 end
12
13 %根据计算结果作图
14 plot(t,eta1,t,eta2,'r+',t,eta3,'go')
15 xlabel('d/a')
16 ylabel('\eta_{\rm{F,step}}')
```

程序运行后得到如图5.25所示的阶跃折射率多模光纤的轴向对准误差归一化耦合效率曲线。从图中可以看出，利用3个不同的公式计算出来的结果是非常接近的。但是在倒数第二个点（$t=1.9$）处，利用式(5.134)得到的结果与解析解的偏差较大，请对此思考，并给出解决措施。

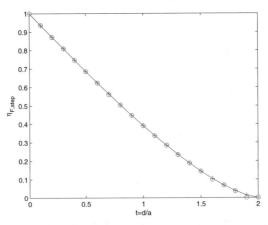

图 5.25　阶跃折射率多模光纤的轴向对准误差归一化耦合效率曲线

关于利用式(5.133)和式(5.134)得到的数值计算结果与解析解的相对误差的大小，留在习题5.4和习题5.5中解决。

从一根渐变折射率光纤耦合进另一根相同折射率光纤的光功率计算则更为复杂，这是由于数值孔径在光纤端面内是变化的。正因为如此，在重叠纤芯区中，一个给定点上耦合进接收光纤的总功率受传播光纤或接受光纤的制约，根据数值孔径的值耦合进接收光纤的光功率要小一些。

如果渐变折射率光纤的端面受到均匀照射，则纤芯所接收的光功率即是落入光纤的数值孔径以内的功率。光纤尾端面上某点r处的光功率密度正比于该处的数值孔径$NA(r)$的平

方，也就是

$$p(r) = p(0)\frac{NA^2(r)}{NA^2(0)} \tag{5.136}$$

其中，$NA(r)$ 与 $NA(0)$ 分别由式(5.124)与(5.125)定义，参量 $p(0)$ 是纤芯轴上的光功率密度，它与光纤中总光功率的关系可以由下式给出

$$P = \int_0^{2\pi}\int_0^a p(r)r \quad \mathrm{d}r\mathrm{d}\theta \tag{5.137}$$

对于任意的折射率剖面，式(5.137)中的双重积分必须进行数值计算。但是对于抛物线折射率剖面（$\alpha = 2.0$），可以得到解析表达式。利用式(5.124)和式(5.136)，在给定点 r 处的功率密度表达式变为

$$p(r) = p(0)\left[1 - \left(\frac{r}{a}\right)^2\right] \tag{5.138}$$

根据式(5.137)和式(5.138)，轴上的功率密度 $p(0)$ 与发射光纤中总光功率间的关系为

$$P = \frac{\pi a^2}{2}p(0) \tag{5.139}$$

因此，可以计算两根多模光纤连接点的耦合光功率。假设这两根多模光纤的折射率剖面均为抛物线型，光纤间的轴向偏移为 d，如图5.26所示。重叠的区域必须分别考虑为区域 A_1 和 A_2，x_1 和 x_2 则分别在重叠区域 A_1 和 A_2 中。在区域 A_1 中，数值孔径为发射光纤所制约，而在区域 A_2 中，接收光纤数值孔径小于发射光纤的数值孔径，分开两个区域的垂直虚线是数值孔径相等的点的集合。

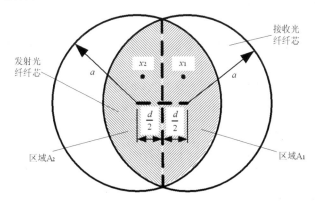

图 5.26　两根相同参数的抛物线型渐变折射率光纤纤芯的重叠区域

为了确定耦合进接收光纤中的功率，利用式(5.138)给出的功率密度分别在区域 A_1 和 A_2 上积分。由于在区域 A_1 发射光纤的数值孔径小于接收光纤的数值孔径，所有射入这一区域的功率将由接收光纤所接收，因此，区域 A_1 的接收功率 P_1 为

$$P_1 = 2\int_0^{\theta_1}\int_r^a p(r)r\mathrm{d}r\mathrm{d}\theta = 2p(0)\int_0^{\theta_1}\int_r^a\left[1 - \left(\frac{r}{a}\right)^2\right]r\mathrm{d}r\mathrm{d}\theta \tag{5.140}$$

等式中积分的上下限如图5.27所示，并表示为

$$r = \frac{d}{2\cos\theta} \tag{5.141}$$

以及

$$\theta_1 = \arccos\left(\frac{d}{2a}\right) \tag{5.142}$$

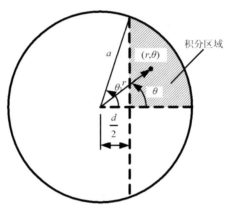

图 5.27　两根抛物线型渐变折射率光纤纤芯重叠区域的积分面和积分限

完成积分后，可以得到

$$P_1 = \frac{a^2}{2}p(0)\left\{\arccos\left(\frac{d}{2a}\right) - \left[1 - \left(\frac{d}{2a}\right)^2\right]^{1/2}\frac{d}{6a}\left(5 - \frac{d^2}{2a^2}\right)\right\} \tag{5.143}$$

在区域A_2中，发射光纤的数值孔径比接收光纤的数值孔径大，这就说明接收光纤仅能接收落入其数值孔径的那部分发射光功率。由于对称，故这个功率值可以很容易地计算出来。区域A_2中x_2点所对应的接收光纤的数值孔径值与区域A_1中对称点x_1所对应的发射光纤的数值孔径值相同，因此，在区域A_2中任意的x_2点上接收光纤接收的光功率，也等于从区域A_1中的对称x_1点上发射出来的光功率。区域A_2上的总耦合功率P_2等于区域A_1上总的耦合功率P_1。归纳以上这些结果，可以得出接收光纤所接收的总功率P_T为

$$P_T = 2P_1 = \frac{2}{\pi}P\left\{\arccos\left(\frac{d}{2a}\right) - \left[1 - \left(\frac{d}{2a}\right)^2\right]^{1/2}\frac{d}{6a}\left(5 - \frac{d^2}{2a^2}\right)\right\} \tag{5.144}$$

当轴向对准误差d相对于纤芯的半径a较小时，式(5.144)可以近似为

$$P_T \simeq P\left(1 - \frac{8d}{3\pi a}\right) \tag{5.145}$$

当$d/a < 0.4$时，上式引入的误差不超过1%。

根据式(5.144)，可以得到用归一化轴向对准误差$t = d/a$来表示这两根抛物线型渐变折射率多模光纤存在轴向偏移时的耦合效率为

$$\eta_T = \frac{P_T}{P} = \frac{2}{\pi}\left\{\arccos\left(\frac{t}{2}\right) - \left[1 - \left(\frac{t}{2}\right)^2\right]^{1/2}\frac{t}{6}\left(5 - \frac{t^2}{2}\right)\right\} \tag{5.146}$$

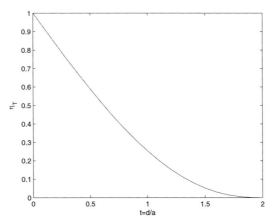

图 5.28　两根抛物线型渐变折射率多模光纤轴向对准误差归一化耦合效率曲线

利用式(5.146)在MATLAB中编程，可以得到如图5.28所示的两根抛物线型渐变折射率多模光纤轴向对准误差归一化耦合效率曲线。

式(5.144)和式(5.146)给出了由于轴向偏移引起的耦合损耗为

$$L_F = -10\lg \eta_F = -10\lg \frac{P_T}{P} \tag{5.147}$$

同样，利用式(5.147)和式(5.146)可以在 MATLAB 中编程得到如图5.29所示的两根抛物线型渐变折射率多模光纤轴向对准误差归一化插入损耗曲线。

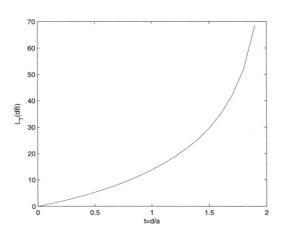

图 5.29　两根抛物线型渐变折射率多模光纤轴向对准误差归一化插入损耗曲线

两根多模光纤的端面间存在的径向对准误差s对接收的影响如图5.30所示。并非所有在宽度为x的环形区域中发射的较高阶模式光功率都能被接收光纤所导入，所以对于阶跃折射率光纤，这种情况下所产生的损耗可以直接表示为

$$L_F = -10\lg \left(\frac{a}{a + s\tan\theta_c} \right)^2 \tag{5.148}$$

式中，θ_c是光纤的临界接收角。

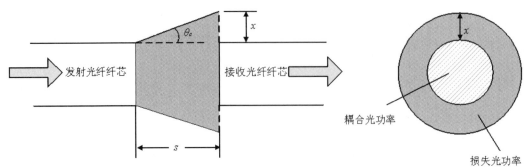

图 5.30　多模光纤的径向对准误差为s时的光功率耦合

同样，令归一化径向对准误差 $t = s/a$，则可以将式(5.148)写为

$$L_F = -10\lg\left(\frac{1}{1+t\tan\theta_c}\right)^2 \tag{5.149}$$

【例 5.11 】　在MATLAB中可以编程作图，得到阶跃折射率多模光纤数值孔径NA取典型值为0.05、0.11、0.22、0.36和0.48时，归一化径向对准误差 $t = s/a$ 从0 变化到10的多模光纤径向对准误差损耗曲线。

【分析】　先根据数值孔径NA计算多模光纤的临界接收角，然后根据式(5.149)，分别计算出不同接收角以及归一化径向对准误差 t 所对应的连接损耗，最后调用作图函数作图即可。程序代码如下：

```matlab
1  clear, close all
2  NA = [0.05 0.11 0.22 0.36 0.48];    %设定光纤的数值孔径取值
3  theta_c = asin(NA);    %计算光纤的临界接收角取值
4  t = 0:0.1:10;    %设定归一化轴向偏移量的取值
5  LFs = zeros(length(t),length(theta_c)); %初始化连接损耗矩阵
6
7  %根据公式(5.149)计算不同光纤临界接收角下的插入损耗值
8  for i = 1:length(theta_c)
9      LFs(:,i) = -10*log(1./(1+t*tan(theta_c(i))).^2);
10 end
11
12 %根据计算结果作图
13 plot(t,LFs)
14 xlabel('t=s/a')
15 ylabel('L_{Fs}(_dB)')
16
17 %标注不同光纤临界接收角下对应的插入损耗曲线
18 for i = 1:length(theta_c)
19     text(8,LFs(80,i)-0.8,['NA_=' num2str(NA(i))]);
20 end
```

程序运行后得到如图5.31所示的两根阶跃折射率多模光纤在典型数值孔径取值下的径向对准误差归一化插入损耗曲线。从图中可以看出多模光纤的数值孔径越大，在同样的归一化径向对准误差取值下的插入损耗也越大。这是因为同样的归一化径向对准误差取值下，数值孔径越大，图5.30中的x值就越大，因此耦合损耗的光功率也就越大。

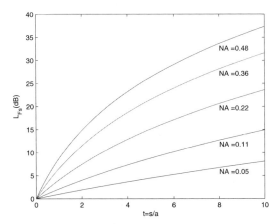

图 5.31　两根阶跃折射率多模光纤径向对准误差归一化插入损耗曲线

【例5.12】 阶跃折射率多模光纤数值孔径NA取典型值为0.05、0.11、0.22、0.36和0.48时，计算出多模光纤径向对准误差损耗为3 dB时的对应的归一化径向对准误差值。

【分析】 先根据数值孔径NA计算多模光纤的临界接收角，然后根据式(5.149)在MATLAB中调用数值求根函数fzero()计算3 dB损耗对应的归一化径向对准误差值。程序代码如下：

```
1  clear
2  close all
3
4  NA = [0.05 0.11 0.22 0.36 0.48];    %设定光纤的数值孔径取值
5  theta_c = asin(NA);    %计算光纤的临界接收角取值
6  LFs = 3;    %设定插入损耗值
7
8  %根据公式(5.149)计算3 dB插入损耗值所对应的归一化径向对准误差值
9  for i = 1:length(theta_c)
10     t(i) =fzero(@(t)(-10*log(1./(1+t*tan(theta_c(i))).^2) - LFs),1);
11 end
12
13 %在MATLAB命令窗口中显示不同数值孔径下对应3 dB损耗的归一化径向对准误差值
14 disp('    NA        t=s/a')
15 disp([NA'  t'])
```

程序运行后，可以在MATLAB命令窗口中得到计算结果如下：

```
1      NA         t=s/a
2      0.0500     3.2326
3      0.1100     1.4623
4      0.2200     0.7176
5      0.3600     0.4194
6      0.4800     0.2958
```

从计算结果可以看出，多模光纤的数值孔径越大，产生连接耦合损耗为3 dB 时光纤之间的归一化径向对准误差值就越小。

249

当两根互连光纤的轴在连接处存在着角度对准误差时，将损失掉置于接收光纤的立体接收角之外的光功率。对于两根具有角度对准误差为θ的阶跃折射率光纤，在连接处的光功率损耗可以表示为

$$L_F = -10\lg\left(\cos\theta\left\{\frac{1}{2} - \frac{1}{\pi}p(1-p^2)^{1/2} - \frac{1}{\pi}\arcsin p - q\left[\frac{1}{\pi}y(1-y^2)^{1/2} + \frac{1}{\pi}\arcsin y + \frac{1}{2}\right]\right\}\right) \tag{5.150}$$

式中，

$$p = \frac{\cos\theta_c(1-\cos\theta)}{\sin\theta_c\sin\theta}$$

$$q = \frac{\cos^3\theta_c}{(\cos^2\theta_c - \sin^2\theta)^{3/2}}$$

$$y = \frac{\cos^2\theta_c(1-\cos\theta) - \sin^2\theta_c}{\sin\theta_c\cos\theta_c\sin\theta}$$

式(5.150)的推导需要再次假设所有的模式都是受到均匀激励的。

在三种机械对准误差中，最主要的连接损耗产生于横向偏移所产生的轴向对准误差。在实际连接时，仅有角度小于1°的对准误差在熔接点和活动连接器中是可以达到的，这些对准误差导致的损耗小于0.5 dB。

对于光纤接头，由于光纤端面相当紧密地接触在一起，因此光纤间存在缝隙所引起的损耗在正常情况下是可以忽略的。对于大多数光纤连接器，则有意识地将光纤的端面分开一个小的缝隙，这种方法可以避免两根光纤端面相互摩擦，从而可以避免对接头的接合面造成伤害。在实际应用时，典型缝隙的范围从25 μm到100 μm，对于50 μm直径的光纤，这将导致0.8 dB左右的损耗。

5.4.2　单模光纤连接的光功率损耗

单模光纤芯径$2a$多在5~10 μm之间，在光通信波段范围内（0.80~1.55 μm）不满足$\lambda_0/a \ll 1$的条件，因此用于计算多模光纤连接的光功率损耗的几何光学计算分析方法不适用于单模光纤。

单模光纤连接的损耗可以用波动理论来计算分析。如果在发射光纤中传播的模式场为E_μ，在接收光纤中传播的模式场为E_ν，则发射光纤中模式μ的光功率与接收光纤中模式ν的光功率之间的耦合系数为

$$C_{\mu\nu} = \frac{1}{2}\left(\frac{\varepsilon_0}{\mu_0}\right)\int_A E_\mu E_\nu^* \mathrm{d}A \tag{5.151}$$

式中，积分区域A为两单模光纤的重叠面积。

对于单模光纤，纤芯中只传播LP$_{01}$模，因此连接损耗可写成

$$\mathrm{Loss} = -10\lg\left(|C_{\mu\nu}|^2\right) \tag{5.152}$$

根据前面的分析知道，实际的阶跃折射率单模光纤基模场具有Bessel函数分布，上式的积分对于各种原因引起的损耗难以求得解析解，因此有必要对基模场分布作适当近似。在4.7.8节中分析过可以用高斯分布来近似单模光纤中的基模场分布，因此在5.2节也得到可

以用高斯孔径光束的辐射场来近似单模光纤端面的辐射场。采取这样的近似时，高斯光束的
束腰在光纤端面上，距离光纤端面z处的光场分布由下述函数描述：

$$E(z) = \frac{A_0 w_0}{w(z)} \exp\left\{ \mathrm{i}\left[\omega t - k_g z + \eta(z)\right] - \frac{r^2}{w^2(z)} - \frac{\mathrm{i} k_g r^2}{2R(z)} \right\} \tag{5.153}$$

式中，$k_g = \dfrac{2\pi n_g}{\lambda_0}$ 是光纤端面间隙中的波数，n_g 是间隙介质的折射率；$\eta(z)$ 是附加相位变化

$$\eta(z) = \arctan\left(\frac{z}{Z_R}\right) \tag{5.154}$$

式中，Z_R 是高斯光束的瑞利长度，由出射光束的束宽、间隙材料性质以及光波波长决定

$$Z_R = k_g\left(\frac{w_0^2}{2}\right) = \pi n_g \frac{w_0^2}{\lambda_0} \tag{5.155}$$

式中，w_0 是高斯光束束腰（$z=0$）半宽度，等于光纤模场直径MFD的一半；$w(z)$ 为高斯光
束在z处的束宽，根据前面关于高斯光束传播特性，有

$$w(z) = w_0 \sqrt{1 + \left(\frac{z}{Z_R}\right)^2} \tag{5.156}$$

$R(z)$ 为高斯光束等相位面（波阵面）的曲率半径

$$R(z) = z\left[1 + \left(\frac{Z_R}{z}\right)^2\right] \tag{5.157}$$

　　一般地，当$z \ll Z_R$时，高斯光束可以看成缓慢扩张的准平行光束；当$z \gg Z_R$时，高斯光
束束宽随z迅速增大。单模光纤的瑞利长度Z_R一般约为$60\mu\mathrm{m}$。

　　利用高斯近似代入式(5.151)中，求积分可以得一般情况下的单模光纤连接损耗的表达
式为

$$\mathrm{Loss} = -10\lg\left[\frac{16 n_1^2 n_g^2 \sigma}{q(n_1 + n_g)^4} \exp\left(-\frac{pu}{q}\right)\right] \tag{5.158}$$

式中，p、q、u分别为

$$p = \frac{(k_g w_T)^2}{2}$$
$$q = G^2 + \frac{(\sigma+1)^2}{4}$$
$$u = (\sigma+1)F^2 + 2\sigma FG\sin\theta\cos\gamma + \sigma\left(G^2 + \frac{\sigma+1}{4}\right)\sin^2\theta$$

式中，F、G和σ分别为

$$F = \frac{r_0}{k_g w_T^2}, \quad G = \frac{z_0}{k_g w_T^2}, \quad \sigma = \left(\frac{w_R}{w_T}\right)^2$$

式中，w_T和w_R分别是发射光纤和接收光纤的模场半宽；γ是光纤倾斜方向相对包含光纤纤轴与横向位移的平面之间的夹角。

式(5.158)描述了全部损耗因子引起的单模光纤之间连接总损耗，可以将其分解为连接损耗与单个损耗因子之间的关系式。假设在考虑一个损耗因子作用时其他参数偏差均为零，则可得到下述单模光纤之间连接各种损耗的关系式：

1）当两根单模光纤的参数不相同时，主要考虑其模场直径不匹配引起的插入损耗为

$$\text{Loss}_{\text{MFD}} = -10\lg\left(\frac{2}{\frac{w_R}{w_T}+\frac{w_T}{w_R}}\right)^2 = -10\lg\left(\frac{2}{\frac{\text{MFD}_R}{\text{MFD}_T}+\frac{\text{MFD}_T}{\text{MFD}_R}}\right)^2 \tag{5.159}$$

因此模场直径是单模光纤的一个非常重要的参数。当要连接两个光纤时，一定要采取所有的措施来消除因几何上的不统一所导致的连接损耗。可以根据包层尺寸来实现这一工作。

2）当两根单模光纤的参数相同时（$w_T = w_R = w_0$），如果存在如图5.23所示的机械对准误差，则这三种机械对准误差所产生的插入损耗分别为

①只考虑轴向对准误差时所产生的插入损耗

$$\text{Loss}_d = -10\lg\left[\exp\left(-\frac{d}{w_0}\right)^2\right] = 4.34\left(-\frac{d}{w_0}\right)^2 \tag{5.160}$$

②只考虑径向对准误差时所产生的插入损耗

$$\text{Loss}_s = -10\lg\left[\frac{1}{1+\left(\dfrac{s}{k_g w_0^2}\right)^2}\right] \tag{5.161}$$

③只考虑角度对准误差时所产生的插入损耗

$$\text{Loss}_\theta = -10\lg\left[\exp\left(-\frac{k_g w_0 \sin\theta}{2}\right)^2\right] = 4.34\left(\frac{k_g w_0 \sin\theta}{2}\right)^2 \tag{5.162}$$

此外，还有一种插入损耗，光纤端面因为菲涅耳反射所引起的损耗，因此也称为菲涅耳反射损耗。在第1章介绍过，当光束射入到具有不同折射率的两个平面的界面时会发生反射现象，这种现象在两根连接的光纤端面末端之间也会发生，尤其是光纤端面存在间隙时。

$$\text{Loss}_F = -2 \times 10\lg\left(\frac{2n_1 n_g}{n_1 + n_g}\right)^2 \tag{5.163}$$

式中，n_g是间隙中介质的折射率；n_1为单模光纤纤芯的折射率。

为了减小菲涅耳反射损耗，可以在两根光纤的间隙处填充折射率介质（匹配液、匹配油或者光学胶），它的折射率与光纤纤芯的折射率相等或非常接近；另一种措施就是将两根光纤进行物理性的直接接触，如采用PC（物理接触）型光纤连接器；还有一种措施是在光纤端面镀上减反膜，以消除菲涅耳反射。

5.5 MATLAB预备技能与技巧

5.5.1 数值积分和符号积分的基本概念

积分一方面是非常重要的数学工具，它是微分方程、概率论等的基础，另一方面在实际问题中也有着许多直接的应用。函数的积分计算可分为数值积分和符号积分两类方法。数值积分是求积分的近似值的一类近似计算的方法。对于定积分 $\int_a^b f(x)\mathrm{d}x$，如果对应的不定积分 $\int f(x)\mathrm{d}x$ 不易求出，或者根本不能表示为初等函数时，那么就只能用数值积分的方法求其近似值了。例如，因为不定积分 $\int \frac{\sin x}{x}\mathrm{d}x$、$\int \frac{e^x}{x}\mathrm{d}x$ 等无法用初等函数表示，所以计算这类定积分只能用数值方法。至于由离散数据或者图形表示的函数的定积分，理所当然属于数值积分范畴。符号积分是指求积分的解析表达式，从而获得精确值。

如果函数 $f(x)$ 在区间 $[a,b]$ 上连续，且 $F(x)$ 是 $f(x)$ 的一个原函数，则函数 $f(x)$ 在区间 $[a,b]$ 上的定积分为 $\int_a^b f(x)\mathrm{d}x = F(b) - F(a)$。

利用函数在离散点上的信息，求出函数在给定区间上积分近似的方法称为数值积分方法。这里讨论的数值积分，是用函数在离散点的函数值，计算出的函数积分近似的数值积分方法。

数值积分公式通常以函数在离散点函数值的线性组合形式给出。

令 $f(x)$ 为定义在有限区间 $[a,b]$ 上的单变量实函数，$I(f)$ 为其在该区间上的定积分

$$I(f) = \int_a^b f(x)\mathrm{d}x \tag{5.164}$$

$\{x_i\}_{i=0}^n$ 为相异的离散点，$\{f(x_i)\}_{i=0}^n$ 为在这组离散点上的函数值，可以将

$$I_n(f) = \sum_{i=0}^n \alpha_i f(x_i) \tag{5.165}$$

作为数值积分公式，这里 $\{x_i\}_{i=0}^n$ 成为积分节点，$\{\alpha_i\}_{i=0}^n$ 成为积分系数，积分系数只与积分节点及积分区间有关，而与被积函数无关。

给定积分节点 $\{x_i\}_{i=0}^n$ 后，按照什么原则去取积分系数 $\{\alpha_i\}_{i=0}^n$，这是需要解决的第一个问题。如果节点的个数确定，但积分节点可供自由选取，那么选取什么样的积分节点更"好"些，这是需要解决的另一个问题。

5.5.2 积分的MATLAB符号计算

MATLAB提供了符号计算积分的int()函数，可以用来求解符号积分、定积分、变上（下）限积分等问题。int()函数的调用格式如下：

```
int(S)
int(S,v)
int(S,a,b)
int(S,v,a,b)
```

- int(S)返回由findsym()函数在表达式S中给出的符号变量的不定积分计算结果。

- int(S,v)返回表达式S根据符号变量v的不定积分计算结果。

- int(S,a,b)返回表达式S在区间[a,b]上的定积分计算结果，a、b可以是符号标量或者数值标量。

- int(S,v,a,b)返回表达式S根据符号变量v在区间[a,b]上的定积分计算结果。

比较简单的一些应用实例代码如下：

```
1  syms x z t alpha %定义符号变量
2
3  int(-2*x/(1+x^2)^2)
4  %计算结果为
5  1/(1+x^2)
6
7  int(x/(1+z^2),z)
8  %计算结果为
9  x*atan(z)
10
11 int(x*log(1+x),0,1)
12 %计算结果为
13 1/4
14
15 int(2*x, sin(t), 1)
16 %计算结果为
17 1-sin(t)^2
18
19 int([exp(t),exp(alpha*t)])
20 %计算结果为
21 [exp(t), 1/alpha*exp(alpha*t)]
```

积分区间为无穷区间，或被积函数为无界函数的积分，称之为反常积分。无穷区间上的反常积分的符号计算也可以通过int()函数来求解。

无穷区间上的反常积分有以下3种基本类型：

① $\int_a^{+\infty} f(x)\mathrm{d}x$ 可以用MATLAB 程序代码int(f(x),x,a,inf) 计算。若 $\lim\limits_{b\to +\infty}\int_a^b f(x)\mathrm{d}x$ 存在，则称反常积分 $\int_a^{+\infty} f(x)\mathrm{d}x$ 存在或收敛，且 $\int_a^{+\infty} f(x)\mathrm{d}x = \lim\limits_{b\to +\infty}\int_a^b f(x)\mathrm{d}x$，否则称反常积分不存在或发散。

② $\int_{-\infty}^b f(x)\mathrm{d}x$ 可以用MATLAB 程序代码int(f(x),x,-inf,b) 计算。若 $\lim\limits_{a\to -\infty}\int_a^b f(x)\mathrm{d}x$ 存在，则称反常积分 $\int_{-\infty}^b f(x)\mathrm{d}x$ 存在或收敛，且 $\int_{-\infty}^b f(x)\mathrm{d}x = \lim\limits_{a\to -\infty}\int_a^b f(x)\mathrm{d}x$，否则称反常积分不存在或发散。

③ $\int_{-\infty}^{+\infty} f(x)\mathrm{d}x = \int_{-\infty}^0 f(x)\mathrm{d}x + \int_0^{+\infty} f(x)\mathrm{d}x$ 可以通过MATLAB 程序代码int(f(x),x,-inf,inf) 或 int(f(x),x,-inf,0) + int(f(x),x,0,inf) 计算。反常积分 $\int_{-\infty}^{+\infty} f(x)\mathrm{d}x$ 收敛的充要条件是反常积分 $\int_{-\infty}^0 f(x)\mathrm{d}x$ 与 $\int_0^{+\infty} f(x)\mathrm{d}x$ 同时收敛，且 $\int_{-\infty}^{+\infty} f(x)\mathrm{d}x = \lim\limits_{a\to -\infty}\int_a^0 f(x)\mathrm{d}x + \lim\limits_{b\to +\infty}\int_0^b f(x)\mathrm{d}x$。

【例5.13】 利用MATLAB 符号计算求反常积分 $I = \int_0^{+\infty} \frac{x^n}{1+x^2}\mathrm{d}x$，在$n=0$, 1/2, 1, 2 时的值。

【分析】 直接调用int() 函数即可，程序代码如下：

```
1 clc
2 clear
3 syms x
4
5 F1=int(1/(1+x^2),0,inf);
6 F2=int(x^(1/2)/(1+x^2),0,inf);
7 F3=int(x/(1+x^2),0,inf);
8 F4=int(x^2/(1+x^2),0,inf);
9 disp('＿＿＿＿＿＿＿F1＿＿＿＿＿＿F2＿＿＿＿＿＿＿＿＿F3＿＿＿＿＿＿＿＿F4')
10 disp([F1 F2 F3 F4])
```

程序执行后，在MATALB命令窗口显示如下结果：

```
1              F1              F2              F3              F4
2 [      1/2*pi, 1/2*pi*2^(1/2),            Inf,      Inf-1/2*pi]
```

由输出结果可知，当 $n = 0$，1/2时，所求的反常积分式收敛，且有

$$\int_0^{+\infty} \frac{1}{1+x^2} \mathrm{d}x = \frac{\pi}{2}, \quad \int_0^{+\infty} \frac{x^{1/2}}{1+x^2} \mathrm{d}x = \frac{\sqrt{2}\pi}{2} \tag{5.166}$$

当 $n = 1$，2时，所求的反常积分式发散，其值趋于 $+\infty$。

MATLAB 中的int()函数还可以用来进行多重积分的符号计算。这里主要介绍其在二重积分和三重积分符号运算中的用法。

因为二重积分可以转换为二次积分运算，即

$$\iint\limits_{D_{xy}} f(x,y)\mathrm{d}x\mathrm{d}y = \int_a^b \mathrm{d}x \int_{y_1(x)}^{y_2(x)} f(x,y)\mathrm{d}y \tag{5.167}$$

或

$$\iint\limits_{D_{xy}} f(x,y)\mathrm{d}x\mathrm{d}y = \int_c^d \mathrm{d}y \int_{x_1(y)}^{x_2(y)} f(x,y)\mathrm{d}x \tag{5.168}$$

所以，可以用MATLAB的int()函数计算两个定积分的方法计算二次积分。具体步骤参考下面的实例。

【例 5.14】　计算 $\iint\limits_{D_{xy}} \exp(x^2 + y^2)\mathrm{d}x\mathrm{d}y$，其中 D_{xy} 是由曲线 $y = 1/(4x)$、$y = \sqrt{x}$ 和 $x = 2$ 所围成的平面区域。

【分析】　先作出曲线 $y = 1/(4x)$、$y = \sqrt{x}$ 和 $x = 2$ 所围成的平面区域 D_{xy} 的草图，然后利用solve() 函数求出积分区间的上（或下）限，再利用int() 函数进行两次积分计算，利用double() 函数求出积分的数值结果。程序代码如下：

```
1 clc
2 clear
3 close all
4
```

若您对此书内容有任何疑问，可以登录MATLAB中文论坛与同行们讨论交流。

```
 5 %对积分区域作图，并进行标注
 6 xmax = 2.5; ymax = xmax;;
 7 xmin = 0; ymin = xmin;
 8 fplot(@(x)(1/(4*x)),[xmin xmax])
 9 text(1,1/4-0.1,'y=1/(4x)')
10 hold on
11 fplot(@(x)(sqrt(x)),[xmin xmax])
12 text(1,1.2,'y=sqrt(x)')
13 line([2 2],[ymin ymax])
14 text(2.05,0.8,'x=2')
15 text(1.3,0.7,'D_{xy}')
16 axis([xmin xmax ymin ymax])
17
18 %对双重积分在给定的积分区域上进行符号计算
19 syms x y
20 %参考积分区域图求出积分区域的横坐标下限
21 [xa ya] = solve('y-1/(4*x)','y-sqrt(x)',x,y);
22 f=exp(x^2+y^2);
23 y1 = 1/(4*x);
24 y2 = sqrt(x);
25 intfy = int(f,y,y1,y2);         %第一重积分的符号运算
26 intfx = int(intfy,x,xa,2);      %第二重积分的符号运算
27 intf = double(intfx)            %最终结果转换成数值输出
```

程序运行后得到如图5.32所示的由曲线$y = 1/(4x)$、$y = \sqrt{x}$和$x = 2$所围成的平面区域D_{xy}的草图，在命令窗口得到

```
1 Warning: Explicit integral could not be found.
2 > In sym.int at 58
3   In exam_int2 at 26
4
5 intf =
6
7    39.7136
```

即计算结果为$\iint\limits_{D_{xy}} \exp(x^2 + y^2)\mathrm{d}x\mathrm{d}y = 39.7136$。

5.5.3 积分的MATLAB数值计算

前面提到过，对于定积分$\int_a^b f(x)\mathrm{d}x$，如果被积函数$f(x)$的原函数不易求出，或者根本不能表示为初等函数时，那么就只能用定积分的数值方法求定积分的近似值。例如，因为$\int_0^{+\infty} \frac{x}{\sin x^3}\mathrm{d}x$的被积函数的原函数无法表示为初等函数，计算这种类型的定积分只能用数值方法。有不少情况，被积函数$f(x)$没有具体的解析表达式，仅仅用表格或图形给出实验观测的一些点上的函数值，理所当然也属于数值积分的范畴。求定积分的数值计算方法很多，包括矩形公式、梯形公式、辛普森（Simpson）公式、牛顿–科茨（Newton–Cotes）公式、递归公式和龙贝格（Romberg）公式、高斯–拉盖尔（Gauss–Laguerre）积分公式、拉道（Radau）

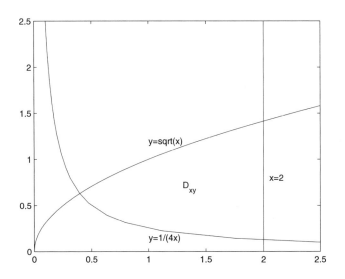

图 5.32　由曲线 $y = 1/(4x)$、$y = \sqrt{x}$ 和 $x = 2$ 所围成的平面区域 D_{xy}

积分公式、洛巴托（Lobatto）积分公式等。

　　限于篇幅的原因，这里就不再对数值积分计算的原理进行介绍，而主要介绍MATLAB中提供的一元函数的数值积分函数、多重数值积分函数及其实例。

1. MATLAB中的一元函数数值积分

　　数值积分有闭型（Closed-type）、开型（Open-type）算法之分。二者的区别在于：是否需要计算积分区间端点处的函数值。

　　典型的闭型数值积分方法有：用常数（0阶多项式）近似函数的矩形法、用直线（一阶多项式）近似函数曲线的梯形法、用抛物线（二阶多项式）近似函数曲线的Simpson法以及用一般多项式近似函数的Romberg法。这里只介绍闭型数值积分方法。

　　MATLAB中常见的一元函数数值积分用法及其说明如表5.1所列。

表 5.1　MATLAB中常见的一元函数数值积分用法说明

数值积分函数	计算原理	特　点
quad()	递推自适应Simpson法	精度较高，较为常用
quadl()	自适应Lobatto法	精度高，最常用
trapz()	梯形法	计算速度快，精度差
cumtrapz()	梯形法求一个区间上的积分曲线	计算速度快，精度差
sum()	等宽矩形法求定积分	计算速度快，精度很差，一般不用
cumsum()	等宽矩形法求一个区间上的积分曲线	计算速度快，精度很差，一般不用
fnint()	利用样条函数求不定积分	与spline()、ppval()配合使用，主要用于"表格"函数积分

　　MATLAB中计算一元函数积分的函数最为常用的是quad() 和quadl()。一般说来quadl()比quad() 更为有效。它们主要用于计算闭型数值积分，但也具有一定的开型积分的能力。具体调用格式如下：

```
q = solver(fun,a,b)
q = solver(fun,a,b,tol)
```

257

```
q = solver(fun,a,b,tol,trace)
[q,fcnt] = solver(...)
```

- 第1个参数fun是一个函数句柄，可以是字符串、内联函数、M文件的函数句柄。

- 参数a、b分别是积分的下限和上限，都是确定的数值。

- 前3个输入参数是调用quad()或quadl()所必需的，而后面的输入参数可以缺省。

- 第4个输入参数tol是个标量，用于控制绝对误差，缺省取值的绝对精度为10^{-6}。

- 第5个输入参数取非0值时，将随积分的进程逐点画出被积函数。

- 最后一种调用方式将返回被积函数被调用的次数到fcnt。

【例 5.15】　求$I = \int_0^1 J_0(x)\mathrm{d}x$的数值解。

① 符号解法：

```
1 syms x;
2 IS = int('besselj(0,x)','x',0,1)           %求积分的解析表达式
3 vpa(IS)  %求所得到的积分解析表达式的32位精度近似值
4
5 IS =
6 besselj(0,1)-1/2*pi*(besselj(0,1)*StruveH(1,1)-besselj(1,1)*StruveH(0,1))
7
8 ans =
9 .9197304100897602393144211940 8062
```

② MATLAB数值积分函数quad()和quadl()求值：

```
1 format long g
2 Vquad = quad(@(x)(besselj(0,x)),0,1)
3 Vquadl = quadl(@(x)(besselj(0,x)),0,1)
4
5 Vquad =
6        0.919730409462547
7
8 Vquadl =
9        0.919730410089742
```

③ 样条函数积分法：

```
1 format long g
2 xx = 0:0.1:2;
3 fx = besselj(0,xx);         %产生被积函数的"表格"数据
4 px = spline(xx,fx);         %由"表格"数据构成样条函数
5 int_px = fnint(px);         %求样条积分
6 Vfx = ppval(int_px,[0,1])*[-1; 1]           %根据样条函数计算[0 1]区间的定积分
7
8 Vfx =
9        0.919730420675146
```

2. MATLAB中的多重数值积分

考虑下面双重定积分问题

$$I = \int_{y_{min}}^{y_{max}} \int_{x_{min}}^{x_{max}} f(x,y)\mathrm{d}x\mathrm{d}y \tag{5.169}$$

使用MATLAB提供的dblquad()函数就可以直接求出上述双重定积分的数值解。该函数的调用格式为

```
q = dblquad(fun,xmin,xmax,ymin,ymax)
q = dblquad(fun,xmin,xmax,ymin,ymax,tol)
q = dblquad(fun,xmin,xmax,ymin,ymax,tol,method)
```

- 第一个参数fun用于表达被积函数$f(x,y)$，它可以是字符串表达式、内联函数或者M函数文件的函数句柄。

- xmin、xmax分别是变量x的下限和上限，ymin、ymax分别是变量y的下限和上限。

- tol是标量，控制积分的绝对误差，其缺省值为10^{-6}。

- method是积分方法选项。缺省方法是@quad，它还可以取@quadl或用户自己定义的积分方法函数文件的函数句柄。

- 注意：该指令不适用于内积分区间上、下限为函数的情况。

【例 5.16】 求$I = \int_0^\pi \int_\pi^{2\pi} (y\sin x + x\cos y)\,\mathrm{d}x\mathrm{d}y$的数值解。

① 符号解法：

```
1 syms x y
2 vpa(int(int(y*sin(x)+x*cos(y),x,pi,2*pi),y,0,pi))
3
4 ans =
5
6 -9.8696044010893586188344909998761
```

② MATLAB双重数值积分函数dblquad()求解：

```
1 format long g
2  dblquad(@(x,y)y*sin(x)+x*cos(y),pi,2*pi,0,pi)
3
4 ans =
5
6          -9.86960437725457
```

如果二重积分$\iint_{D_{xy}} f(x,y)\mathrm{d}x\mathrm{d}y$的积分区域$D_{xy}$是一般的有界闭区域

$$a \leqslant x \leqslant b, y_1(x) \leqslant y \leqslant y_2(x)$$

其中函数$y_1(x)$和$y_2(x)$皆在区间$[a,b]$上连续，被积函数$f(x,y)$在D_{xy}上连续，则可以将二重积分转化为二次积分运算，即

$$\iint\limits_{D_{xy}} f(x,y)\mathrm{d}x\mathrm{d}y = \int_a^b \mathrm{d}x \int_{y_1(x)}^{y_2(x)} f(x,y)\mathrm{d}y \tag{5.170}$$

数值计算式(5.170)的方法很多，在这里介绍积分区域放大法及如何利用MATLAB的双重积分函数dblquad()来进行数值积分计算。所谓积分区域放大法就是根据式(5.170)的积分区域D_{xy}做一个矩形区域

$$RT = \{(x,y) | a \leqslant x \leqslant b, c \leqslant y \leqslant d, c = \min_{a \leqslant x \leqslant b}\{y_1(x)\}, d = \max_{a \leqslant x \leqslant b}\{y_2(x)\}\}$$

使得$D_{xy} \subseteq RT$（见图5.33）。

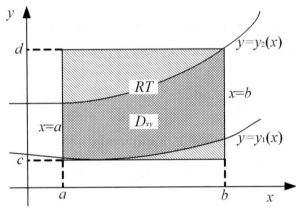

图 5.33　积分区域D_{xy}和矩形区域RT

作辅助函数

$$A(x,y) = \begin{cases} 1, & (x,y) \in D_{xy} \\ 0, & (x,y) \in RT - D_{xy} \end{cases} \tag{5.171}$$

则可得

$$\iint\limits_{D_{xy}} f(x,y)\mathrm{d}x\mathrm{d}y = \iint\limits_{RT} f(x,y)A(x,y)\mathrm{d}x\mathrm{d}y \tag{5.172}$$

260

然后就可以很方便地利用dblquad()函数来进行数值积分计算了。

【例5.17】　用MATLAB的dblquad()函数来计算例5.14中的双重积分。

【分析】　参考图5.32，根据积分区域D_{xy}，可以选取矩形区域RT

$$RT = \{(x,y) | 0.3969 \leqslant x \leqslant 2, 1/8 \leqslant y \leqslant \sqrt{2}\}$$

其中x的最小值是根据例5.14的程序代码第21行得到的xa的数值，可以在MATLAB命令窗口中用double(xa)来获取。辅助函数$A(x,y)$可以用代码(y<sqrt(x))&(y>1./(4*x))来获得。程序代码如下：

```
1 clc
2 clear
3 close all
4
5 dblquad(@(x,y)(exp(x.^2+y.^2).*((y<sqrt(x))&(y>1./(4*x))))),...
6       0.3969,2,1/8,sqrt(2))
```

程序代码运行后，可以在命令窗口得到

```
1 ans =
2
3    39.713 6
```

即利用dblquad()函数进行双重数值积分计算的结果为39.7136，这与例5.14中通过符号计算得到的结果是一致的，从而也验证了MATLAB双重积分符号计算结果的正确性。

其实，只要辅助函数$A(x,y)$选取得合适，矩形区域RT可以选取得更大些，从而方便双重积分的积分区间参数选择。比如在例5.17中，也可以根据积分区域D_{xy}把矩形区域RT确定为

$$RT = \{(x,y)|0 \leqslant x \leqslant 2, 1/8 \leqslant y \leqslant \sqrt{2}\}$$

而辅助函数$A(x,y)$不变，这样只要将程序代码第6行中的xmin的值由0.3969改为0，可以发现程序运行后得到的结果仍然是39.7136。

MATLAB还提供了三重定积分的数值求解函数triplequad()函数，该函数的调用格式为

```
triplequad(fun,xmin,xmax,ymin,ymax,zmin,zmax)
triplequad(fun,xmin,xmax,ymin,ymax,zmin,zmax,tol)
triplequad(fun,xmin,xmax,ymin,ymax,zmin,zmax,tol,method)
```

该函数的参数与双重定积分函数dblquad() 类似，其用法就不再详细介绍了。

5.6　习　题

【习题 5.1】　利用 MATLAB 编程作出一个朗伯光源的辐射方向图和一个由 $B(\theta) = B_0\cos^5\theta$ 给出的辐射方向图。假定两个光源有相同的峰值辐射强度B_0，并且两个辐射方向图都已归一化。

【习题 5.2】　考虑一个光源，其辐射方向图由$B(\theta) = B_0\cos^m\theta$ 给出，利用MATLAB 编程作出$B(\theta)$ 作为 m 的函数曲线，m 的取值范围是$[1,21]$ 的奇数，视角为$10°$、$20°$、$45°$、$60°$，假设所有光源都有同样的峰值辐射强度B_0。

【习题 5.3】　圆形发射区域半径为$25\mu m$ 的LED 有一个朗伯辐射方向图，在80mA的驱动电流下有80W/cm²·sr 轴向辐射强度。试用MATLAB 编程计算有多少光功率能够耦合进纤芯直径为$100\mu m$、$NA = 0.22$ 的阶跃折射率光纤中？

【习题 5.4】　结合几何作图，推导出公式(5.133)，并利用MATLAB 的数值积分函数quad() 编程计算由式(5.133)得到的数值积分结果与耦合效率的解析表达式(5.131)的相对误差大小，同时作图画出相对误差曲线。

【习题 5.5 】 参考 MATLAB 中多重数值积分的内容，结合几何作图，推导出公式(5.134)，并利用 MATLAB 的双重数值积分函数dblquad() 编程计算由式(5.134)得到的数值积分结果与耦合效率的解析表达式(5.131)的相对误差大小，同时作图画出相对误差曲线。

第 6 章
激光原理及仿真

激光最初的中文名叫"镭射""莱塞",是它的英文名称 LASER 的音译,取自英文 Light Amplification by Stimulated Emission of Radiation,意思是"通过受激辐射达到光的放大",指通过受激辐射放大和必要的反馈,产生准直、单色(monochrome)、相干(coherent)的光束的过程及仪器。而基本上,产生激光需要"谐振腔"(resonator)、"增益介质"(gain medium)及"抽运源"(pumping source)这3个要素。

激光是20世纪以来,继原子能、计算机、半导体之后,人类的又一重大发明,被称为"最快的刀""最准的尺""最亮的光"和"奇异的激光",它的亮度为太阳光的100亿倍。激光的原理早在1916年已被著名的物理学家爱因斯坦发现,但直到1960年科学家才首次在实验条件下获得激光。激光是在有理论准备和生产实践迫切需要的背景下应运而生的,它一问世,就获得了异乎寻常的飞快发展。激光的发展不仅使古老的光学科学和光学技术获得了新生,而且导致整个一门新兴产业的出现。激光可使人们有效地利用前所未有的先进方法和手段,去获得空前的效益和成果,从而促进了生产力的发展。

本章主要介绍激光的基本原理,包括激光器的结构、速率方程及其仿真。

6.1 激光发展简介

爱因斯坦在20世纪30年代描述了原子的受激辐射。在此之后人们很长时间都在猜测,这个现象可否被用来加强光场,因为前提是必须有粒子数反转存在。而这在一个二级系统中是不可能的。首先人们想到了三级系统,而且计算证实了辐射的稳定性。

1958年,美国科学家肖洛和汤斯发现了一种神奇的现象:当他们将氪光灯泡所发射的光照在一种稀土晶体上时,晶体的分子会发出鲜艳的、始终会聚在一起的强光。根据这一现象,他们提出了"激光原理",即物质在受到与其分子固有振荡频率相同的能量激励时,都会产生这种不发散的强光——激光。他们为此发表了重要论文。

肖洛和汤斯的研究成果发表之后,各国科学家纷纷提出各种实验方案,但都未获成功。1960年5月16日,美国加利福尼亚州休斯实验室的科学家梅曼宣布获得了波长为0.6943 μm的激光,这是人类有史以来获得的第一束激光,梅曼也因此成为世界上第一个将激光引入实用领域的科学家。

1960年7月7日,梅曼宣布世界上第一台激光器——红宝石激光器诞生。梅曼的方案是,利用一个高强闪光灯管,来刺激红宝石。由于红宝石在物理上只是一种掺有铬原子的刚玉,所以当红宝石受到刺激时,就会发出一种红光。在一块表面镀上反光镜的红宝石的表面钻一个孔,使红光可以从这个孔溢出,从而产生一条相当集中的纤细红色光柱,当它射向某一点时,可使其达到比太阳表面还高的温度。

苏联科学家尼古拉·巴索夫于1960年发明了半导体激光器。半导体激光器的结构通常由P层、N层和形成双异质结的有源层构成。其特点是：尺寸小，耦合效率高，响应速度快，波长和尺寸与光纤尺寸适配，可直接调制，相干性好。

在20世纪80年代后期，半导体技术使得更高效而耐用的半导体激光二极管成为可能，这些在小功率的CD和DVD光驱以及光纤通信中得到使用。

在20世纪90年代，高功率的激光激发原理得以实现，比如片状激光器和光纤激光器。后者由于新的加工技术和20 kW的高功率不断地被应用到材料加工领域中，从而部分替代了CO_2气体激光器和Nd:YAG固体激光器。

进入21世纪后，激光的非线性得以用来制造X射线脉冲（用来跟踪原子内部的过程）；另一方面，蓝光和紫外线激光二极管已经开始进入市场。在2009年，中国研制出一种名为氟代硼铍酸钾（KBBF）的晶体，可用于激发深紫外线激光，一旦成功应用，可令每张光盘的容量超过1TB，亦使半导体上可存储的电路密度大幅提高。

现在，激光已成为工业、通信、科学及电子娱乐中的重要组成部分。

6.2　辐射与物质的相互作用

激光器的很多特性都可以通过原子系统与辐射场相互作用时的吸收和发射过程来讨论。在20世纪最初的10年里，普朗克就曾描述过热辐射的光谱分布；在20世纪20年代，爱因斯坦结合普朗克定律和玻耳兹曼统计，提出了受激辐射的概念。爱因斯坦提出的受激辐射基本上提供了描述激光原理所需的全部理论。

6.2.1　吸收、反射、透过率及系数

如果辐射到某一物体的总功率为P_0，其中一部分P_α被吸收，一部分P_ρ被反射，另一部分P_τ穿透该物体（见图6.1），则

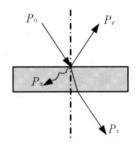

图6.1　吸收、反射、透过示意图

$$P_0 = P_\alpha + P_\rho + P_\tau \tag{6.1}$$

将式(6.2)两边各除以P_0，可得

$$\frac{P_\alpha}{P_0} + \frac{P_\rho}{P_0} + \frac{P_\tau}{P_0} = 1 \tag{6.2}$$

式(6.2)中左边第一项比值称为物体的吸收率α，第二项称为物体的反射率ρ，第三项称为物体的透过率τ，因此有

$$\alpha + \rho + \tau = 1 \tag{6.3}$$

需要指出，一种材料的吸收率α、反射率ρ和透过率τ是指对该材料的标准试样（规定的表面处理、表面粗糙度、表面清洁度及厚度等条件的试样）进行相应测试所得的数据。当具

体试样表面状态、厚度等不同时，测试所得到的数据可能会与标准试样的数据差别很大。为了区别这两种情况下的数据，目前在国际上已经习惯将标准试样的数据称为吸收率、反射率和透过率；而将具体试件的相应数据称为吸收系数、反射系数和透过系数。在英文文献中前者的词尾用"-ivity"，如absorptivity，reflectivity，transmissivity；而后者的词尾用"-ance"，如absorptance，reflectance，transmittance。

根据式(6.3)，若 $\alpha = 1$，则 $\rho = \tau = 0$，这就是说所有落在物体上的辐射能完全被该物体吸收，这类物体称为绝对黑体或简称黑体。若 $\rho = 1$，则 $\alpha = \tau = 0$，这就是说所有落在物体上的辐射能完全被反射出去。如果反射的情况是正常反射，即符合几何光学中反射定律规定的反射角等于入射角，该物体称为绝对镜体；如果是漫反射，则该物体称为绝对白体。若 $\tau = 1$，则 $\alpha = \rho = 0$，此时所有落到物体上的辐射能都将穿透过去，这类物体称为绝对透明体。

自然界中不存在绝对黑体、绝对白体和绝对透明体。吸收率 α、反射率 ρ 和透过率 τ 的值与物体的材料、表面状况、温度以及辐射线的波长有关。例如石英玻璃对于波长 $\lambda > 4\mu m$ 的红外光是不透明的，但对于波长 $\lambda < 4\mu m$ 的红外光和可见光波段则透过率很好。普通的窗玻璃则不然，它仅仅在可见光波段是透明体，几乎不让紫外光和红外光通过。对于吸收和反射来说，也有上述情况。白色表面能很好地反射可见光。但不管什么颜色的油漆，在红外光波段的吸收率都很高。对红外光波段的吸收和反射，具有重要影响的不是物体表面的颜色，而是表面的材料、表面的粗糙度。不管什么情况，光滑表面要比粗糙表面的反射率高几倍。

要想增加物体的吸收率，通常可把物体表面蒙上一层不光滑的黑色涂料。即使这样，也只能达到百分之九十几的吸收率，还不是真正意义上的黑体。壁面上开有一个小孔的空腔具有接近绝对黑体的性质（见图6.2）。

图 6.2　黑体原理示意图

通过小孔投射进这种空腔内的能量，要经过许许多多次的吸收、反射后，才可能有一丝的能量从小孔中漏出去。因此对这种空腔而言，投射进去的辐射基本上被吸收掉了，可以认为它的吸收率 $\alpha = 1$。红外测试中经常要用到的作为标准辐射源的黑体炉就是基于这一原理制成的。

6.2.2　热辐射现象

实验发现，任何物体在任何温度下都会不断地向周围空间发射波谱连续的电磁波。室温下，物体在单位时间内辐射的能量很少，而且辐射能大多分布在波长较长的区域。随着温度的升高，单位时间内辐射的能量迅速增加，辐射能中短波长部分所占比重逐渐增大。例如，当金属的温度升至大约600 ℃以上时，可见光成分逐渐增多，发光物体随着温度的不断升高，其颜色由暗红色逐渐变为赤红、黄、白、蓝等颜色。刚通电的电炉，其电阻丝随温度增加而发生的颜色变化就属于这种情况；再有，通电的白炽灯的灯丝因其温度更高而发出接近白色的光。物体的这种由其温度所决定的电磁辐射称为热辐射。

物体辐射电磁波的同时，也吸收投射到其表面的电磁波。物体向周围辐射电磁波则其内能将减少，吸收电磁波则内能增加。理论和实验都表明，物体的辐射本领越大，其吸收辐射的本领也越大，反之亦然。当物体的辐射和吸收达到平衡时，物体的温度不再变化而处于热平衡状态，这时的热辐射称为平衡热辐射。

为了描述物体热辐射能量按波长分布的规律，引入了单色辐射出度的概念：在一定温度T下，物体单位表面积在单位时间内发射的波长在$\lambda \to \lambda + d\lambda$范围内的辐射能$dM_\lambda$与波长间隔$d\lambda$的比值，通常用$M_\lambda(T)$表示，即

$$M_\lambda(T) = \frac{dM_\lambda}{d\lambda} \tag{6.4}$$

单色辐射出度的单位是W/m^3。实验指出，对于给定物体，在一定温度下，单色辐射出度$M_\lambda(T)$随辐射波长λ而变化：当温度升高时，$M_\lambda(T)$也随之增大。此外，$M_\lambda(T)$与物体的材料及表面状况等也有一定关系。

当物体的温度为T时，物体单位表面积在单位时间内发射出的包含各种波长的辐射能，称为该物体在温度T时的辐射出度，因此有

$$M(T) = \int_0^\infty M_\lambda(T)d\lambda \tag{6.5}$$

其中，$M(T)$为辐射出度，单位为W/m^2。

6.2.3 黑体辐射的规律

前面提到任何物体都具有不断辐射、吸收、发射电磁波的本领。辐射出去的电磁波在各个波段是不同的，也就是具有一定的谱分布。这种谱分布与物体本身的特性及其温度有关，因而被称之为热辐射。为了研究不依赖于物质具体物性的热辐射规律，物理学家们定义了一种理想物体——黑体（black body），以此作为热辐射研究的标准物体。前面提到过，所谓黑体是指能够将投射到其表面的各种波长的电磁波全部吸收而完全不发生反射和透射的物体。当然黑体仍然要向外辐射，黑洞也许就是理想的黑体。基尔霍夫（Kirchhoff）辐射定律给出，在热平衡状态的物体所辐射的能量与吸收的能量之比与物体本身物性无关，只与波长和温度有关。按照基尔霍夫辐射定律，在一定温度下，黑体必然是辐射本领最大的物体，可叫作完全辐射体。

通过大量的实验，人们还总结出两条关于黑体辐射的定律，即斯特藩（J. Stefan）–玻耳兹曼（L. E. Boltzmann）定律和维恩（W. Wien）位移定律。

斯特藩–玻耳兹曼定律指出，黑体辐射出度与其热力学温度T的4次方成正比，即

$$M_B(T) = \int_0^\infty M_{B\lambda}(T)d\lambda = \sigma T^4 \tag{6.6}$$

式中，σ是一普适常量，称为斯特藩–玻耳兹曼常量，由实验测得$\sigma = 5.67051 \times 10^{-8}$ W/m^{2}K^4。

维恩位移定律指出：黑体辐射的峰值波长λ_m与其热力学温度T成反比，即

$$T\lambda_m = b \tag{6.7}$$

式中，b 也是一普适常量，称为维恩常量，由实验测得$b = 2898\mu m\cdot K$。因此，根据维恩位移定律可求出辐射波长的最大值：

$$\lambda_m = \frac{2898}{T} \tag{6.8}$$

式中，λ 的单位为μm；T 的单位为K。例如，当黑体的温度为5800 K 时，其辐射峰值为 0.5 μm，这大约是地面上可见太阳光谱的中心。图6.3所示是地球大气层外太阳辐射光谱和温度为5800 K 的黑体辐射光谱，从辐射光谱图对比可以看出太阳表面大气的温度约为 5800 K。

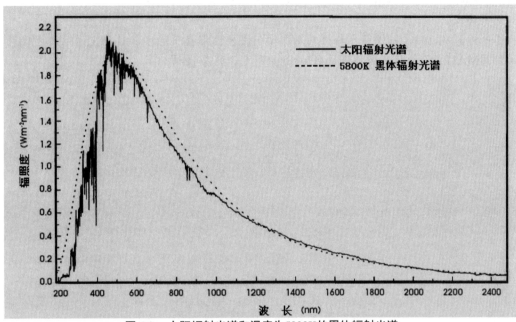

图6.3　太阳辐射光谱和温度为5800K的黑体辐射光谱

6.2.4　普朗克公式和能量量子化假设

在获得黑体辐射的实验规律后，还需要从理论上找出符合实验曲线的函数关系式$M_\lambda(T) = f(\lambda, T)$，也就是要找出$f(\lambda, T)$的具体函数形式。在19世纪末，很多物理学家都试图在经典物理学的基础上解决这一问题。其中最经典的是维恩公式和瑞利（J. W. S. Rayleigh）–金斯（J. H. Jeans）公式，但是所有的这些尝试都以失败告终，明显地暴露出当时经典物理学的缺陷。英国物理学家开尔文（L. Kelvin）曾经说过，黑体辐射实验是物理学晴朗天空上一朵令人不安的乌云。

为了从理论上解释实验测得的黑体辐射$\rho(\nu)$随(T, ν)的分布规律，人们从经典物理学出发所作的一切努力都没有成功。后来，德国物理学家普朗克（M. Plank）在1900年10月提出了与经典理论完全不同的辐射能量子化假设，并在此基础上成功地得到了与实验相符的黑体辐射普朗克公式

$$M_{B\lambda}(T) = \frac{2\pi hc^2}{\lambda^5} \cdot \frac{1}{e^{hc/\lambda kT} - 1} \tag{6.9}$$

式中，h 是普朗克常量，其值为 $(6.626176 \pm 0.000036) \times 10^{-34}$ J·s；c 是光速，其值为 $(2.99792458 \pm 0.000000012) \times 10^{8}$ m·s^{-1}；k 是玻耳兹曼常量，其值为 $(1.380662 \pm 0.000044) \times 10^{-23}$ W·s·K^{-1}；λ 是辐射波长；T 为黑体温度。

将上面的物理常数代入式(6.9)，可以写成

$$M_{B\lambda}(T) = \frac{c_1}{\lambda^5} \cdot \frac{1}{e^{c_2/\lambda T} - 1} \tag{6.10}$$

其中，c_1 被称为第一辐射常数，其值为 3.741832×10^4 W·cm^{-2}·μm^4；c_2 被称为第二辐射常数，其值为 $1.438786 \times 10^4 \mu m$·K。

【例6.1】 在MATLAB中可以作出黑体辐射在典型温度下（T 取200K, 273K, 400K, 800K, 1000K, 1500K, 2000K, 3000K, 4000K, 5000K, 6000K）的光谱辐出度 $M_{B\lambda}(T)$ 与波长的对应双对数曲线。

【分析】 根据式(6.10)可计算得到黑体辐射在典型温度下的波长对应光谱辐出度 $M_{B\lambda}(T)$ 值，然后调用MATLAB 的双对数作图函数loglog()即可。程序代码如下：

```
1  clc
2  clear
3  close all
4
5  c1 = 3.741832e4;      %第一辐射常数
6  c2 = 1.438786e4;      %第二辐射常数
7
8  lambda = logspace(-1,2,100);      %波长取值
9  T = [200 273 400 800 1000 1500 2000 3000 4000 5000 6000]';   %温度取值
10
11 MB = zeros(length(lambda),length(T));
12 for i = 1:length(T)
13     MB(:,i) = c1./(lambda.^5.*(exp(c2./(lambda*T(i))-1)));
14 end
15
16 loglog(lambda,MB)      %作MB的双对数曲线
17 axis([0.1 100 1e-4 1e5])
18 grid on
19 xlabel('\lambda /\mum')
20 ylabel('M_{B\lambda}(T)/ W\cdotcm^{-2}\cdot\mum^{-1}')
21
22 [Mmax pos]=max(MB);
23 for i = 1:length(T) %标注各条曲线对应的温度
24     text(lambda(pos(i)),Mmax(i),[num2str(T(i)) 'K']);
25 end
```

程序运行后可以得到如图6.4所示的200～6000 K范围内黑体辐出度的普朗克曲线。对攻击飞机的空空、地空红外制导导弹，800～1500 K是一个重要的温度范围，它包含了喷气发动机尾喷管热金属的温度范围，从图6.4可以看出该温度范围对应的峰值波长在1.3～3μm的红外波段。

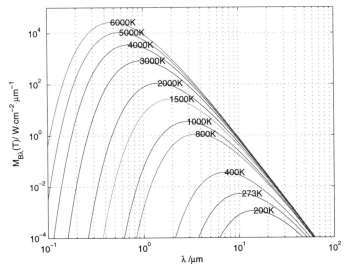

图 6.4   黑体辐出度的普朗克曲线

要从理论上得到普朗克公式，必须引入一个与经典物理学完全不相同的新概念，这就是普朗克的量子假设。经典物理认为构成物体的带电粒子在各自平衡位置附近的振动可以看作是带电的谐振子，这些谐振子既可以发射也可以吸收辐射能。普朗克假设带电谐振子的能量不能具有经典物理学所允许的任意值，一个频率为ν的谐振子只能处于一系列分立的能量状态，在这些状态中，谐振子的能量只能是某一最小能量$\varepsilon = h\nu$的整数倍，即

$$E = n\varepsilon = nh\nu \quad (n\text{为正整数，称为量子数}) \tag{6.11}$$

式中，$\varepsilon = h\nu$称为能量子，这一能量分立的概念称为能量量子化。

按照这个假设，一个频率为ν的谐振子的最小能量是$h\nu$，它在与周围的辐射场交换能量时，也只能整个地吸收或者放出一个个能量子。

由于黑体辐射是黑体温度T和辐射场频率ν（或波长λ）的函数，因此可以用单色能量密度$\rho(\nu)$描述。$\rho(\nu)$定义为在一定温度下，单位体积内，频率处于ν附近的单位频率间隔中的电磁辐射能量，其量纲为$J\cdot m^{-3}\cdot s$。

在温度T的热平衡条件下，黑体辐射分配到腔内每个模式上的平均能量为

$$\overline{E} = \frac{h\nu}{e^{h\nu/kT} - 1} \tag{6.12}$$

黑体腔内单位体积中频率处于ν附近单位频率间隔内的光波模式数n_ν为

$$n_\nu = \frac{8\pi\nu^2}{c^3} \tag{6.13}$$

得到黑体辐射普朗克公式为

$$\rho(\nu) = \frac{8\pi\nu^2}{c^3}\frac{h\nu}{e^{h\nu/kT} - 1} \tag{6.14}$$

式中，h为普朗克常量；k为玻耳兹曼常量；c为光速。热辐射的光谱分布在$\nu = 0$或$\nu \to \infty$时趋近于零，其峰值取决于温度。

式(6.14)中的因子给出了单位体积和单位频率间隔的辐射模密度

$$p_n = \frac{8\pi v^2}{c^3} \tag{6.15}$$

因子p_n可解释为与辐射、单位体积、单位频率间隔相关的自由度数量。辐射模密度的表达式p_n在联系自发辐射跃迁和受激辐射跃迁的概率上起着重要作用。

下式对于均匀的各向同性辐射场有效：

$$W = \frac{\rho(v)c}{4} \tag{6.16}$$

式中，W是从黑体腔的开口发射出来的黑体辐射(W/cm^3)。很多固体辐射都类似于黑体辐射，因此应用式(6.16)可求出从固体表面射出的辐射。

普朗克的能量子假设突破了经典物理学的概念，第一次提出了微观粒子具有分立的能量值，打开了人们认识微观世界的大门，在物理学发展史上起了划时代的作用。在这个基础上，经过进一步的研究，人们终于逐步认识到辐射的量子化以及描述微观粒子的一些物理量具有的量子化特性，最终形成了反映微观粒子运动规律的量子物理学。

普朗克在他的量子假设的基础上，从理论上导出了普朗克公式。实际上，普朗克的贡献远远超出了物理学范畴，它启发人们在新事物面前，要敢于冲破传统思想观念的束缚，勇于建立新观点、新概念、新理论。由于对量子理论的卓越贡献，普朗克获得了1918年诺贝尔物理学奖。

6.2.5 玻耳兹曼分布

根据统计力学的基本原理，当大量近似的原子在温度T处于热平衡时，任何两个能级E_1和E_2的相关粒子数与玻耳兹曼比值有关

$$\frac{N_2}{N_1} = e^{-\frac{E_2-E_1}{kT}} \tag{6.17}$$

式中，N_1、N_2分别为处于能级E_1、E_2的原子数。若能隙足够大，即$E_2-E_1 = hv_{21} \gg kT$时，该比值接近于零，因而在热平衡时，上能级的原子数很少。室温（$T \approx 300K$）时，与热能kT对应的能隙为hv，其频率为$v \approx 6 \times 10^{12}Hz$，等效于$\lambda \approx 50\mu m$的波长。因此，对于任何跃迁频率$v_{21}$位于近红外光或可见光区域的能隙来说，玻耳兹曼指数在常温时都非常小。于是，任何上能级的原子数都比下能级的少很多。例如，在红宝石中，基能级E_1与上激光能级E_2之间被与波长$\lambda = 0.69\mu m$相应的能隙间隔开。由于$E_2-E_1 = hv = 2.86 \times 10^{-19}J$，可以得出常温下$N_2/N_1 \approx e^{-69} \approx 1.08 \times 10^{-30}$。因此在热平衡条件下，所有的原子在事实上都处于基能级。

式(6.17)只适用于非常简单的非简并能级的原子系统。如果与能量E_i相对应的原子有g_i个不同的能态，则g_i被认为是第i个能级的简并度。

由于在原子系统中，诸如原子、离子和分子，只能存在于某种稳定态，每一种稳定态都对应着某一固定的能量值，因而代表一个能级。当两个或更多的能态具有相同的能量时，每个能级都称为简并能级，而具有相同能量的态数是能级的多重性。具有相同能量的所有态的

粒子数均相等，因此能级1和能级2的原子数分别为 $N_1 = g_1 N'_1$ 和 $N_2 = g_2 N'_2$，其中 N'_1 和 N'_2 分别表示在能级1和能级2中任一能态的粒子数。根据式(6.17)得能级1和能级2的粒子数关系式为

$$\frac{N_2}{N_1} = \frac{g_2}{g_1}\frac{N'_2}{N'_1} = \frac{g_2}{g_1}e^{-\frac{E_2 - E_1}{kT}} \tag{6.18}$$

在绝对零度时，玻耳兹曼统计认为所有的原子都处于基态。任何温度的热平衡都要求低能态的粒子数比高能级的多。因此，若 $E_2 > E_1$，在绝对零度以上 N_2/N_1 总小于1。这说明在热平衡条件下，不可能出现光放大。

6.3　自发辐射、受激辐射和受激吸收

要了解激光器如何运转，就必须弄清楚决定辐射与物质相互作用的有关原理。在原子系统，诸如原子、离子和分子中，电子只能存在于分立的能级。从一个能态到另一个能级的变迁称为跃迁，它伴随着光子的发射或吸收。电子从高能级向低能级跃迁时，会释放出相应能量的光子（所谓自发辐射）。一般的发光体中，这些电子释放光子的过程是随机的，所释放出的光子也没有相同的特性，例如钨丝灯发出的光。当外加能量以电场、光子、化学等方式注入一个能级系统并为之吸收的话，会导致电子从低能级向高能级跃迁（即受激吸收）；然后，当自发辐射产生的光子碰到这些因外加能量而跃上高能级的电子时，这些高能级的电子会因受诱导而迁到低能级并释放出光子（即受激辐射），受激辐射的所有光学特性跟原来的自发辐射，包括频率、相位、前进方向等是一样的，这些受激辐射的光子碰到其他因外加能量而跃上高能级的电子时，又会再产更多同样的光子，最后光的强度越来越大（即光线被放大了），而与一般的光不同的是所有的光子都有相同的频率、相位、前进方向。要做到光放大，就要产生一个高能级电子比低能量级电子数目多的环境，即粒子数反转（population inversion），这样才有机会让高能级电子碰上光子来释放新的光子，而不是随机释放。

玻耳兹曼频率关系式给出了吸收或发射辐射的光波长

$$\nu = \frac{|E_2 - E_1|}{h} \tag{6.19}$$

式中，E_1、E_2 是两个离散的能级；ν_{21} 为光频率；h 是普朗克常量。与这一原子系统的能隙相对应的是频率为 ν 的电磁波，该电磁波与原子系统能够相互作用。出于下文分析的需要，现在将固体材料近似地视作非常多的相同原子系统的集合体。在热平衡时，材料中处于下能态的粒子数远比上能态的多，电磁波与其发生相互作用，使原子和分子从低能级上升到高能级，即为吸收。

激光器运转要求改变激光材料的能量平衡，使能量存储于该材料的原子、离子或分子中。通过外部抽运源使激光材料中的粒子从低能态跃迁到高能态，即抽运辐射导致"粒子数反转"。使频率适中的电磁波入射到该"反转的"激光材料上，入射光子将促使高能级的原子降落到低能级而发射出附加的光子，形成光波放大。最终，能量从原子系统萃取出来，供给到辐射场。原子系统与电磁波相互作用而释放出原先存储的能量，这是以受激辐射或感应发射为基础的。

简言之，当材料受到激励，使得它的原子（分子）在高能级的分布多于低能级时，该材料就能够以与能级差相应的频率使辐射放大。英文中的"激光"正是"受激辐射光放大"之略语。

式(6.14)表示的黑体辐射，实质上是辐射场$\rho(\nu)$和构成黑体的物质原子相互作用的结果。为了简化问题，假设有一种理想的材料，它有两个非简并能级1和能级2，并有

$$E_2 - E_1 = h\nu \tag{6.20}$$

两个能级上的粒子数分别为N_1和N_2。假设这两个能级上的原子总数为常量

$$N_1 + N_2 = N_{\text{tot}} \tag{6.21}$$

如图6.5所示，二能级的原子释放能量而从能态E_2跃迁到基态E_1；与之相对应，在吸收能量后，又可能从基态E_1向能态E_2跃迁。原子中减少或增加的能量为$h\nu_{21}$。

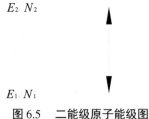

图 6.5　二能级原子能级图

爱因斯坦从辐射与原子相互作用的量子理论观点出发提出，上述相互作用应包含三种过程：原子的自发辐射跃迁、受激辐射跃迁和受激吸收跃迁。

6.3.1　自发辐射

处于高能级的粒子一般是不稳定的，它将通过辐射或无辐射跃迁（例如碰撞过程）回到低能级。处于高能级的粒子，在没有外界影响时，有一定的概率自发地向低能级跃迁，并发出一个光子，如图6.6所示，这种过程称为自发辐射。自发辐射是一种随机辐射过程，哪个粒子处于高能级，处于高能级上的哪个粒子向低能级跃迁，什么时间发生跃迁等都是偶然的。因而，自发辐射的特点是发生辐射的各粒子互不相关，它们发出的光波波列的频率、相位、偏振态、传播方向之间都没有联系，所以自发辐射产生的光波是非相干的。

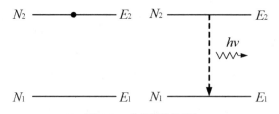

图 6.6　自发辐射过程

在自发辐射过程中，粒子由于吸收能量而上升到上能级。上能级2的粒子自发降落到下能级的速率与上能级的粒子数成正比

$$\frac{\partial N_2}{\partial t} = -A_{21}N_2 \tag{6.22}$$

式中，A_{21}为自发辐射系数，量纲为s^{-1}；对于给定粒子的两个确定能级，A_{21}为常数。在讨论中，A_{21}作为这一组能级的特性而称为自发辐射的概率，因为该系数给出了单位时间内能级2的粒子自发降落到能级1的概率。

　　自发辐射是一个空间与时间的统计函数。对于大量的自发辐射粒子，各个辐射过程之间没有相位关系，辐射的量子也是不相干的。自发辐射跃迁可以用受激态电子的寿命来表征，超过这一寿命，电子将自发地返回到低能态并辐射出能量。这一个过程出现在无电磁场的情况下。

　　式(6.22)的解为

$$N_2(t) = N_2(0) \exp(-A_{21}t) = N_2(0) \exp\left(-\frac{t}{\tau_{21}}\right) \tag{6.23}$$

式中，τ_{21}为能级2的自发辐射寿命，它等于爱因斯坦自发辐射系数的倒数，即

$$\tau_{21} = \frac{1}{A_{21}} \tag{6.24}$$

因此一个过程的自发辐射跃迁概率之倒数称为它的平均寿命。激发态的粒子总是要通过各种途径返回较低能级，所以粒子在激发态只能停留有限时间。粒子在某激发态的平均寿命一般为10^{-8}s数量级。也有一些激发态，其平均寿命很长，可达10^{-3}s或更长，这样的激发态称为亚稳态。亚稳态对激光的形成具有重要意义。

6.3.2　受激辐射

　　处于高能级E_2的粒子，在频率为$\nu = (E_2 - E_1)/h$外辐射光的激励下，跃迁到低能级E_1上去，同时发射一个与入射光子完全相同的光子，如图6.7(a)所示，该过程称为受激辐射。必须指出，受激辐射与自发辐射不同，它不是自发进行的，而是在频率为ν的外来光子的激励下才产生的。受激辐射的特点是：受激辐射发出的光波与入射光波具有完全相同的特性，即频率、相位、偏振方向及传播方向都完全相同。受激辐射的光是相干光。此外，一个外来的入射光子，由于受激辐射变成两个完全相同的光子，这两个光子又会变成4个、8 个……产生连锁反应。因此，受激辐射能使入射光强得到放大，图6.7(b)所示为受激辐射光放大的示意图。

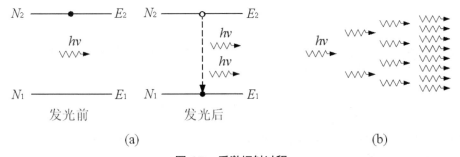

图 6.7　受激辐射过程

受激辐射过程中，激发态粒子因"感应发射"而向辐射场发射出由下式计算出的光子

$$\frac{\partial N_2}{\partial t} = -B_{21}\rho(\nu_{21})N_2 \tag{6.25}$$

式中，B_{21} 称为受激辐射系数，对于给定粒子的两个确定能级，B_{21} 为常数。

　　存在外辐射时粒子系统发射的辐射包括两个部分：强度与A_{21}成正比的部分为自发辐射，其相位与外辐射的相位无关；强度与$\rho(\nu)B_{21}$成正比的部分为受激辐射，它与外辐射激励具

若您对此书内容有任何疑问，可以登录MATLAB中文论坛与同行们讨论交流。

有相同的相位。受激辐射跃迁的概率与外辐射的能量密度成正比，这与自发辐射不同。就受激辐射跃迁而言，激发场与粒子之间有固定的相位关系。因受激辐射跃迁而发射到激励场的量子是与其相干的。

在后面将会看到，有利于激光作用的参数为系数B_{21}，系数A_{21}表示损耗项，并将与电场的入射光子流不存在相位关系的光子引入到系统中。因此，自发辐射跃迁意味着激光器内存在噪声源。

6.3.3 受激吸收

处于低能级E_1上的粒子，在频率为$\nu = (E_2 - E_1)/h$外辐射光的激励下，吸收一个光子而跃迁到高能级E_2，这种过程称为受激吸收，如图6.8所示。在受激吸收的过程中，低能级的粒子数会以与辐射密度$\rho(\nu)$和该能级的粒子数N_1成正比的速率减少

$$\frac{\partial N_1}{\partial t} = -B_{12}\rho(\nu)N_1 \tag{6.26}$$

式中，B_{12}为受激吸收常量，其量纲为cm^3/s^2J。乘积$B_{12}\rho(\nu)$可解释为单位频率间隔中的辐射场感应的自发跃迁概率。

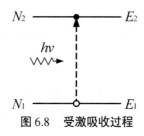

图 6.8　受激吸收过程

6.3.4 爱因斯坦关系式

根据式(6.21)，得

$$\frac{\partial N_1}{\partial t} = -\frac{\partial N_2}{\partial t} \tag{6.27}$$

如果将式(6.22)、式(6.25)和式(6.26)表示的自发辐射跃迁、受激辐射跃迁和受激吸收跃迁合并，则两级模型中上、下能级粒子数的变化表示为

$$\frac{\partial N_1}{\partial t} = -\frac{\partial N_2}{\partial t} = B_{21}\rho(\nu)N_2 - B_{12}\rho(\nu)N_1 + A_{21}N_2 \tag{6.28}$$

在热平衡中，单位时间内从基态E_1向能态E_2跃迁的粒子数与从E_2向能态E_1跃迁的粒子数相等。因而在热平衡中有

$$\frac{\partial N_1}{\partial t} = \frac{\partial N_2}{\partial t} = 0 \tag{6.29}$$

因此可得

$$N_2 A_{21} + N_2 \rho(\nu)B_{21} = N_1 \rho(\nu)B_{12} \tag{6.30}$$

用玻耳兹曼方程求出N_2/N_1之比，则根据式(6.30)可得到

$$\rho(\nu_{21}) = \frac{(A_{21}/B_{21})}{(g_1/g_2)(B_{12}/B_{21})\exp(h\nu_{21}/kT) - 1} \tag{6.31}$$

比较上式与黑体辐射定律式(6.14)，可得

$$\frac{A_{21}}{B_{21}} = \frac{8\pi v^2 h v}{c^3} \tag{6.32}$$

$$B_{21} = \frac{g_1}{g_2} B_{12} \tag{6.33}$$

A_{21}、B_{21} 与 B_{12} 之间的关系式称为爱因斯坦关系式。式(6.32)中的因子 $8\pi v^2/c^3$ 是式(6.15)给出的模密度。在介质中，光速为 $v = c/n$，其中 n 为介质折射率，c 为真空中的光速。

对于非简并的简单系统，即 $g_1 = g_2$ 时，有 $B_{21} = B_{12}$。因此，对于受激辐射和受激吸收，爱因斯坦系数是相等的。如果两个能级的简并度不相等，则受激吸收与受激辐射的概率也不相同。

6.4　吸收与光学增益

本节将讨论支配物质中吸收与放大过程的定量关系。这需要引入原子线形的概念，以使数学模型更符合实际。因此，首先考察导致不同原子线形的重要特征和物理过程。

6.4.1　原子线形

在推导爱因斯坦系数时，曾假设频率为 v_{21} 的单色波作用在无限窄能级 hv_{21} 的两能级系统上。现在要考虑的是具有有限跃迁线宽 Δv 的原子系统与带宽为 $\mathrm{d}v$ 的信号之间的相互作用。

为了获得这种条件下的跃迁速率表达式，必须引入原子线形函数 $g(v, v_0)$ 的概念。以 v_0 为中心分布的 $g(v, v_0)$ 是谱线展宽跃迁的平衡线形。设 N_2 为先前曾考察过的上能级的粒子总数，则单位频率的粒子光谱分布为

$$N(v) = g(v, v_0)N_2 \tag{6.34}$$

如果两边都对所有的频率进行积分，则得

$$\int_0^\infty N(v)\mathrm{d}v = N_2 \int_0^\infty g(v, v_0)\mathrm{d}v = N_2 \tag{6.35}$$

因此，线形函数可以归一化为1，即有

$$\int_0^\infty g(v, v_0)\mathrm{d}v = 1 \tag{6.36}$$

若已知函数 $g(v, v_0)$，就能求出能级1在 $v \sim (v+\mathrm{d}v)$ 的频率范围内吸收的原子数 $N(v)\mathrm{d}v$，或者能级2在相同的频率范围内发射的原子数。根据式(6.34)可得

$$N(v)\mathrm{d}v = g(v, v_0)N_2\mathrm{d}v \tag{6.37}$$

根据前面的分析，可以将 $g(v, v_0)$ 定义为单位频率间隔内发射或吸收光子的概率。因此 $g(v)\mathrm{d}v$ 是导致能量在 $hv \sim h(v+\mathrm{d}v)$ 之间的光子发射（或吸收）的特定跃迁概率。在 $v = 0$ 和 $v = \infty$ 之间出现的跃迁概率必须为1。

显然，根据$g(v, v_0)$的定义，可以将式（6.23）写成

$$-\frac{\partial N_2}{\partial t} = A_{21} N_2 g(v, v_0) dv \tag{6.38}$$

原子跃迁的线宽和线形取决于谱线展宽。在气体中，光频跃迁因能级寿命、碰撞、多普勒展宽等因素而展宽；在固体中，能级寿命、偶极子或热等引起的展宽以及它们不规则的非均匀展宽，能够使跃迁展宽。所有这些谱线展宽机理产生两种显著不同的原子线形，即均匀展宽谱线与非均匀展宽谱线。

1. 均匀展宽谱线

均匀展宽原子跃迁的基本特征是，每个原子具有相同的原子线形和频率响应，因此加到跃迁上的信号对于所有的原子具有相同的效果，这意味着对于跃迁而言，在能级的线宽内每个原子的概率函数是相同的。均匀和非均匀展宽跃迁的差异表现在这些跃迁的饱和特性上。这对激光器的运转有重要影响。关于均匀展宽线形，重要的一点是，在加到原子线宽范围内任何地方的足够强的信号的影响下，跃迁会均匀地饱和。产生均匀展宽谱线的机理有寿命展宽、碰撞展宽、偶极子展宽及热展宽。

(1)寿命展宽

产生这类展宽的原因是原子系统的衰变机理。自发发射或者荧光都有辐射寿命。由这一过程而产生的原子跃迁的展宽与荧光寿命有关，其关系式为：$\Delta\omega_a \tau = 1$，其中$\Delta\omega_a$为带宽。

事实上，自发发射过程自身决定的线形和线宽的物理状态是十分罕见的。由于原子谱线的自然线宽或内禀线宽极窄，所以有可能从彼此无相互作用的静止原子中观察到这种线宽。

(2)碰撞展宽

在无规则状态下，辐射粒子（原子或分子）相互间的碰撞以及随之发生的辐射过程的中断，都会导致谱线展宽。因为原子碰撞中断了辐射的发射或者吸收，所以在其他条件下存在的长波列将被削短。原子在碰撞之后，以完全无规则的初始相位重新开始运动。在不保留碰撞前辐射相位的条件下，经碰撞后，该过程重新开始。这种频繁碰撞的结果，使得出现大量被削短的放射或吸收过程。由于波列的光谱与波列的长度成反比，所以在碰撞时，辐射线宽就明显大于未中断的单个过程的线宽。气体激光器在高压工作时能够观测到碰撞展宽，因此有了"压强展宽"一词。在高压下，原子间的碰撞限制了它们的辐射寿命。因此，在碰撞中断原子的初始状态方面，碰撞展宽与寿命展宽相当接近。

(3)偶极展宽

相邻原子的磁或电偶极场之间的相互作用产生偶极展宽。该相互作用导致产生与碰撞展宽非常相似的结果，包括随原子密度的增大而增大的线宽。因为偶极展宽表示原子之间的一种耦合，使加到一个原子上的激励分散到或者均摊到其他的原子上，所以偶极子展宽与均匀展宽的机理相同。

(4)热展宽

原子跃迁时的热晶格振动产生热展宽。围绕激活离子的热晶格振动，以极高的频率调制着每个原子的谐振频率。这种频率调制表示原子间存在耦合机理，因此获得均匀线宽。热展宽是影响红宝石激光器和Nd:YAG激光器线宽的机理。均匀展宽机理的线形导致产生原子响应的洛伦兹线形。对于归一化洛伦兹分布，满足公式

$$g(v - v_0) = \frac{2}{\pi\Delta v_0} \frac{1}{1 + [2(v - v_0)/\Delta v_0]^2} \tag{6.39}$$

式中，v_0为中心频率；Δv_0为曲线半功率点之间的宽度。

式(6.39)表示归一化洛伦兹分布满足$\int g(v-v_0)dv = 1$，洛伦兹曲线的峰值为

$$g(0) = \frac{2}{\pi\Delta v_0} = \frac{0.637}{\Delta v_0} \tag{6.40}$$

【例6.2】　在MATLAB中作出式(6.39)表示的洛伦兹曲线的归一化函数$g(v-v_0)\Delta v_0$相对于归一化频率$2(v-v_0)/\Delta v_0$的曲线。

【分析】　在MATLAB中调用写出洛伦兹曲线的归一化函数$g(v-v_0)\Delta v_0$相对于归一化频率$2(v-v_0)/\Delta v_0$的关系式，然后直接调用ezplot()就能很方便地将曲线作出来。程序如下：

```
1 gL = @(v)(2/pi./(1+v.^2));
2 ezplot(gL);
3 grid on
```

程序运行后得到如图6.9所示的归一化的洛伦兹曲线。

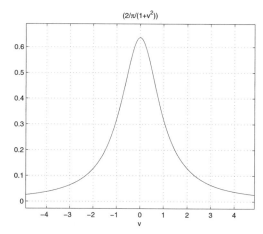

图6.9　归一化的洛伦兹曲线

2. 非均匀展宽谱线

产生非均匀展宽谱线的机理通常是由于单个原子的中心频率发生了位移，因此展宽是原子集合的总响应，而不是各个原子的展宽响应。例如，由于存在多普勒频移，对于同一个跃迁，不同原子的谐振频率就稍有差异。结果，原子集合的总响应展宽了。在总线宽内，一定频率的外加信号只与出现谐振频移后、靠近信号频率的原子发生很强的相互作用。在不均匀的展宽中，外加信号并不对所有的原子都具有同样的作用。

由于非均匀展宽谱线只与谐振频率靠近外加信号频率的那些原子发生相互作用，所以外加信号最终会在很窄的频率间隔内消耗上激光能级的粒子。这一信号最终使原子吸收曲线出现"烧孔"。不均匀频移机理的例子有多普勒展宽和晶体不均匀性导致的展宽。

①多普勒展宽。

在气体中，无规则运动的原子表现出无规则的谐振频移，因此原子集合的总频率响应展宽了。在z方向相对观察者以速率分量运动的特定原子，将以观察者测得的频率$v_0(1+v/c)$辐射。若这一速率为平均值，就会产生高斯线形。

由于每个原子的发射频率不同，而并非每个原子在谱线宽度内具有发射任何频率的分布概率，因此多普勒展宽是一种不均匀的展宽。在实际的物理条件下，最好将多普勒谱线

设想成宽度与观察到的多普勒线形相叠加的一束均匀谱线。He-Ne激光具有多普勒展宽的线宽。绝大多数可见光和近红外气体激光跃迁都是多普勒效应引起的非均匀展宽。

②晶体不均匀性引起的谱线展宽。

固体激光器由于晶体缺陷可能会产生非均匀展宽。这种情况只在低温下晶格振荡较小时才发生。无规则变化的位移和晶格形变等会使能级之间精确的间距和离子之间的跃迁频率出现小的位移，如同多普勒展宽一样。这些变化并未展宽单个原子的响应，但是确实使不同原子的精确谐振频率出现差异。因此，在固体激光晶体中，无规则的缺陷能够引起非均匀展宽。

关于非均匀展宽有一个很好的例子，它出现在钕玻璃的荧光中。由于所谓的玻璃态的缘故，在稀土格点之间，周围晶格离子占据的原子相对位置是不同的。这引起了对稀土离子起作用的静态晶体场的无规则分布。在总体上，因为与这种晶体场变化相对应的谱线频移大于与跃迁有关的其他因素引起的线宽，不均匀谱线也就产生了。

非均匀展宽的线形可以用高斯线形表示。对于归一化高斯分布，下式是有效的：

$$g(v - v_0) = \frac{2}{\Delta v} \sqrt{\frac{\ln 2}{\pi}} \exp\left[-\left(\frac{v - v_0}{\Delta v/2}\right)^2 \ln 2\right] \tag{6.41}$$

式中，v_0为谱线中心的频率；Δv为幅度降到一半时的线宽。

归一化高斯线形的峰值为

$$g(0) = \frac{2}{\Delta v} \sqrt{\frac{\ln 2}{\pi}} \tag{6.42}$$

【例6.3】 在MATLAB中作出式(6.41)表示的高斯曲线的归一化函数$g(v - v_0)\Delta v_0$相对于归一化频率$2(v - v_0)/\Delta v_0$的曲线。

【分析】 与作洛伦兹曲线类似，在MATLAB中调用写出高斯曲线的归一化函数$g(v - v_0)\Delta v_0$相对于归一化频率$2(v - v_0)/\Delta v_0$的关系式，然后直接调用ezplot()就能很方便地将曲线作出来。程序代码如下：

```
1 gL = @(v)(2*sqrt(log(2)/pi)*exp(-v.^2*log(2)));
2 ezplot(gL);
3 grid on
```

程序运行后得到如图6.10所示的归一化的高斯曲线。

6.4.2 受激吸收

假定能量密度为$\rho(v)$的准平行光束入射到厚度为dx的薄吸收物体上。与先前一样，现在只能考虑如图6.5所示的二能级光学系统。两个能级的粒子数分别为N_1、N_2，能级1为基能级，能级2为受激能级。现在要考虑材料对辐射的吸收和受激发射，但要忽略自发发射。根据式(6.28)、式(6.32)和式(6.33)，得

$$-\frac{\partial N_1}{\partial t} = \rho(v)B_{21}\left(\frac{g_2}{g_1}N_1 - N_2\right) \tag{6.43}$$

式(6.43)是在考虑被hv_{21}分开的无限窄的能级和频率为v_{21}的单色波后得来的。

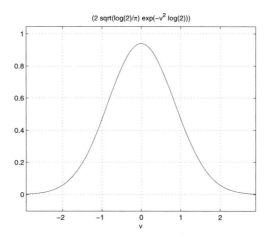

图 6.10　归一化的高斯曲线

下面考察的是一个带宽为 $d\nu$、中心频率为 ν_s 的信号与一个能级展宽了的二能级系统之间的相互作用，此二能级系统由中心频率为 ν_0、半宽度为 $\Delta\nu$ 的线形函数 $g(\nu, \nu_0)$ 表征。能够与频率为 ν_s、带宽为 $d\nu$ 的辐射相互作用的原子总数为

$$\left(\frac{g_2}{g_1}N_1 - N_2\right)g(\nu_s, \nu_0)\mathrm{d}\nu \tag{6.44}$$

能级1的原子净变化量可以用能量密度 $\rho(\nu)\mathrm{d}\nu$ 表示，在式(6.43)的两边乘以光子能量，然后又同时除以体积 V，即得能量密度。进而用粒子数密度 n_1、n_2 来替换粒子数 N_1、N_1，则可得

$$-\frac{\partial}{\partial t}[\rho(\nu_s)\mathrm{d}\nu] = \rho(\nu_s)\mathrm{d}\nu B_{21}h\nu g(\nu_s, \nu_0)\left(\frac{g_2}{g_1}N_1 - N_2\right) \tag{6.45}$$

该式给出了频率间隔为 $d\nu$、中心大约为 ν_s 的吸收能量的净速率。在实际的激光系统中，与模型中 $d\nu$ 带宽的信号相对应的辐射波长比材料的自然线宽要窄得多。

例如，红宝石的荧光线宽为0.5 nm，而激光输出的线宽则为典型的0.01~0.001 nm。因此可以用线宽展宽了的能级与单色波的相互作用相当精确地表征激光器的工作。频率的单色辐射的光子数密度可以用函数 $\delta(\nu - \nu_0)$ 表示。对于频率为 ν_s 的单色信号和展宽了的能级间跃迁，在 $d\nu$ 范围内对(6.45)积分，得

$$-\frac{\partial\rho(\nu_s)}{\partial t} = \rho(\nu_s)B_{21}h\nu_s g(\nu_s, \nu_0)\left(\frac{g_2}{g_1}N_1 - N_2\right) \tag{6.46}$$

这一信号在时间 $\mathrm{d}t = \mathrm{d}x/\nu = (n/c_0)\mathrm{d}x$ 内穿过厚度为 $\mathrm{d}x$ 的材料。当信号从 x 传播到 $x + \mathrm{d}x$ 时，光束中降低的能量为

$$-\frac{\partial\rho(\nu_s)}{\partial x} = h\nu_s\rho(\nu_s)g(\nu_s, \nu_0)B_{21}\left(\frac{g_2}{g_1}N_1 - N_2\right)\frac{1}{c} \tag{6.47}$$

对式(6.47)进行积分得

$$\frac{\rho(\nu_s)}{\rho_0(\nu_s)} = \exp\left[-h\nu_s g(\nu_s, \nu_0)B_{21}\left(\frac{g_2}{g_1}N_1 - N_2\right)\frac{x}{c}\right] \tag{6.48}$$

再代入到吸收系数$\alpha(v_s)$，则得

$$\alpha(v_s) = \left(\frac{g_2}{g_1}N_1 - N_2\right)\sigma_{21}(v_s) \tag{6.49}$$

式中，

$$\sigma_{21}(v_s) = \frac{hv_s g(v_s, v_0)B_{21}}{c} \tag{6.50}$$

于是，式(6.48)可变为

$$\rho(v_s) = \rho_0(v_s)\exp[-\alpha(v_s)x] \tag{6.51}$$

式(6.51)是热平衡条件$n_1/g_1 > n_2/g_2$下很著名的指数吸收公式。辐射能量随进入物质的深度而按指数规律衰减。当所有的原子都处于基态1时，出现吸收的可能性最大。若基态1的粒子数为$n_1 = (g_1/g_2)n_2$，就不会出现吸收，材料也是透明的。参数σ_{21}为辐射跃迁$E_2 \rightarrow E_1$的受激发射截面（简称发射截面）。受激发射截面σ_{21}与吸收截面σ_{12}之间的关系是能级简并度之比，即

$$\frac{\sigma_{21}}{\sigma_{12}} = \frac{g_1}{g_2} \tag{6.52}$$

发射截面和吸收截面是非常有用的参数，在激光的速率方程中常常用到。以后的各章还会涉及它。如果用爱因斯坦关系式(6.32)替代，就可以得到最实用的σ_{21}表达式

$$\sigma_{21}(v_s) = \frac{A_{21}\lambda_0^2}{8\pi n^2}g(v_s, v_0) \tag{6.53}$$

激光谐振腔内建立起来的辐射增益在原子跃迁的中心出现最大值。因此，在激光器中讨论最多的就是出现在线宽中心的受激辐射跃迁。

假设$v \approx v_s \approx v_0$，则对于洛伦兹线形，原子跃迁中心的光谱受激发射截面为

$$\sigma_{21} = \frac{A_{21}\lambda_0^2}{4\pi^2 n^2 \Delta v} \tag{6.54}$$

对于高斯线形为

$$\sigma_{21} = \frac{A_{21}\lambda_0^2}{4\pi n^2 \Delta v}\sqrt{\frac{\ln 2}{\pi}} \tag{6.55}$$

6.5　激光器的基本构成和激光的模式

6.5.1　激光器的基本构成

通常激光器包括3个基本部分：增益介质、抽运源和谐振腔。

1. 增益介质

增益介质是激光器中用于发射激光的物质，它是激光器产生光的受激辐射放大的源泉所在。作为激光增益介质，必须是激活介质，记载外界抽运源的激励下，能在介质中形成粒子数反转。例如，红宝石激光器的增益介质为含铬离子（Cr^{3+}）的红宝石，氦氖激光器的增益介质是气体氖（气体氦是辅助介质），二氧化碳激光器的增益介质是二氧化碳气体。

2. 抽运源

抽运源是为实现激光增益介质的粒子数反转分布提供外界能量的系统。激光器的增益介质类型不同，采用的抽运方式也大相径庭。激光器的抽运方式主要有

（1）光抽运

光抽运是用光照射增益介质，增益介质吸收光能后产生粒子数反转。光抽运的光源可以是高效率高强度的发光灯、太阳能和激光。

（2）放电抽运

气体激光器大多采用气体放电抽运的方式。在高电压下，气体分子（或原子）会发生电离而导电，这种现象称为气体放电。在放电过程中，气体分子（或原子、离子）与被电场加速的电子碰撞，吸收电子能量后跃迁到高能级，形成粒子数反转。与光抽运方式相比较，由于没有电–光转换环节，所以抽运效率可以提高。

此外，还有热能抽运、化学能抽运、核能抽运等方式。

3. 谐振腔

谐振腔是激光器的重要部分，它为建立激光振荡提供正反馈，而且还对输出的激光模式、功率、光束发散角等均有很大影响。谐振腔通常由全反射镜和部分反射镜组成，激光由部分反射镜输出。

6.5.2　激光的模式

在激光器的谐振腔中，反射镜将光束限制在有限的空间里，腔内激光的场分布为一系列本征态：即只要满足特定条件的光场都可以在腔中稳定存在。这些本征态的场分布成为光学谐振腔的模式或者激光的模式。不同的激光模式对应于不同的场分布和共振频率，可以分成纵模和横模来描述。

1. 纵　模

要形成稳定的激光振荡，腔内的光场分布必须是一个相对稳定的值。以平行平面腔（F-P腔）为例，若F-P腔腔镜是边长为a的正方形，光学腔长为L'，光波的波长为λ，当$\frac{a^2}{L'\lambda} \gg 1$时，可以认为均匀平面波是一种本征模式。平面波在腔内沿轴线方向往返传播，光波在腔镜上反射时，入射波和反射波会发生干涉。为了能在腔内形成稳定的振荡，要求光波因干涉得到加强，由多光束干涉理论可知，发生相长干涉的条件是：光波从某一点出发，经腔内往返一周再回到原来位置时，应与初始出发波同向相（即相位差为2π的整数倍）。如果以$\Delta\phi$表示均匀平面波在腔内往返一周的相位滞后，则相长干涉条件可以表示为

$$\Delta\phi = \frac{2L'}{\lambda} \cdot 2\pi = q \cdot 2\pi \tag{6.56}$$

式中，L'为腔的光学长度；q为正整数。

将满足上式的光波长以λ_q来标记，则有

$$L' = \frac{q\lambda_q}{2} \tag{6.57}$$

上式也可以用频率$\nu_q = c/\lambda_q$来表示

$$\nu_q = \frac{c}{\lambda_q} = q \cdot \frac{c}{2L'} \tag{6.58}$$

因此，L'一定的谐振腔只对频率满足式(6.58)的光波才能提供正反馈，使之谐振。式(6.57)、式(6.58)就是F-P腔中沿轴向传播的平面波的谐振条件。满足式(6.57)的λ_q称为腔的谐振波长，而满足式(6.58)的ν_q称为腔的谐振频率，该式表明F-P腔中的谐振波长（谐振频率）是分立的。

式(6.56)通常又称为光腔的驻波条件，因为当光的波长和腔的光学长度满足该关系式时，将在腔内形成驻波。式(6.57)表明，达到谐振时，腔的光学长度应为半波长的整数倍，这正是腔内驻波的特征。

可以将F-P腔中满足式(6.58)的平面驻波场称为腔的本征模式。其特点是：在腔的横截面内场分布是均匀的，而沿腔的轴线方向（纵向）形成驻波，驻波的波节数由q决定。通常将整数q所表征的腔内纵向场分布称为腔的纵模。不同的q值对应于不同的纵模。在这里所讨论的简化模型中，纵模q单值地决定模的谐振频率。

模的相邻两个纵模的频率之差$\Delta\nu_q$称为纵模间隔，由式(6.58)得出

$$\Delta\nu_q = \nu_{q+1} - \nu_q = \frac{c}{2L'} \tag{6.59}$$

从式(6.59)可以看出$\Delta\nu_q$与q无关，对一定的光腔为一常数，因而腔的纵模在频率尺度上是等距离排列的。其形状像一把梳子，常常称为"频率梳"。因此谐振腔的腔长越小，纵模间隔就越大。

2. 横 模

如图6.11所示，在$a \ll L$的情况下，光在谐振腔中来回振荡，每次在A、B镜面边沿反射时要发生衍射，损失掉部分光能量。光在谐振腔中的谐振可以等效为平面波经过一系列的孔阑（圆孔、方孔等形状），每反射一次相当于经过一个孔阑。光在经过孔阑时要发生衍射，衍射损失改变了激光能量的横向分布。随着反射次数增加，光场分布逐渐由平面波变成某种特定的能量分布。当反射次数达到足够大时，这种横向能量分布逐渐稳定下来，经过孔阑后不再变化，仍然保持其原有的形状，成为自再现模。

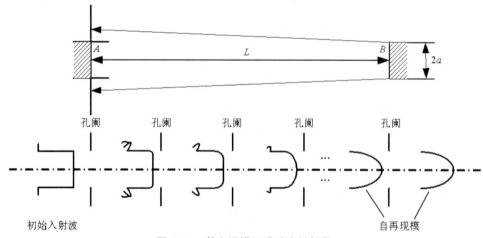

图 6.11　激光横模形成的定性解释

这种谐振腔内光场垂直于其传播方向（横向）具有稳定的场分布，称为激光的横模。因此横模是光场衍射筛选的结果。由于谐振腔内的再现模可以有多种形式，激光的横模也可以

有多种形式，不同的横模对应于不同的横向稳定光场分布和频率。激光典型的横模光场分布如图6.12所示。

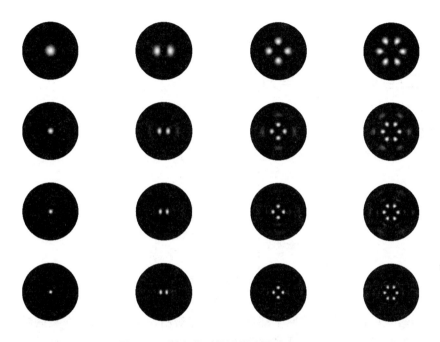

图 6.12　激光典型的横模光场分布

　　激光的横模一般用 TEM_{mn} 来标记，m、n为横模序数（阶次）。当 $m=0$、$n=0$ 及 TEM_{00} 称为基模，其光强满足高斯分布，其他情况则为高阶模。在轴对称情况下，m、n 分别表示沿 x 方向和 y 方向的节线数；在旋转对称情况下，m 表示沿径向的节线圆数目，n 表示沿辐角的节线数。

6.6　激光速率方程

　　激光的动态特性可以通过一组联立速率方程相当精确地加以描述。最简单的方法是用一对联立微分方程，来描述空间分布均匀的激光介质内的反转粒子数和辐射密度。在激光作用过程中，首要的两个能级是：处于激发态的上能级E_2和处于基态的下能级E_1。因此，在很多激光作用的讨论分析中，用两个能级近似地表示3个或4个能量系统也是很有效的。

　　一般说来，速率方程有助于获取激光输出的总体性能，如平均功率、峰值功率、Q 开关脉冲包络形状、阈值条件等。另一方面，激光发射的很多具体特性如光谱、温度和空间分布等，单靠简单的速率方程是无法获取的。但是，这些参数可以通过其他方法分别求出。

　　当速率方程应用于激光器运转的不同方面时，发现用光子数密度ϕ和受激发射截面σ来表示受激发射概率$\rho(v)B_{21}$更方便。

　　根据式(6.50)，可以用受激发射截面$\sigma(v)$表示爱因斯坦系数B_{21}

$$B_{21} = \frac{c}{hvg(v)}\sigma_{21}(v) \tag{6.60}$$

式中，$c=c_0/n$为介质中的光速。单位频率的能量密度$\rho(v)$用线形因子$g(v)$、能量hv和光子

数密度ϕ(光子/cm^3)表示，即

$$\rho(\nu) = h\nu g(\nu)\phi \tag{6.61}$$

根据式(6.60)和式(6.61)，可得

$$B_{21}\rho(\nu) = c\sigma_{21}\phi \tag{6.62}$$

6.6.1　三能级系统的速率方程

闪光灯抽运的红宝石激光器等属于三能级结构的激光器，可以用如图6.13所示的三能级系统示意图来对其过程进行描述。

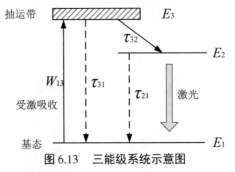

图 6.13　三能级系统示意图

最初，激光材料内所有的原子都处在最低能级E_1，当这些材料在某些频率的辐射激励下，能级E_1的粒子吸收辐射跃迁到宽带能级E_3。这样，闪光灯使原子从基能级上升到"抽运"带，即能级E_3。通常，抽运带由很多能带组成，因此，闪光灯抽运能够在大的光谱范围内完成。快速的无辐射跃迁将绝大多数受激原子转移到中间的窄能级E_2。在这一过程中，电子丧失的能量转移到晶格。最后，电子发射出一个光子而返回到基能级。正是这最后的跃迁产生激光作用。如果抽运强度小于激光阈值，能级E_2的原子就会以自发发射的方式返回到基态。普通的荧光作用就是能级E_2中粒子数的消耗。当抽运过程停止后，能级E_2以一定的速率发出荧光，直至粒子数耗尽。该速率因材料的不同而不同。在室温时，红宝石能级E_2的寿命为3 ms。当抽运强度超过阈值时，荧光能级的衰变就包括受激辐射和自发辐射。受激辐射产生激光输出光束。因为激光跃迁的终端能级是粒子数很多的基态，所以在$E_2 \to E_1$跃迁反转之前，到达能级E_2的粒子数一定很多。

一般来说，在三能级激光器中，从最高能级向产生激光作用能级的无辐射转换速率必须要快于其他的自发跃迁速率，因此E_3能态的寿命要长于$E_3 \to E_2$跃迁的驰豫时间，即

$$\tau_{32} / \tau_{21} \ll 1 \tag{6.63}$$

在固体激光器中，$\tau_{32} / \tau_{21} \approx 0$是一种很好的近似值。从抽运带到基态的自发损耗可以用量子效率η_Q表示，该参数定义为

$$\eta_Q = \frac{1}{1 + \tau_{32} / \tau_{31}} \leqslant 1 \tag{6.64}$$

它表示原子总数中激励到能级E_3又从能级E_3下降到能级E_2的那一部分，因而对激光作用具有潜在的意义。显然，对于小的η_Q，就相应地需要高的抽运效率。

假设所有的激光粒子不是在能级 E_1 上就是在能级 E_2 上，那么对于三能级系统中粒子数密度的变化，有关系

$$n_{\text{tot}} = n_1 + n_2 \tag{6.65}$$

可得

$$\frac{\partial n_1}{\partial t} = -\frac{\partial n_2}{\partial t} = (n_2 - \frac{g_2}{g_1}n_1)c\phi\sigma + \frac{n_2}{\tau_{21}} - W_p n_1 \tag{6.66}$$

式中，W_p 为抽运速率，其单位为 s^{-1}。式(6.66)右边各项分别表示净受激发射、自发发射和光抽运。

根据式(6.28)可以求出两个能级中由于吸收、自发发射和受激发射而引起的粒子数反转的时间变化。注意，此时粒子数 N_1、N_2 分别用粒子数密度 n_1、n_2 表示。考虑到抽运效果，加入了 $W_p n_1$ 项，它可以被看作是向亚稳能级 2 输送粒子的速率，更确切地说，它是单位时间、单位体积内从基态级 E_1 向上激光能级转移粒子的数量。抽运速率 W_p 与图6.13所示的抽运参数 W_{13} 有关

$$W_p = \eta_Q W_{13} \tag{6.67}$$

在式(6.66)中，$W_p n_1$ 前面的负号表明，抽运将引起基态能级 E_1 的粒子数减少，而导致能级 E_2 的粒子数增加。如果采用下式来定义反转粒子数：

$$n = n_2 - \frac{g_2 n_1}{g_1} \tag{6.68}$$

根据式(6.65)和式(6.68)可得

$$n_1 = \frac{n_{\text{tot}} - n}{1 + g_2/g_1} \tag{6.69}$$

$$n_2 = \frac{n + (g_2/g_1)n_{\text{tot}}}{1 + g_2/g_1} \tag{6.70}$$

将以上 n_1 和 n_2 代入式(6.66)并进行化简，可得

$$\frac{\partial n}{\partial t} = -\gamma n\phi\sigma c - \frac{n + n_{\text{tot}}(\gamma - 1)}{\tau_{21}} + W_p(n_{\text{tot}} - n) \tag{6.71}$$

式中，$\gamma = 1 + g_2/g_1$。

与式(6.68)相关的激光谐振腔内光子数密度随时间变化的速率方程为

$$\frac{\partial \phi}{\partial t} = c\phi\sigma n - \frac{\phi}{\tau_c} + S \tag{6.72}$$

式中，τ_c 为光学谐振腔内的光子寿命；S 为自发发射叠加到激光发射的速率。

因为在激光振荡形成之初通常只有少数几个模式，所以对于在体积为 V_R 的激光谐振腔内产生激光振荡的初期，有一个重要的概念是可能出现的激光模式的总数 p，其值为

$$p = 8\pi v^2 \frac{\Delta v V_R}{c^3} \tag{6.73}$$

式中，ν为激光频率；$\Delta\nu$为自发发射的带宽。令p_L为激光器输出的模数，则S可表示自发发射对受激发射贡献的比率，即

$$S = \frac{p_L n_2}{p\tau_{21}} \tag{6.74}$$

前面介绍过式(6.72)中的τ_c为光学谐振腔内的光子寿命，它其实是激光器的光学谐振腔中的全部损耗的另一种描述形式。由于τ_c的量纲是时间的量纲，所以损耗可以用寿命（时间）表示。腔体内光子数减少的原因主要有：①两端反射镜的透射与吸收；②反射镜有限孔径引起的"泄漏"衍射损耗；③激光材料自身引起的散射与吸收损耗等。

若无放大作用，则式(6.72)变为

$$\frac{\partial \phi}{\partial t} = -\frac{\phi}{\tau_c} \tag{6.75}$$

其解为

$$\phi(t) = \phi_0 \exp(-t/\tau_c) \tag{6.76}$$

6.6.2　四能级系统的速率方程

图6.14所示为玻璃或晶体基质材料中的稀土离子所特有的四能级激光系统。值得注意的是，三能级激光材料的特征是激光跃迁发生于受激励的能级E_2和基态E_1之间，而基态E_1为系统的最低能级，这会导致降低效率。四能级系统避免了这一缺陷。受激吸收产生的抽运跃迁从基态（现为能级E_0）扩展到宽吸收带E_3。如同在三能级系统中一样，受激粒子快速进入窄能级E_2。但是在四能级系统中，激光跃迁出现在能级E_2到能级E_1之间，能级E_1即是基能级E_0之上的终端能级。原子从这里快速无辐射地跃迁回到基能级。在真正的四能级系统中，终端能级E_1的粒子数是空的。作为合格的四能级系统，其材料的终端激光能级与基能级之间的驰豫时间必须要明显短于荧光寿命，即$\tau_{10}/\tau_{21} \ll 1$。另外，终端能级必须远在基能级之上，这样它的热粒子数就很少。

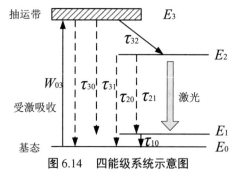

图 6.14　四能级系统示意图

现在再次假设从抽运带到上激光能级跃迁的速率非常快，以致可以忽略抽运带的粒子数，即$n_3 \approx 0$。在具有这种假设下的四能级系统中两个激光能级之间的粒子数密度变化量为

$$\frac{dn_2}{dt} = W_p n_0 - (n_2 - \frac{g_2}{g_1}n_1)\sigma\phi c - \frac{n_2}{\tau_{21} + \tau_{20}} \tag{6.77}$$

$$\frac{dn_1}{dt} = (n_2 - \frac{g_2}{g_1}n_1)\sigma\phi c + \frac{n_2}{\tau_{21}} - \frac{n_1}{\tau_{10}} \tag{6.78}$$

$$n_{tot} = n_1 + n_2 + n_0 \tag{6.79}$$

从式(6.77)中可以看出，在四能级系统中，激光能级的粒子数由于抽运而增多，又由于向能级 E_1 和基能级的受激发射和自发发射而减少。低能级的粒子数由于受激发射和自发发射而增多，又由于向基能级的无辐射驰豫过程而减少。时间 τ_{10} 常量可以说明其特征。在理想的四能级系统中，终端能级以无限快的速度向基能级消耗。如果有 $\tau_{10} \approx 0$，则根据式(6.78)得 $n_1 = 0$。此时，所有的粒子数都分布在基能级 E_0 和激光跃迁的上能级中。系统似乎正被一个极大的抽运源抽运，而与下激光能级无关。若 $\tau_{10} = 0$ 和 $n_1 = 0$，则对于理想的四能级系统，有 $n = n_2$。由于有 $n_2/n_0 \ll 1$，可得 $n_{tot} = n_0 + n_2$。因此和三能级的反转粒子数密度变化式(6.71)类似，可得四能级系统中的反转粒子数密度变化为

$$\frac{\partial n_2}{\partial t} = -n_2\sigma\phi c - \frac{n_2}{\tau_f} + W_p(n_0 - n_2) \tag{6.80}$$

式中，τ_f 为上激光能级的荧光衰减时间，由下式给出：

$$\frac{1}{\tau_f} = \frac{1}{\tau_{21}} + \frac{1}{\tau_{20}} \tag{6.81}$$

式中，$\tau_{21} = 1/A_{21}$ 为与激光谱线相关的有效辐射寿命。在表示上激光能级变化量的方程中再次考虑到这一事实，即并非所有抽运到能级 E_3 的粒子最终都会终止于上激光能级。这就是

$$W_p = \eta_Q W_{03} \tag{6.82}$$

式中，量子效率 η_Q 取决于分支比，它是原子沿各种可能途径向下跃迁的相对驰豫速率

$$\eta_Q = (1 + \frac{\tau_{32}}{\tau_{31}} + \frac{\tau_{32}}{\tau_{30}})^{-1} \leqslant 1 \tag{6.83}$$

如同在三能级系统中所指出的，量子效率为上激光能级吸收的并产生激活原子的抽运光子的概率。上激光能级吸收的某些抽运光子不会对原子产生激活作用。例如，有的衰变到不含上激光能级的多重态，而另一些则通过无辐射跃迁衰落到基能级。描述激光谐振腔内光子数密度变化速率的方程与三能级系统中的一样。

6.7　激光调 Q 技术

激光调 Q 是一种广泛用于产生巨脉冲功率激光的运转方式。之所以如此命名，是因为应用这种技术时，谐振腔的光学品质因数 Q 值发生突变。品质因数 Q 的定义是腔内储能与每个周期的能量损耗之比。因此，在激光谐振腔内储能不变的情况下，品质因数越大其损耗反而越小。

在激光调 Q 的运转模式中，以光抽运的方式将能量存储在增益介质中，同时降低腔内的 Q 值，阻止了激光振荡的发生。虽然增益介质的储能大、增益高，但腔损耗也大，故阈值很高，远远超出产生激光的通常阈值，从而抑制了激光起振，使得激光上能级的反转粒子数大量积累。能量存储的时间为 τ_f 量级，即激光跃迁的上能级寿命量级。当突然恢复到高 Q 值时，储能就在极短的时间内以能量巨大的光脉冲释放出来。由于激活介质的储存能量建立了高增益，所以在极短的时间里释放出巨大的能量所产生脉冲的峰值功率比普通长脉冲的峰值功率高几个数量级。

6.7.1　激光调 Q 原理

激光调 Q 脉冲的几个重要的参数，如能量、峰值功率、脉宽、脉冲上升时间和脉冲下降时间以及脉冲间隔（重复频率）等，都可以根据激光的速率方程进行推导。由于激光调 Q 脉冲的持续时间非常短，所以在分析激光调 Q 的过程中出于简化问题的考虑，可以忽略自发发射和光抽运。

因此，在激光调 Q 的过程中可以得到反转粒子数随时间变化率式(6.71)和光子数随时间变化率式(6.72)简化后为

$$\frac{\partial n}{\partial t} = -\gamma n\phi\sigma c \tag{6.84}$$

$$\frac{\partial \phi}{\partial t} = \phi\left(c\sigma n\frac{l}{l'} - \frac{\varepsilon}{t_R}\right) \tag{6.85}$$

式中，光子寿命 $\tau_c = t_R/\varepsilon$，其中 $t_R = 2l'/c$ 为光子在激光谐振腔内的往返时间，ε 是光子每次往返相对功率损耗。由于式中激活材料的长度 l 与谐振腔的长度 l' 并不相等，当以 ε 作为时间的显函数（例如转镜调 Q 或泡克尔斯盒调 Q）或光子数密度的函数（例如可饱和吸收体调 Q）时，就可以实现激光调 Q 运转。腔损耗可表示为

$$\varepsilon = -\ln R + L + \zeta(t) \tag{6.86}$$

式中，右边第一项 R 表示耦合损耗，第二项 L 包括散射、衍射和吸收等所有的随机损耗，第三项 $\zeta(t)$ 表示调 Q 过程中 Q 开关工作引起的腔损耗。对于特定的显式 $\zeta(t,\phi)$，可以通过边界条件 $\zeta(t<0) = \zeta_{max}$ 和 $\zeta(t \geqslant 0) = 0$ 解出耦合速率方程。在很多情况下，Q 开关运转很快，使得调 Q 过程中反转粒子数密度的变化并不明显，此时，可用阶跃函数近似地表示 ζ。

在激光器从低 Q 值转变到高 Q 值的理想状态下，速率方程的解特别简单。在此条件下，假设 $t=0$ 时激光器初始的反转粒子数密度为 n_i，且腔内的辐射很小，只是有限的光子数密度 ϕ_i。起初，激光器在抽运时的初始光子数密度很小，腔的最大损耗为 $\varepsilon_{max} = -\ln R + L + \zeta_{max}$。当 Q 开关开始工作，损耗突然降到 $\varepsilon_{min} = -\ln R + L$ 时，光子数密度从 ϕ_i 开始快速增大到峰值 ϕ_{max}，然后又逐渐降到0。从初始的反转粒子数密度 n_i 到最终的反转粒子数密度 n_f，反转粒子数密度是时间的单调下降函数。对于通常的激光发射，n_f 低于阈值 n_t。光子通量在 n_t 时达到最大值，反转粒子数的变化率 dn/dt 仍然很大，且是负值。因此 n 降到阈值 n_t 以下，并最终降到 n_f。如果 n_i 仅稍大于 n_t，即初始增益接近阈值，那么 n_f 低于 n_t 的量大约就是 n_i 高于 n_t 的量，则激光器的输出脉冲此时是对称的。另一方面，如果激活物质的反转粒子数在抽运之后显著地超过阈值，增益就在几倍于谐振腔渡越时间 t_R 的时间内迅速下降，并刚好补偿损耗。如果在 n_t 时出现最大的峰值功率，就会有足够多的光子留在激光腔内，它们消耗了剩余的大量反转粒子数，并迅速使其降为0。在这种状态下，衰减以特征时间常数 τ_c 进行。

描述激光器调 Q 过程的关系式与前面给出的两个联立微分方程式(6.84)和式(6.85)的解有关，这两个方程分别示出了增益介质中反转粒子数密度随时间的变化和谐振腔内光子数密度随时间的变化。Wagner 等人首先推导出了激光调 Q 过程的速率方程的解，可以利用下式表示激光器调 Q 的输出能量：

$$E = \frac{h\nu A}{2\sigma\gamma}\ln\left(\frac{1}{R}\right)\ln\left(\frac{n_i}{n_f}\right) \tag{6.87}$$

式中，hv 为光子能量；A 为有效光束截面。不同时刻的反转粒子数密度 n_i、n_f 和 n_t 的关系可以用下式表示：

$$n_i - n_f = n_t \ln\left(\frac{n_i}{n_f}\right) \tag{6.88}$$

式中，n_t 为阈值时的反转粒子数密度，可以表示为

$$n_t = \frac{1}{2\sigma l}\left(\ln\frac{1}{R} + L\right) \tag{6.89}$$

激光调 Q 产生的脉冲的宽度可以用反转粒子数密度 n_i、n_f 和 n_t 表示为

$$\Delta t_p = \tau_c \frac{n_i - n_f}{n_i - n_t[1 + \ln(n_i/n_t)]} \tag{6.90}$$

根据以上分析可知，激光调 Q 产生的光脉冲的能量、脉宽和峰值功率方程都能够用调 Q 过程初始和最终的反转粒子数密度表示，这两种反转粒子数密度不仅取决于激光谐振腔的耦合输出镜参数，而且它们之间的关系式满足一个复杂的超越方程。因此，为了得到最优的调 Q 输出结果而需要优化的激光器的参数，通常都需要采用数值方法来求出这些方程式的数值解。

6.7.2　声光调 Q

声光调 Q 是利用声光效应作为 Q 开关。在声光 Q 开光中，超声波照射到一块通常为熔融石英的透明光学材料上。当超声波通过透明光学材料时，由于光弹效应将超声波的调制应变场耦合到光学折射率上的缘故，该材料就相当于光学相位光栅。所得的光栅周期等于声波的波长，所得的振幅正比于声振幅。

如果一束光入射到此光栅上，部分光强将会衍射偏离出光束，而射向一个或多个离散方向。选择适当的参量，就能使衍射光束偏转出激光谐振腔，因而产生足以使腔产生 Q 突变的能量损耗。

光在介质中传播时，与超声波发生相互作用，产生衍射的现象叫作声光效应。早在20世纪30年代初，科学家就已在实验中论证了声光互作用现象，并开辟了声光学的研究领域。经过研究，从宏观上弄清了声光互作用的物理实质，将其分为两类，一类称为拉曼－奈斯（Raman-Nath）声光衍射，另一类称为布拉格（Bragg）声光衍射，为声光学在理论上奠定了基础。然而，在激光问世以前，由于声光互作用所引起的光的频率和方向的变化均很小，对于非相干光没有什么实用价值，因此长期以来没有得到重视。

20世纪60年代初，激光的问世改变了这种情况。由于激光具有单色性和方向性好等特点，通过声光器件可以对激光束的频率、方向和强度等各种特性进行快速而有效的控制，因而被很快应用于声光领域，使声光学成为一门实用性的学科。1967年，狄克逊（Dixon）发现在各向同性介质中声光互作用有两种表现形式，一种称为正常效应，仍然可以用衍射光栅的概念来描述；另一种则称为反常效应，不能用以往的理论来解释。为此，狄克逊发展了反常声光效应的理论（即狄克逊方程）。1976年，张以丞（I.C.Chang）利用非线性光学中的参量互作用理论，建立了声光互作用的统一理论，并用动量（或位相）匹配和失配等概念进行讨论，从而对声光互作用有了进一步的认识，这一理论很快被人们公认。林耕华（E.G.H.Lean）阐述了表面声波和导光波之间声光互作用的理论形式。与此同时，随着新材

若您对此书内容有任何疑问，可以登录MATLAB中文论坛与同行们讨论交流。

料的出现和换能器制作工艺的提高，声光器件的性能得到迅速的提高，其带宽可达2 GHz，存取时间1 s左右，衍射效率90%，时间带宽积为1000~3000，并具有良好的相位响应和大动态范围。这些优良的特性使声光器件的应用越来越广，特别是在信号处理领域，以声光器件为核心的声光信号处理技术在现代通信和雷达领域具有广阔的应用前景。

熔融石英晶体是最常用的声光晶体之一。通常利用压电转换能器将电能转换成超声波，并射进Q开关的熔融石英晶体。切断换能器的驱动电压后，激光器就回到高Q值状态。熔融石英在无超声波通过时，即回到高透射率的常态，激光器就发射出Q开关脉冲。根据光波λ和声波波长Λ、光波与声波光束相互作用的距离l，可观察到两种不同类型的衍射效应——前面提到的拉曼–奈斯声光衍射和布拉格声光衍射。

6.7.3　被动调Q

被动调Q中的Q开关由诸如装满有机染料或掺杂晶体的光学元件构成，其材料的透射特性随着能量密度的增大而变得透明起来。在能量密度达到某一很高的值时，材料的吸收就会达到"饱和"或称为被"漂白"，从而导致产生很高的透射率。因此具有这种特性的有机染料或掺杂晶体被称为可饱和吸收体（saturable absorber），可饱和吸收体中的漂白过程是基于光谱跃迁的饱和。如果将对激光波长具有高吸收率的材料安装在激光器谐振腔中，它就会在最开始时阻止激光振荡的发生。随着增益在抽运脉冲期间的增大并超过往返损耗时，腔内的光通量会急剧增大，导致被动调Q的Q开关达到饱和。在这种条件下，损耗很低，从而建立起调Q脉冲。

由于被动调Q是被激光辐射自身启动的，因此不需要高压、快速电光驱动器或射频调制器。被动调Q作为主动调Q方式的替代技术，具有结构简单、设计方便的优点，因而系统的体积小、坚固耐用且成本低。其主要的缺点是通过外部条件的改变来控制被动调Q过程性能的精确度不高；其输出单脉冲能量较之电光调Q或声光调Q的激光器低，该缺点是由于可饱和体的残余吸收造成的，这种吸收相当于非常大的损耗。

最初，可饱和吸收体是以不同的有机染料为基础的，这些有机染料溶于有机溶液，或灌注进醋酸纤维素薄膜中。由于对光灵敏的有机染料会变质，使染料盒Q开关的耐用性差，而且塑性材料的热极限又低，所以这两个因素严重制约了被动Q开关的应用。不过，塑料Q开关也曾用于发射单脉冲的Nd:YAG测距仪，使测距仪的结构紧凑而简单。塑料Q开关是由柯达聚酯板黏结在两块玻璃或蓝宝石窗口之间形成的，这种安装的目的是更好地耗散所吸收的能量，并降低光学畸变。

掺有吸收性离子或含有色心的晶体极大地改善了被动Q开关的耐用性和可靠性。现在，被动调Q激光器中用得最多的材料是Cr^{4+}:YAG。Cr^{4+}离子在激光波长段具有大的吸收截面，YAG晶体具有优良的化学、热和机械稳定性。

可饱和吸收材料可以用如图6.15所示的简单能级结构图来描述。其中σ_{gs}和σ_{es}分别是可饱和吸收体的基态和激发态吸收截面，τ是激发态寿命。现在只考察能级1~3的有关情况。所感兴趣的波长的吸收发生在能级1→3的跃迁中。假设能级3→2的跃迁很快。对于一种适合作为被动Q开关的材料，其基能态的吸收截面必须要足够大，同时，其上能态寿命（能级2）必须要足够长，才能通过激光辐射大量消耗基能态上的粒子数。激光腔中插入的可饱和吸收体在光通量大到足以排空基能级上的粒子数之前，并不能透过激光辐射。如果上能态有足够的粒子数，吸收体对激光辐射就变成透明的了，这种情况近似于抽运为零反转的三能

级激光材料。

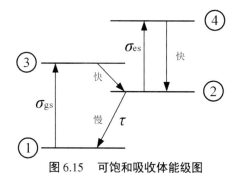

图 6.15 可饱和吸收体能级图

对于可饱和吸收体，其与光强度相关的吸收系数为

$$\alpha(E) = \frac{\alpha_0}{1 + E/E_s} \tag{6.91}$$

式中，α_0 为小信号吸收系数；E_s 为饱和能量密度，其与基态吸收截面的关系为

$$E_s = h\nu / \sigma_{gs} \tag{6.92}$$

可饱和吸收体的重要参量有：

- 小信号初始透射率 T_0；
- 使可饱和吸收体变得透明的饱和能量密度 E_s；
- 使可饱和吸收体完全漂白后所得到的最大透射率 T_{max}，其是表征残余吸收的重要参数。

可饱和吸收体的小信号透射率为

$$T_0 = \exp(-\alpha_0 l_s) = \exp(-n_0 \sigma_{gs} l_s) \tag{6.93}$$

式中，l_s 为可饱和吸收体的厚度；n_0 为基能态的粒子密度。为了计算以能量密度为函数的透射率，就必须考虑在可饱和吸收体介质内不同位置的光通量和粒子密度。

理想的可饱和吸收体对应不同入射光能量的透射率 T_i 为

$$T_i = \frac{E_s}{E} \ln[1 + (e^{E/E_s} - 1)T_0] \tag{6.94}$$

当 $E \ll E_s$ 和 $E \gg E_s$ 时，上式可分别简化为 $T_i = T_0$ 和 $T_i = 1$。

在实际的可饱和吸收体中，透射率绝对不会达到100%，原因是光子被受激原子吸收了。被动调 Q 要求材料表现出基能态吸收的饱和特性，但是大多数材料还同时表现出激发能态的吸收特性。图6.15表示出了激发态（能级2）向高能级4的跃迁，其能量与激光跃迁相对应。随着基能态粒子数的耗尽，在能级2与能级4之间的吸收增大了。当基能态的吸收达到饱和时，激发态的吸收（ESA）就在谐振腔内引起残余损耗。能级 $2 \to 4$ 跃迁因为能级4的快速驰豫而没有达到饱和。对于 Q 开关来说，只有满足 $\sigma_{gs} > \sigma_{es}$ 可饱和吸收体才能发挥作用。

具有激发态吸收（ESA）的可饱和吸收体可以用四能级模式来描述。在这种情况下，可饱和吸收体的最大透射率为

$$T_{max} = \exp(-n_0 \sigma_{es} l_s) \tag{6.95}$$

6.8　激光二极管抽运的被动调 Q 微晶片激光器仿真

激光二极管（laser diode, LD）抽运的微晶片激光器具有全固化、体积小、结构简单和成本低等优点。其腔长短（典型值1 mm）、掺杂浓度高，容易获取高重复频率的纳秒、亚纳秒，峰值功率达数千瓦，单脉冲能量微焦耳量级的调 Q 脉冲。在远程测量、三维成像、环境监测、医学外科等很多领域具有广泛应用前景。Cr^{4+}:YAG 作为可饱和吸收体具有饱和光强小、热导性好、掺杂浓度高等特点，用作 Q 开关尺寸可以很小（厚度小于1mm），适合用作微晶片激光器被动调 Q 。此外，在YAG晶体中同时掺杂Cr^{4+} 和Nd^{3+} 离子，可得到的(Cr^{4+},Nd^{3+}):YAG 双掺晶体更有利于激光器的微型化。

被动调 Q 激光器的理论分析可以从速率方程出发，得到增益介质反转粒子数密度、可饱和吸收体反转粒子数密度和腔内光子数密度的相互耦合关系方程组。微晶片激光器具有掺杂浓度高、腔长短的特点，必然会对被动调 Q 过程和参量产生影响。下面将从理论仿真来研究被动调 Q Nd^{3+}:YAG微晶片激光器的特性，再考虑Cr^{4+}:YAG 可饱和吸收体的激发态吸收，得到连续激光二极管抽运的Cr^{4+}:YAG 被动调 Q Nd^{3+}:YAG 微晶片激光器的耦合方程，并据此对被动调 Q 的过程进行分析。

6.8.1　被动调 Q 耦合速率方程组

由于被动调 Q 脉宽通常只有纳秒量级，在脉冲期间可以不考虑抽运源的影响，得到考虑可饱和吸收体激发态吸收的被动调 Q 的一般性耦合方程：

$$\left.\begin{array}{l}\dfrac{\mathrm{d}\phi}{\mathrm{d}t}=\dfrac{\phi}{t_r}\left[2\sigma nl-2\sigma_{gs}n_{gs}l_s-2\sigma_{es}n_{es}l_s-\left(\ln\dfrac{1}{R}+\delta\right)\right]\\[3mm]\dfrac{\mathrm{d}n}{\mathrm{d}t}=-\gamma\sigma c\phi n\\[3mm]\dfrac{\mathrm{d}n_{gs}}{\mathrm{d}t}=-\sigma_{gs}c\phi n_{gs}\\[3mm]\dfrac{\mathrm{d}n_{es}}{\mathrm{d}t}=\sigma_{gs}c\phi n_{gs}\\[3mm]n_{gs}+n_{es}=n_{0s}\end{array}\right\}\qquad(6.96)$$

式中，ϕ是激光腔中光子数密度；n是增益介质反转粒子数密度；n_{gs}是可饱和吸收体基态粒子数密度；n_{es}是可饱和吸收体激发态粒子数密度；n_{0s}是可饱和吸收体总粒子数密度；σ和l分别是增益介质的受激发射截面和长度；σ_{gs}和σ_{es}分别是可饱和吸收体基态和激发态的吸收截面；l_s是可饱和吸收体沿光腔轴线的长度；R是输出镜的反射率；δ是激光器腔体的耗散性损耗；c是光速；l_c'为光学谐振腔的等效光程长度；$t_r=l_c'/c$为光在腔中往返一周的时间；γ是反转因子，对于四能级系统为1，三能级系统为2。

为了研究连续脉冲的情况，需要考虑抽运速率、增益介质的上能级寿命、可饱和吸收体的恢复时间等因素，得到下面考虑了可饱和吸收体激发态吸收的连续抽运被动调 Q 的速率

方程组:

$$\frac{\mathrm{d}\phi}{\mathrm{d}t} = \frac{\phi}{t_r}\left[2\sigma nl - 2\sigma_{gs}n_{gs}l_s - 2\sigma_{es}(n_{0s}-n_{gs})l_s - \left(\ln\frac{1}{R}+\delta\right)\right]$$
$$\frac{\mathrm{d}n}{\mathrm{d}t} = R_p(t)\left(1-\frac{n}{N_T}\right) - \gamma\sigma c\phi n - \frac{n}{\tau_a}$$
$$\frac{\mathrm{d}n_{gs}}{\mathrm{d}t} = \frac{n_{0s}-n_{gs}}{\tau_{gs}} - \sigma_{gs}c\phi n_{gs} \tag{6.97}$$

式中，$R_p(t)$是抽运速率；N_T是增益介质的总粒子数密度；τ_a是增益介质的上能级寿命；τ_{gs}是可饱和吸收体的恢复时间。

　　考虑到通常微晶片激光器为了得到高的增益，晶片掺杂浓度较高，增益介质最大粒子反转数密度较大，为了更接近实际情况，对抽运项添加了因子$(1-n/N_T)$。

6.8.2　被动调 Q 耦合速率方程组数值仿真

　　对于描述连续抽运下的调 Q 脉冲序列建立过程的耦合方程组(6.97)，进行数值仿真，就可以得到不同参量下被动调Q脉冲输出的精确结果。

　　【例6.4】　参考各种文献以及实验条件，得到微晶片激光器各物理量系数的典型取值列于表6.1，其中n_1和n_2分别是Nd^{3+}:YAG 和 Cr^{4+}:YAG 的折射率。在MATLAB 中编程求解该微晶片激光器对应的速率方程组，并作出光子数密度、反转粒子数密度以及基态粒子数密度随时间变化的曲线。

表6.1　各物理量系数的典型取值

物理量	典型值	单位	物理量	典型值	单位
σ	5.4×10^{-23}	m^2	σ_{gs}	8.7×10^{-23}	m^2
σ_{es}	2.2×10^{-23}	m^2	N_T	1.68×10^{26}	m^3
n_1	1.82		n_2	1.80	
δ	0.02		l	1	mm
τ_a	750	μs	l_s	1	mm
τ_{gs}	3	μs	γ	1	

　　【分析】　在MATLAB中调用常微分方程初值问题求解函数ode45()，将表6.1中的各参数值代入考虑了可饱和吸收体激发态吸收的连续抽运被动调 Q 速率方程组式(6.97)，进行数值求解即可，程序代码如下（程序文件见"Qswitch.m"）:

```
1 function [t,y] = Qswitch
2 clc
3 clear
4 close all
5
6 T0 = 0.7;      %可饱和吸收体初始透过率
7 R = 0.8;       %输出镜反射率
8 Rp = 2e28;     %抽运速率
9
10 y0 = [1;0;0];    %设定初值
11 tspan=[0 0.05]; %设定计算时间范围
12 tic
```

```
13 [t,y] = ode45('rate_eq',tspan,y0,[],Rp,T0,R);      %解耦合速率方程组rate_eq
14 toc
15
16 figure
17 subplot(3,1,1);
18 plot(t,y(:,1));
19 xlabel('时间(s)');
20 ylabel('光子数密度(m^{-3})');
21
22 subplot(3,1,2);
23 plot(t,y(:,2));
24 xlabel('时间(s)');
25 ylabel('反转粒子数密度(m^{-3})');
26
27 subplot(3,1,3);
28 plot(t,y(:,3));
29 xlabel('时间(s)');
30 ylabel('基态粒子数密度(m^{-3}));
31
32 figure    %将光子数密度和反转粒子数密度随时间变化画于同一图中
33 [AX,H1,H2] = plotyy(t,y(:,1),t,y(:,2));
34 set(H2,'LineStyle','--')
35 xlabel('时间(s)')
36 set(get(AX(1),'Ylabel'),'String','光子数密度(m^{-3})')
37 set(get(AX(2),'Ylabel'),'String','反转粒子数密度(m^{-3})')
```

其中关于耦合方程组的速率方程（程序文件"rate_eq.m"）的程序代码如下：

```
 1 function dy = rate_eq(t,y,flag,Rp,T0,R)
 2 sigma = 5.4e-23;      %增益介质的受激发射截面
 3 sigma_gs = 8.7e-23;   %可饱和吸收体基态的吸收截面
 4 sigma_es = 2.2e-23;   %可饱和吸收体激发态的吸收截面
 5 N_T = 1.68e26;        %增益介质的总粒子数密度
 6 tao_a = 750e-6;       %增益介质的上能级寿命
 7 tao_gs = 3e-6;        %可饱和吸收体的恢复时间
 8 n1 = 1.82;            %Nd^{3+}:YAG的折射率
 9 n2 = 1.80;            %Cr^{4+}:YAG的折射率
10 delta = 0.02;         %激光器腔体的耗散性损耗
11 l = 0.001;            %增益介质的长度
12 ls = 0.001;           %可饱和吸收体沿光腔轴线的长度
13 gamma = 1;            %反转因子，对于四能级系统为1，三能级系统为2
14 c = 2.997963e8;       %真空中的光速
15 lc = n1*l+n2*ls;      %谐振腔等效光程长度
16
17 tr = lc/c;            %光在腔中往返一周的时间
18 n0s = -log(T0)/(sigma_gs*ls);   %求可饱和吸收体粒子数密度
19
```

```
20 y(1) = max(y(1),1);     %光子数密度的最小值
21
22 %被动调Q耦合方程组
23 dy = [  y(1)*(2*sigma*y(2)*l-2*sigma_gs*y(3)*ls-2*sigma_es*...
24                 (n0s-y(3))*ls-(log(1/R)+delta))/tr;
25          Rp*(1-y(2)/N_T)-gamma*sigma*c*y(1)*y(2)-y(2)/tao_a;
26          (n0s-y(3))/tao_gs-sigma_gs*c*y(1)*y(3)];
```

在MATLAB命令行窗口输入[t,y] = Qswitch，程序运行可以得到如图6.16所示的被动调 Q 仿真分析结果。从图中可以看到被动调 Q 过程中光子数密度、增益介质反转粒子数密度以及可饱和吸收体基态粒子数密度随时间的变化。

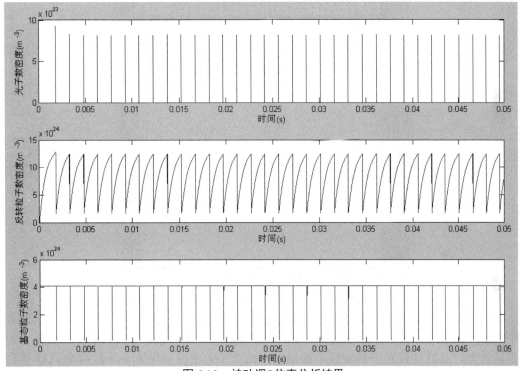

图 6.16　被动调Q仿真分析结果

为了对比，可以用在MATLAB中调用plotyy()函数将被动调 Q 过程中光子数密度和增益介质反转粒子数密度随时间的变化在同一图中作出，如图6.17所示。可以看出在被动调 Q 过程中，每产生一个光脉冲，增益介质的反转粒子数密度就会急剧减少。

为了更进一步看出在一个光脉冲产生的被动调 Q 过程中光子数密度和增益介质反转粒子数密度随时间的变化，可以利用MATLAB的图形放大的功能。将图6.17 中的第4个光脉冲产生的过程放大（即时间范围缩小），就可以得到如图6.18所示的一个激光脉冲产生过程中的光子数密度和增益介质反转粒子数密度随时间的变化。从图中可以看出，被动调 Q 过程中的激光脉冲产生可以分为以下几个过程：

①在激光脉冲产生之前，激光腔中的光子由自发辐射提供，光子数密度为一个很小的值（程序中设为1）。此时增益介质反转粒子数密度随着时间增加而增加，可饱和吸收体所有的粒子均处于基态，因此基态粒子数密度即为可饱和吸收体的总粒子数密度。

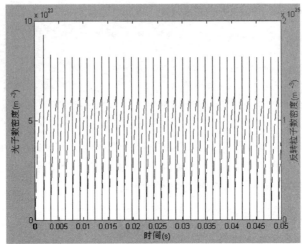

图 6.17　被动调 Q 中光子数密度和反转粒子数密度随时间变化

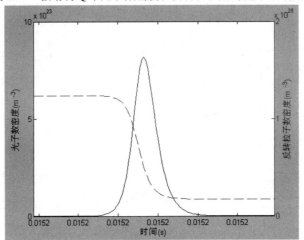

图 6.18　一个激光脉冲产生过程中的光子数密度和反转粒子数密度随时间变化

②当增益介质反转粒子数密度增加到一定程度，使得被动调 Q 耦合方程组(6.97)的关于光子数密度的第一个微分方程右边大于零时，激光脉冲开始产生，激光器腔中的自发辐射光子数被放大，从而导致光子数密度不断增加；而光子数密度的增加会导致被动调 Q 耦合方程组(6.97)的第二、三个微分方程的右边小于零，从而导致增益介质反转粒子数密度和可饱和吸收体的基态粒子数密度不断减小。

③当激光器腔中的光子数密度增加到一定值，使得增益介质反转粒子数密度和可饱和吸收体的基态粒子数密度减小正好使被动调 Q 耦合方程组(6.97)的第一个微分方程右边等于零时，激光器腔中的光子数密度达到最大值。

④随后激光器腔中的光子数密度开始减小，但是由于激光脉冲还在不断消耗增益介质反转粒子，因此增益介质反转粒子数密度仍然在快速减小。直到激光器腔中的光子数密度减小到一定值，在抽运速率的作用下被动调 Q 耦合方程组(6.97)的第二个微分方程右边等于零时，增益介质的反转粒子数密度达到最小值。

⑤接着，增益介质的反转粒子数密度开始随时间增加，激光器腔中的光子数密度达到最小值，一个激光脉冲结束。

【例 6.5】　在例6.4程序代码运行的基础上进一步分析数值仿真得到的被动调 Q 激光脉

冲的重复频率、脉冲宽度等值。

　　【分析】　在MATLAB中编程分别找到数个激光脉冲（光子数密度）的峰值位置，然后在此基础上进行计算得到重复频率、脉冲宽度等值。程序代码如下所示（见本书程序代码中的文件"Qswitch_Analyze.m"）：

```
1  y1 = y(:,1);                    %取出光子数密度的数值解置于向量y1
2  sdy1 = sign(round(diff(y1)));
3  sdy2 = sign(round(diff(sdy1)));
4
5  pos = find(sdy2<0) + 1;         %找到光子数密度最大值点
6
7  n = 21;                         %用于计算的脉冲个数
8  N = 50;                         %每个脉冲前后的数值点个数
9
10 %所选取的脉冲的宽度、脉冲间隔并将脉冲在同一图中画出
11 figure
12 hold on
13 for i = 2:n
14     tp = [pos(i)-N:pos(i)+N]';
15     dt = mean(diff(t(tp)));
16     plot(-dt*N:dt:dt*N,y(tp,1))
17     ymax(i) = y1(pos(i));
18     pp = find(y1(tp)>=ymax(i)/2);
19     pwidth(i) = t(pos(i)-N+pp(end)) - t(pos(i)-N+pp(1));
20     pspace(i) = t(pos(i+1)) - t(pos(i));
21 end
22
23 freqency = 1/mean(pspace(2:n));  %计算得到脉冲重复频率
24 width = mean(pwidth);            %计算得到脉冲宽度
```

　　先在MATLAB命令行窗口输入[t,y] = Qswitch，再运行该分析程序，可得到如图6.19所示的多个激光脉冲波形的叠加。从图中可以看出数值计算得到的激光脉冲波形的形状大体相同。

　　在MATLAB命令窗口中可以得到：

```
1  >> freqency
2
3  freqency =
4
5         670.66
6
7  >> width
8
9  width =
10
11    9.5889e-011
```

即数值仿真得到的脉冲重复频率为670.66 Hz，激光脉冲的宽度（FWHM）为95.889 ps。

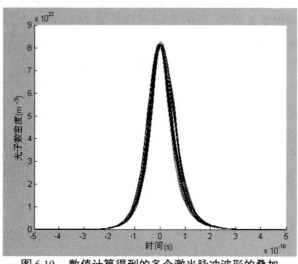

图 6.19　数值计算得到的多个激光脉冲波形的叠加

6.9　MATLAB预备技能与技巧

6.9.1　微分方程的概念

方程对于学过数学的人来说是比较熟悉的；在初等数学中就有各种各样的方程，比如线性方程、二次方程、高次方程、指数方程、对数方程、三角方程和方程组等。这些方程都是要把研究的问题中的已知数和未知数之间的关系找出来，列出包含一个未知数或几个未知数的一个或者多个方程式，然后求取方程的解。

但是在实际工作中，常常出现一些特点和以上方程完全不同的问题。比如：物质在一定条件下的运动变化，要寻求它的运动、变化的规律；某个物体在重力作用下自由下落，要寻求下落距离随时间变化的规律；火箭在发动机推动下在空间飞行，要寻求它飞行的轨道等。

物质运动和它的变化规律在数学上是用函数关系来描述的，因此，这类问题就是要去寻求满足某些条件的一个或者几个未知函数。也就是说，凡是这类问题都不是简单地去求一个或者几个固定不变的数值，而是要求一个或者几个未知的函数。

解这类问题的基本思想和初等数学解方程的基本思想很相似，也是要把研究的问题中已知函数和未知函数之间的关系找出来，从列出的包含未知函数的一个或几个方程中去求得未知函数的表达式。但是在方程的形式、求解的具体方法、求出解的性质等方面，都和初等数学中的解方程有许多不同的地方。

在数学上，解这类方程，要用到微分和导数的知识。因此，凡是表示未知函数的导数以及自变量之间关系的方程，就叫作微分方程（differential equation，DE）。

微分方程可以分为常微分方程（ODE）和偏微分方程（PDE）：如果在一个微分方程中出现的未知函数只含一个自变量，这个方程就叫作常微分方程；如果一个微分方程中出现多元函数的偏导数，或者说如果未知函数和几个变量有关，而且方程中出现未知函数对几个变量的导数，那么这种微分方程就是偏微分方程。

微分方程差不多是和微积分同时先后产生的，苏格兰数学家耐普尔创立对数的时候，就讨论过微分方程的近似解。牛顿在建立微积分的同时，对简单的微分方程用级数来求解。后来瑞士数学家雅各布·贝努利、欧拉、法国数学家克雷洛、达朗贝尔、拉格朗日等人又不断地研究和丰富了微分方程的理论。

牛顿研究天体力学和机械力学的时候，利用了微分方程这个工具，从理论上得到了行星的运动规律。后来，法国天文学家勒维烈和英国天文学家亚当斯使用微分方程各自计算出那时尚未发现的海王星的位置。这些都使数学家更加深信微分方程在认识自然、改造自然方面的巨大力量。

微分方程的理论正逐步完善，只要列出相应的微分方程，有了解方程的方法，利用它就可以精确地表述事物变化所遵循的基本规律。微分方程因而成了最有生命力的数学分支之一。

6.9.2 常微分方程的数值解法（初值问题）

常微分方程的初值问题（initial value prolblems）就是寻找满足

$$\frac{dy}{dx} = f(x,y), (a \leqslant x \leqslant b) \tag{6.98}$$

和初始条件

$$y(a) = y_0 \tag{6.99}$$

的函数$y(x)$。对于初值问题的常微分方程进行数值求解，就是生成一系列自变量$x_0, x_1, x_2, \cdots$，和对应的因变量$y_0, y_1, y_2, \cdots$，使得y_i近似为x_i处的函数值，即

$$y_i \approx y(x_i), \quad i = 0, 1, 2, \cdots \tag{6.100}$$

常微分方程求解的数值方法可以通过以下步骤实现。

1）对$I = [a,b]$作分割

$$\Delta_I: \quad a = x_0 < x_1 < \cdots < x_N = b \tag{6.101}$$

分割点x_i是要求的y值的离散点，$\delta x_i = x_{i+1} - x_i$称为步长或格距，步长可以是不等距的。

记$y(x)$在格点x_i的值$y(x_i)$近似为y_i，称y_i为Δ_I上的格点函数。取定了分割Δ_I后，格点函数y_i正是需要通过数值方法求得的值。

2）格点函数在某种意义上讲，它是由近似微分方程的差分方程决定的。常微分方程的数值方法的主要问题也就是如何建立有效的差分方程。

一个差分方程是否有效，决定于：

①解的存在唯一性。

②它的解，在步长充分小时应当是微分方程(6.98)的解的很好近似。从极限的观点，步长趋于零时，差分方程的解应收敛于微分方程(6.98)的解。

③差分方程应是易于求解的。这包含了两方面的要求：首先，考虑其运算量不宜过大；其次，对舍入误差不应该是敏感的，即差分方程应该是稳定的。稳定性问题在数值方法中与收敛性问题同等重要。

3）差分方程的求解

差分方程对于待求的格点函数y_i，往往是非线性的，这就是隐式格式。隐式格式的求解需要通过迭代法来实现，反之，显式格式的求解就比较方便。

299

以上3个步骤中，2）是最为关键的一步。常微分方程数值解法的主要问题，就是探讨如何建立合适的差分方程，研究差分方程的收敛性、稳定性。

建立差分方程，可基于数值微商近似函数导数，也可基于Taylor展开，而更多的差分方程是基于数值积分公式得到的。

对于初值问题常微分方程式(6.98)和初值式(6.99),设函数$f(x,y)$在区域

$$D_0 = \{(x,y)|a \leqslant x \leqslant b, |y| < \infty\} \qquad (6.102)$$

内连续且对变量y满足Lipschitz（李普希兹）条件，即存在常数L，对D_0内的任何两点(x,u_1)和(x,u_2)，不等式

$$|f(x,u_1) - f(x,u_2)| \leqslant L|u_1 - u_2| \qquad (6.103)$$

成立，因而初值问题常微分方程式(6.98)和初值式(6.99)的解$y(x)$存在且唯一。

设解$y(x)$在区间$[a,b]$上足够光滑，因而设$f(x,y)$在区域D_0内也足够光滑。如果方程式(6.98)是一些特殊的微分方程（例如线性方程、可分离变量方程等），则可通过解析方法求出它的通解，再根据初值条件式(6.99)确定通解中的任意常数，就得到初值问题式(6.98)、式(6.99)的解$y(x)$的解析表达式。然而在实际问题和科学研究中所遇到的微分方程往往很复杂，很多情况下不可能求出它的解析解。

给定步长$h > 0$，取节点

$$x_n = x_0 + nh, \quad n = 0, 1, \cdots, M \qquad (6.104)$$

要求通过数值计算的方法求出初值问题式(6.98)、式(6.99)的解$y(x)$在各个节点x_n处的近似值$y_n \approx y(x_n)$（$n = 0, 1, \cdots, M$）。所用的数值计算方法就称为初值问题式(6.98)、式(6.99)的数值解法，所求出的近似解$y_n(n = 0, 1, \cdots, M)$称为初值问题式(6.98)、式(6.99)的数值解。

初值问题(6.98)、式(6.99)的数值解法的一般形式是

$$F(x_n, y_n, y_{n+1}, \cdots, y_{n+k}, h) = 0, \quad n = 0, 1, \cdots, M-k \qquad (6.105)$$

式中，k是一正整数，函数F与函数f有关。方程(6.105)称为关于$y_0, y_1, \cdots, y_m$的差分方程，近似代替原微分方程(6.98)，并且从$y_0, y_1, \cdots, y_{k-1}$出发，从差分方程(6.105)中依次逐个解出$y_k, y_{k+1}, \cdots, y_M$，从而得到初值问题的数值解。

若$k = 1$，则数值解法式(6.105)就成为

$$F(x_n, y_n, y_{n+1}, h) = 0, \quad n = 0, 1, \cdots, M-1 \qquad (6.106)$$

称数值解法(6.106)为单步法。

6.9.3　欧拉法

对于精度要求不太高的微分方程数值求解问题，欧拉（Euler）法十分有效。

在点$x = x_0$处方程(6.98)未知解的泰勒级数展开式为

$$y(x) = y(x_0) + (x - x_0)y'(x_0) + \frac{(x-x_0)^2}{2}y''(x_0) + \cdots \qquad (6.107)$$

式中，$y' = \mathrm{d}y/\mathrm{d}x$；$y'' = \mathrm{d}^2y/\mathrm{d}x^2$，以此类推。只保留一阶导数项，将方程(6.98)代入计算式(6.107)，可得

$$y(x) \approx y(x_0) + (x - x_0)f(x_0, y_0) \tag{6.108}$$

于是，使用上述公式对$y(x_1)$的数值逼近为

$$y_1 = y_0 + hf(x_0, y_0) \tag{6.109}$$

式中，$h = x_1 - x_0$。

式(6.109)给出了由已知的x_0、y_0和h来计算y_1的确切公式。既然可以得到y_1的逼近数值解，就可以由同样的过程计算y_2，即

$$y_2 = y_1 + hf(x_1, y_1) \tag{6.110}$$

依次类推，一般的有

$$y_k = y_{k-1} + hf(x_{k-1}, y_{i-1}), \quad i = 1, 2, \cdots, M \tag{6.111}$$

这种简单的积分策略被称为欧拉法，或简易欧拉法。说它简易是因为下步的y值仅仅前一步的y值就可以计算出来。已知逼近公式，就可以由已知的x_{k-1}、y_{k-1}和$f(x_{k-1}, y_{k-1})$很容易地求出y_k。

欧拉法的几何意义在于用折线近似曲线。如图6.20所示，方程(6.98)的精确解$y = y(x)$称作积分曲线，曲线上任意一点(x, y)的斜率等于已知函数$f(x, y)$。曲线$y = y(x)$和数值解都是从初值点$P_0(x_0, y_0)$开始，用该点的斜率$f(x_0, y_0)$作一直线段，在$x = x_1$处得到$P_1(x_1, y_1)$点，其中$y_1 = y_0 + hf(x_0, y_0)$。再从P_1点出发，以斜率$f(x_1, y_1)$作一直线段，在$x = x_2$处得到$P_2(x_2, y_2)$点，其中$y_2 = y_1 + hf(x_1, y_1)$。依次类推，得到的折线$P_0P_1P_2\cdots$可作为积分曲线$y = y(x)$的近似。

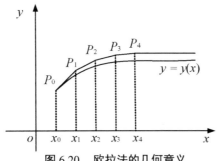

图 6.20　欧拉法的几何意义

欧拉法是一个逼近法，因为它是由式(6.107)中的泰勒级数截断而得到的。因此，使用式(6.111)得到的数值解与精确解之间还有差别。由于欧拉法忽略了泰勒级数展开中系数阶数大于等于h^2的项，所忽略的项就产生了此方法中所谓的离散误差，当h减小时，每一步的离散误差也会减小。

6.9.4 龙格–库塔法

龙格–库塔（Runge–Kutta）方法是应用较广的高精度的单步法。

由微分中值定理可知

$$y(x_{k+1}) - y(x_k) = y'(\xi)(x_{k+1} - x_k) \tag{6.112}$$

从而利用常微分方程(6.98)、式(6.99)可得

$$y(x_{k+1}) = y(x_k) + hf(\xi, y(\xi)) \tag{6.113}$$

式中，$h = x_{k+1} - x_k$为步长；$f(\xi, y(\xi)) = K^*$是$y(x)$在区间$[x_k, x_{k+1}]$上的平均变化率，亦即曲线$y = y(x)$在区间$[x_k, x_{k+1}]$上的平均斜率。只要对平均斜率K^*提供一种近似算法，由上式相应地可导出一种计算$y = y(x_{k+1})$近似值的计算公式。例如，若简单地取左端点x_k处的斜率

$$f(x_k, y(x_k)) \approx f(x_k, y_k) = K_k \tag{6.114}$$

作为斜率K^*的近似值，则得到

$$\left. \begin{array}{l} y_{k+1} = y_k + hK_k \\ K_k = f(x_k, y_k) \end{array} \right\} \tag{6.115}$$

这就是前面得到的精度仅为一阶的欧拉公式。

若用点x_k处的斜率近似值K_k与右端点x_{k+1}处的斜率

$$f(x_{k+1}, y(x_{k+1})) \approx f(x_k + h, y_k + hf(x_k, y_k)) = K_2 \tag{6.116}$$

的算术平均值作为斜率K^*的近似值，则得

$$\left. \begin{array}{l} y_{k+1} = y_k + \dfrac{1}{2}h(K_1 + K_2) \\ K_1 = f(x_k, y_k) \\ K_2 = f(x_k + h, y_k + hK_1) \end{array} \right\} \tag{6.117}$$

这是具有二阶精度改进的欧拉公式。

不难想象，设法在$[x_k, x_{k+1}]$内多估计几个点（通常将x_k考虑在内）上的斜率值$K_1, K_2, \cdots, K_M$，然后用它的加权平均值作为平均斜率K^*的近似值，那么就可能构造出具有更高精度的形如

$$\left. \begin{array}{l} y_{k+1} = y_k + h(\alpha_1 K_1 + \alpha_2 K_2 + \cdots \alpha_m K_m) \\ K_1 = f(x_k, y_k) \\ K_2 = f(x_k + \lambda_2 h, y_k + \mu_2 h) \\ \vdots \\ K_m = f(x_k + \lambda_m h, y_k + \mu_m h) \end{array} \right\} \tag{6.118}$$

的计算公式，其中$0 \leqslant \lambda_k \leqslant 1$，$y_k + \mu_k h$是$y(x_k + \lambda_m h)$的预估值。式中的$\alpha_k$、$\lambda_k$、$\mu_k$都是待定系数。式(6.118)就是龙格–库塔法的构造公式。

龙格–库塔法的构造设想比较清晰，但是其中待定系数所满足的非线性方程组比较复杂。而求解这组非线性方程组更困难，通常待定系数方程组的解并非唯一，因此可以有几种不同的同阶龙格–库塔方法。其中，较常用的是三阶、四阶龙格–库塔法。

1. 三阶龙格–库塔法

三阶龙格–库塔法的计算公式有如下几种格式：

（1）三阶经典龙格–库塔格式

$$\left.\begin{aligned} y_{k+1} &= y_k + \frac{1}{6}(K_1 + 4K_2 + K_3)h \\ K_1 &= f(x_k, y_k) \\ K_2 &= f(x_k + \frac{1}{2}h, y_k + \frac{1}{2}K_1 h) \\ K_3 &= f(x_k + h, y_k - K_1 h + 2K_2 h) \end{aligned}\right\} \qquad (6.119)$$

（2）Kutta格式

$$\left.\begin{aligned} y_{k+1} &= y_k + \frac{1}{4}(K_1 + 3K_3)h \\ K_1 &= f(x_k, y_k) \\ K_2 &= f(x_k + \frac{1}{3}h, y_k + \frac{1}{3}K_1 h) \\ K_3 &= f(x_k + \frac{2}{3}h, y_k + \frac{2}{3}K_2 h) \end{aligned}\right\} \qquad (6.120)$$

（3）Gill格式

$$\left.\begin{aligned} y_{k+1} &= y_k + \frac{1}{9}(2K_1 + 3K_2 + 4K_3)h \\ K_1 &= f(x_k, y_k) \\ K_2 &= f(x_k + \frac{1}{2}h, y_k + \frac{1}{2}K_1 h) \\ K_3 &= f(x_k + \frac{3}{4}h, y_k + \frac{3}{4}K_2 h) \end{aligned}\right\} \qquad (6.121)$$

2. 四阶龙格–库塔法

四阶龙格–库塔法的计算公式有如下几种格式：

（1）四阶经典龙格–库塔格式

$$\left.\begin{aligned} y_{k+1} &= y_k + \frac{1}{6}(K_1 + 2K_2 + 2K_3 + K_4)h \\ K_1 &= f(x_k, y_k) \\ K_2 &= f(x_k + \frac{1}{2}h, y_k + \frac{1}{2}K_1 h) \\ K_3 &= f(x_k + \frac{1}{2}h, y_k + \frac{1}{2}K_2 h) \\ K_4 &= f(x_k + h, y_k + K_3 h) \end{aligned}\right\} \qquad (6.122)$$

若您对此书内容有任何疑问，可以登录 MATLAB 中文论坛与同行们讨论交流。

（2）Kutta格式

$$\left.\begin{aligned}
y_{k+1} &= y_k + \frac{1}{8}(K_1 + 3K_2 + 3K_3 + K_4)h \\
K_1 &= f(x_k, y_k) \\
K_2 &= f(x_k + \frac{1}{3}h, y_k + \frac{1}{3}K_1h) \\
K_3 &= f(x_k + \frac{2}{3}h, y_k + \frac{1}{3}K_1h + K_2h) \\
K_4 &= f(x_k + h, y_k + K_1h - K_2h + K_3h)
\end{aligned}\right\} \quad (6.123)$$

（3）Gill格式

$$\left.\begin{aligned}
y_{k+1} &= y_k + \frac{1}{6}[K_1 + (2-\sqrt{2})K_2 + (2+\sqrt{2})K_3 + K_4]h \\
K_1 &= f(x_k, y_k) \\
K_2 &= f(x_k + \frac{1}{2}h, y_k + \frac{1}{2}K_1h) \\
K_3 &= f(x_k + \frac{1}{2}h, y_k + \frac{\sqrt{2}-1}{2}K_1h + \frac{2-\sqrt{2}}{2}K_2h) \\
K_4 &= f(x_k + h, y_k - \frac{\sqrt{2}}{2}K_2h + \frac{2+\sqrt{2}}{2}K_3h)
\end{aligned}\right\} \quad (6.124)$$

四阶龙格–库塔法的优点如下：
①它是一种高精度的单步法，可达四阶精度$O(h^5)$；
②数值稳定性好；
③只需知道一阶导数，无需明确定义或计算其他高阶导数；
④只需给出y_n就能计算出y_{n+1}，所以能够自启动；
⑤编程容易。
由于有以上优点，所以四阶龙格–库塔法应用非常广泛。

【例6.6】 根据四阶经典龙格–库塔格式，编写MATLAB数值求解程序，并对人口数据的逻辑斯谛初值问题

$$\left.\begin{aligned}
y' &= \frac{1}{3}y(8-y) \\
y(0) &= 1
\end{aligned}\right\} \quad (6.125)$$

进行数值求解，求解的区间为$[0,5]$，步长分别为1、0.1和0.01。并对区间$[0,5]$内的数值解曲线与精确解$y(x) = 8/(1+7e^{-8x/3})$曲线进行对比。

【分析】 先根据四阶经典龙格–库塔格式编写MATLAB数值求解程序文件"RK4.m"，再根据式(6.125)编写逻辑斯谛微分方程程序文件"Logistic.m"，最后在主程序文件"exam_RK4.m"中调用以上两个程序，然后作图即可得到各种情况下的曲线结果。程序代码如下：
①四阶经典龙格–库塔求解程序代码（文件"RK4.m"）如下：

```
1  function [xout,yout] = RK4(odefile,xspan,y0)
2      x0 = xspan(1);
3      xh = xspan(2);
4      if length(xspan) >= 3
5          h = xspan(3);
6      else
7          h = (xspan(2)-xspan(1))/100;
8      end
9      xout = [x0:h:xh]';
10     yout = [];
11     for x = xout'
12         K1 = eval([odefile '(x,y0)']);
13         K2 = eval([odefile '(x+h/2,y0+0.5*K1*h)']);
14         K3 = eval([odefile '(x+h/2,y0+0.5*K2*h)']);
15         K4 = eval([odefile '(x+h,y0+K3*h)']);
16         y0 = y0+(K1+2*K2+2*K3+K4)*h/6;
17         yout=[yout; y0'];
18     end
```

② 逻辑斯谛微分方程程序代码（文件"Logistic.m"）如下：

```
1  function dydx = Logistic(x,y)
2      dydx = 1/3*y*(8-y);
```

③ 主程序代码（文件"exam_RK4.m"）如下：

```
1  x = linspace(0,5,10);
2  y = 8./(1+7*exp(-8*x/3));
3  [x1,y1] = RK4('Logistic', [0, 5, 1], 1);
4  [x2,y2] = RK4('Logistic', [0, 5, .1], 1);
5  [x3,y3] = RK4('Logistic', [0, 5, .01], 1);
6  plot(x,y,'*',x1,y1,':',x2,y2,'-.',x3,y3);
7  xlabel('x')
8  ylabel('y')
9  legend('exact solution','y1','y2','y3')
10 axis([0 5 0 10])
```

若您对此书内容有任何疑问，可以登录 MATLAB 中文论坛与同行们讨论交流。

305

　　主程序运行后，得到如图6.21所示的不同步长下的逻辑斯谛初值问题的龙格–库塔法数值解曲线。从图中可以看出，采用龙格–库塔法对逻辑斯谛初值问题进行数值求解，步长越小所得到的数值解越接近真实值，即数值解的精度越高。

6.9.5　MATLAB中的常微分方程初值问题求解

　　MATLAB中的几个常微分方程初值问题数值求解程序，都是采用单步法或龙格–库塔法。一般地，前面介绍的龙格–库塔法可以由一组参数 α_k、λ_k、u_k 和 δ_k 来描述。具体的数值计算可以分为 n 个阶段，在每一阶段对于特定的 x，通过计算 $f(x,y)$ 得到斜率 K_k，其中 y 根据已

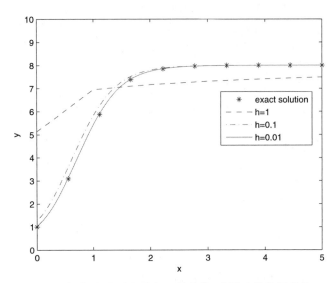

图 6.21　逻辑斯谛初值问题的龙格–库塔法数值解曲线

306

求得的斜率的线性组合计算

$$K_k = f(x_k + \lambda_k h, y_k + h \sum_{j=1}^{k-1} u_{i,j} K_j), \quad k = 1, \cdots, n \tag{6.126}$$

当前步的计算也使用这些斜率的线性组合

$$y_{k+1} = y_k + h \sum_{k=1}^{n} \alpha_k K_k \tag{6.127}$$

同时，通过另一个斜率的线性组合来估计当前步的计算误差

$$e_{k+1} = h \sum_{k=1}^{n} \delta_k K_k \tag{6.128}$$

如果误差小于指定的阈值，则当前步数值计算成功结束，并得到新的y_{k+1}，否则数值计算失败，y_{k+1}被放弃。这两种情况得到的当前步估算误差e_{k+1}都被用来计算下一步的步长h。

　　这些参数由斜率的泰勒展开式中相应的项得到，泰勒展开式中包含h的幂和$f(x,y)$的不同阶次的偏导数。一种方法的阶数是其中最小不匹配的h的幂的次数。包含一、二、三、四个阶段的方法对应的阶数分别为一、二、三、四，但五阶方法的计算包含六个阶段。最经典的龙格–库塔方法是四阶龙格–库塔法，它有四个阶段。

　　MATLAB中自带的常微分方程初值问题求解程序多以odemnx的形式命名，其中数字组合mn表示对应的数值方法的阶数，而x代表了该方法的某些特殊属性，如刚性等，可以没有。如果误差估计是通过不同阶方法的比较得到的，则数字mn代表这些阶数。例如，ode45()通过比较一个四阶公式和一个五阶公式进行误差估计。

　　下面给出Clever B. Moler博士在其经典著作《Numerical Coumputing with MATLAB》中介绍的一个ode23()的简化版ode23tx()的算法思想及其程序代码。

　　ode23tx()是MATLAB中ode23()函数的简化版本，该算法由Bogacki和Shampine给出，因此也称为BS23算法。函数名中的"23"表明它同时包括二阶和三阶两个单步公式。

该算法分为三个阶段，但只有四个斜率K_k，因为除第一步以外，K_1和上一步的K_4总是相同的。该算法的实现过程如下：

$$
\begin{aligned}
K_1 &= f(x_k, y_k) \\
K_2 &= f(x_k + \tfrac{1}{2}h, y_k + \tfrac{1}{2}K_1 h) \\
K_3 &= f(x_k + \tfrac{3}{4}h, y_k + \tfrac{3}{4}K_2 h) \\
y_{k+1} &= y_k + \tfrac{1}{6}(K_1 + 2K_2 + 2K_3 + K_4)h \\
x_{k+1} &= x_k + h \\
K_4 &= f(x_{k+1}, y_{k+1}) \\
e_{k+1} &= \tfrac{1}{72}(-5K_1 + 6K_2 + 8K_3 - 9K_4)h
\end{aligned}
\tag{6.129}
$$

图6.22为BS23算法开始及其后续的三个阶段的示意图。

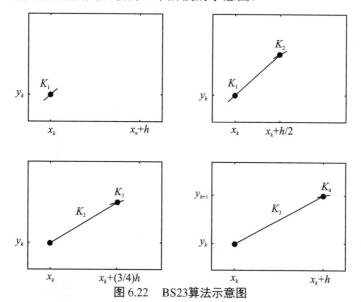

图 6.22　BS23算法示意图

计算由点(x_k, y_k)开始，已知初始斜率$K_1 = f(x_k, y_k)$和一个估计的步长h，其目标是得到$x_{k+1} = x_k + h$处的近似解y_{k+1}，使它在要求的误差范围内近似准确值$y(x_{k+1})$。

基于BS23算法的函数ode23tx()的详细程序代码如下：

```
1 function [tout,yout] = ode23tx(F,tspan,y0,arg4,varargin)
2 %首先是导言
3 %ODE23TX Solve non-stiff differential equations. Textbook version of ODE23.
4 %
5 %   ODE23TX(F,TSPAN,Y0) with TSPAN = [T0 TFINAL] integrates the system
6 %   of differential equations dy/dt = f(t,y) from t = T0 to t = TFINAL.
7 %   The initial condition is y(T0) = Y0.
8 %
```

307

```
 9 %    The first argument, F, is a function handle or an anonymous function
10 %    that defines f(t,y).  This function must have two input arguments,
11 %    t and y, and must return a column vector of the derivatives, dy/dt.
12 %
13 %    With two output arguments, [T,Y] = ODE23TX(...) returns a column
14 %    vector T and an array Y where Y(:,k) is the solution at T(k).
15 %
16 %    With no output arguments, ODE23TX plots the emerging solution.
17 %
18 %    ODE23TX(F,TSPAN,Y0,RTOL) uses the relative error tolerance RTOL
19 %    instead of the default 1.e-3.
20 %
21 %    ODE23TX(F,TSPAN,Y0,OPTS) where OPTS = ODESET('reltol',RTOL, ...
22 %    'abstol',ATOL,'outputfcn',@PLOTFUN) uses relative error RTOL instead
23 %    of 1.e-3, absolute error ATOL instead of 1.e-6, and calls PLOTFUN
24 %    instead of ODEPLOT after each successful step.
25 %
26 %    More than four input arguments, ODE23TX(F,TSPAN,Y0,RTOL,P1,P2,...),
27 %    are passed on to F, F(T,Y,P1,P2,...).
28 %
29 %    ODE23TX uses the Runge-Kutta(2,3) method of Bogacki and Shampine(BS23)
30 %
31 %    Example
32 %       tspan = [0 2*pi];
33 %       y0 = [1 0]';
34 %       F = @(t,y) [0 1; -1 0]*y;
35 %       ode23tx(F,tspan,y0);
36 %
37 %    See also ODE23.
38
39 %接下来是分析输入参数和初始化内部变量的代码
40 rtol = 1.e-3;
41 atol = 1.e-6;
42 plotfun = @odeplot;
43 if nargin >= 4 & isnumeric(arg4)
44    rtol = arg4;
45 elseif nargin >= 4 & isstruct(arg4)
46    if ~isempty(arg4.RelTol), rtol = arg4.RelTol; end
47    if ~isempty(arg4.AbsTol), atol = arg4.AbsTol; end
48    if ~isempty(arg4.OutputFcn), plotfun = arg4.OutputFcn; end
49 end
50 t0 = tspan(1);
51 tfinal = tspan(2);
52 tdir = sign(tfinal - t0);
53 plotit = (nargout == 0);
```

```
54 threshold = atol / rtol;
55 hmax = abs(0.1*(tfinal-t0));
56 t = t0;
57 y = y0(:);
58
59 % 初始化值输出
60
61 if plotit
62     plotfun(tspan,y,'init');
63 else
64     tout = t;
65     yout = y.';
66 end
67
68 %接着是计算初始步长
69
70 s1 = F(t, y, varargin{:});
71 r = norm(s1./max(abs(y),threshold),inf) + realmin;
72 h = tdir*0.8*rtol^(1/3)/r;
73
74 % 主循环
75
76 while t ~= tfinal
77
78     hmin = 16*eps*abs(t);
79     if abs(h) > hmax, h = tdir*hmax; end
80     if abs(h) < hmin, h = tdir*hmin; end
81
82     % Stretch the step if t is close to tfinal.
83
84     if 1.1*abs(h) >= abs(tfinal - t)
85         h = tfinal - t;
86     end
87
88     % 步长尝试
89
90     s2 = F(t+h/2, y+h/2*s1, varargin{:});
91     s3 = F(t+3*h/4, y+3*h/4*s2, varargin{:});
92     tnew = t + h;
93     ynew = y + h*(2*s1 + 3*s2 + 4*s3)/9;
94     s4 = F(tnew, ynew, varargin{:});
95
96     % 估计误差
97
98     e = h*(-5*s1 + 6*s2 + 8*s3 - 9*s4)/72;
```

```
99      err = norm(e./max(max(abs(y),abs(ynew)),threshold),inf) + realmin;
100
101     % 如果计算得到的估计误差小于容差，则接受计算结果
102
103     if err <= rtol
104         t = tnew;
105         y = ynew;
106         if plotit
107             if plotfun(t,y,'');
108                 break
109             end
110         else
111             tout(end+1,1) = t;
112             yout(end+1,:) = y.';
113         end
114         s1 = s4;          % 重新利用最后计算得到的函数值来开始新的一步
115     end
116
117     % 计算新一步的步长
118
119     h = h*min(5,0.8*(rtol/err)^(1/3));
120
121     % 如果步长太小则退出计算
122
123     if abs(h) <= hmin
124         warning('Step_size_%e_too_small_at_t_=_%e.\n',h,t);
125         t = tfinal;
126     end
127 end
128
129 if plotit
130     plotfun([],[],'done');
131 end
```

然后是实际的计算过程。此时已经计算了第一个斜率K_1，接着计算得到另外3个斜率。

接着进行误差估算。误差向量是范数，按照绝对误差和相对误差的比进行缩放。程序代码第99行，使用最小的浮点数realmin是为了防止err精确值为零。

接下来则要测试当前步是否成功。如果满足要求，就把结果绘出或者输出，否则，放弃结果。

程序代码第119行，得到的误差估计用来计算新的步长。如果当前步成功，那么比值rtol/err大于1，否则小于1。由于BS23是一个三阶算法，所以会涉及立方根的计算。这意味着容差变化8倍，会引起标准的步长和总的步长变化2倍。其中数字8和5是用来防止步长的过度变化的。

6.9.6　MATLAB中的ode求解函数

MATLAB内置的ode23() 和ode45() 函数使用称为Runge–Kutta–Fehlberg 法的自适应步长算法。Runge–Kutta–Fehlberg 法在大小为h 的区间内仔细选择子步（substep）集合，并在每一步都同时得到两个有不同离散误差的解。在每一步计算两个解可以监测解的精度，并且可以依照用户自定义容差来调整h 的大小。

程序ode23() 同时使用二阶和三阶龙格–库塔公式来改进解并且监测精度。类似地，ode45() 同时使用四阶和五阶公式。Runge–Kutta–Fehlberg 算法很优秀，它不仅提供了检测精度的机制，而且两个公式间还可以共享某些中间斜率值（k_1、k_2等）。例如ode45() 程序不需要计算9个（RK-4 的4 个和RK-5 的5个）斜率值，只需要计算6个，这些斜率求解可以简单地实现。

一般而言，对于大多数常微分方程初值问题，首选ode45() 进行数值求解。ode23() 则实现了由Bogacki 和Shampine 提出的显式Runge–Kutta(2,3) 公式，对于误差要求不高或适度刚性的问题，它比ode45() 更为有效。ode23() 和ode45() 都是单步法求解函数。

ode113() 使用了一种变阶的Adams–Bashforth–Moultou 预估校正法。当常微分方程中的函数求值代价非常高，并且有严格的精确要求时，它比ode45() 更为有效。与ode23() 和ode45() 不同，ode113() 属于多步法求解函数，它通常需要前面多个时间点的函数值来计算当前步的函数值。

上面的函数都是为求解非刚性问题设计的，如果在实际使用中发现效果不佳，就需要进一步考虑下面的刚性问题求解函数。刚性是常微分方程数值解法中一个奇妙、困难和重要的概念。一个问题的刚性是指，通常情况下其解产生过程变化很慢，但是某些过程中存在很接近的变化极快的解，进而数值算法必须采用足够小的步长来获得满意的结果。

ode15s() 是一种基于数值微分公式（NDFs ）的变阶方法。也可以使用后向差分公式（BDFs，也称为Gill算法），不过这样效率一般较低。它和ode113() 一样，也是一种多步法。如果使用ode45() 求解失败，或是非常低效，那么问题可能是刚性的，此时可以考虑使用ode15s()。对于差分代数方程也应该考虑使用ode15s() 求解。

ode23s() 是一种基于修改的二阶Rosenbrock 公式的单步法，它在一些精度要求不高的情况下比ode15() 更为有效，有些刚性问题采用ode15s() 效果不佳，但用ode23s() 却效果不错。

ode23t() 采用梯形公式，其插值位置是"自由的"。这一方法适用于适度刚性的问题，并且可能获得无数值衰减的结果，也可以用来解决差分代数方程。

ode23tb() 是TR-BDF2 方法的一种实现。TR-BDF 2属于隐式龙格–库塔方法，第一阶段采用梯形公式，第二阶段采用二阶BDF。通过构造，在两个阶段的计算中采用同样的迭代矩阵。和ode23s() 类似，该方法在误差要求较为宽松时，比ode15s() 高效。

MATLAB中的ode函数用法说明如表6.2所列。

ode23()和ode45()函数有以下几种调用方法：

```
[T,Y] = solver(odefun,tspan,y0)
[T,Y] = solver(odefun,tspan,y0,options)
[T,Y,TE,YE,IE] = solver(odefun,tspan,y0,options)
sol = solver(odefun,[t0 tf],y0...)
```

- 第一个参数odefun是一个函数句柄，用来计算微分方程的右端表达式。

若您对此书内容有任何疑问，可以登录MATLAB中文论坛与同行们讨论交流。

表 6.2　　MATLAB中的ode函数用法说明

ode函数	适用问题	精度	适用情况
ode45()	非刚性问题	中	大部分情况适用，解决问题的首选
ode23()	非刚性问题	低	适用于容差较大或者适度刚性的问题
ode113()	非刚性问题	低～高	适用于容差要求严格，或常微分方程函数计算代价较大的情况
ode15s()	刚性问题	低～中	适用于在ode45()由于刚性计算很慢的情况
ode23s()	刚性问题	低	适用于对误差要求不高的刚性问题，或常数质量矩阵的情况
ode23t()	适度刚性问题	低	适用于要求结果无数值衰减的适度刚性问题
ode23tb()	刚性问题	低	适用于对误差要求不高的刚性问题，或还有质量矩阵的情况

- 参数tspan定义了求解的总区间，其值必须存储在一个向量中，记为$[t_0, t_n]$，如果t_0未知，就假设它为零。

- y0为初始条件。

- 参数option是一个结构体，可以用函数odeset()来设定，其调用格式如下：

  - * options = odeset('name1',value1,'name2',value2,…)，用参数名和参数值对来设定解法器的参数。

  - * options = odeset(oldopts,'name1',value1,…)，修改原来的解法器options结构体oldopts，只改变指定的某些参数值。

  - * options = odeset(oldopts,newopts)，合并两个解法器options结构体oldopts和newopts，这两个结构体中值不同的参数，采用newopts中的参数值。

　　直接在MATLAB命令窗口中输入odeset，即可得到常微分方程解法器所有的参数值和它们的默认值如下：

```
1  >> odeset
2          AbsTol: [ positive scalar or vector {1e-6} ]
3          RelTol: [ positive scalar {1e-3} ]
4      NormControl: [ on | {off} ]
5      NonNegative: [ vector of integers ]
6        OutputFcn: [ function_handle ]
7        OutputSel: [ vector of integers ]
8           Refine: [ positive integer ]
9            Stats: [ on | {off} ]
10     InitialStep: [ positive scalar ]
11         MaxStep: [ positive scalar ]
12             BDF: [ on | {off} ]
13        MaxOrder: [ 1 | 2 | 3 | 4 | {5} ]
14        Jacobian: [ matrix | function_handle ]
15        JPattern: [ sparse matrix ]
16      Vectorized: [ on | {off} ]
17            Mass: [ matrix | function_handle ]
18 MStateDependence: [ none | {weak} | strong ]
19       MvPattern: [ sparse matrix ]
20    MassSingular: [ yes | no | {maybe} ]
```

```
21       InitialSlope: [ vector ]
22             Events: [ function_handle ]
```

在微分方程求解中有时需要对求解算法及控制条件进行进一步的设置，这可以通过求解过程中的options变量进行修改。表6.3中列出了常用的一些成员变量及其说明。

表6.3　MATLAB中常微分方程解法器参数说明

参数名	参数说明
AbsTol	绝对误差允许范围，如果是标量该绝对误差应用于所有的分量，如果是向量则单独指定每一分量的绝对误差，默认值为1e-6
RelTol	用于所有分量的相对误差，解法器的积分估计误差必须小于相对误差与解的乘积并且小于绝对误差，默认值为1e-3
Refine	如果Refine大于1，则输出结果被插值，从而提供输出结果的精度，默认值为1或者4(ode45)
Stats	如果该值为′on′，输出计算耗时；默认值为′off′，不输出计算耗时
MaxStep	为求解方程最大允许的步长值
Jacobian	为描述jacobian矩阵函数$\partial f/\partial x$的函数名，如果已知该jacobian矩阵，则能加速仿真过程
Mass	微分代数方程中的质量矩阵，可以用于描述微分代数方程

修改这些变量有两种方式，其一是用odeset()函数设置，其二是直接修改options的成员变量。例如，若想将相对误差设置成较小的10^{-8}，则可以使用以下两种方式：

```
options = odeset('_RelTol_',1e-8);
options = odeset;  options.RelTol = 1e-8);
```

在实际求解过程中经常需要定义一些附加参数，这些参数由$p_1, p_2, \cdots, p_m$表示，在编写方程函数时也应该一一对应地写出，在这种调用格式下还应该使用flag变量占位。

接下来，就可以利用 MATLAB 来求解跟大名鼎鼎的"蝴蝶效应"有关的一阶洛伦兹微分方程组问题了。

美国气象学家洛伦兹（E.N.Lorenz）是混沌理论的奠基者之一。20世纪50年代末到60年代初，他的主要工作目标是从理论上进行长期天气预报研究。他在使用计算机模拟天气时意外发现，对于天气系统，哪怕初始条件的微小改变也会显著影响运算结果。随后，他在同事工作的基础上化简了自己先前的模型，得到了有3个变量的一阶微分方程组，由它描述的运动中存在一个奇异吸引子，即洛伦兹吸引子。该一阶微分方程组的形式看起来很简单

$$\left.\begin{array}{l}\dfrac{\mathrm{d}x}{\mathrm{d}t} = -\beta x + yz \\[2mm] \dfrac{\mathrm{d}y}{\mathrm{d}t} = -\sigma(y - z) \\[2mm] \dfrac{\mathrm{d}z}{\mathrm{d}t} = -xy + \rho y - z\end{array}\right\} \qquad (6.130)$$

洛伦兹的工作结果最初在1963年发表。如今，这一方程组已成为混沌理论的经典，也是"蝴蝶效应"——巴西蝴蝶扇动翅膀在美国引起得克萨斯的飓风一说的肇始。

洛伦兹方程组是基于流体力学中的Navier-Stokes方程、热传导方程和连续性方程构建的，属于耗散系统。相空间中，耗散系统的终态都将收缩到吸引子的状态上。但对平庸吸引子来说，无论初值如何，终值只有一个，而奇异吸引子却是无数个点的集合，对初值极端敏感。如洛伦兹当年只是忽略了小数点4位以后的数值，得到的结果就有了相当大的偏差，甚至完全相反。

【例6.7】 在洛伦兹原始的工作中，x表示的是对流的翻动速率，y正比于上流与下流液体温差，z是垂直方向的温度梯度。式中三个参数σ（Prandtl数）、β和ρ（Rayleigh数）可任取大于0的数值。常用的组合是$\sigma=10$，$\beta=8/3$，而令ρ取不同数值。利用MATLAB编程求解$\rho=20$和$\rho=28$时的系统演化轨迹，对比两种情况下是否有混沌现象和奇异吸引子出现。生成$\rho=28$的情况下奇异吸引子动态变化，以及连续变换视角时看演化轨迹的动画，并在此基础上保存对应的.avi和.gif文件。

【分析】 因为要在ρ取不同数值的情况下对洛伦兹微分方程组进行数值求解，可以先利用inline()函数来编写带多个参数的洛伦兹微分方程组，然后再调用MATLAB中常微分方程初值问题求解函数ode45()来进行数值求解。程序代码如下：

```
1  clc; clear; close all;
2  %用inline()函数来定义参数形式的洛伦兹微分方程组
3  Lorenz = inline(['[-beta*x(1)+x(2)*x(3);_-rho*(x(2)-x(3));',...
4      '-x(1)*x(2)+sigma*x(2)-x(3)]'],'t','x','flag','beta','rho','sigma');
5  t_final=100;        %设定时间范围
6  x0=[0;0;eps];       %设定初值
7
8  b1=8/3; r1=10; s1=28;    %设定洛伦兹微分方程组的第一组参数取值
9  %利用ode45()函数对第一组参数取值的洛伦兹微分方程组进行数值求解
10 [t1,x1] = ode45(Lorenz,[0,t_final],x0,[],b1,r1,s1);
11 b2=8/3; r2=10; s2=20;    %设定洛伦兹微分方程组的第二组参数取值
12 %利用ode45()函数对第一组参数取值的洛伦兹微分方程组进行数值求解
13 [t2,x2] = ode45(Lorenz,[0,t_final],x0,[],b2,r2,s2);
14
15 figure;                  %打开新图形窗口
16 subplot(1,2,1),plot(t1,x1)    %绘制第一组参数取值的数值求解结果曲线
17 title(['\beta=' num2str(b1) ',\rho=' num2str(r1) ',\sigma=' num2str(s1)])
18 subplot(1,2,2),plot(t2,x2)    %绘制第二组参数取值的数值求解结果曲线
19 title(['\beta=' num2str(b2) ',\rho=' num2str(r2) ',\sigma=' num2str(s2)])
20
21 figure;                  %打开新图形窗口
22 subplot(1,2,1),plot3(x1(:,1),x1(:,2),x1(:,3))%绘制洛伦兹吸引子的数值求解三维曲线
23 title(['\beta=' num2str(b1) ',\rho=' num2str(r1) ',\sigma=' num2str(s1)])
24 subplot(1,2,2),plot3(x2(:,1),x2(:,2),x2(:,3))%绘制洛伦兹吸引子的数值求解三维曲线
25 title(['\beta=' num2str(b2) ',\rho=' num2str(r2) ',\sigma=' num2str(s2)])
26
27 figure;                  %打开新图形窗口
28 axis([10 42 -25 20 -20 30]);        %根据实际数值手动设置坐标系
29 comet3(x1(:,1),x1(:,2),x1(:,3));     %动态显示吸引子的绘制过程
30
31 %生成连续变换视角时洛伦兹吸引子的旋转动画
32 figure;                  %打开新图形窗口
33 h1 = plot3(x1(:,1),x1(:,2),x1(:,3));        %绘制洛伦兹吸引子的数值求解三维曲线
34 numFrames = 100;
35 animated(1,1,1,numFrames) = 0;
```

```
36 mov = moviein(numFrames);
37 for k=1:numFrames
38     rotate(h1,[0 0 1],3.6);    %沿Z轴旋转
39     axis([10 42 -25 20 -20 30]);
40     shading flat;
41     mov(:,k)=getframe;
42     if k == 1
43         [animated, cmap] = rgb2ind(mov(k).cdata, 256, 'nodither');
44     else
45         animated(:,:,1,k) = rgb2ind(mov(k).cdata, cmap, 'nodither');
46     end
47 end
48 %创建.avi文件
49 movie2avi(mov, 'LorenzOscillator.avi', 'compression', 'None');
50 %创建.gif文件
51 filename = 'LorenzOscillator.gif';
52 imwrite(animated, cmap, filename, 'DelayTime', 0.1,'LoopCount', inf);
53 %查看GIF动画
54 web(filename)
```

　　程序运行后可以得到如图6.23所示的两组参数下洛伦兹微分方程组的数值求解结果, 以及如图6.24所示的两组参数下洛伦兹吸引子的三维曲线图, 同时还能得到LorenzOscillator.avi和LorenzOscillator.gif 两个动画文件。从两幅图中可以看出, 在 ρ 较小(如取20)的情况下, 系统是稳定的, 演化到两个吸引点中的一个。随着 ρ 的增加, 系统趋于复杂, 在 $\rho = 28$ 时达到混沌状态。当增加到 $\rho = 99.6$ 时会出现所谓的圆环结(torus knot), 读者可以改变程序中相应的 ρ 值后运行看结果的变化。

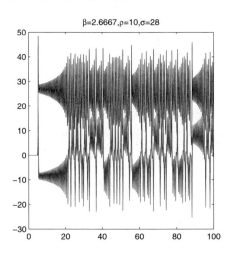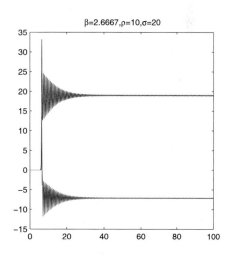

图6.23　两组参数下洛伦兹微分方程组的数值求解结果

　　从图6.24中可以看出当 $\rho = 28$ 时, 系统的演化轨迹图案颇似蝴蝶展翅, 所谓混沌理论的"蝴蝶效应"之得名据说也与此吸引子的形状有关。所谓混沌, 如庞加莱在《科学与方法》一书中所说, "初始条件的微小差异有可能在最终的现象中导致巨大的差异", "预言变得不可能"。其实混沌理论也不一定要求系统形式上的复杂性, 比如描述洛伦兹吸引子的方程组

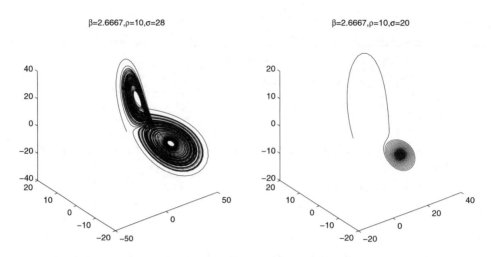

β=2.6667,ρ=10,σ=28   β=2.6667,ρ=10,σ=20

图6.24   两组参数下洛伦兹吸引子的三维曲线图

就很简单，关键是在简单的表象后面莫测的复杂。如今在混沌的研究中，计算机起了很大的作用。至于实际应用，混沌起作用的地方还是很多的，如天气系统、天体运动中的轨道乃至经济学中的问题。

6.9.7　高阶常微分方程（组）的MATLAB数值求解

高阶常微分方程的一般形式为

$$y^{(n)} = f(x, y, y', \cdots, y^{(n-1)}) \tag{6.131}$$

且已知输出变量$y(x)$的各阶导数初始值为$y(0), y'(0), \cdots, y^{(n-1)}(0)$，则可以选择一组状态变量$x_1 = y, x_2 = y', \cdots, x_n = y^{(n-1)}$，这样就可以将原高阶常微分方程模型变换成如下一阶常微分方程组的形式：

$$\left.\begin{array}{l} x_1' = x_2 \\ x_2' = x_3 \\ \vdots \\ x_n' = f(t, x_1, x_2, \cdots, x_n) \end{array}\right\} \tag{6.132}$$

且初值$x_1(0) = y(0), x_2(0) = y'(0), \cdots, x_n(0) = y^{n-1}(0)$。这样，变换以后就可以直接在MATLAB中求取原方程的数值解。

【例6.8】　质量–弹簧系统在周期性外力作用下的无阻力振动方程为

$$mx'' + kx = F_0 \cos \omega t \tag{6.133}$$

假设$m = 1$、$k = 9$、$F_0 = 80$、$\omega = 5$，则微分方程变为

$$x'' + 9x = 80 \cos 5t \tag{6.134}$$

再假设初值为$x(0) = x'(0) = 0$，在MATLAB中求解该高阶微分方程在区间$[0, 6\pi]$的数值解，并将所得到的数值解与其精确解$x(t) = 5\cos 3t - 5\cos 5t$进行对比。

【分析】　该质量–弹簧系统在周期性外力作用下的无阻力振动方程为二阶微分方程，无法在MATLAB中直接进行数值求解。根据前面介绍的方法，可以将该二阶微分方程转化为一阶微分方程组

$$\left.\begin{array}{l} x_1' = x_2 \\ x_2' = 80\cos 5t - 9x_1 \end{array}\right\} \tag{6.135}$$

则初值变为$x_1(0) = x_2(0) = 0$，然后利用MATLAB初值问题求解器ode45()求解并作图即可。程序代码如下（"exam_2order.m"）：

```
1  f = @(t,x)[x(2); 80*cos(5*t)-9*x(1)];
2  x0 =[0; 0];
3  t_final = 6*pi;
4  [t,x] = ode45(f,[0,t_final],x0);
5
6  ts = linspace(0,t_final,201);
7  xs = 5*cos(3*ts)-5*cos(5*ts);
8
9  plot(ts,xs,'*',t,x(:,1))
10 xlabel('t')
11 ylabel('x')
12 legend('exact_solution','numerical_solution')
```

程序运行后得到如图6.25所示的曲线，从图中可以看出利用MATLAB初值问题求解器ode45()得到的数值结果与精确解是相同的。

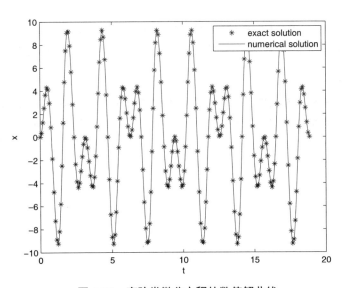

图6.25　高阶常微分方程的数值解曲线

在某些复杂系统中，会得到相关物理量的高阶常微分方程组。要利用MATLAB对高阶常微分方程组的初值问题进行数值求解，也需要采用一些技巧，将原高阶常微分方程组变换成标准的一阶常微分方程组形式。下面以两个高阶微分方程构成的微分方程组为例介绍如

若您对此书内容有任何疑问，可以登录MATLAB中文论坛与同行们讨论交流。

何将之变换成一个一阶显式常微分方程组。如果可以显式地将两个方程写成

$$
\left.\begin{array}{l}
x^{(m)} = f(t, x, x', \cdots, x^{(m-1)}, y, \cdots, y^{(n-1)}) \\
y^{(n)} = g(t, x, x', \cdots, x^{(m-1)}, y, \cdots, y^{(n-1)})
\end{array}\right\}
\tag{6.136}
$$

则仍旧可以选择状态变量 $x_1 = x, x_2 = x', \cdots, x_m = x^{(m-1)}, x_{m+1} = y, x_{m+2} = y', \cdots, x_{m+n} = y^{(n-1)}$，这样就可以将原方程变换成

$$
\left.\begin{array}{l}
x_1' = x_2 \\
\vdots \\
x_m' = f(t, x_1, x_2, \cdots, x_{m+n}) \\
x_{m+1}' = x_{m+2} \\
\vdots \\
x_{m+n}' = g(t, x_1, x_2, \cdots, x_{m+n})
\end{array}\right\}
\tag{6.137}
$$

再对初值进行相应的变换，就可以得出所期望的一阶微分方程组。

6.10 习　题

【习题6.1】 微晶片固体激光器的腔长通常为 $0.1\sim2$mm，激光波长为 $1.064\,\mu m$，在MATLAB中编程计算腔长由0.1mm变化到2mm时对应的激光腔中纵模间隔变化，并作出其对应曲线。

【习题6.2】 对于例6.4中的微晶片固体激光器，计算抽运速率由 1.5×10^{28} 变化到 3×10^{28} 每隔 0.3×10^{28} 变化得到的脉冲宽度及重复频率，并作出脉冲宽度、重复频率随抽运速率变化的关系曲线。

【习题6.3】 直接在MATLAB中利用四阶经典龙格–库塔格式(6.122)编程求解例6.4中的微晶片固体激光器的速率方程组，并将计算结果与例6.4中用ode43()函数计算的结果进行比较。

第 7 章
高功率双包层光纤激光器及仿真

随着1960年第一台激光器的诞生，这种高亮度、单色性好、方向性强的光源已经得到迅猛的发展，同时更重要的是其在科学实践领域中及在推动生产力发展方面已经得到了广泛的应用，从而产生了一场光学领域的革命，并导致了继电子产业之后的下一代核心产业——光电子产业的兴起和发展。

50多年来，激光器已经以令人震惊的速度发展成了一个庞大的家族，包括固体激光器、气体激光器、液体激光器、半导体激光器等，激光器的各项指标均得到了不断的提高。而对于大多数应用领域，特别是对商用化应用来说，激光器今后的发展方向应为：小型化、全固化、便携化、经济化。

光纤激光器是以掺杂光纤作为增益介质的一类激光器。光纤激光器和其他类型的激光器一样，由能产生光子增益的工作介质、使光子得到反馈并在工作介质中进行谐振放大的光学谐振腔和激励光子跃迁的抽运源3部分组成。只不过光纤激光器的工作介质是同时起着波导作用的掺杂光纤。因此，光纤激光器是一种波导型的谐振装置。光纤激光器一般采用光抽运的方式，抽运光通过光学耦合系统耦合进入光纤，抽运光的光子能够被掺杂光纤内的增益介质吸收，形成增益介质的粒子数反转，进而产生自发辐射，这种自发辐射在光纤激光器的光学谐振腔的作用下最终变成稳定而持续的受激辐射而输出激光。光纤激光器的谐振腔一般是由光纤光栅（fiber bragg grating，FBG）构成腔镜，作为波长选择器和光纤波导光路共同构成的，所产生的激光信号在谐振腔中以导波模式传输。谐振腔的腔镜还可以是镀在平面镜上的介质膜、镀在光纤端面上的介质膜或者光纤耦合器构成的光纤环形镜等多种形式。

掺稀土元素的光纤激光器及放大器由于其优良的性能和广泛的应用前景，成为近年来备受关注的激光器件。与传统固体激光器相比，光纤激光器具有转换效率高、光束质量好、热控管理方便、可调谐范围大、结构紧凑灵活等优点，在光通信、光传感、光谱学、激光医疗、工业加工、航空航天和激光武器等领域得到了广泛的应用。近年来，随着光纤设计和工艺的改进、抽运源功率的提高和新的抽运耦合技术的出现，单根光纤输出功率的记录被不断刷新，在高功率激光应用领域光纤激光器向传统固体激光器发起了有力的挑战。光纤激光器尤其是以包层抽运方式的双包层结构的光纤激光器，结合了当今最新的高亮度半导体激光器技术、光束整形技术、抽运耦合技术、高性能掺杂光纤制作技术以及光纤光栅等无源器件的制作技术为一体的综合技术，已经成为当今光电技术领域中前沿性的研究课题。

由于光纤激光器采用的工作介质具有光纤的形式，其特性受到光纤波导特性的影响。进入到光纤中的抽运光由于波长较短，一般在掺杂光纤中具有多个模式，而所产生的信号光（激光）可能是单模或是具有少量的高阶模，不同的抽运模式对不同的激光模式会产生不同的影响，使得光纤激光器的分析比较复杂，在很多情况下难以得到解析解，不得不借助数值计算。本章以高功率双包层光纤激光器作为研究对象，主要利用MATLAB中的常微分方程边值问题计算函数bvp4c()对其进行数值求解，最终得到相关参数的数值结果，从而能够对

高功率双包层光纤的特性进行深入分析，为进一步优化和改善其性能提供依据。

7.1 双包层光纤激光器概述

7.1.1 光纤激光器发展历史

早在第一台激光器问世的第二年，即1961年，Snitzer就发现了掺钕（Nd）玻璃波导中的激光辐射。接着，Snizer和Koester在1963年和1964年分别发表了多组分玻璃光纤中的光放大结果，提出了光纤激光器的概念。1966年，高锟博士详细地分析了造成光纤中光衰减的主要原因，明确指出了光纤在通信中实际使用所要解决的主要技术问题。这个难题由美国康宁公司于1970年解决，他们开发出衰减小于20 dB/km的光纤，贝尔实验室（Bell Labs）的一个小组也开展了这方面的研究工作。在光纤激光器发展的最初阶段就考虑了用半导体光源进行抽运的可能性，由于当时光纤的损耗、半导体激光器的室温工作等问题尚未解决，光纤通信尚处于探索性阶段，因此光纤激光器的研究在这期间没有实质性的发展。1975—1985年这十年间，许多发展光纤激光器所必需的工艺技术趋于成熟，Poole等人在改进型化学气相沉积（modified chemical vapor deposition，MCVD）的基础上，率先开发出气相掺杂和液相掺杂技术，使得稀土元素掺杂光纤的制作工艺日益完善。低损耗的硅单模光纤和半导体激光器都已商品化，基于硅光纤的定向耦合器制作也得到完善。这些都为光纤激光器的研制铺平了道路。

在20世纪80年代中后期，英国南安普顿大学（University of Southampton）在这个领域的研究处于领先地位，他们用MCVD法制作单模光纤，用此单模光纤实现了激光器的运行，并报道了光纤激光器的调Q、锁模、单纵模输出方面的研究工作。世界上许多研究机构都开展了光纤激光器的研究工作，英国通信研究实验室于1987年首次报道了其研究成果，展示了用各种定向耦合器制作精巧的光纤激光器装置，他们在增益和激发态吸收等研究领域中也做了大量的基础工作，最重要的是制成了利用半导体激光器作为抽运源的光纤激光器。这之后世界上许多研究机构活跃于该领域，如德国汉堡技术大学（Technical University Hamburg-Harburg），日本的三菱公司、NTT公司、Hoya公司，美国的宝丽来公司（Polaroid Corporation）、斯坦福大学和GTE等。1987年英国南安普敦大学及美国贝尔实验室实验证明了掺铒光纤放大器（erbium-doped optical fiber amplifer，EDFA）的可行性。它采用980 nm的半导体激光抽运掺铒单模光纤对信号光实现放大，现在这种EDFA已经成为光纤通信中不可缺少的重要器件。

由于光纤的纤芯很细（对于一般单模光纤，芯径在10 μm左右），一般的抽运源很难有效地耦合进光纤芯区。为了有效地将抽运光耦合进入单模纤芯，一般只能采用单模的半导体激光器，而这种单模的半导体激光器由于其本身特性所限不能产生很高的功率，这使得光纤激光器的输出功率在相当长一段时间内都难以实现高功率输出。直到20世纪80年代末，这种局面才被打开。

1988年，Polaroid公司的Snitzer，也就是提出光纤激光器概念的奠基人，和他的同事们提出了双包层光纤的构想并且付诸实践，使得光纤激光器的功率和效率大大改善。这在光纤激光器的发展史上具有里程碑的意义。自此以后，光纤激光器迅速发展，输出功率不断提高，双包层光纤的出现掀开了高功率光纤激光器的研究热潮。1989年，E.Snitzer和他的同事们利用输出功率500 mW、波长807 nm的半导体激光器抽运矩形内包层的掺Nd双包层光纤激光器，获得了120 mW的光纤激光器输出。1993年，L. Zenteno利用2.5W的半导体激光器作为抽运源，采用类似的双包层光纤获得了750 mW 的光纤激光器输出。随后，H. Po 等获得了5W 的掺Nd 的双包层光纤激光器输出，其斜率效率高达51%。两年后，H. Zellmer 和他的同事获得了9.2W 的光纤激光器输出，他们采用的半导体激光器抽运源的功率达到了35W，由于他们所用的双包层光纤的内包层为圆形结构，因此该光纤激光器的效率只有26%。1998 年，V. Reichel 等人利用新研制的直径400 μm 的D型内包层结构的双包层光纤获得了1.06 μm 处14 W 的光纤激光器输出，所采用的抽运源为输出功率33.3 W、波长815 nm 的半导体激光器，转换效率达到了40%。

掺Yb^{3+} 双包层光纤激光器的研究工作则是由V. P. Gapontsev 等率先开展的，他们利用875 nm 的半导体激光器作为抽运源，得到了斜率效率高达69% 的高效掺Yb^{3+} 双包层光纤激光器，输出波长为1090 nm，由于抽运源功率的限制，激光的输出功率只有50 mW 。H. M. Pask 等采用974 nm 的钛蓝宝石激光器作为抽运源，获得了最大输出功率470 mW、波长1040 nm 掺Yb^{3+}双包层光纤激光器。

20 世纪90 年代中后期，高功率掺Yb^{3+} 双包层光纤激光器的发展更为迅速，1995 年输出功率达到2 W，1997 年达到20 W，随后在Polaroid 公司从事研究的M. Muendel 报道采用掺Yb^{3+} 矩形内包层光纤获得了35 W的双包层光纤激光器输出。1999 年，美国SDL 公司的V. Dominic 和他的同事们使双包层光纤激光器的输出功率突破了100 W ，成为高功率光纤激光器发展中的一个里程碑。该高功率光纤激光器利用了4 个准直输出功率45 W、波长915 nm 的半导体激光器抽运源，每两个半导体激光器抽运源利用半波片和偏振片合束后，分别通过两个聚焦透镜从掺Yb^{3+} 双包层光纤的端面进入矩形内包层。双色镜作为腔镜紧贴双包层光纤的端面，双包层光纤的另一端经过抛光后形成的纤芯–空气界面作为输出腔镜，另一双色镜作为输出耦合镜。在约180 W 的总功率抽运下，获得了最大输出功率110 W、波长1120 nm 的光纤激光器输出，光–光转换效率达到了58%，光束质量因子M^2 约为1.7，这一结果极大地鼓舞了世界各地的研究者研制更高输出功率的光纤激光器的信心。

由于受光纤和抽运源技术的限制，在此后的近3年里，单根光纤激光输出功率没有获得突破性进展。到2003 年，随着大模场光纤技术和高功率抽运源技术的发展，光纤激光器的输出功率水平迅速提高，输出记录被不断刷新。其中英国的SPI （Southampton Photonics Inc），德国的高等技术物理所（Institute for Physical High Technology Jena, IPHT）、美国的IPG公司在推动高功率光纤激光器发展上最为活跃。

英国的SPI 公司和其合作的南安普敦大学的光电子研究中心（Optoelectronics Research Centre, ORC）早在20 世纪80 年代中期就开始了掺稀土元素光纤的研制，并提出了MCVD 工艺。他们得到了美国DARPA 在高功率光纤激光器项目的资助，在高功率光纤激光器方面处于领先地位。在2003 年，他们最先突破单根双包层光纤输出的千瓦大关，采用芯径为43μm，NA 为0.09 的掺Yb^{3+} 光纤获得的激光输出功率1010 W ，波长为1.1μm，光束质量因子M^{2}为3.4，斜率效率高达80%。紧接着第二年，他们再次刷新了当时的记录，采用双端抽运的方式，从芯径为40 μm，NA为0.05 的光纤的两个端面注入1600 W （抽运功率为1800 W ），获得了1360 W 的输出功率，斜率效率为83%，并将光束质量因子M^2 提高到了1.4，获得了近单模输出。这个结果是传统固体激光器可望而不可即的，充分显示了光纤激光器在高功率光纤激光器上的潜力。

德国的高等技术物理所和 FSU 的应用物理所（Institute of Applied Physics at Friedrich-Schiller-University in Jena）在掺Yb^{3+} 双包层光纤激光方面也处于领先地位。他们采用多波长抽运技术研制出连续输出功率高达数百瓦的双包层光纤激光器。2004 年，他们采用纤芯直径$38\mu m$、NA 0.06的大模面积掺Yb^{3+}双包层光纤研制出了输出功率达到1300 W的高功率光纤激光器，输出激光的光束质量因子$M^2 \approx 3$。2005年他们采用大模面积光子晶体光纤获得了1530 W的功率。

IPG公司更是以其独特的双包层光纤技术、光纤光栅技术、侧面抽运技术和高功率半导体激光器技术将高功率双包层光纤激光器产品化。早在2002年和2003年他们就实现了135 W和400 W的单根光纤单模输出。2005年，IPG在实验室中获得了掺Yb^{3+}光纤激光器连续激光输出功率约2 kW、波长为$1.1\mu m$，光束质量因子$M^2 < 1.2$，光束质量近衍射极限。利用非相干光束合成方法，得到了50 kW的光纤激光器。

此外，国际上比较著名的光纤激光器制造厂家还包括：美国的OFS、JDS Uniphase、Nufern，丹麦的Crystal fiber，芬兰的Liekki等公司。他们在光纤激光器器件和整机上都已经从实验室研究走上商业化的道路。

近年来，许多国内的科研单位在发展高功率光纤激光器方面奋起直追，在攻克大功率光纤激光器的关键技术（如包层抽运技术、抽运耦合技术和光束整形技术等）方面取得重大进展，天津电子部46所和武汉烽火科技已研制出了国产的双包层光纤。高性能掺杂光纤的国产化，将有力地促进国内大功率光纤激光器的研制和推广应用。

2003年底，中国科学院上海光学精密机械研究所和清华大学精密机械与仪器学系光电子中心先后研制出了百瓦级的光纤激光器。2004年，中国科学院上海光学精密机械研究所采用由烽火科技提供的15 m长的国产掺Yb^{3+}双包层光纤（内包层为D形450 μm /400 μm，NA为0.37，芯径为30 μm），借助于空间滤波和非球面耦合技术，从双端抽运双包层光纤，在波长$1.1\mu m$获得了440 W的连续激光输出。2006年，清华大学精密仪器系光子与电子学研究中心采用烽火科技提供的新型掺Yb^{3+}双包层光纤实现了输出功率达714 W、光光转换效率达到70%、斜率效率接近72%的高功率光纤激光器。2006年5月，中国兵器装备研究院研制成功的单根光纤激光器输出功率达到1049 W，光光转换效率大于60%。2006年8月，中国电子科技集团公司第十一研究所研制成功的高功率光纤激光器，输出功率高达1207 W。另外，南开大学物理学院光电信息科学系、北京交通大学光波所、中国科学院西安光学精密机械研究所瞬态光学技术国家重点实验室等在高功率光纤激光器上也取得了可喜的进展。

7.1.2 双包层光纤的结构

最初光纤激光器需要将其抽运源的抽运光耦合入直径只有数微米的光纤纤芯，从而限制了耦合进入纤芯的抽运光功率。因此，为了有效地将抽运光耦合进入单模纤芯必须采用单模的半导体激光器，而这种单模的半导体激光器由于其本身特性所限不能产生很高的功率，所以光纤激光器的输出功率也不高。尽管早在20世纪60年代就开始了光纤放大器和光纤激光器方面的研究，但是在其后的30多年间光纤激光器却没有获得高功率的激光输出。直到20世纪80年代后期，E. Snitzer和同事提出了解决此问题的对策：采用新型包层抽运技术的双包层光纤。

双包层光纤的基本结构和折射率分布如图7.1所示。在双包层光纤中，中间是掺杂稀土元素的纤芯（core），其芯径一般为几微米至数十微米，纤芯被较低折射率的内包层（inner cladding）包围，能够形成传输信号光（激光）的波导结构。内包层是一根具有较大直径和较高数值孔径的多模光波波导，其直径可达数百微米。内包层的外面是外包层（outer cladding），它的折射率比内包层要低，因而能够保证抽运光在内包层中的传输。双包层光纤

的最外层是具有保护作用的涂敷层（coating），有些双包层光纤也将外包层和涂敷层合二为一。如图7.1所示，在双包层光纤激光器或放大器中，抽运光不必直接耦合进入纤芯中，而只要先耦合进入到包围在纤芯外部的内包层中。而后抽运光在沿着双包层光纤传输的过程中，能够从多模的内包层多次穿越纤芯，被纤芯中的掺稀土元素吸收，从而使纤芯中稀土元素的原子被抽运到上能级。然后能级间跃迁产生自发辐射光通过光纤激光器谐振腔的选频作用，使特定波长的自发辐射光可被振荡放大而最后产生激光输出。

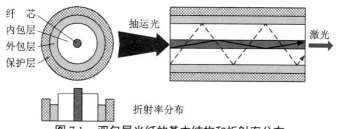

图 7.1　双包层光纤的基本结构和折射率分布

因为内包层的尺寸可以做到纤芯的10～100倍，并且其NA也很大，因而能够方便地将高功率多模半导体激光器抽运光注入其中。如图7.2所示，只要在双包层光纤的两端加上腔镜，就能够形成激光谐振腔，从而得到高功率的光纤激光输出。通过应用这种简单、高效的耦合方式，可以使高功率半导体激光器所产生的多模抽运光能够很有效地转化为高光束质量高功率光纤激光器的激光输出，最终获得的激光亮度可能是抽运光的上千倍。

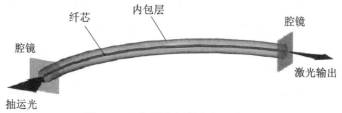

图 7.2　双包层光纤激光器示意图

双包层光纤是高功率光纤激光器最重要的组成部分，双包层光纤内包层的截面形状是影响抽运光吸收的重要因素。最早提出和实现的是圆形内包层，它有很多优点：不需要对预制棒做光学机械加工而使工艺更简单；当抽运源为带尾纤的半导体激光器时，圆形石英包层之间的尺寸匹配易于耦合连接等。但圆形内包结构也有很明显的缺点，完美的圆形对称性使内包层中大量的抽运光成为螺旋光，在传输的过程中无法达到纤芯，因而不可能被掺杂的稀土元素吸收，从而转换效率很低。为了克服这个缺陷，可以采用图7.3所示的纤芯偏心的双包层光纤结构。此外矩形、正方形、D形、八边形、梅花形等形状的内包层也已经出现，理论和实验均表明，这些内包层形状的光纤相对于圆形内包层形状对抽运光的吸收效率有很大提高。

7.1.3　双包层光纤激光器和其他激光器比较

高功率双包层光纤激光器有以下几方面的突出性能。

(1)输出功率高

目前一个宽面多模高功率半导体激光器模块组可辐射出超过100 W 的光功率，高功率半导体激光器模块并行设置后再对双包层光纤激光器抽运，即可允许得到很高功率的激光输

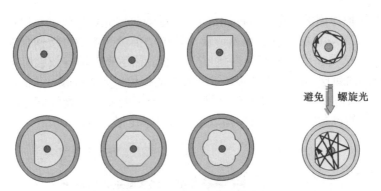

图7.3　具有不同形状内包层的双包层光纤

出。目前，单个双包层光纤激光器获得的最大激光输出已经超过了1000 W。

(2) 光束质量好

高功率光纤激光器的腔内激光被限制在掺有稀土增益介质的纤芯中，而纤芯的芯径只有几微米至数十微米，NA 也较低，因而通过模式控制能够保证腔内激光的单模或低阶模特性，从而在结构上确保了光纤激光器即使在很高的功率输出下也能得到接近于衍射极限的高光束质量。

(3)制冷要求低

双包层光纤的纤细结构使得其面积/体积比很大，纤芯中激光产生的热量很容易传导到光纤的表面，再由光纤表面散发到工作环境中，因此在高功率的光纤激光器中通常并不需要对其增益介质——双包层光纤制冷。此外，目前一些先进制作工艺生产出来的大功率的宽面多模高功率半导体激光器可在较高的温度下工作，对其只需简单的风冷即可。

(4)抽运带宽大

目前高功率的光纤激光器内的光纤纤芯通常选择掺杂稀土元素Yb，有一个宽（波长范围930~980nm）且吸收截面大的抽运光吸收区（见图7.4）。因此，作为抽运源的高功率半导体激光器在一定条件下可以不需要较为复杂的波长稳定装置。

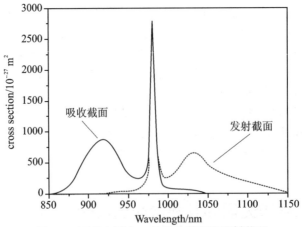

图7.4　石英光纤中Yb的吸收截面和发射截面

(5)转换效率高

抽运光在双包层光纤内包层中传输时，能够多次横穿过掺杂了增益介质的光纤纤芯，因此能被增益介质充分吸收并转换成激光。在高功率双包层光纤激光器中，耦合进内包层的抽运光转换成激光的转换效率已经接近量子效率。

(6)运转寿命长

高功率双包层光纤激光器采用多模高功率半导体激光器作抽运源，目前多模高功率半导体激光器可靠运转寿命已经能够超过10万小时，而双包层光纤在高功率输出条件下运转亦很稳定，因此双包层光纤激光器具有很长的运转寿命。目前商用光纤激光器的运转寿命可达10万小时。

表7.1所列是高功率双包层光纤激光器和高功率的CO_2激光器、灯泵的Nd:YAG激光器（LP-Nd:YAG）以及半导体激光抽运的Nd:YAG激光器（DP-Nd:YAG）的部分参数比较。由此可以看出高功率双包层光纤激光器和它们相比无论是在光束质量上还是转换效率上都占有很大的优势，并且其体积小，使用方便，维护费用也较低。

表 7.1　典型高功率激光器的部分性能比较

激光器类型	CO_2	LP-Nd:YAG	DP-Nd:YAG	HPDFL
输出波长/μm	10.6	1.06	1.06	1.05~1.10
输出功率/kW	1~20	0.5~5	0.5~5	0.5~1
光束质量/mm*mrad	>100	50~80	25~50	1~20
体积	最大	大	较大	较小
电光转换效率/%	5~15	1~3	5~10	12~20

7.2　端面抽运的掺Yb双包层光纤激光器的基本理论及仿真

掺稀土离子双包层光纤激光器的理论分析对实验中系统结构和参数的优化具有重要的作用。Stuart D、Ido Kelson、Amos Hardy 等人先后进行了许多工作，建立了一些理论模型，这些模型都是基于稀土离子的能级结构，结合速率方程和谐振腔结构，得到双包层激光的输出特性的。A. Bertoni、Kim 等人则对掺Yb^{3+}双包层光纤激光器的理论和优化进行了研究，给出了许多有用的结论。本章从稳态速率方程出发，推导了线性腔双包层光纤激光器的输出激光功率，斜率效率及激光阈值等激光输出特性参数的解析表达式，并结合MATLAB 对激光器结构参数对激光输出特性的影响进行了数值模拟，得出了不同抽运方式、光纤长度、掺杂浓度、腔镜反射率等参数与输出激光功率的关系。

7.2.1　端面抽运方式

如何有效地将抽运光耦合进光纤直径只有数百微米的双包层光纤内包层来获得高的抽运功率是光纤激光器研究中的一个重要问题。和普通固体激光器一样，光纤激光器的抽运方式总的来说可以分成两大类：端面抽运和侧面抽运。

端面抽运是最常见的抽运方式。端面抽运的好处在于操作比较简单，结构易于实现，只要抽运源的尺寸及发散角跟光纤内包层尺寸及NA 相匹配，就比较容易获得较高的耦合效率，但由于光纤端面被用来进行耦合，因此无法与其他光纤熔接以用于结构简单的光纤放大器。目前光纤激光器主要有下面两种端面抽运方式。

1. 光束整形LD ＋光学系统分立式结构

透镜直接端面耦合抽运光是目前实验室较为常见的抽运方法，这是最常见也是最简单的耦合方式，如图7.5(a)所示。它采用透镜（组）等光学系统将LD 发出经光束整形后的平行

若您对此书内容有任何疑问，可以登录MATLAB中文论坛与同行们讨论交流。

光直接耦合到内包层中。在这种方法中，要达到较高的耦合效率，要求聚焦后光束的NA和聚焦光斑大小应与双包层光纤相匹配。要获得较高的输出功率，一般都采用经过光束整形的高功率二极管阵列作为抽运源，这种整形后的抽运源具有合适的发光面积和发散角，经过透镜聚焦系统后能更容易地耦合进光纤。采用双色镜（抽运光高透、激光高反）和部分反射镜以及双包层光纤构成光纤激光器的谐振腔。因此该方式需采用高精度的多维光纤调节系统，带来了因调节系统的漂移引起的系统稳定性问题，商用光纤激光器一般不采用这种抽运方式。

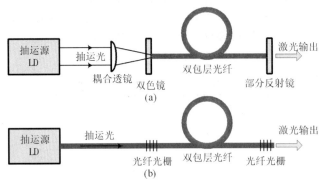

图 7.5　双包层光纤激光器的端面抽运方式

2. 尾纤输出LD ＋光纤光栅的全光纤结构

如图7.5(b)所示，采用带尾纤输出的大功率LD，尾纤与双包层光纤的一端熔接起来，在熔接处双包层光纤的纤芯上刻录光纤光栅，它与光纤另一端的光纤光栅组成谐振腔。该光栅对抽运光高透，对激光波长高反。这种双包层光纤的纤芯须具有光敏性，不具有光敏性的双包层光纤，可以在尾纤与双包层光纤之间熔接一段光纤光栅。这种方法构成了所谓全光纤双包层光纤激光器，其结构牢固，输出功率一般为数瓦至数十瓦，可作商用激光器。然而作为抽运源的大功率阵列须用半导体制冷，所发出的激光需要经过光束整形、准直、非球面镜聚焦耦合到输出尾纤中。

7.2.2　Yb离子的能级结构和光谱特性

目前，光纤中的稀土掺杂离子有很多种，如Er^{3+}、Pr^{3+}、Ho^{3+}、Tm^{3+}、Nb^{3+}和Yb^{3+}等。Yb^{3+}的能级结构如图7.6所示。Yb原子是元素周期表中的镧系元素，属稀土元素，电子结构为[Xe]6s24f14，Yb^{3+}的电子结构为[Xe]4f13，剩余的4f电子受到5s, 5p形成的满壳层的屏蔽作用，使得4f–4f跃迁的光谱特性不易受到宿主玻璃外场的影响，激光线型极其尖锐。与其他稀土离子相比，Yb^{3+}的能级结构比较简单，与所有光波长相关的只有两个多重态展开的能级$^2F_{5/2}$和$^2F_{7/2}$。石英玻璃是光纤激光器最普通的材料，当石英中掺入Yb^{3+}后，由于基质材料中电场分布不均匀，会引起声子加宽和明显的Stark效应，$^2F_{5/2}$展宽成3个子能级，$^2F_{7/2}$展宽成4个子能级。由于Yb^{3+}的两能级间隔在1000cm^{-1}左右，两能级相距较远，不同能级间难以发生无辐射交叉弛豫。因此，Yb^{3+}不存在浓度淬灭，在抽运波长和激光波长处也不存在激发态吸收。

在室温下并非所有Yb^{3+}的能级都参与跃迁，从子能级e到能级$^2F_{7/2}$可发生两种不同类型的激光跃迁：一种是三能级跃迁，波长为975 nm（跃迁e-a）；另一种是四能级跃迁，波长从1010 nm到1200 nm（对应于跃迁e-b, c, d）。一般情况下，激光器工作在三能级系统还

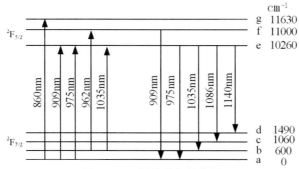

图 7.6　Yb^{3+}的能级结构图

是四能级系统与激光波长、抽运波长及光纤长度有关。大致可以认为工作波长在$1\mu m$以下时，激光器以三能级工作，而工作波长在$1\mu m$以上时，激光器以四能级工作。这里主要涉及掺Yb^{3+}光纤激光器的长波长辐射，因此仅讨论准四能级系统模型。

Yb^{3+}的四能级结构如图7.7所示。四能级系统抽运过程中将基态E_0的粒子抽运到激发态E_3，激发到E_3的粒子通过无辐射跃迁迅速转移到亚稳态能级E_2，粒子在E_2能级上的寿命较长，产生积累，实现与激光下能级E_1之间的粒子数反转，所以E_2又叫激光上能级，E_2对应于图7.6中Yb^{3+}子能级b，室温下其粒子数分布只占整个基态粒子数的4%。

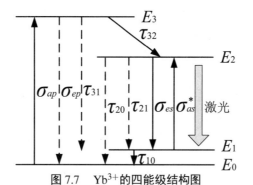

图 7.7　Yb^{3+}的四能级结构图

在考虑自发辐射的同时忽略ASE的条件下，Yb^{3+}的四能级系统的粒子速率方程为

$$\frac{\mathrm{d}N_3}{\mathrm{d}t} = I_p\left(N_0\sigma_{ap} - N_3\sigma_{ep}\right) - \frac{N_3}{\tau_3} \tag{7.1}$$

$$\frac{\mathrm{d}N_2}{\mathrm{d}t} = I_s\left(N_0\sigma_{as} + N_1\sigma_{as}^* - N_2\sigma_{es}\right) - \frac{N_2}{\tau_2} + \frac{N_3}{\tau_3} \tag{7.2}$$

$$\frac{\mathrm{d}N_1}{\mathrm{d}t} = I_s\left(N_2\sigma_{es} - N_1\sigma_{as}^*\right) - \frac{N_1}{\tau_1} + \frac{N_2}{\tau_2} + \frac{N_3}{\tau_3} \tag{7.3}$$

$$N = N_0 + N_1 + N_2 + N_3 \tag{7.4}$$

其中，τ_2和τ_3分别为亚稳态能级和抽运能级的净驰豫时间，表示如下：

$$\frac{1}{\tau_2} = \frac{1}{\tau_{20}} + \frac{1}{\tau_{21}} \tag{7.5}$$

$$\frac{1}{\tau_3} = \frac{1}{\tau_{30}} + \frac{1}{\tau_{31}} + \frac{1}{\tau_{32}} \tag{7.6}$$

σ_{as}（σ_{es}）和σ_{ap}（σ_{ep}）分别为激光和抽运光的吸收（发射）截面，σ_{as}^*为激光下能级对激光波长的吸收截面。I_s和I_p分别为激光和抽运光的光强，τ_{ij}表示从能级i到能级j辐射驰豫和非辐射驰豫时间。吸收和发射截面以及驰豫时间与离子掺杂情况有关，在不同的基质材料中有不同的大小。

正是由于Yb^{3+}的能级结构可简化为三能级结构和四能级结构，其光谱特性就分别显示了这两种结构特性。图7.4给出了石英玻璃中，Yb^{3+}的吸收截面和发射截面。Yb^{3+}在石英玻璃中的吸收截面和发射截面直接影响掺Yb^{3+}光纤激光器的输出光谱特性。从图7.4可以看出，Yb^{3+}有两个吸收峰，分别对应于波长915 nm和975 nm。其中，915 nm的吸收峰对应的吸收系数较小，但谱宽较宽，如此宽的吸收谱有利于Yb^{3+}作为中间介质吸收能量并传输给其他掺杂离子；975 nm的吸收峰对应的吸收系数较大，但谱宽相对较窄。由图中还可以看到，Yb^{3+}在975 nm和1036 nm处有两个发射峰，其中短波长（975 nm）跃迁属于三能级系统，长波长（1036 nm）跃迁为四能级系统。Yb^{3+}的输出光谱有一个特性：在较高的掺杂浓度下，两个处于激发态的Yb^{3+}相互作用放出一个可见光光子，这种现象称为合作发光。它对掺Yb^{3+}光纤激光器的影响是导致增益减小，荧光寿命变短，不过，即使是在高掺杂的情况下，这种影响还是很小的。

对于掺Yb^{3+}光纤激光器和放大器，抽运LD的中心波长一般为915 nm或975 nm。915 nm处的吸收谱较宽，对LD的波长控制要求不严格，但是，915 nm处的吸收截面小，同时产生激光的量子效率相对较低；975 nm处的吸收谱比较窄，对LD波长的要求较高。但是，975 nm的吸收截面大约是915 nm的吸收截面的3倍，激光器的量子效率也相对较高。早期的掺Yb^{3+}光纤激光器和放大器主要采用波长为915 nm的LD作为抽运源，目前，随着LD技术的进步，大多采用975 nm的LD作为抽运源。

7.2.3 速率方程和公式推导

光纤激光器均采用LD作为抽运源，因此只考虑抽运光和激光输出线宽均很窄的情况，对于如图7.8所示的掺Yb^{3+}端面抽运双包层光纤激光器，其速率方程组可以简化如下：

$$\frac{\mathrm{d}P_p^+(z)}{\mathrm{d}z} = -\Gamma_p[\sigma_{ap}N - (\sigma_{ap} + \sigma_{ep})N_2(z)]P_p^+(z) - \alpha_p P_p^+(z) \tag{7.7}$$

$$\frac{\mathrm{d}P_p^-(z)}{\mathrm{d}z} = \Gamma_p[\sigma_{ap}N - (\sigma_{ap} + \sigma_{ep})N_2(z)]P_p^-(z) + \alpha_p P_p^-(z) \tag{7.8}$$

$$\frac{\mathrm{d}P_s^+(z)}{\mathrm{d}z} = \Gamma_s[(\sigma_{es} + \sigma_{as})N_2(z) - \sigma_{as}N]P_s^+(z) + \Gamma_s \sigma_{es} N_2(z)P_0 - \alpha_s P_s^+(z) \tag{7.9}$$

$$\frac{\mathrm{d}P_s^-(z)}{\mathrm{d}z} = -\Gamma_s[(\sigma_{es} + \sigma_{as})N_2(z) - \sigma_{as}N]P_s^-(z) - \Gamma_s \sigma_{es} N_2(z)P_0 + \alpha_s P_s^-(z) \tag{7.10}$$

$$\frac{N_2(z)}{N} = \frac{\dfrac{[P_p^+(z) + P_p^-(z)]\sigma_{ap}\Gamma_p}{h\nu_p A_c} + \dfrac{\Gamma_s \sigma_{as}[P_s^+(z) + P_s^-(z)]}{h\nu_s A_c}}{\dfrac{[P_p^+(z) + P_p^-(z)](\sigma_{ap} + \sigma_{ep})\Gamma_p}{h\nu_p A_c} + \dfrac{1}{\tau} + \dfrac{\Gamma_s(\sigma_{es} + \sigma_{as})[P_s^+(z) + P_s^-(z)]}{h\nu_s A_c}} \tag{7.11}$$

式(7.11)描述光纤不同位置处增益介质Yb的上能级粒子浓度$N_2(z)$和前、后向抽运光功率$P_p^+(z)$、$P_p^-(z)$以及前、后向传输光纤激光功率$P_s^+(z)$、$P_s^-(z)$的关系。其中N为纤芯中增益介质Yb的掺杂浓度，A_c为纤芯截面积，Γ_p和Γ_s分别是掺Yb双包层光纤对抽运光和光纤激光的功率填充因子。σ_{ap}和σ_{ep}分别是抽运光的吸收截面和发射截面，σ_{as}和σ_{es}是激光的吸收截面和发射截面，τ是Yb^{3+}粒子上能级平均寿命，h是普朗克常数，ν_p和ν_s分别是抽运和激光的频率。

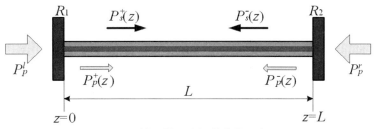

图 7.8　端面抽运光纤激光器示意图

式(7.7)~式(7.10)分别描述光纤不同位置处抽运光功率$P_p^+(z)$、$P_p^-(z)$以及前、后向传输激光功率$P_s^+(z)$、$P_s^-(z)$的变化规律，其中$P_0 = 2hv_s\Delta v_s$为增益带宽Δv_s内自发辐射对激光功率的贡献，其数值相对较小，因此在后面的推导过程中将其忽略。α_p和α_s分别是双包层光纤对抽运光和激光的散射损耗。

由式(7.7)和式(7.8)可以得到

$$\frac{\mathrm{d}P_p^+(z)}{P_p^+(z)} = [-\Gamma_p\sigma_{ap}N + \Gamma_p(\sigma_{ap}+\sigma_{ep})N_2(z) - \alpha_p]\mathrm{d}z \tag{7.12}$$

$$\frac{\mathrm{d}P_p^-(z)}{P_p^-(z)} = [\Gamma_p\sigma_{ap}N - \Gamma_p(\sigma_{ap}+\sigma_{ep})N_2(z) + \alpha_p]\mathrm{d}z \tag{7.13}$$

对式(7.12)和式(7.13)两边分别进行积分

$$\ln\left(\frac{P_p^+(L)}{P_p^+(0)}\right) = \ln\left(\frac{P_p^-(0)}{P_p^-(L)}\right) = -N\Gamma_p\sigma_{ap}L + \Gamma_p(\sigma_{ap}+\sigma_{ep})\int_0^L N_2(z)\mathrm{d}z - \alpha_pL \tag{7.14}$$

再根据式(7.9)和式(7.10)推导出光纤激光器的增益

$$G_s = \int_0^L [(\sigma_{es}+\sigma_{as})\Gamma_sN_2(z) - \sigma_{as}\Gamma_sN - \alpha_s]\mathrm{d}z$$

$$= (\sigma_{es}+\sigma_{as})\Gamma_s\int_0^L N_2(z)\mathrm{d}z - (\sigma_{as}\Gamma_sN + \alpha_s)L \tag{7.15}$$

对于光纤激光器采用的线性谐振腔，稳定输出条件如下：

$$R_1R_2\exp(2G_s) = 1 \tag{7.16}$$

式中，R_1、R_2分别为前、后腔镜对激光的反射率。联立式(7.14)~式(7.16)后得到

$$-\psi = \ln\left(\frac{P_p^+(L)}{P_p^+(0)}\right) = \ln\left(\frac{P_p^-(0)}{P_p^-(L)}\right)$$

$$= \frac{(\sigma_{ep}+\sigma_{ap})\Gamma_p}{(\sigma_{es}+\sigma_{as})\Gamma_s}\left[(N\Gamma_s\sigma_{as}+\alpha_s)L + \ln\left(\frac{1}{\sqrt{R_1R_2}}\right)\right] - (N\Gamma_p\sigma_{ap}+\alpha_p)L \tag{7.17}$$

式(7.11)可以写成

$$\frac{N_2(z)}{N} = \frac{\dfrac{P_p^+(z) + P_p^-(z)}{P_{p,\text{sat}}} \cdot \dfrac{\sigma_{ap}}{\sigma_{ap} + \sigma_{ep}} + \dfrac{P_s^+(z) + P_s^-(z)}{P_{s,\text{sat}}} \cdot \dfrac{\sigma_{as}}{\sigma_{as} + \sigma_{es}}}{\dfrac{P_p^+(z) + P_p^-(z)}{P_{p,\text{sat}}} + 1 + \dfrac{P_s^+(z) + P_s^-(z)}{P_{s,\text{sat}}}} \tag{7.18}$$

式中，$P_{s,\text{sat}} = h\nu_s A_c / [\tau\Gamma_s(\sigma_{es} + \sigma_{as})]$为饱和激光输出功率；$P_{p,\text{sat}} = h\nu_p A_c / [\tau\Gamma_p(\sigma_{ep} + \sigma_{ap})]$为饱和抽运功率。

于是，可以得到

$$\frac{P_s^+(z) + P_s^-(z)}{P_{s,\text{sat}}} \cdot \frac{N_2(z)(\sigma_{as} + \sigma_{es}) - N\sigma_{as}}{N(\sigma_{as} + \sigma_{es})}$$

$$= -\frac{N_2(z)}{N} + \frac{N\sigma_{ap} - N_2(z)(\sigma_{ap} + \sigma_{ep})}{N(\sigma_{ap} + \sigma_{ep})} \cdot \frac{P_p^+(z) + P_p^-(z)}{P_{p,\text{sat}}} \tag{7.19}$$

再联合式(7.7)~式(7.10)和式(7.19)，有

$$\frac{\tau}{A_c \nu_s h}\left(\frac{\mathrm{d}P_s^+(z)}{\mathrm{d}z} - \frac{\mathrm{d}P_s^-(z)}{\mathrm{d}z}\right) + \frac{\tau}{A_c \nu_p h}\left(\frac{\mathrm{d}P_p^-(z)}{\mathrm{d}z} - \frac{\mathrm{d}P_p^-(z)}{\mathrm{d}z}\right) + N_2(z) = 0 \tag{7.20}$$

由式(7.9)和式(7.10)很容易得到下面的守恒关系

$$P_s^+(z) \cdot P_s^-(z) = P_s^+(0) \cdot P_s^-(0) = P_s^+(L) \cdot P_s^-(L) = C \tag{7.21}$$

而线性谐振腔激光器的边界条件为

$$P_p^+(0) = P_p^l \tag{7.22}$$

$$P_p^-(L) = P_p^r \tag{7.23}$$

$$P_s^+(0) = R_1 P_s^-(0) \tag{7.24}$$

$$P_s^-(L) = R_2 P_s^+(L) \tag{7.25}$$

式中，P_p^l、P_p^r分别是从左、右两个端面注入双包层光纤内包层的抽运光功率。

联立式(7.17)和式(7.21)~式(7.23)，对式(7.20)在整个双包层光纤的长度上积分，可以得到$P_s^+(L)$的表达式如下：

$$P_s^+(L) = \frac{\sqrt{R_1} \cdot P_{s,\text{sat}}}{(1 - R_1)\sqrt{R_2} + (1 - R_2)\sqrt{R_1}} \cdot \left[(1 - \exp(-\psi))\frac{\nu_s}{\nu_p} \cdot \frac{P_p^+(0) + P_p^-(L)}{P_{s,\text{sat}}}\right.$$

$$\left. - (N\Gamma_s\sigma_{as} + \alpha_s)L - \ln(\frac{1}{\sqrt{R_1 R_2}})\right] \tag{7.26}$$

因此，光纤激光器激光输出功率为

$$P_{\text{out}} = (1 - R_2)P_s^+(L)$$

$$= \frac{(1 - R_2)\sqrt{R_1} \cdot P_{s,\text{sat}}}{(1 - R_1)\sqrt{R_2} + (1 - R_2)\sqrt{R_1}} \cdot \left[\frac{\nu_s}{\nu_p} \cdot (1 - \exp(-\psi))\frac{P_p^+(0) + P_p^-(L)}{P_{s,\text{sat}}}\right.$$

$$\left. - (N\Gamma_s\sigma_{as} + \alpha_s)L - \ln(\frac{1}{\sqrt{R_1 R_2}})\right] \tag{7.27}$$

光纤激光器的斜率效率和阈值功率可以根据下面两式计算：

$$\eta_s = \frac{\mathrm{d}P_{\text{out}}}{\mathrm{d}P_p} = \frac{(1-R_2)\sqrt{R_1}}{(1-R_1)\sqrt{R_2}+(1-R_2)\sqrt{R_1}} \cdot \frac{v_s}{v_p} \cdot (1-\exp(-\psi)) \tag{7.28}$$

$$P_{\text{th}} = \frac{(N\Gamma_s\sigma_{as}+\alpha_s)L + \ln\left(\frac{1}{\sqrt{R_1 R_2}}\right)}{1-\exp(-\psi)} \cdot \frac{v_p}{v_s} \cdot P_{s,\text{sat}} \tag{7.29}$$

7.2.4　端面抽运高功率双包层光纤激光器的数值仿真

速率方程组式(7.7)~式(7.10)可以简写为

$$y_1' = f_1(y_1, y_2, y_3, y_4) \tag{7.30}$$

$$y_2' = f_2(y_1, y_2, y_3, y_4) \tag{7.31}$$

$$y_3' = f_3(y_1, y_2, y_3, y_4) \tag{7.32}$$

$$y_4' = f_4(y_4, y_4, y_4, y_4) \tag{7.33}$$

式中，$y_1(z)$和$y_2(z)$分别是双包层光纤中前、后向抽运光功率$P_p^+(z)$和$P_p^-(z)$，$y_3(z)$和$y_4(z)$分别是双包层光纤中前、后向传输光纤激光功率$P_s^+(z)$和$P_s^-(z)$，它们都是光纤纵向位置z的函数，并且在双包层光纤的两个端面$z=0$和$z=L$处分别满足以下边界条件：

$$y_1(0) = P_p^l \tag{7.34}$$

$$y_2(L) = P_p^r \tag{7.35}$$

$$y_3(0) = R_1 y_4(0) \tag{7.36}$$

$$y_4(L) = R_2 y_3(L) \tag{7.37}$$

式中，P_p^l和P_p^r分别是双包层光纤两端的前向和后向射入内包层的抽运光功率；L为双包层光纤的长度。

方程组式(7.30)~式(7.33)是一个典型的常微分方程组，加上4个边界条件式(7.34)~(7.37)构成了位于$z=0$和$z=L$的两点边值问题（boundary value problems，BVP）。两点边值问题的数值解法主要有打靶法（shooting method）和松弛法（relaxation method）。在这些具体的两点边值问题数值算法过程中还牵涉Newton-Raphson法、Runge-Kutta法、Gauss消去法等数值算法，因此如果这里利用C或者Fortran语言编程计算将使问题复杂化。利用MATLAB提供的处理两点边值问题数值解法的函数bvp4c()，可以使问题的解决变得很容易。

对于端面抽运的光纤激光器，根据抽运光和输出激光在光纤端面的相对位置，有3种抽运方式：前向抽运(抽运端和输出端在光纤两侧)、后向抽运（抽运端和输出端在光纤同侧）和双向抽运（光纤两个端面均为抽运端）。

MATLAB仿真计算所用的相关物理参数的数值如表7.2所列。

【例7.1】　已知双包层光纤激光器的基本参数如表7.2所列，分别对注入双包层光纤内包层的抽运总功率为100 W的双向等功率抽运、前向抽运和后向抽运3种抽运方式下的激光

表7.2　端面抽运的光纤激光器理论计算的物理参数及其数值

符　号	物理参数	数值	单位
λ_p	抽运光中心波长	974	nm
λ_s	光纤激光中心波长	1100	nm
τ	Yb^{3+}粒子上能级平均寿命	0.8	ms
σ_{ap}	抽运光的吸收截面	2.6×10^{-20}	cm^2
σ_{ep}	抽运光的发射截面	2.6×10^{-20}	cm^2
σ_{as}	光纤激光的吸收截面	1×10^{-23}	cm^2
σ_{es}	光纤激光的发射截面	1.6×10^{-21}	cm^2
A_c	纤芯的截面积	3.1416×10^{-6}	cm^2
N	纤芯中Yb的掺杂浓度	5.535×10^{19}	cm^{-3}
α_p	双包层光纤对抽运光的损耗	2×10^{-5}	cm^{-1}
α_s	双包层光纤对激光的损耗	4×10^{-6}	cm^{-1}
L	双包层光纤的长度	40	m
Γ_p	抽运光功率填充因子	0.0024	
Γ_s	激光功率填充因子	0.82	
R_1	前腔镜反射率	0.99	
R_2	后腔镜（输出镜）反射率	0.04	

输出功率进行数值求解，并作出3种情况下的前、后向抽运光功率和前、后向激光功率沿双包层光纤的分布曲线，以及上能级粒子数反转密度相对值曲线。

【分析】　结合端面抽运高功率双包层光纤激光器速率方程组以及边界条件，利用MATLAB的常微分方程边值问题求解函数bvp4c() 即可进行数值求解。对于第一种双向等功率抽运（前向抽运和后向抽运光功率均为50 W），数值求解的程序代码如下：

```
1  function  Pout = fiberlaser_twoend
2      global R1 R2 Ppl Ppr sigma_ap sigma_ep sigma_as sigma_es gamma_s ...
3          gamma_p N alpha_p alpha_s Pssat Ppsat Ppsp Ppsv mu kappa elta
4
5      %参数设置
6      lambda_s = 1100 * 1e-9;
7      lambda_p = 974 * 1e-9;
8      tau = 0.8e-3;
9      sigma_ap = 26e-21*1e-4;
10     sigma_ep = 26e-21*1e-4;
11     sigma_as = 1e-23*1e-4;
12     sigma_es = 1.6e-21*1e-4;
13     A_c = 3.1416e-10;
14     N = 5.5351e+025;
15     alpha_p = 2e-5*1e2;
16     alpha_s = 4e-6*1e2;
17     gamma_s = 0.82;
18     gamma_p = 0.0024;
19     R1 =.99;
20     R2 =.035;
21     L = 40;
22
```

332

```
23      %物理常数及中间过程参数计算
24      c = 3e8;
25      h = 6.626e-34;
26      nu_s = c/lambda_s;
27      nu_p = c/lambda_p;
28      Pssat = h * nu_s * A_c/( gamma_s * (sigma_es+sigma_as) * tau);
29      Ppsat = h * nu_p * A_c/( gamma_p * (sigma_ep+sigma_ap) * tau);
30
31      %抽运光功率设置
32      Ppl = 50;
33      Ppr = 50;
34
35      %端面抽运的光纤激光器边值问题数值求解
36      OPTION = bvpset('Stats','ON');
37      solinit = bvpinit(linspace(0,L,10),[Ppl Ppr 30 Ppr]);
38      sol = bvp4c(@f,@fsbc,solinit);
39
40      %数值计算结果分析和显示
41      x = [sol.x];
42      y = [sol.y];
43      nz = [(sigma_ap/(sigma_ap+sigma_ep)*(y(1,:)+y(2,:))/Ppsat+...
44          sigma_as/(sigma_as+sigma_es)*(y(3,:)+y(4,:))/Pssat)./...
45          ((y(1,:)+y(2,:))/Ppsat+1+(y(4,:)+y(3,:))/Pssat)];
46      Pout = y(3,end)*(1-R2);
47
48      figure;
49      subplot(2,1,1)
50      plot(x,y(1,:),'b.-',x,y(2,:),'g*-',x,y(3,:),'r',x,y(4,:),'k--');
51      grid on;
52      title('Pump and laser powers');
53      legend('Pp+(z)','Pp-(z)','Ps+(z)','Ps-(z)');
54      xlabel('Position z (m)');
55      ylabel('Power (W)');
56      subplot(2,1,2)
57      plot(x,nz)
58      grid on;
59      title('Relative population density')
60      xlabel('Position z (m)');
61      ylabel('N_2/N');
62
63  %端面抽运的光纤激光器速率方程组
64  function dy = f(x,y)
65      global sigma_ap sigma_ep sigma_as sigma_es gamma_s gamma_p N ...
66          alpha_p alpha_s Pssat Ppsat  Ppsp Ppsv
67      dy = zeros(4,1);
```

```
68    N21=N*(sigma_ap/(sigma_ap+sigma_ep)*(y(1)+y(2))/Ppsat+sigma_as/...
69        (sigma_as+sigma_es)*(y(3)+y(4))/Pssat)/((y(1)+y(2))/Ppsat+...
70        1+(y(4)+y(3))/Pssat);
71    dy(1)=(-gamma_p*(sigma_ap*N-(sigma_ap+sigma_ep)*N21)-alpha_p)*y(1);
72    dy(2)=-(-gamma_p*(sigma_ap*N-(sigma_ap+sigma_ep)*N21)-alpha_p)*y(2);
73    dy(3)=(gamma_s*((sigma_as+sigma_es)*N21-sigma_as*N)-alpha_s)*y(3);
74    dy(4)=-(gamma_s*((sigma_as+sigma_es)*N21-sigma_as*N)-alpha_s)*y(4);
75
76    %端面抽运的光纤激光器边界条件
77    function res = fsbc(y0,yL)
78        global R1 R2 Ppl Ppr
79        res = [y0(1)-Ppl
80            yL(2)-Ppr
81            y0(3)-R1*y0(4)
82            yL(4)-R2*yL(3)];
```

运行结果如图7.9所示，并在命令窗口中得到输出激光功率为85.0868 W。

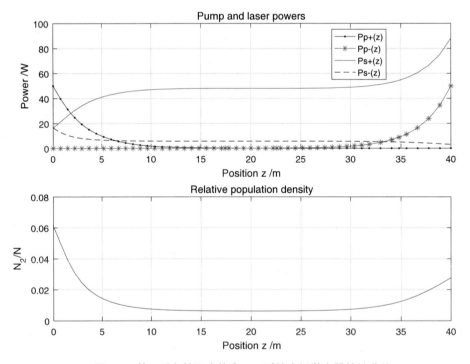

图 7.9   前、后向抽运光均为50W时的光纤激光器特性曲线

对于第二种抽运方式：前向抽运的情况，只需将程序代码第32、33行的正方向抽运光的数值分布改为100和0，即可得到如图7.10所示的光纤激光器特性曲线，同时在命令窗口中得到输出激光功率为84.5535 W。

对于第三种抽运方式：后向抽运的情况，如果只是将程序代码第32、33行的正方向抽运光的数值分布改为0和100，运行程序后，会在命令窗口得到

```
1 ??? Error using ==> bvp4c at 203
2 Unable to solve the collocation equations -- a singular Jacobian encountered
```

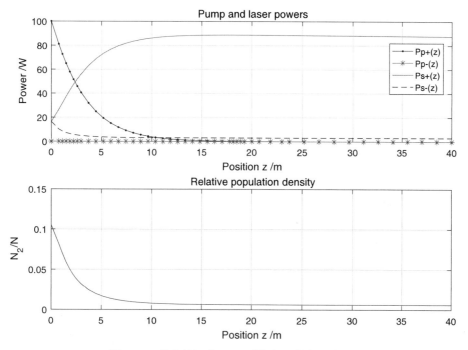

图 7.10   前向抽运光100W时的光纤激光器特性曲线

```
3
4 Error in ==> fiberlaser_twoend at 38
5    sol = bvp4c(@f,@fsbc,solinit);
```

即程序代码第38行，在调用bvp4c()函数的过程中出错。这主要是由于初始的猜测值设置有问题，把第37行的程序代码改为

```
solinit = bvpinit(linspace(0,L,10),[Pp1 Ppr 20 Ppr]);
```

即可得到如图7.11所示的光纤激光器特性曲线，同时在命令窗口中得到输出激光功率为85.3653 W。

这里，把前向激光的初值改成了20，如果试着把其值改为10、30或其他的值，看看输出功率及光纤激光器的特性曲线是否会发生变化？

从数值仿真的结果可以看出，在总注入功率相同的情况下，输出功率的关系是：后向抽运＞双向抽运＞前向抽运。

另外，比较图7.10和图7.11可以发现，后向抽运相对前向抽运来说，上能级粒子数分布（或者说腔内增益分布）更加平坦。对于前向抽运，由于在$z=0$附近，腔内增益很高，激光在腔内的功率迅速增长，在$z=5$m左右的时候腔内的功率已经达到70 W，此后腔内增益减小，激光功率增长的速度也随之减慢，但是在剩下的光纤长度内激光功率一直维持比较高的水平；对于后向抽运，由于在$z=0$附近腔内增益比较低，激光的功率增长较慢，腔内激光功率一直维持比较低的水平，直到接近光纤另一端及$z=30$m以后，随着腔内增益的增长，激光功率也迅猛增加。如果用赛跑打比方的话，前向抽运是在前半程发力，而后向抽运则是在后半程发力。由于后向抽运在光纤很大的一部分长度内，腔内激光功率都比较低，从抑制非线性效应的角度来看，后向抽运更有优势。在实际使用中，由于后向抽运的抽运端和输出端都在光纤的同一个端面上，一般需要45°的双色镜将抽运光和激光分开，系统的结构相对复

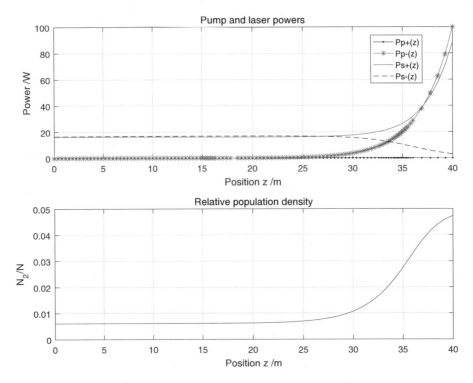

图 7.11　后向抽运光为100W时的光纤激光器特性曲线

杂。另外，由于激光和抽运光需要共用一套透镜系统，增加了光学设计和实验调整的难度。双向抽运是两种抽运方式的一个组合，因此这种抽运方式的输出功率和增益分布介于前两者之间。另外，双向抽运具有一个突出优点，就是抽运光功率分布更加平坦，在高功率抽运时，整个光纤上的热负载较低，因此，高功率连续波输出的光纤激光器通常采用双向抽运。

7.3　侧面抽运的双包层光纤激光器及其仿真

　　侧面抽运技术最初并不用于提高光纤激光器的功率，而用在放大器中，使耦合系统不占用光纤的两端，便于信号光的输入输出。侧面抽运技术的发展对光纤激光器和放大器的发展具有非常重要的意义，主要体现在：系统结构简单，无须双色镜；对信号光没有附加损耗；使抽运光在光纤中的分布更趋均匀；使光纤的两端空闲，方便信号光输入输出、光纤熔接、信号测量等操作；功率扩展性很好，只需通过增加LD的数量便可提高输出功率。侧面抽运技术发展至今，最具代表性的有：微棱镜侧面耦合、熔锥侧面耦合、V槽侧面耦合、嵌入反射镜侧面耦合、光纤斜抛侧面耦合和光栅侧面耦合等，下面对他们分别进行介绍。

7.3.1　侧面抽运的耦合方式

1. 微棱镜侧面耦合

　　微棱镜侧面耦合是最早被报道用于双包层光纤的侧面耦合方案，如图7.12所示，它是在一小段剥去外包层的双包层光纤上，沿光纤的长度方向将一微棱镜用折射率匹配的黏合剂与双包层光纤的内包层粘在一起。采用的是如图7.12(a)所示的直角微棱镜，其特点是直角面

与内包层贴近，导致耦合效率对于抽运源的光束质量敏感。当以大功率半导体激光器作为抽运源时，耦合效率不高。

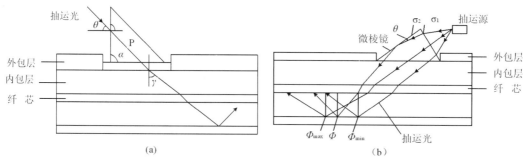

图 7.12　微棱镜侧面耦合

也有用如图7.12(b)所示的楔形微棱镜来代替直角微棱镜的侧面耦合方法。其中楔形微棱镜如图7.13所示，π_1、π_2为两个互相平行的直角三角形，σ_1、σ_2、σ_3为3个平行四边形，在σ_3与内包层之间为折射率匹配（棱镜—黏合剂—内包层三者间的折射率相等或近似相等）的黏合剂。σ_1为光束入射面，半导体激光器出射光束入射到该面上。

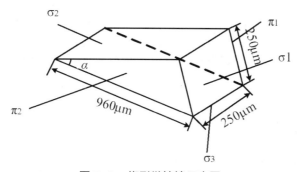

图 7.13　楔形微棱镜示意图

半导体激光器与微棱镜的相对放置位置对耦合效率有较大的影响，可以通过光束整形，将半导体激光器快、慢轴两个方向差别极大的光束线宽和发散角乘积，变成两个方向上光束线宽和发散角乘积相近并且都小于或接近于所要求的值，从而提高微棱镜侧面耦合效率。虽然理论上总体耦合效率可以达到90%以上，但是由于楔形微棱镜加工困难，目前还未见到将楔形微棱镜用于侧面耦合的实验报道。

2. 熔锥侧面耦合

熔锥侧面抽运耦合是将多根裸光纤和去掉外包层的双包层光纤缠绕在一起，在高温火焰中加热使之熔化，同时在光纤两端进行拉伸，使光纤熔融区形成锥形过渡段，从而将抽运光经过熔锥区由多模光纤导入双包层光纤内包层。

目前，国内外用于通信方面的光纤无源器件——光纤定向耦合器主要用于光分路或者合路连接器，采用较为成熟的熔锥法生产，工艺较简单，制作周期短，适于实现微机控制的半自动化生产。但是，这种用于通信的单模光纤定向耦合器是将一路或一路以上输入光信号按一定比例要求分配到两路或多路输出的光信号中去。其原理决定其只能对输入信号光功率进行分配，因此输出的信号光功率必定小于输入的最大信号光功率，因而无法用于实现光功率的扩展。图7.14所示为双包层光纤熔锥侧面抽运耦合器原理图。在双包层光纤侧面抽运

耦合技术中，在锥形区耦合段需要将多模抽运光纤的包层去除露出纤芯，同时双包层的外包层也要去除露出内包层，并且要使之能够融合在一起，因此其生产工艺较为复杂，虽然已有相关专利可供查询参考，但是最为重要的关键过程未见报道。双包层熔锥侧面耦合器的生产工艺与目前的单模光纤耦合器的生产工艺有很大不同。

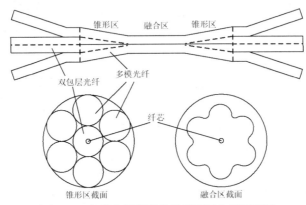

图 7.14　多模光纤熔融拉锥侧面耦合器原理图

图7.14是采用熔锥方式形成多模光纤侧面耦合器的原理图，中间的双包层光纤被多根抽运光纤包围，同时进行拉伸，最后形成锥形融合区。此外，如图7.15所示的结构是在锥形区的末端即束腰处将光纤截断，这时得到的截面大小和双包层光纤的截面相当，然后将其与端面平整双包层光纤焊接。这样可以避免双包层光纤纤芯产生较大的变形，从而保证纤芯内激光传输的较低损耗。

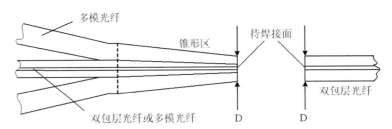

图 7.15　熔锥后切断并焊接侧面耦合

如图7.16所示的熔锥侧面耦合方式，是使抽运光纤在熔融拉伸的过程中，抽运光纤逐渐形成锥形过渡区，同时缠绕在双包层光纤上，双包层光纤保持形状不变。这种方式对于双包层光纤纤芯不变，对激光传输的损耗较小，但是对拉锥过程的控制要求较高。

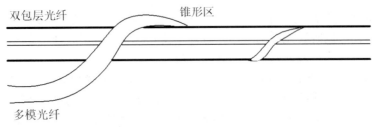

图 7.16　缠绕式熔锥侧面耦合

国外的IPG、OFS、JDS Uniphase和Nufern等公司能生产熔锥多模光纤侧面耦合器，并已将此项技术用于高功率的光纤激光器领域。JDS Uniphase公司的光纤激光器，就采用了他们研制的熔锥侧面耦合器。如表7.3所列是JDS Uniphase公司的熔锥多模光纤侧面耦合器参数。其中采用了61根芯径105 μm、数值孔径0.22的多模光纤作为输入光纤，芯径350 μm、数值孔径0.48的多模光纤作为输出光纤，所得到的熔锥多模光纤侧面耦合器的效率可以达到98%。

表7.3 JDS Uniphase公司的熔锥多模光纤侧面耦合器参数

光纤数目	输入多模光纤		输入多模光纤	
	芯径/μm	数值孔径	芯径/μm	数值孔径
10	105	0.22	200	0.43
16	105	0.22	200	0.43
20	105	0.22	200	0.48
22	105	0.22	600	0.22
22	105	0.22	400	0.22
40	105	0.22	290	0.48
61	105	0.22	350	0.48
61	105	0.22	1000	022

3. V槽侧面耦合

图7.17是V槽侧面抽运耦合结构示意图。该技术先将双包层光纤外包层去除一小段，然后在裸露的内包层刻蚀出一个V槽，槽的一个斜面用作反射面，也可将两个面都用于反射。抽运光由半导体激光器经微透镜耦合，在V槽的侧面汇聚，经过侧面反射后改变方向进入双包层光纤内包层，从而沿着光纤的轴向传输。

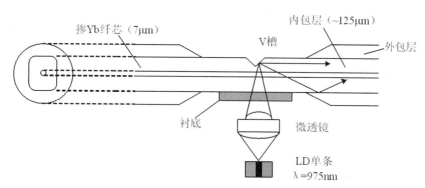

掺Yb纤芯（7μm）　内包层（~125μm）　V槽　外包层　衬底　微透镜　LD单条 λ=975nm

图 7.17 V槽侧面耦合原理图

为了提高耦合效率，V槽侧面的面型要求能够对抽运光全反，此外还需在抽运光入射的内包层一侧增加一层衬底，衬底材料的折射率应该与光纤内包层折射率相近，并且可以加镀增透膜。利用该侧面抽运耦合技术的光纤激光放大器可以得到数瓦的激光输出，其耦合效率可达76%。

该侧面抽运耦合方式原理简单，但在加工工艺上却要求很高，因为V槽的侧面要作为反射面，须对其进行抛光等相应处理。加工的时候还要避免对纤芯的破坏，因此要确保槽的精细结构。由于利用了微透镜准直，半导体激光器抽运源、微透镜以及双包层光纤的相对位置对于耦合效率的影响较大。此外，V形槽的槽深只能小于内包层宽度的一半，因此形成的反光面积较小，对于像大功率半导体激光器阵列这样的抽运源，其光束半径较大，其耦合效率将受到限制。

4. 嵌入反射镜式侧面耦合

嵌入反射镜式抽运耦合方式是在V槽侧面抽运耦合方式上的改进，其原理示意图如图7.18所示。

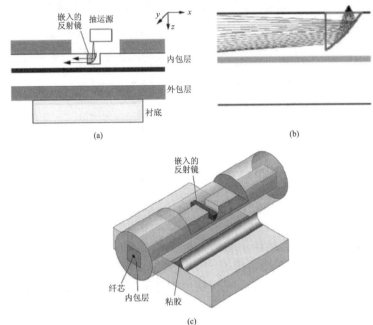

图 7.18　嵌入反射镜式侧面耦合

首先将双包层光纤的外包层去除一小部分，然后在内包层上刻蚀出一个小槽，槽的深度足够放入用来反射抽运光的嵌入微反射镜，但是距纤芯还有一定距离，以保证不破坏纤芯。嵌入的微反射镜的反射面可以是平面或是根据优化设计的曲面，为了得到高的耦合效率，其反射面要事先镀上了高反率的膜层，入射面镀了对抽运光的增透膜。该技术中采用了光学胶用以将嵌入微反镜的出射面和光纤内包层粘接固定，同时光学胶还作为折射率匹配介质用来降低界面的反射损耗。由图可以看出，半导体激光器抽运源应当与嵌入微反镜足够近，以保证具有较大发散角的抽运光能够全部照射到微反镜的反射面上。嵌入反射镜式抽运耦合避免了V槽侧面抽运耦合要求利用侧面作为反光面的方式，因此对于槽的加工要求大大降低，但是仍要保证槽深不能破坏纤芯。

5. 光纤斜抛侧面耦合

图7.19为光纤斜抛侧面耦合结构示意图。其基本原理是在双包层光纤中间的小段内，剥去涂敷层和外包层，将内包层沿纵向进行磨抛，得到小段用以抽运耦合光的平面（对于内包层形状为矩形、D型、六角形等双包层光纤，内包层已有窄平面，如果平面宽度足够，可以不必磨抛双包层光纤）。然后将端面按一定角度斜抛好的传输抽运光的多模光纤磨抛端面相对双包层光纤的侧平面对准紧贴，再将折射率匹配介质填充入它们之间，抽运光即可由多模光纤经过折射率匹配介质耦合进入双包层光纤的内包层。

由于采用了折射率匹配介质，也可不必要求对内包层纵向进行磨抛而得到平面，直接利用折射率匹配介质也可将抽运光由内包层的弯曲侧面导入。该侧面抽运耦合技术要求抽运光纤端面的磨抛角较小（10°左右），对于光纤端面磨抛工艺提出了很高的要求。

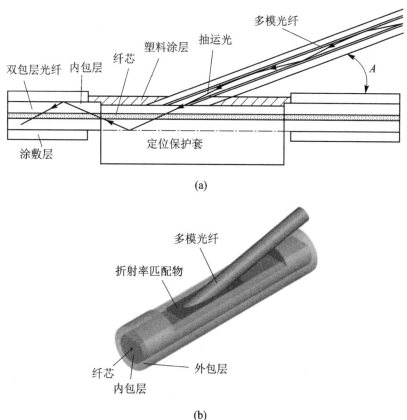

(a)

(b)

图 7.19　光纤斜抛侧面耦合技术

利用该侧面耦合方式可以得到高达90%的耦合效率，但是得到耦合功率也只有数百毫瓦，其中之原因除了受限于半导体激光器抽运源外，还因为光纤斜抛侧面耦合器的性能与折射率匹配介质相关。

6. 光栅侧面耦合

光栅侧面耦合结构的原理示意图如图7.20所示。该侧面耦合方式采用了反射式光栅，由于没有将光栅直接刻在双包层光纤上，因此避免了对双包层光纤的损伤。在侧面耦合器附近，双包层光纤的外包层被预先去除，反射式光栅则紧贴于双包层光纤的侧面，在反射式光栅和内包层之间填充了折射率匹配材料。高功率半导体激光器发出的抽运光预先准直，然后用一柱透镜将抽运光聚焦，焦点位于反射式光栅上。抽运光照射到光栅上，将以光栅的+1和-1级衍射角φ反射，为了确保反射后的抽运光能够在内包层中传输，其与双包层光纤的轴线的交角θ不能超过临界全反角θ_{max}，也就是θ必须大于$\pi/2-\theta_{max}$。

该侧面耦合方式对于抽运光的预先准直要求较高。理论计算得出在高的光栅衍射效率下，其耦合效率能够超过90%。但是，实验中将2.1W的准直抽运光中的1.2W耦合入内包层直径125μm、数值孔径0.38的双包层光纤，虽然总体的耦合效率只有57%，但是由于所采用的光栅衍射效率只有68%，因此耦合效率达到了84%。

7.3.2　多点侧面抽运的光纤激光器理论模型

侧面抽运技术可以突破双包层光纤只有两个端面的限制，能够在光纤的侧面多处注入

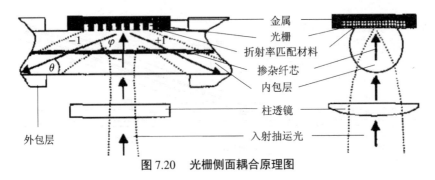

金属
光栅
折射率匹配材料
掺杂纤芯
内包层

柱透镜

入射抽运光

外包层

若您对此书内容有任何疑问，可以登录MATLAB中文论坛与同行们讨论交流。

图 7.20　光栅侧面耦合原理图

抽运光，对双包层光纤激光器进行功率扩展，从而形成多点抽运的高功率双包层光纤激光器。虽然侧面抽运技术能够将抽运光注入双包层光纤内包层，但是也会使内包层中传输的抽运光经过侧面耦合器时产生泄漏。一些侧面耦合技术采用多级抽运需要对双包层光纤进行熔接从而导致纤芯中的激光产生损耗。这些都会引起双包层光纤中的抽运光或激光分布的不连续，需要加以深入分析。本节从掺Yb双包层光纤激光器的速率方程和边界条件出发，对多点抽运的高功率双包层光纤激光器的数值求解方法进行了研究。首先从较为简单的三点抽运的双包层光纤激光器出发，通过比例变换和边界条件变换将其转化为两点边值问题，然后将该方法推广到多点抽运的双包层光纤激光器，最后也可将其数值求解转化为两点边值问题进行数值求解，得到了抽运光和激光沿双包层光纤的分布，对多点抽运的双包层光纤激光器的深入研究非常有意义。

　　考虑最简单的多点抽运情况，即三点抽运的双包层光纤激光器的耦合速率方程组及其边界条件。三点抽运的双包层光纤激光器的原理示意图如图7.21所示，3个抽运点分别用1、2和3来标识，它们分别位于双包层光纤的$z = 0$、$z = kL$和$z = L$处，L为双包层光纤的长度。无论是在抽运点1和2之间还是抽运点2和3之间的光纤段，速率方程组式(7.7)~式(7.10)都成立，但是由于在双包层光纤中段加入了一个抽运点，因此会导致抽运光和激光的不连续分布，从而增加新的边界条件形成三点边值问题。但是，通过比例变换和相应的边界条件变换可将三点边值问题转化为两点边值问题。

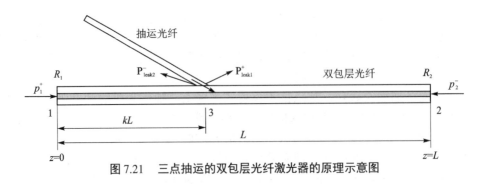

抽运光纤

$\mathbf{P}^-_{\text{leak2}}$　　$\mathbf{P}^+_{\text{leak1}}$　　双包层光纤

R_1　　　　　　　　　　　　　　　　　　　　R_2

p^+_1　　　　　　　　　　　　　　　　　　　　p^-_2

1　　　　　　　　　3　　　　　　　　　　　　　2

kL

L

$z=0$　　　　　　　　　　　　　　　　　　　　$z=L$

图 7.21　三点抽运的双包层光纤激光器的原理示意图

　　首先以整个双包层光纤段为基，将抽运点1和2之间的求解区间通过线性坐标变换$z = z_1/k_1$由$[0, k_1 L]$换成$[0, L]$，然后把抽运点2和3之间光纤段通过线性坐标变换$z = z_2/k_2$，将其求解区间由$[0, k_2 L]$也变为$[0, L]$，这里k_1和k_2分别是两段光纤与整个双包层光纤长度比，即$k_1 = k$、$k_2 = 1 - k$，分别有$dz_1 = k_1 L dz$和$dz_2 = k_2 L dz$，这样原来的三点边值问题就被转化为$z = 0$和$z = L$的两点边值问题。此时相应的耦合速率方程组数目和边界条件的数目为原来

的两倍。变换之后的扩展耦合速率方程组为

$$\frac{\mathrm{d}P_{P1}^+}{\mathrm{d}z} = k_1 f_P^+ \left(P_{P1}^+, P_{P1}^-, P_{S1}^+, P_{S1}^-\right) \tag{7.38}$$

$$\frac{\mathrm{d}P_{P1}^-}{\mathrm{d}z} = k_1 f_P^- \left(P_{P1}^+, P_{P1}^-, P_{S1}^+, P_{S1}^-\right) \tag{7.39}$$

$$\frac{\mathrm{d}P_{S1}^+}{\mathrm{d}z} = k_1 f_S^+ \left(P_{P1}^+, P_{P1}^-, P_{S1}^+, P_{S1}^-\right) \tag{7.40}$$

$$\frac{\mathrm{d}P_{S1}^-}{\mathrm{d}z} = k_1 f_S^- \left(P_{P1}^+, P_{P1}^-, P_{S1}^+, P_{S1}^-\right) \tag{7.41}$$

$$\frac{\mathrm{d}P_{P2}^+}{\mathrm{d}z} = k_2 f_P^+ \left(P_{P2}^+, P_{P2}^-, P_{S2}^+, P_{S2}^-\right)) \tag{7.42}$$

$$\frac{\mathrm{d}P_{P2}^-}{\mathrm{d}z} = k_2 f_P^- \left(P_{P2}^+, P_{P2}^-, P_{S2}^+, P_{S2}^-\right)) \tag{7.43}$$

$$\frac{\mathrm{d}P_{S2}^+}{\mathrm{d}z} = k_2 f_S^+ \left(P_{P2}^+, P_{P2}^-, P_{S2}^+, P_{S2}^-\right) \tag{7.44}$$

$$\frac{\mathrm{d}P_{S2}^-}{\mathrm{d}z} = k_2 f_S^- \left(P_{P2}^+, P_{P2}^-, P_{S2}^+, P_{S2}^-\right) \tag{7.45}$$

式中，P_P^+ 和 P_P^- 分别是沿双包层光纤分布的前、后向抽运光功率；P_S^+ 和 P_S^- 分别是沿双包层光纤分布的前、后向传输的激光功率，它们都是光纤纵向位置 z 的函数；f 表示它们的耦合方程组，其中下标 "P" 和 "S" 分别表示抽运光和激光，上标 "$+$" 和 "$-$" 分别表示前向和后向传输，下标 "1" 和 "2" 分别表示第 2 抽运点前后两段光纤。这时两边界分别为 $z=0$ 和 $z=L$，由于第 1 段光纤的后端面和第 2 段光纤的前端面前后相接，考虑到前、后向抽运光在经过第 2 抽运点时的泄漏以及前、后向激光经过第 2 抽运点时的损耗，新的边界条件如下：

$$P_{P1}^+(0) = p_1^+ \tag{7.46}$$

$$P_{P1}^-(L) = (1 - \mu_2^-)P_{P2}^-(0) \tag{7.47}$$

$$P_{S1}^+(0) = R_1 P_{S1}^-(0) \tag{7.48}$$

$$P_{S1}^-(L) = (1 - \eta_2^-)P_{S2}^-(0) \tag{7.49}$$

$$P_{P2}^+(0) = (1 - \mu_2^+)P_{P1}^+(L) + p_3^+ \tag{7.50}$$

$$P_{P2}^-(L) = p_2^- \tag{7.51}$$

$$P_{S2}^+(0) = (1 - \eta_2^+)P_{S1}^+(L) \tag{7.52}$$

$$P_{S2}^-(L) = R_2 P_{S2}^+(L) \tag{7.53}$$

式中，p_1^+、p_2^+ 和 p_3^- 分别是双包层光纤三个抽运点注入的抽运光功率；μ_2^+ 和 μ_2^- 分别是前、后向抽运光在经过第三抽运点时的泄漏比率；η_2^+ 和 η_2^- 分别是前、后向激光在经过第二抽运点时的损耗比率，下标表示注入抽运点的序号；R1 和 R2 分别为激光在双包层光纤的前端面和后端面的反射率。光纤激光器的输出功率为 $P_{\mathrm{out}} = (1 - R_2)P_{S2}^+(L)$。上面的边界条件中第三

个抽运点采用的是前向抽运，当第三个抽运点采用后向抽运时，式(7.47)和(7.50)分别改写为

$$P_{P1}^-(L) = (1-\mu_2^-)P_{P2}^-(0) + p_2^- \tag{7.54}$$

$$P_{P2}^+(0) = (1-\mu_2^+)P_{P1}^+(L) \tag{7.55}$$

如图7.22所示是一种多点抽运的光纤激光器的典型结构，采用光纤角度磨抛侧面耦合技术从双包层光纤侧面注入抽运光，一共有n个抽运点。

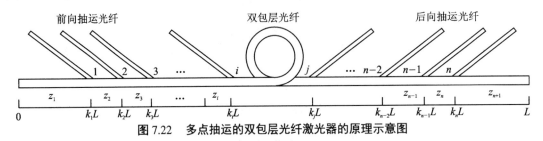

图7.22 多点抽运的双包层光纤激光器的原理示意图

与前面分析的三点抽运的双包层光纤激光器类似，在多点抽运的双包层光纤激光器中，位于第$m-1$抽运点和第m抽运点之间的第m段双包层光纤中的前、后向抽运光以及前、后向激光满足如下耦合方程组：

$$\frac{\mathrm{d}P_{Pm}^+}{\mathrm{d}z} = k_m f_P^+(P_{Pm}^+, P_{Pm}^-, P_{Sm}^+, P_{Sm}^-) \tag{7.56}$$

$$\frac{\mathrm{d}P_{Pm}^-}{\mathrm{d}z} = k_m f_P^-(P_{Pm}^+, P_{Pm}^-, P_{Sm}^+, P_{Sm}^-) \tag{7.57}$$

$$\frac{\mathrm{d}P_{Sm}^+}{\mathrm{d}z} = k_m f_S^+(P_{Pm}^+, P_{Pm}^-, P_{Sm}^+, P_{Sm}^-) \tag{7.58}$$

$$\frac{\mathrm{d}P_{Sm}^-}{\mathrm{d}z} = k_m f_S^-(P_{Pm}^+, P_{Pm}^-, P_{Sm}^+, P_{Sm}^-) \tag{7.59}$$

式中，k_m是该段光纤在整个双包层光纤中的长度比率，该段的边界条件为

$$P_{Pm}^+(0) = (1-\mu_{m-1}^+)P_{P(m-1)}^+(L) + p_{m-1}^+ \tag{7.60}$$

$$P_{Pm}^-(L) = (1-\mu_m^-)P_{P(m+1)}^-(0) + p_m^- \tag{7.61}$$

$$P_{Sm}^+(0) = (1-\eta_{m-1}^+)P_{S(m-1)}^+(L) \tag{7.62}$$

$$P_{Sm}^-(L) = (1-\eta_m^-)P_{S(m+1)}^-(0) \tag{7.63}$$

式中，p_{m-1}^+和p_m^-分别是该段双包层光纤前、后端点注入的前、后向抽运光功率；μ_{m-1}^+和μ_m^-分别是前、后向抽运光经过前、后抽运点的泄漏比率；η_{m-1}^+和η_m^-分别是前、后向激光在经过前、后抽运点时的损耗比率，下标中的m表示相应的抽运点序数（或者光纤段序数）。

多点抽运的双包层光纤激光器靠近两个端点的两光纤段（第1段和第$n+1$段）的边界条件稍有不同，可以参考式(7.46)~式(7.55)。如图7.22所示的多点抽运的双包层光纤激光器有n个抽运点，因此可分为$n+1$段光纤段，可以得到$4(n+1)$个扩展耦合方程和$4(n+1)$个扩展边界条件。

7.3.3　多点侧面抽运高功率双包层光纤激光器的数值仿真

　　根据前面的分析模型，将多点抽运的双包层光纤转化为两点边值问题后就能够对其进行数值分析。两点边值问题的数值分析方法主要有打靶法和松弛法等，也可利用MATLAB提供的处理两点边值问题的函数bvp4c()来进行数值求解。通过数值分析得到每段光纤的抽运光和激光沿双包层光纤分布之后，再通过坐标反变换（将相应的纵向坐标值乘以该段长度比率k_m）对应到该段在整段双包层光纤的位置，即可得到整个双包层光纤激光器的抽运光和激光分布的数值解。

　　【例7.2】　一个典型的四点抽运的双包层光纤激光器，其基本示意图如图7.22所示，前两个抽运点采取前向抽运，后两个抽运点采取后向抽运，每个抽运点注入的抽运功率都为100 W，第一个抽运点和最后的抽运点距离双包层的两端面分别为1 m，其余各抽运点沿双包层光纤均匀分布。前向及后向传输的抽运光在经过任一抽运点时泄漏比均相等，为12.3%（$\mu = 0.123$），前向及后向传输的激光经过抽运点时损耗较小，为1%（$\eta = 0.01$）。双包层光纤激光器的其他基本参数如表7.2所列，对该双包层光纤激光输出功率进行数值求解，并作出前、后向抽运光功率和前、后向激光功率沿双包层光纤的分布曲线。

　　【分析】　结合多点侧面抽运高功率双包层光纤激光器的速率方程组式(7.56)~式(7.59)以及边界条件式(7.60)~式(7.63)，利用MATLAB的常微分方程边值问题求解函数bvp4c()即可进行数值求解。程序代码如下：

```
1  function  Pout = fiberlaser_Multi6
2    global R1 R2 Pp sigma_ap sigma_ep sigma_as sigma_es gamma_s k...
3      gamma_p N alpha_p alpha_s Pssat Ppsat mu k eta Nequs Nfiber
4
5    %参数设置
6    lambda_s = 1100 * 1e-9;
7    lambda_p = 974 * 1e-9;
8    tau = 0.8e-3;
9    sigma_ap = 26e-21*1e-4;
10   sigma_ep = 26e-21*1e-4;
11   sigma_as = 1e-23*1e-4;
12   sigma_es = 1.6e-21*1e-4;
13   A_c = 3.1416e-10;
14   N = 5.5351e+025;
15   alpha_p = 2e-5*1e2;
16   alpha_s = 4e-6*1e2;
17   gamma_s = 0.82;
18   gamma_p = 0.0024;
19   R1 =.99;
20   R2 =.035;
21   L = 40;
22
23   %物理常数及中间过程参数计算
24   c = 3e8;
25   h = 6.626e-34;
```

```
26    nu_s = c/lambda_s;
27    nu_p = c/lambda_p;
28    Pssat = h * nu_s * A_c/( gamma_s * (sigma_es+sigma_as) * tau);
29    Ppsat = h * nu_p * A_c/( gamma_p * (sigma_ep+sigma_ap) * tau);
30
31
32    eta = 0.01;          %双包层光纤熔接处对激光的损耗为0.01
33    mu = 0.123;          %抽运点对抽运光的传输损耗
34    Nequs = 4;           %耦合方程组数目
35    Nfiber = 5;          %双包层光纤的分段数目
36    Pp = 100*ones(1,Nfiber-1);           %每个侧面抽运点的注入功率
37
38    %端面抽运的光纤激光器边值问题数值求解
39    k(1) = 1/L;
40    k(Nfiber) = k(1);
41    k(2:Nfiber-1) = (1-k(1)-k(Nfiber))/(Nfiber-2);
42
43    %端面抽运的光纤激光器边值问题数值求解
44    OPTION = bvpset('Stats','ON');
45    solinit = bvpinit(linspace(0,L,10),[0 1 50 50 Pp(1) 2 80 ...
46        40 Pp(2) Pp(3) 150  30  10 Pp(4) 300 20 1 0 250 15]);
47    sol = bvp4c(@f,@fsbc,solinit);
48
49    %数值计算结果分析和显示
50    x = [k(1)*sol.x  k(2)*sol.x+L*k(1)  k(3)*sol.x+L*sum(k(1:2))...
51        k(4)*sol.x+L*sum(k(1:3))  k(5)*sol.x+L*sum(k(1:4))];
52    y = [sol.y(1:4,:) sol.y(5:8,:) sol.y(9:12,:)...
53        sol.y(13:16,:) sol.y(17:20,:) ];
54    nz = [(sigma_ap/(sigma_ap+sigma_ep)*(y(1,:)+y(2,:))/Ppsat+...
55        sigma_as/(sigma_as+sigma_es)*(y(3,:)+y(4,:))/Pssat)./...
56        ((y(1,:)+y(2,:))/Ppsat+1+(y(4,:)+y(3,:))/Pssat)];
57    gz = gamma_s*((sigma_as+sigma_es)*nz-sigma_as)*N-alpha_s;
58    Pout = y(3,end)*(1-R2);
59
60
61    figure
62    subplot(2,1,1)
63    plot(x,y(1,:),'b.-',x,y(2,:),'g*-',x,y(3,:),'r',x,y(4,:),'k--');
64    grid on;
65    title('Pump␣and␣laser␣powers');
66    legend('Pp+(z)','Pp-(z)','Ps+(z)','Ps-(z)');
67    xlabel('Position␣z␣(m)');
68    ylabel('Power␣(W)');
69    subplot(2,1,2)
70    plot(x,nz)
```

```
71      grid on;
72      title('Relative_population_density')
73      xlabel('Position_z_(m)');
74      ylabel('N_2/N');
75
76  %多点抽运的光纤激光器速率方程组
77  function dy = f(x,y)
78      global sigma_ap sigma_ep sigma_as sigma_es gamma_s gamma_p...
79          N alpha_p alpha_s Pssat Ppsat k Nfiber Nequs
80      for i = 0:Nfiber-1
81          N2(i+1)=N*(sigma_ap/(sigma_ap+sigma_ep)*(y(1+i*Nequs)+...
82              y(2+i*Nequs))/Ppsat+sigma_as/(sigma_as+sigma_es)*...
83              (y(3+i*Nequs)+y(4+i*Nequs))/Pssat)/((y(1+i*Nequs)+...
84              y(2+i*Nequs))/Ppsat+1+(y(3+i*Nequs)+y(4+i*Nequs))/Pssat);
85          dy(1+i*Nequs)=k(i+1)*(-gamma_p*(sigma_ap*N-(sigma_ap+...
86              sigma_ep)*N2(i+1))-alpha_p)*y(1+i*Nequs);
87          dy(2+i*Nequs)=-k(i+1)*(-gamma_p*(sigma_ap*N-(sigma_ap+...
88              sigma_ep)*N2(i+1))-alpha_p)*y(2+i*Nequs);
89          dy(3+i*Nequs)=k(i+1)*(gamma_s*((sigma_as+sigma_es)*...
90              N2(i+1)-sigma_as*N)-alpha_s)*y(3+i*Nequs);
91          dy(4+i*Nequs)=-k(i+1)*(gamma_s*((sigma_as+sigma_es)*...
92              N2(i+1)-sigma_as*N)-alpha_s)*y(4+i*Nequs);
93      end
94
95  %多点抽运的光纤激光器边界条件
96  function res = fsbc(y0,yL)
97      global R1 R2 Pp eta mu Nequs
98      res = [y0(1)
99          yL(2)-y0(2+1*Nequs)*(1-mu)
100         y0(3)-R1*y0(4)
101         yL(4)-y0(4+1*Nequs)*(1-eta)
102         y0(1+1*Nequs)-yL(1)*(1-mu)-Pp(1)
103         yL(2+1*Nequs)-y0(2+2*Nequs)*(1-mu)
104         y0(3+1*Nequs)-yL(3)*(1-eta)
105         yL(4+1*Nequs)-y0(4+2*Nequs)*(1-eta)
106         y0(1+2*Nequs)-yL(1+1*Nequs)*(1-mu)-Pp(2)
107         yL(2+2*Nequs)-y0(2+3*Nequs)*(1-mu)-Pp(3)
108         y0(3+2*Nequs)-yL(3+1*Nequs)*(1-eta)
109         yL(4+2*Nequs)-y0(4+3*Nequs)*(1-eta)
110         y0(1+3*Nequs)-yL(1+2*Nequs)*(1-mu)
111         yL(2+3*Nequs)-y0(2+4*Nequs)*(1-mu)-Pp(4)
112         y0(3+3*Nequs)-yL(3+2*Nequs)*(1-eta)
113         yL(4+3*Nequs)-y0(4+4*Nequs)*(1-eta)
114         y0(1+4*Nequs)-yL(1+3*Nequs)*(1-mu)
115         yL(2+4*Nequs)
```

```
116        y0(3+4*Nequs)-yL(3+3*Nequs)*(1-eta)
117        yL(4+4*Nequs)-R2*yL(3+4*Nequs)*(1-eta)];
```

运行结果如图7.23所示。从图中可以看出，前向及后向传输的激光由于在经过抽运点的损耗较小（约0.01），因此无论是前向还是后向传输的激光沿双包层光纤都保持很好的连续性。而在各抽运点由于抽运光的注入，造成抽运光发生突变（不连续），同时也导致双包层光纤掺Yb纤芯中的上能级粒子浓度发生突变。

此外，还可在命令窗口中得到输出激光功率为335.8391 W。

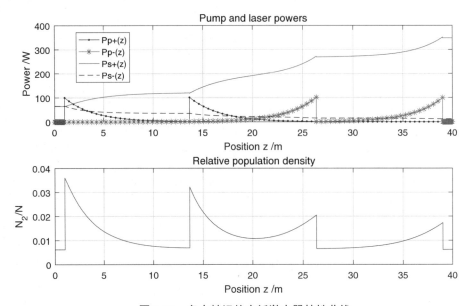

图 7.23   多点抽运的光纤激光器特性曲线

7.4   MATLAB预备技能与技巧

7.4.1   常微分方程的边值问题概述

就常微分方程（组）的系统特性而言，通常都有很多个解。实际所感兴趣的解在某些特定点（例如$x=a$）的值是满足一定条件的，这样的点及点上给定的值就构成了初值问题（initial value problems，IVPs）。而在很多实际情况中，所感兴趣的解是被更为复杂的条件所限制——边值问题（boundary value probles，BVPs）就要求常微分方程的解必须受到两点或者更多点上的值的限定。通常IVPs可以给出唯一的数值解，而BVPs却不是如此。例如线性代数方程系统，BVPs可能无解，或者有多个解。正因为可能会有多个解，BVPs求解器需要预先对所感兴趣的解进行估计，给出其估计的初值。

两点BVPs的标准形式如下：

$$y' = f(x,y,p) \tag{7.64}$$

$$0 = g(y(a),y(b),p) \tag{7.65}$$

式(7.64)为常微分方程（组），式(7.65)为边界条件，p为含有未知参数向量，这些参数直接来源于物理模型或者是在求解边值问题的过程中被引入的量。

　　MATLAB 提供的边值问题求解函数bvp4c()，可以用于求解一阶两点边值问题的常微分方程（组），也可以求解带有未知向量的边值问题。对于高阶边值问题以及多点边值问题，求解器bvp4c() 无法直接求解，需要对方程组及边界条件进行相应的变换之后，再进行求解。

　　尽管MATLAB 的边值问题求解函数bvp4c() 对于大部分边值问题的求解都是很有效的，但是任何一种边值问题的数值方法都不是万能的。求解函数bvp4c() 有时无法给出边值问题的数值解，甚至给出错误的数值解，因此在使用过程中需要注意。

　　前面对初值问题进行了详细的介绍，可以知道边值问题和初值问题的差异是比较大的。这一部分，将介绍一些例子，尝试用解决初值问题的方法来解决边值问题。

　　如果函数足够平滑，那么由方程

$$y'' = f(x, y, y') \tag{7.66}$$

和初始条件

$$y(a) = A, \quad y'(a) = s \tag{7.67}$$

构成的初值问题对于所有的$x \geqslant a$具有唯一解$y(x)$。两点边值问题的例子也可以从线性常微分方程出发

$$y'' + y = 0 \tag{7.68}$$

带有边界条件

$$y(a) = A, \quad y(b) = B \tag{7.69}$$

该问题的一种常用并且有效的方法是假设函数$y(x,s)$是常微分方程式(7.69)的解，并且满足初始条件$y(a,s) = A$和$y'(a,s) = s$。对于参数s的任意取值，$y(x,s)$都满足在$x = a$的边界条件，但是参数s取何值才能满足$x = b$的边界条件条件呢？　——也就是说，参数s取何值才能满足$y(b,s) = B$？

　　假设$u(x)$是由初始条件$y(a) = A$和$y'(a) = 0$限制的常微分方程式(7.69)的解，$v(x)$是由初始条件$y(a) = 0$和$y'(a) = 1$限制的常微分方程式(7.69)的解。常微分方程式(7.69)的通解可以线性表示成

$$y(x,s) = u(x) + sv(x) \tag{7.70}$$

边界条件为

$$B = y(b,s) = u(b) + sv(b) \tag{7.71}$$

　　问题最终归结为求解未知的初始斜率s。当$v(b) \neq 0$时可以得到

$$s = \frac{B - u(b)}{v(b)} \tag{7.72}$$

　　更进一步，如果$v(b) = 0$，那么当$B = u(b)$时将有无穷多个解，而当$B \neq u(b)$时无解。因此边值问题解的存在性和唯一性是很显然的。但是，当$v(b) \approx 0$ 时数值计算过程却存在潜在的问题。

　　特征值问题，更为特殊的是 Sturm-Liouville 问题，可以简单地表示为方程

$$y'' + \lambda y = 0 \tag{7.73}$$

349

及边界条件

$$y(0) = 0, \quad y(\pi) = 0 \qquad (7.74)$$

该边值问题显然有一个恒定的常值解：$y(x) \equiv 0$。但是，当λ取某些特殊值时，边值问题不存在常值解，这样的特殊值称为特征值，对应的解也称为特征方程的解。如果$y(x)$是该边值问题的一个解，那么显然$\alpha y(x)$也是该边值问题的解。因此，实际中需要一个归一化的条件来表征所感兴趣的一类解。例如$y'(0) = 1$，当$\lambda > 0$时，方程在初值条件

$$y(0) = 0, \quad y'(0) = 1 \qquad (7.75)$$

的解为

$$y(x) = \frac{\sin\sqrt{\lambda}x}{\sqrt{\lambda}} \qquad (7.76)$$

边值条件$y(\pi) = 0$可以用来求解上面的非线性代数方程中的λ。通常非线性代数方程的解的存在性和唯一性问题也比较复杂。在本例中，比较容易求出边值问题当且仅当$\lambda = k^2$（$k = 1, 2, \cdots$）时具有非常值解。这个例子也说明在求解Sturm–Liouville问题时，不仅要获得归一化条件，而且要求解所感兴趣的特征值。

下面再来介绍另外一个复杂的边值问题

$$y'' + |y| = 0 \qquad (7.77)$$

边界条件为

$$y(0) = 0, \quad y(b) = B \qquad (7.78)$$

根据对该边值问题的研究发现，当$b > \pi$时，对于所有的$B < 0$，存在两个不同的解，其中一个解的形式为$y(x, s) = s\sinh x$，该解在起点处的斜率为负值，并且单调趋近于B；另一个解具有$y(x, s) = s\sin x$的形式，但是在起点处的斜率为正值，该解在$x = \pi$值处与横坐标轴相交，此后符号改变并且斜率单调趋近于B。图7.24显示了当$b = 4$、$B = -2$时该边值问题的两个解。

7.4.2 边值问题数值解法

边值问题的常微分方程数值求解的方法之一是基于初值问题的常微分方程数值求解以及非线性代数方程的数值求解，因为已经有很多有效的程序用来求解这两类方程，所以自然而然也就想到了将它们合起来求解边值问题的常微分方程，这种方法也叫作打靶法（shooting method）。打靶法可以把很多有效的数值方法组合起来，但是MATLAB中的边值问题常微分方程求解器bvp4c()没有采用该方法。主要的问题在于求解边值问题时，打靶法中对于作为出发点的初值选取具有不稳定性。也就是说，边值问题的解应该对于边值条件的改变不敏感，而打靶法中的边值问题的解对于初值点的选择却非常敏感。一个简单的例子

$$y'' - 100y = 0 \qquad (7.79)$$

边值条件为

$$y(0) = 1, \quad y(1) = B \qquad (7.80)$$

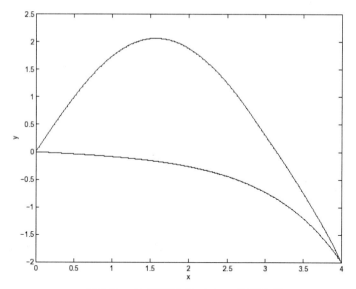

图 7.24　边值问题 $y'' + |y| = 0$ 的两个解

打靶法采用方程 $y(x, s) = \cosh 10x + 0.1s \sinh 10x$ 并以初值 $y(0) = 1$、$y'(0) = s$ 的初值问题作为出发点。显然 $\partial y / \partial s = 0.1 \sinh 10x$，当 $x = 1$ 时是一个比较大的值 $0.1 \sinh 10 = 1101$。通过计算可以得出对于边值问题，满足边界 $x = 1$ 处的斜率值为 $s = 10(B - \cosh 10) / \sinh 10x$ 并且有 $\partial y / \partial B = |\sinh 10x / \cosh 10| \leqslant 1$。很显然，这里初值问题的解对于作为初始条件的斜率 s 变化的敏感度要远大于边值问题的解对于作为边值条件的 B 变化的敏感度。在初值问题的解比较稳定的情况下，打靶法通常会有效。而不稳定的初值问题往往会导致打靶法求解失败，因为求解时计算过程的值将发散。更多的情况是，初值问题求解器可以完成一些中间过程的计算，但是最后因为无法找到符合边值条件的精确初值解，而不能得到符合精度要求的边值问题的最终数值解。尽管人们采取了很多方法改进打靶法，但是当初值问题的解不稳定时，打靶法不是用来求解边值问题的常规手段。

MATLAB 中的边值问题求解函数 bvp4c() 采用了一系列的方法来求解具有以下形式的边值问题：

$$\boldsymbol{y}' = \mathrm{f}(x, y, \boldsymbol{p}) \qquad (a \leqslant x \leqslant b) \tag{7.81}$$

通常伴随着非线性的两点边值条件

$$\mathrm{g}(\boldsymbol{y}(a), \boldsymbol{y}(b), \boldsymbol{p}) = 0 \tag{7.82}$$

其中 $\boldsymbol{p}$ 是未知参数向量。简单考虑，规定近似解 $\boldsymbol{S}(x)$ 是一个连续函数，更为具体地说是在整个求解区间 $a = x_0 < x_1 < \ldots < x_N = b$ 中的每个子区间 $[x_n, x_{n+1}]$ 都为三次多项式。其满足边值条件

$$\mathrm{g}(\boldsymbol{S}(a), \boldsymbol{S}(b)) = 0 \tag{7.83}$$

并且在所有的中间子区间的端点处都满足微分方程

$$\boldsymbol{S}'(x_n) = \mathrm{f}(x_n, \boldsymbol{S}(x_n)) \tag{7.84}$$

$$\boldsymbol{S}'((x_n + x_{n+1})/2) = \mathrm{f}((x_n + x_{n+1})/2, \boldsymbol{S}((x_n + x_{n+1})/2)) \tag{7.85}$$

$$\boldsymbol{S}'(x_{n+1}) = \mathrm{f}(x_{n+1}, \boldsymbol{S}(x_{n+1})) \tag{7.86}$$

若您对此书内容有任何疑问，可以登录 MATLAB 中文论坛与同行们讨论交流。

根据以上条件可以得到一个用于确定$S(x)$系数的非线性代数方程组系统。与打靶法相比，该方法得到的解在整个区间$[a,b]$以及边值条件都考虑进去了。而非线性方程组可以采用线性化迭代方法求解，因此求解过程主要依赖于MATLAB的线性方程求解器而不是其中的初值问题的常微分方程求解代码。bvp4c()中采用的基本方法是Simpson方法，相关理论研究表明，数值解$S(x)$四阶趋近于精确解$y(x)$，即$\|y(x)-S(x)\| \leqslant Ch^4$，其中$h$是步长$h_n = x_{n+1} - x_n$，$C$是常数。当采用bvp4c()求解所用网格点处的$S(x)$后，还可以调用bvpval()函数计算出任意点$x$或一系列点处的数值解的值。

因为常微分方程的边值问题可以不只有一个解，边值问题求解代码要求用户提供一个关于所期望解的猜想。这个猜想包含了初始化网格点以及对数值解在网格点上的期望值。然后求解代码在初始网格的基础上进行计算得到具有合适的网格点数的精度足够高的数值解。而提出足够好的猜想也常常是数值求解边值问题常微分方程最难的部分，因为这需要对方程的本质特性及变化趋势有相当深入的了解。bvp4c()采用了一种不同寻常的方法来控制误差用于帮助处理比较差的猜想。$S(x)$在整个区间$[a,b]$的连续性要求及其在每个子区间端点处的配置表明$S(x)$在整个区间$[a,b]$具有连续的微分。对于这种数值近似解，常微分方程的残差$r(x)$定义为

$$r(x) = S'(x) - f(x, S(x)) \tag{7.87}$$

反过来说，$S(x)$也可以看作是常微分方程精确解的波动

$$S'(x) = f(x, S(x)) + r(x) \tag{7.88}$$

类似的，残差在边值处的值为$g(S(a), S(b))$。bvp4c()对这些残差的大小进行控制，如果归一化的残差都很小，$S(x)$可以理解为问题的精确解$y(x)$的很好的近似，此时即使h不是很小其四阶残差收敛也是很明显的。其实打靶法的代码也要控制好这些残差，通过非线性方程求解器找出符合边值条件的初始值使其在边值的残差足够小。残差控制有着非常重要的特性：无论近似解有多么糟糕，残差都要能够很好地定义并通过$f(x_n, S(x_n))$或者$g(S(a), S(b))$简单地计算出来。bvp4c()基于可靠的运算关系，即使初始网格点的猜想都不怎么好，也能够获得$h \to 0$下的正确结果。

虽然边值问题的常微分方程（组）具有各种各样的形式，但是都可以转化为适当的形式后采用bvp4c()来求解。只要正确写出常微分方程（组）的一阶形式，这与在MATLAB中求解初值问题的常微分方程类似，高阶的微分可以通过引入新的自变量转化为低阶的微分。下面通过一些例子介绍如何求解各种常见的边值问题常微分方程的数值解。

7.4.3 利用MATLAB求解边值问题示例

MATLAB提供了边值问题求解器bvp4c()用于求解边值问题的数值解。bvp4c()的基本调用格式为

```
sol = bvp4c(odefun,bcfun,solinit)
```

bvp4c()采用带自适应网格的高阶差分法来求解边值问题。输出sol是由bvp4c()创建的一个结构体。前两个输入为用户自定义的函数句柄，分别由一阶常微分方程（组）和边值条件来确定。

odefun由式(7.64)常微分方程（组）中等号右边的$f(x, y, p)$确定，具有以下两种形式：

```
dydx = odefun(x,y)
dydx = odefun(x,y,parameters)
```

其中，输入x是自变量对应的标量；y是应变量对应的列向量；paramters是未知参数的列向量；输出dydx是列向量。

bcfun用于计算边界处由边值条件确定的残差，由式(7.65)中等号右边的$g(y(a),y(b),p)$确定，具有以下两种形式：

```
res = bcfun(ya,yb)
res = bcfun(ya,yb,parameters)
```

其中，ya和yb分别为$y(a)$和$y(b)$对应的列向量；paramters是未知参数的列向量；输出 res 则是列向量。

solinit是一个结构体，包含了初始网格处的x和y的值。该结构体可以由MATLAB函数bvpinit()来生成

```
solinit = bvpinit(x,yinit)
solinit = bvpinit(x,yinit,parameters)
solinit = bvpinit(sol,[anew bnew])
solinit = bvpinit(sol,[anew bnew],parameters)
```

其中，x是关于求解区间$[a,b]$的初始网格划分向量；yinit是对数值解的猜想，可以是在网格点x处对应值的列向量或者是一个函数。

- 列向量——对于数值解的每一个网格处，bvpinit将重复yinit列向量的值为常数值猜想，即yinit(i)是第i个网格处x所对应的常数猜想yinit(i,:)。

- 函数——对于给定的网格处，猜想函数将返回一个列向量用于给出求解所用的初值，该函数必须具有y = guess(x)的形式，bvpinit经过调用函数获得y(:,j) = guess(x(j))。

最后经过bvp4c() 求解得到的结构体sol 在用户自定义网格处的数值解可以通过MATLAB函数deval() 进行扩展

```
sxint = deval(sol,xint)
```

其中，xint 是一个包含所需要获得确定数值解的网格处值的列向量，函数将返回xint 对应的常微分方程的数值解矩阵。

【例 7.3 】　常微分方程组的边值问题数值求解。

边值问题中的常微分方程通常不只有一个方程，而是一系列的方程，即常微分方程组，这样边值条件也相应地有很多个。下面是一个示例，常微分方程为

$$
\left.\begin{array}{l}
u' = 0.5u(w-u)/v \\
v' = -0.5(w-u) \\
w' = (0.9 - 1000(w-p) - 0.5w(w-u))/z \\
z' = 0.5(w-u) \\
p' = -100(p-w)
\end{array}\right\} \tag{7.89}
$$

若您对此书内容有任何疑问，可以登录MATLAB中文论坛与同行们讨论交流。

边值条件为

$$u(0) = v(0) = w(0) = 1, z(0) = -10, w(1) = p(1) \qquad (7.90)$$

初始猜想为

$$\left.\begin{array}{l} u(x) = 1 \\ v(x) = 1 \\ w(x) = -4.5x^2 + 8.91x + 1 \\ z(x) = 1 \\ p(x) = -4.5x^2 + 9x + 0.91 \end{array}\right\} \qquad (7.91)$$

【分析】 为了利用bvp4c()来求解该常微分方程组边值问题的数值解，首先要给出可供bvp4c调用的常微分方程组函数以及残差的边值条件函数，这些函数都必须返回一个列向量。本例中有5个自变量，可以用一个列向量dydx的各元素来代替这些列向量，即$y(1) = u$、$y(2) = v$、$y(3) = w$、$y(4) = z$以及$y(5) = p$。数值求解的MATLAB程序代码如下：

```
1  function odesbvp
2  %常微分方程组边值问题的数值求解
3
4  solinit = bvpinit(linspace(0,1,5),@odesguess);
5  options = bvpset('Stats','on','RelTol',1e-5);
6  sol = bvp4c(@odes,@odesbc,solinit,options);
7
8  %网格点处的数值解
9  x = sol.x;
10 y = sol.y;
11
12 %采用MUSN方法求解到的数值解:
13 amrx = [ 0. .1 .2 .3 .4 .5 .6 .7 .8 .9 1.]';
14 amry = [1.00000e+00  1.00000e+00  1.00000e+00  -1.00000e+01  9.67963e-01
15        1.00701e+00  9.93036e-01  1.27014e+00  -9.99304e+00  1.24622e+00
16        1.02560e+00  9.75042e-01  1.47051e+00  -9.97504e+00  1.45280e+00
17        1.05313e+00  9.49550e-01  1.61931e+00  -9.94955e+00  1.60610e+00
18        1.08796e+00  9.19155e-01  1.73140e+00  -9.91915e+00  1.72137e+00
19        1.12900e+00  8.85737e-01  1.81775e+00  -9.88574e+00  1.80994e+00
20        1.17554e+00  8.50676e-01  1.88576e+00  -9.85068e+00  1.87957e+00
21        1.22696e+00  8.15025e-01  1.93990e+00  -9.81503e+00  1.93498e+00
22        1.28262e+00  7.79653e-01  1.98190e+00  -9.77965e+00  1.97819e+00
23        1.34161e+00  7.45374e-01  2.01050e+00  -9.74537e+00  2.00827e+00
24        1.40232e+00  7.13102e-01  2.02032e+00  -9.71310e+00  2.02032e+00];
25
26 % 将第4列的值向上平移10以便作图对比
27 amry(:,4) = amry(:,4) + 10;
28 y(4,:) = y(4,:) + 10;
29
30 figure
```

```
31  plot(x,y',amrx,amry,'*')
32  axis([0 1 -0.5 2.5])
33  title('常微分方程组边值问题的数值解')
34  ylabel('bvp4c 和MUSN(*) 方法的数值解')
35  xlabel('x')
36
37  %-----------------------------------------------------------------
38  function dydx = odes(x,y)
39  % 边值问题的常微分方程组，dydx中各元素分别对应于
40  % dydx(1) = u, dydx (2) = v, dydx (3) = w, dydx (4) = z, dydx (5) = y.
41  dydx =  [ 0.5*y(1)*(y(3) - y(1))/y(2)
42            -0.5*(y(3) - y(1))
43            (0.9 - 1000*(y(3) - y(5)) - 0.5*y(3)*(y(3) - y(1)))/y(4)
44             0.5*(y(3) - y(1))
45            100*(y(3) - y(5)) ];
46
47  %-----------------------------------------------------------------
48  function res = odesbc(ya,yb)
49  % 常微分方程组的边值条件
50  res = [ ya(1) - 1
51          ya(2) - 1
52          ya(3) - 1
53          ya(4) + 10
54          yb(3) - yb(5)];
55
56  %-----------------------------------------------------------------
57   function v = odesguess(x)
58  % 初始的猜想函数
59  v = [          1
60                 1
61         -4.5*x^2+8.91*x+1
62               -10
63         -4.5*x^2+9*x+0.91 ];
```

程序代码运行后可以得到如图7.25所示的常微分方程组边值问题的数值解，从图中可以看出，利用bvp4c()求得的数值解与MUSN方法得到的结果是相同的。

【例7.4】　Bratu方程的数值求解。

Bratu方程来源于自燃模型，其在数学上是分叉问题的经典实例之一。该方程的形式为

$$y'' + \lambda e^y = 0 \tag{7.92}$$

边值条件为

$$y(0) = 0 = y(1) \tag{7.93}$$

Bratu证明了，对于λ的取值，如果满足 $0 \leqslant \lambda \leqslant \lambda^* = 3.51383\cdots$，则方程有两个解，这两

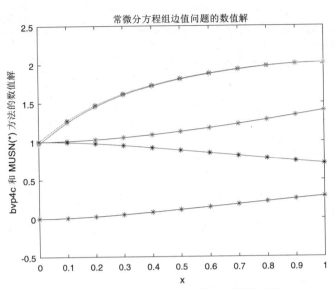

图 7.25　常微分方程组边值问题的数值解

个解都具有周期性并且呈下凹状，当$\lambda \to \lambda^*$时这两个解也相互靠近，并且$\lambda = \lambda^*$时两个解合并为一个解。

　　【分析】　Bratu 方程是一个二阶的常微分方程，前面提到过bvp4c()只能用来求解一阶常微分方程（组）的边值问题，因此还需要对Bratu方程进行适当的变形。可令$y = y_1$、$y_1' = y_2$，则Bratu方程可以转化为一阶常微分方程组

$$\left. \begin{array}{l} y_1' = y_2 \\ y_2' = -\lambda e^{y_1} \end{array} \right\} \tag{7.94}$$

边值条件变为

$$y_1(a = 0) = 0 = y_1(b = 1) \tag{7.95}$$

　　接着就可以仿照例7.3用bvp4c()来求解$\lambda = 1$时的Bratu方程的数值解，程序代码如下：

```
1  function bratubvp
2  % Bratu 边值问题数值求解
3
4      options = bvpset('stats','on');
5      solinit = bvpinit(linspace(0,1,5),[0.1 0]);
6      sol1 = bvp4c(@bratuode,@bratubc,solinit,options);
7      fprintf('\n');
8
9      % 改变初始猜想值来获得另外一个解
10     solinit = bvpinit(linspace(0,1,5),[3 0]);
11     sol2 = bvp4c(@bratuode,@bratubc,solinit,options);
12
13     figure
14     plot(sol1.x,sol1.y(1,:),sol2.x,sol2.y(1,:))
15     xlabel('x')
```

```
16      ylabel('y')
17
18 % ------------------------------------------------
19 function dydx = bratuode(x,y)
20 % Bratu 常微分方程
21      dydx = [    y(2)
22                 -exp(y(1))];
23
24 % ------------------------------------------------
25 function res = bratubc(ya,yb)
26 %  Bratu 边值条件
27      res = [ya(1)
28             yb(1)];
```

运行程序代码后可以得到图7.26所示的Bratu方程的两个数值解曲线。

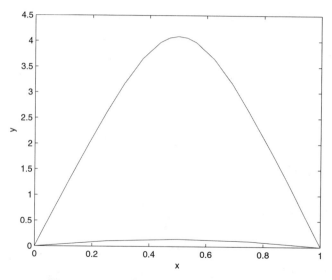

图 7.26 $\lambda = 1$时的Bratu边值问题的两个数值解

此外，在MATLAB命令窗口中可以看到如下输出：

```
1 The solution was obtained on a mesh of 5 points.
2 The maximum residual is 8.290e-004.
3 There were 46 calls to the ODE function.
4 There were 11 calls to the BC function.
5
6 The solution was obtained on a mesh of 19 points.
7 The maximum residual is 4.363e-004.
8 There were 534 calls to the ODE function.
9 There were 56 calls to the BC function.
```

可以看出，两次调用bvp4c()函数，在方程和边界条件相同，而猜想值不同的情况下，求解的过程和结果是有差异的。因此，在使用bvp4c()求解边值问题时，初始猜想值（猜想方

程）的选定是很重要的，有时甚至会因选择不当而求解不出数值解。

【例 7.5】 改变 bvp4c() 的默认参数。

本例用于改变 bvp4c() 的默认参数来进行常微分方程边值问题的数值求解。一个含未知参数 p 的常微分方程具有如下形式：

$$y'' + 3py/(p+t^2)^2 = 0 \tag{7.96}$$

【分析】 该方程具有一个解析解的形式

$$y(t) = t/\sqrt{p+t^2} \tag{7.97}$$

该问题常被用于测试边值问题数值解的代码，数值求解的范围是 $[-0.1, 0.1]$，边值条件为

$$y(-0.1) = -0.1/\sqrt{p+0.01}, \quad y(+0.1) = 0.1/\sqrt{p+0.01} \tag{7.98}$$

该常微分方程及其边值条件都是线性的，又存在解析解。这个方程比较特殊，因此有专门的数值求解程序代码，例如 SUPORT。测试数值求解程序代码时常取 $p = 10^{-5}$，bvp4c() 求解边值问题常微分方程的数值解是不用区分线性方程还是非线性方程的。

与前一例类似，用 bvp4c() 来求解该常微分方程时，要先把其变成一阶常微分方程组的形式

$$\left. \begin{array}{l} y_1' = y_2 \\ y_2' = -3py_1/(p+t^2)^2 \end{array} \right\} \tag{7.99}$$

MATLAB 程序代码如下：

```
1 function ex3bvp
2 % 改变 bvp4c 的缺省参数（误差公差）来求解边值问题的常微分方程
3
4 % 计算出解析解的值用于与数值解进行比较
5 tt = -0.1:0.01:+0.1;
6 p = 1e-5;
7 yy = tt ./ sqrt(p + tt .^2);
8
9 options = bvpset('stats','on','Fjacobian',@ex3Jac);
10 solinit = bvpinit(linspace(-0.1,0.1,10),[0 10]);
11
12 sol = bvp4c(@ex3ode,@ex3bc,solinit, options);
13 t = sol.x;
14 y = sol.y;
15
16 figure
17 plot(t,y(1,:),tt,yy,'*')
18 axis([-0.1 0.1 -1.1 1.1])
19 title('RelTol = 1e-3')
20 xlabel('t')
```

```
21
22 ylabel('Numerical_Solutions_and_Analytical_Solutions(*)')
23 fprintf('\n');
24
25 % 设置更小的误差公差用于计算常微分方程的数值解
26 options = bvpset(options,'RelTol',1e-4);
27 sol = bvp4c(@ex3ode,@ex3bc,sol,options);
28 t = sol.x;
29 y = sol.y;
30
31 figure
32 plot(t,y(1,:),tt,yy,'*')
33 axis([-0.1 0.1 -1.1 1.1])
34 title('RelTol_=_1e-4')
35 xlabel('t')
36 ylabel('Numerical_Solutions_and_Analytical_Solutions(*)')
37 %-----------------------------------------------------------
38  function dydt = ex3ode(t,y)
39 % 边值问题的常微分方程组
40 p = 1e-5;
41 dydt = [ y(2)
42          -3*p*y(1)/(p+t^2)^2];
43
44 %-----------------------------------------------------------
45 function dfdy = ex3Jac(t,y)
46 %常微分方程组的Jacobian 函数
47 p = 1e-5;
48 dfdy = [             0          1
49          -3*p/(p+t^2)^2     0 ];
50
51 %-----------------------------------------------------------
52  function res = ex3bc(ya,yb)
53 %边值条件
54 p = 1e-5;
55 yatb = 0.1/sqrt(p + 0.01);
56 yata = - yatb;
57 res = [ ya(1) - yata
58         yb(1) - yatb ];
```

代码运行后得到如图7.27和图7.28所示的数值解。

　　根据解析解可知，当p的值很小时，在原点附近存在一个边界层，此处微分方程的解变化非常剧烈。求解区域中存在变化剧烈的区域的边值问题的数值求解是相对比较困难的。在一些点处的数值解及精确解如图7.27所示。为了更准确地计算出边界层的变化，在采用bvp4c() 进行求解时需要在程序代码中设置计算的精度参数。残差的相对误差公差参数为RelTol，绝对误差公差为AbsTol，它们的默认值分别为RelTol = 10^{-3} 和AbsTol = 10^{-6}。通

若您对此书内容有任何疑问，可以登录MATLAB中文论坛与同行们讨论交流。

359

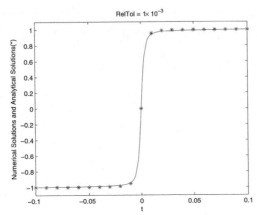

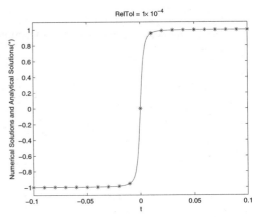

图 7.27　误差公差 RelTon $= 1 \times 10^{-3}$ 时的数值解　　图 7.28　误差公差 RelTon $= 1 \times 10^{-4}$ 时的数值解

过函数 bvpset() 来改变这些可选参数的值并返回一个结构体（options），然后在调用 bvp4c() 时将该结构体作为一个输入参数。如图7.28就是将残差的相对误差公差参数 RelTol 减小到 10^{-4} 后得到的数值解和精确解对比，设置的代码如下：

```
options = bvpset(options,'RelTol',1e-4);
sol = bvp4c(@ex3ode,@ex3bc,sol,options);
```

这里输入参数 sol 并不是打印上的错误，在此处也可以采用前面的 solinit，但是 ex3bvp.m 中的这段代码先做 RelTol $= 10^{-3}$ 的数值计算，因此该解 sol 可以作为 RelTol $= 10^{-4}$ 的数值计算非常好的猜测值。这也是一个连续性技术的简单例子，该技术常常被用于解决比较复杂、难于直接数值求解的问题。

【例 7.6】　求解带未知参数的边值问题。

本例用于带未知参数的边值问题常微分方程的数值求解，同时还给出如何通过计算获得求解区间任意点处的数值解。在区间 $[0, \pi]$ 求解 Mathieu 方程的第4特征值问题

$$y'' + (\lambda - 2q\cos 2x)y = 0 \tag{7.100}$$

边值条件为

$$y'(0) = 0, y'(\pi) = 0 (当 q = 5) \tag{7.101}$$

【分析】　首先对解进行归一化，因此有 $y(0) = 1$。在此问题中，即使 $x = 0$ 处的所有初始值都已知，为了获得满足边值条件 $y'(\pi) = 0$ 的数值解，还需要求出符合条件的参数 λ 的值（特征值）。bvp4c() 使得这类含有未知参数的数值求解变得简单，但是在调用过程中要加入附加参数，并且对其值作适当的猜测。程序代码如下：

```
1 %带未知参数的边值问题的常微分方程数值求解
2 function ex4bvp
3
4 solinit = bvpinit(linspace(0,pi,10),@ex4init,15);
5 options = bvpset('stats','on');
6 sol = bvp4c(@ex4ode,@ex4bc,solinit,options);
7
8 %BVP4C 计算返回的数值解为结构体sol,其中未知参数的解为sol.parameters
```

```
 9 fprintf('\n');
10 fprintf('D02KAF 计算 lambda = 17.097.\n')
11 fprintf('bvp4c  计算 lambda =%7.3f.\n',sol.parameters)
12
13 figure
14 plot(sol.x,sol.y(1,:),sol.x,sol.y(1,:),'*')
15 axis([0 pi -1 1])
16 title(' Mathieu 方程特征值的数值解')
17 xlabel('仅位于栅格点处的数据')
18
19 %前面的作图只是利用在数值解的栅格点处的数据
20 %由于近似解是连续的并且是可导的，可以调用deval进行插值
21 %获得任意点更为平滑的数据
22 figure
23 xint = linspace(0,pi);
24 Sxint = deval(sol,xint);
25 plot(xint,Sxint(1,:))
26 axis([0 pi -1 1])
27 title('Mathieu 方程特征值的数值解')
28 xlabel('利用devel得到更密集的栅格点数值解')
29
30 %--------------------------------------------------------
31 %边值问题的常微分方程，lambda为未知参数
32 function dydx = ex4ode(x,y,lambda)
33 q = 5;
34 dydx = [                y(2)
35          -(lambda - 2*q*cos(2*x))*y(1) ];
36
37 %--------------------------------------------------------
38 %边值条件
39 function res = ex4bc(ya,yb,lambda)
40 res = [ ya(2)
41         yb(2)
42         ya(1) - 1 ];
43
44 %--------------------------------------------------------
45 %初始猜测方程
46 function v = ex4init(x)
47 v = [    cos(4*x)
48         -4*sin(4*x) ];
```

程序代码运行后得到如图7.29所示的 Mathieu 方程的数值解曲线，曲线中的数据点是 bvp4c() 调用后得到的缺省栅格点的数据，从图中可以看到 bvp4c() 得到的数值解是自适应的，在数值解变化比较剧烈的地方数据点较密集，而在数值解变化比较平缓的地方数据点较稀疏。

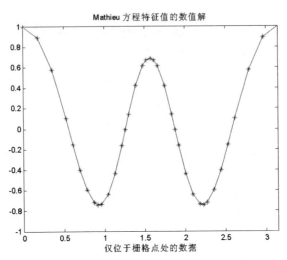

图 7.29　仅位于栅格点处的数值解

　　但是有时需要知道特定点的数值解，这时可以调用deval()函数，图7.30所示是调用deval()函数后获得的更为密集数据点的数值解。

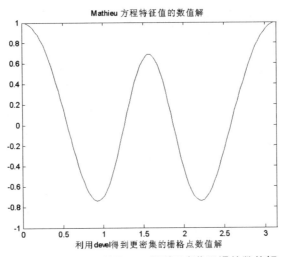

图 7.30　利用deval得到更密集平滑的数值解

　　在程序代码中，分别采用$\cos(4x)$和$-4\sin(4x)$作为常微分方程的y和y'的初始猜测解（程序代码第46行，function v = ex4init(x)），并且在bvpinit中，特征值的猜测值设为15（程序代码第4行，solinit = bvpinit(linspace(0,pi,10),@ex4init,15)），程序代码执行后得到的特征值，与NAG（Numerical Alogorithms Group Inc., NAG FORTRAN 77 Library Manual, Mark 17, Oxford, UK, 1996）中的D02KAF的计算结果完全相同。

7.5　习　题

　　【习题7.1】　已知双包层光纤激光器的基本参数如表7.2所列，在MATLAB中编程计算在前向抽运方式下抽运功率从10W变化到100W，以5W为间隔得到的双包层光纤激光器输出功率随抽运功率的变化关系曲线。

【习题 7.2 】 已知双包层光纤激光器的基本参数如表7.2所列，在MATLAB中编程计算在后向抽运方式下抽运功率从10W变化到100W，以5W为间隔得到的双包层光纤激光器输出功率随抽运功率的变化关系曲线。

【习题 7.3 】 已知双包层光纤激光器的基本参数如表7.2所列，在MATLAB中编程计算在双向等功率抽运方式下抽运功率从10W变化到100W，以5W为间隔得到的双包层光纤激光器输出功率随抽运功率的变化关系曲线。

【习题 7.4 】 一个典型的四点抽运的双包层光纤激光器，其基本示意图如图7.22所示，前两个抽运点采取前向抽运，后两个抽运点采取后向抽运，每个抽运点注入的抽运功率都为100W，第一个抽运点和最后的抽运点采取端面抽运（即抽运点距离双包层的两端面分别为0m），其余各抽运点沿双包层光纤均匀分布。正后向传输的抽运光在经过任一抽运点时泄漏比均相等，为12.3%（$\mu = 0.123$），正后向激光经过抽运点时损耗较小，为1%（$\eta = 0.01$）。双包层光纤激光器的其他基本参数如表7.2所列，对该双包层光纤激光输出功率进行数值求解，并作出前、后向抽运光功率和前、后向激光功率沿双包层光纤的分布曲线。

若您对此书内容有任何疑问，可以登录 MATLAB 中文论坛与同行们讨论交流。

MATLAB 函数名与关键词索引

若您对此书内容有任何疑问，可以登录 MATLAB 中文论坛与同行们讨论交流。

若您对此书内容有任何疑问，可以登录MATLAB中文论坛与同行们讨论交流。

术语索引

若您对此书内容有任何疑问，可以登录 MATLAB 中文论坛与同行们讨论交流。

371

参考文献

[1] Marcuse D. Theory of dielectric optical waveguides[M]. 2nd ed. New York: Academic Press, 1974.

[2] Möller K D. Optics: learning by computing, with examples using MathCad, Matlab, Mathematica, and Maple[M]. New York: Springer，2007.

[3] Chen C L. Foundations for guided-wave optics[M]. Hoboken:John Wiley & Sons, Inc.，2007.

[4] Okamoto K. Fundamentals of optical waveguides[M]. 2nd ed. New York: Academic Press，2006.

[5] Poon T, Kim T. Engineering optics with Matlab[M]. Danvers: World Scientific Publishing Co. Pte. Ltd.，2006.

[6] Svelto O，Hanna D C. Principles of lasers[M]. 4th ed. New York: Springer，1998.

[7] Shampine L F，Gladwell I，Thompson S. Solving ODEs with MATLAB[M]. Cambridge: Cambridge University Press，2003.

[8] Moler C. Numerical computing with MATLAB[M]. Philadelphia: SIAM，2004.

[9] Voelz D G. Computational fourier optics: a MATLAB tutorial[M]. Bellingham, WA: SPIE press, 2011.

[10] Ghatak A. 光学[M].张晓光，席丽霞，余和军，译.4版.北京: 清华大学出版社, 2013.

[11] 石顺祥，刘继芳，孙艳玲. 光的电磁理论:光波的传播与控制[M]. 西安: 西安电子科技大学出版社, 2006.

[12] 陈军. 光学电磁理论[M]. 北京: 科学出版社，2005.

[13] 廖延彪. 光纤光学[M]. 北京: 清华大学出版社，2000.

[14] 刘德明，孙军强，鲁平，等. 光纤光学[M]. 2版. 北京: 科学出版社，2008.

[15] 吴重庆. 光波导理论[M]. 北京: 清华大学出版社，2005.

[16] 刘晨. 物理光学[M]. 合肥: 合肥工业大学出版社，2007.

[17] 张伟刚. 光纤光学原理及应用[M]. 天津: 南开大学出版社，2008.

[18] 是度芳，李承芳，张国平. 现代光学导论[M]. 武汉: 湖北科学技术出版社，2003.

[19] 郁道银，谈恒英. 工程光学[M]. 2版. 北京: 机械工业出版社，2008.

[20] 徐宝强. 光纤通信及网络技术[M]. 北京: 北京航空航天大学出版社，1999.

[21] 徐公权，段鲲，廖光裕. 光纤通信技术[M]. 北京: 机械工业出版社，2002.

[22] 李玉权，崔敏，蒲涛. 光纤通信[M]. 3版. 北京: 电子工业出版社，2002.

[23] 季家镕，冯莹. 高等光学教程:非线性光学与导波光学[M]. 北京: 科学出版社，2008.

[24] 吕百达. 激光光学:光束描述、传输变换与光腔技术物理[M]. 北京: 高等教育出版社，2003.

[25] 周炳琨，高以智，陈偶嵘. 激光原理[M]. 北京: 国防工业出版社，2000.

[26] 魏彪，盛新志. 激光原理及应用[M]. 重庆: 重庆大学出版社，2007.

[27] 孙文，江泽文，程国祥. 固体激光工程[M]. 北京: 科学出版社，2005.

[28] 楼祺洪. 高功率光纤激光器及其应用[M]. 合肥: 中国科学技术大学出版社，2010.

[29] 黄庆安，于虹，雷威，等. 光子微系统[M]. 南京: 东南大学出版社，2011.

[30] 张志涌. 精通MATLAB6.5版[M]. 北京: 北京航空航天大学出版社，2003.

[31] 薛定宇，陈阳泉. 高等应用数学问题的MATLAB求解[M]. 北京: 清华大学出版社，2004.

[32] 李林，金先级. 数值计算方法:MATLAB语言版[M]. 北京: 高等教育出版社，2006.

[33] Cleve B. Moler. MATLAB数值计算[M]. 张志涌，译. 北京: 北京航空航天大学出版社，2015.

[34] 任玉杰. 数值分析及其MATLAB实现[M]. 北京: 高等教育出版社，2007.

[35] 张德丰，赵书梅，刘国希. MATLAB图形与动画设计[M]. 北京: 国防工业出版社，2009.

[36] Joseph W Goodman. 傅里叶光学导论[M].秦克诚，刘培森，陈家璧，等译. 3版.北京: 电子工业出版社，2011.